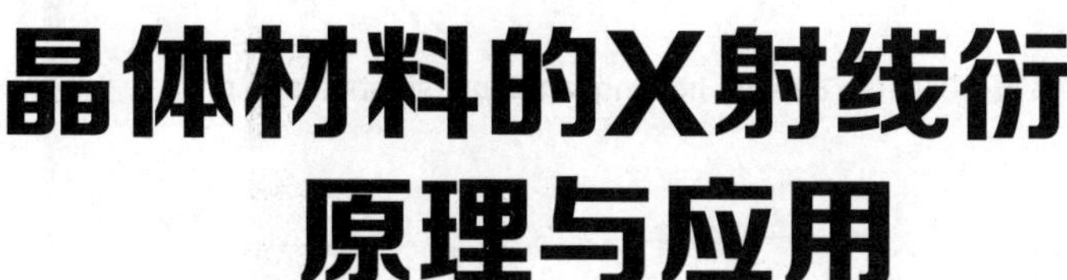

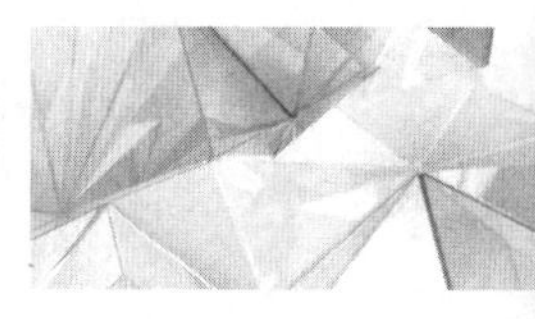

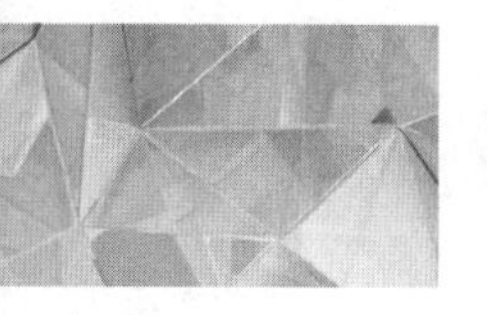

晶体材料的X射线衍射原理与应用

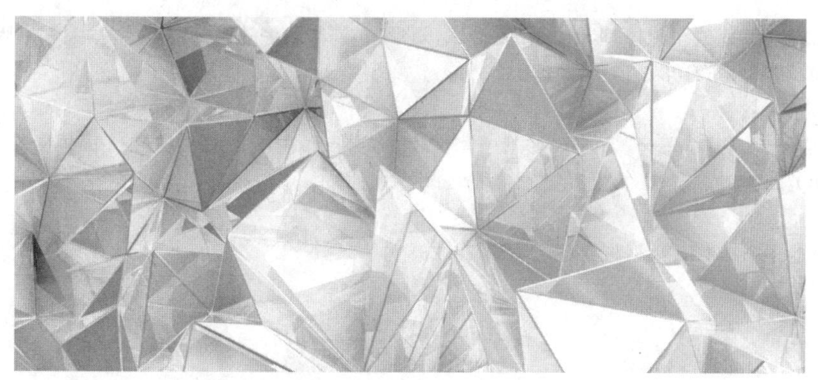

王沿东　刘沿东　刘晓鹏　编著

清華大学出版社
北　京

内容简介

本书系统讲解了晶体学基础知识、X射线衍射基本理论以及X射线衍射在晶体材料取向分析、应力分析、物相分析、织构分析等方面的应用。全书通过详细的图解对抽象的理论知识、重点和难点进行了详细讲解；对当代各种新技术、新方法做出了富有前瞻性的分析和介绍，力求帮助读者能够轻松愉快的学习。

本书可以作为材料学专业的本科生教材，也可作为冶金、机械等专业的研究生教学用书，对从事X射线衍射专业的技术人员也具有较高的参考价值。

图书在版编目(CIP)数据

晶体材料的X射线衍射原理与应用/王沿东，刘沿东，刘晓鹏编著. —北京：清华大学出版社，2023.4
ISBN 978-7-302-62108-9

Ⅰ. ①晶… Ⅱ. ①王… ②刘… ③刘… Ⅲ. ①晶体－X射线衍射－理论 ②晶体－X射线衍射－应用 Ⅳ. ①O721

中国版本图书馆CIP数据核字(2022)第200233号

责任编辑：鲁永芳
封面设计：常雪影
责任校对：赵丽敏
责任印制：宋　林

出版发行：清华大学出版社
网　　址：http://www.tup.com.cn，http://www.wqbook.com
地　　址：北京清华大学学研大厦A座　　**邮　　编**：100084
社 总 机：010-83470000　　**邮　　购**：010-62786544
投稿与读者服务：010-62776969，c-service@tup.tsinghua.edu.cn
质量反馈：010-62772015，zhiliang@tup.tsinghua.edu.cn
印 装 者：三河市铭诚印务有限公司
经　　销：全国新华书店
开　　本：185mm×260mm　　**印　　张**：16　　**字　　数**：388千字
版　　次：2023年4月第1版　　**印　　次**：2023年4月第1次印刷
定　　价：56.00元

产品编号：090949-01

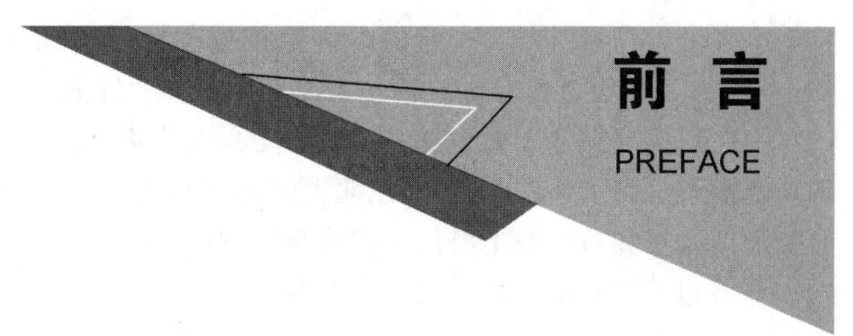

前言

X射线衍射技术是研究材料微观组织特征的重要手段。100多年以来，X射线衍射的基本理论已经非常丰富和完善，这些理论不仅适用于X射线衍射，同样也适用于电子衍射、中子衍射等，因此掌握X射线衍射的基本理论和实验方法对于材料微观组织的研究至关重要。

本书共分为13章，第1章晶体学基础，介绍了晶体结构、空间点阵、晶体的对称、32点群和230个空间群的由来及规定符号等；第2章晶体投影和倒易点阵，介绍了极点在投影图上的旋转操作、单晶体标准投影图的定义和计算方法、倒易点阵的定义、意义和应用；第3章X射线的产生及性质，介绍了X射线管的原理和结构、连续X射线和特征X射线产生条件、滤波片原理及应用、X射线实验参数的选择等；第4章X射线衍射原理及基本实验方法，介绍了布拉格方程的由来，复杂晶体结构因数的计算以及埃瓦尔德作图法的应用等；第5章多晶体衍射原理及实验方法，介绍了多晶体衍射花样的特点和形成原因，德拜-谢乐法衍射分析、多晶衍射强度分析以及多晶衍射花样的指数标定问题；第6章多晶体粉末衍射仪，由于衍射仪是X射线衍射的重要工具，所以介绍了衍射仪的结构、测角台和探测器的工作原理及发展方向；第7章讲解劳厄法，包括多色X射线照射单晶体的衍射实验花样特点和形成原理、晶带曲线以及劳厄法的应用；第8章晶体尺寸与微观应力分析，介绍了谢乐公式、晶粒尺寸与衍射峰的宽化，以及卷积与真实衍射峰形等；第9章晶胞常数的测定，对晶胞常数测定误差的来源进行了分析，以及应如何提高测定的精确度；第10章材料中的织构，重点介绍了织构的分类、织构的表示方法、织构表示方法之间的关系、织构分析方法、织构测试方法，并给出了实测样品的织构分析；第11章宏观应力测定与分析，对宏观应力的测定原理、宏观应力的测定方法及宏观应力测定的主要问题进行了分析；第12章物相分析，介绍了物相分析原理、定性分析、物相定量分析方法等；第13章薄膜材料的微结构表征，介绍了掠入射原理及薄膜X射线的反射率等方面的基础知识。

本书为了方便读者使用，还给出了5个重要的附录：①32点群及230个空间群对应表；②单晶体标准投影图；③质量吸收系数和密度；④某些元素的特征谱与吸收限波长；⑤原子散射因子 f。希望能方便读者的日常使用。

本书写法力求简明、实用，通过详细的图解将抽象的理论知识、重点和难点之处直观地反映出来，使读者在轻松愉快中学习。

本书可以作为材料学专业的本科生教材，也可作为冶金、机械等专业的研究生教学用书，对从事 X 射线衍射专业的技术人员也具有参考价值。

本书的撰写得益于梁志德、王福老师的《现代物理测试技术》一书，该书的诸多思想、图解均为本书提供了借鉴。另外，东北大学赵骧教授对本书的撰写也给予了有力的支持。感谢贺彤副教授和白杨博士提供了织构测试方面的数据。

本书相关配套资源请扫二维码观看。

由于作者的水平有限，书中可能有表述不当之处，还请读者批评指正。

作　者

2022 年 6 月

目录

CONTENTS

第1章

晶体学基础

1.1 基本概念

1.1.1 晶体

在一定温度和压力条件下，物质通常以气态、液态或固态存在，在特殊热力学平衡条件下，会呈现两相或多相共存状态。构成固态结构的原子、离子或分子可以在空间随机分布，但这些粒子间具有强相互作用，有序和重复的分布方式可能对应较低的能量状态，即形成晶体。长程有序的粒子分布状态使材料具有结构各向异性，因此晶体的宏观性质与方向有关，即宏观各向异性。晶体最明显的特点是存在长程有序，即组成物质的原子或分子在空间呈周期性排列。因此，晶体是大量物质单位（原子、离子或分子）在三维空间按一定周期有序排列的。但是，有些材料没有三维周期结构，只在二维甚至是一维具有周期性，例如具有非公度调制结构和复合结构的固体、某些聚合物和准晶材料。应该指出的是，并非所有的固体都是晶体或长程有序的，例如玻璃既有形状又有体积，但构成其结构的粒子排列却呈长程无序，因此被归类为非晶态固体。一般认为，非晶态固体为短程有序的，由于缺乏长程有序性，非晶态固体的宏观性质是各向同性的。也有些固体具有近似的长程有序结构，这种状态仅具有短程有序性。与晶体状态相似，短程有序的固体可以用晶体点阵的扭曲程度来描述。

1.1.2 晶体结构和空间点阵

理想晶体的周期结构一般用点阵来描述。三维空间点阵的基本单元是平行六面体，每个平行六面体的形状和包含的内容相同。当粒子在一个单元分布情况确定时，无论其物理尺寸如何，晶体都可以通过该单元沿一个、两个或三个方向平移获得。如图 1.1(a)所示，对于同一晶体点阵，有多种划分方法，均可以通过点阵的平移获得一定尺度的晶体。

为了更形象而简单地描述晶体内部物质点排列的周期性，通常把晶体中按周期重复的那一部分物质点抽象成几何点，而不考虑重复周期结构所包含的具体内容（原子、离子或分子），从而集中地反映周期重复的方式。在研究晶体结构中各类物质点排列的规律性时，我们将晶体结构中在同一取向上几何环境和物质环境都相同的点称为等同点，如图 1.1(a)所示，可以找到无穷多类的等同点。如图 1.1(b)所示，在晶体结构中，等同点在三维空间排列规律的几何图形，称为晶体结构的空间点阵。空间点阵中每个等同阵点称为阵点或节点。每个阵点代表一定的具体内容(一个原子、原子团或离子等物质点)，如图 1.1(c)所示，这一具体内容称为结构基元。因此，晶体结构是空间点阵(晶体点阵)和结构基元的组合。

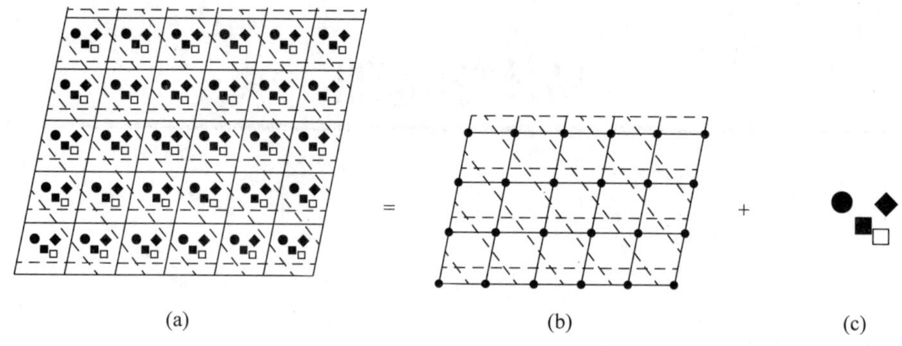

图 1.1 不同划分方式的平面二维点阵

(a) 晶体结构；(b) 空间点阵；(c) 结构基元

1.1.3 阵胞

空间点阵可选择三个不相互平行的单位矢量，将点阵分割为许多完全相同并周期重复的平行六面体，这些平行六面体被称为点阵的阵胞。阵胞是构成空间点阵的基本单位，整个空间点阵是由完全相同的阵胞紧密堆积而成的。以平行六面体三个棱边 $\boldsymbol{a}$、$\boldsymbol{b}$、$\boldsymbol{c}$ 为基向量，则三维晶格中的任何阵点都可以用图 1.2 中定义的向量 $\boldsymbol{r}$ 来描述，其中 u、v 和 w 是整数，如式(1.1)所示：

$$\boldsymbol{r} = u\boldsymbol{a} + v\boldsymbol{b} + w\boldsymbol{c} \tag{1.1}$$

如图 1.3 所示，阵胞可以通过六个参量描述，这六个参量是$(a, b, c, \alpha, \beta, \gamma)$，前三个参数$(a, b, c)$表示单元边缘的长度，后三个参量$(\alpha, \beta, \gamma)$表示单元基向量之间的角度。按照惯例，$\alpha$ 是 $\boldsymbol{b}$ 和 $\boldsymbol{c}$ 之间的夹角，β 是 $\boldsymbol{a}$ 和 $\boldsymbol{c}$ 之间的夹角，γ 是 $\boldsymbol{a}$ 和 $\boldsymbol{b}$ 之间的夹角，这六个参量也称为点阵参数或晶胞参数。单位格子的长度单位通常用 Å($1Å = 10^{-10}$m)或 nm($1nm = 10^{-9}$m)表示，以度(°)表示基向量之间的角度。

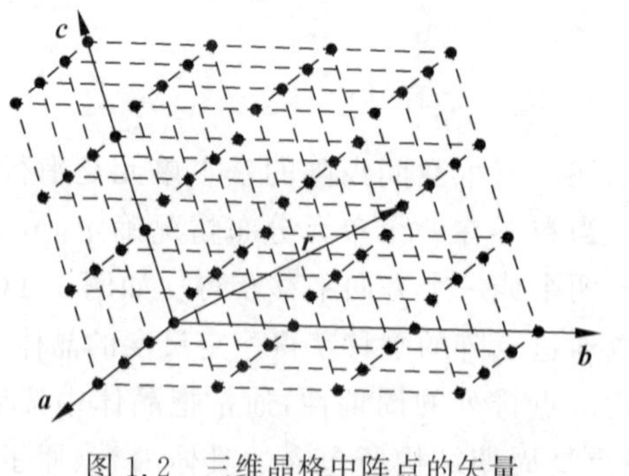

图 1.2 三维晶格中阵点的矢量

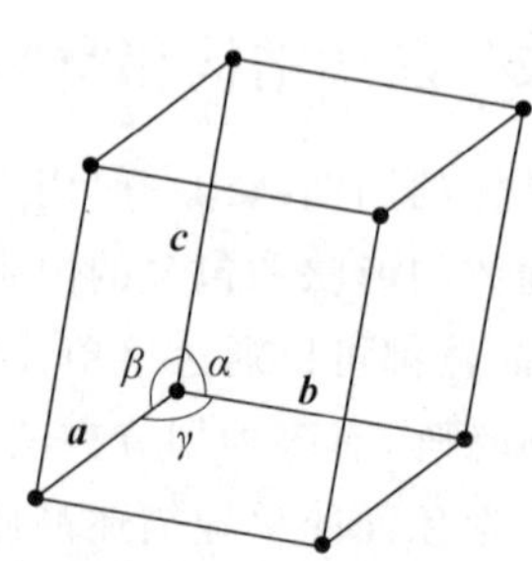

图 1.3 点阵参数

通常根据矢量 $\boldsymbol{a}$、$\boldsymbol{b}$、$\boldsymbol{c}$ 选择晶体的坐标轴 x、y、z，使它们分别和矢量 $\boldsymbol{a}$、$\boldsymbol{b}$、$\boldsymbol{c}$ 平行。国际上实行右手定则以确定坐标系(右手的大拇指代表 x 轴，食指为 y 轴，中指为 z 轴)，图 1.2 的空间点阵就是按右手定则确定的坐标系。

我们把分布在同一直线上的阵点叫作直线点阵(阵点列)，分布在同一平面上的阵点叫作平面点阵(阵点平面)。

1.1.4　晶体学平面族、方向和指数

晶体学平面族是指一组彼此平行，间隔相等的平面，简称晶面族。相邻平面之间的距离称为面间距 d。晶面族用三个整数指数 h、k 和 l(称为晶面指数或米勒指数)，即(hkl)表示。晶面指数采用晶面在三个基矢上截距的倒数表示，如图 1.4 所示。当晶面平行于某一基矢时，对应的米勒指数为 0。

晶体点阵中的方向用穿过点阵原点并与某一方向平行的向量来描述。由于晶格是无限的，从原点向任何方向画的线都必须穿过无限多的晶格点。因此，晶体学方向是指除原点以外的第一个点的坐标(用 u、v 和 w 描述，如图 1.5 所示)，该晶体学方向为[uvw]。为了区分晶面指数，晶体学方向的指数用方括号[uvw]来表示，简称晶向指数。

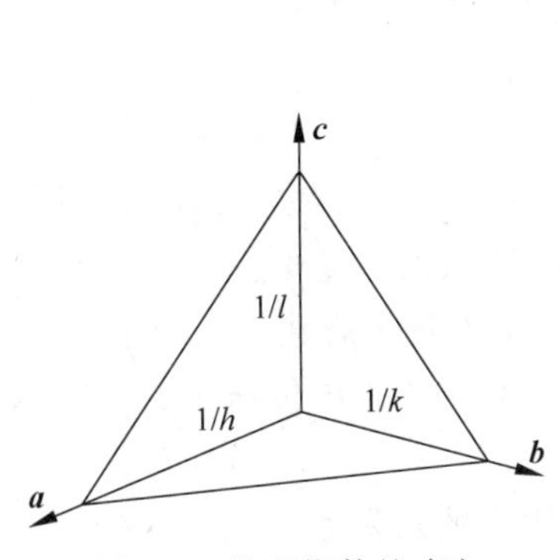

图 1.4　晶面指数的确定

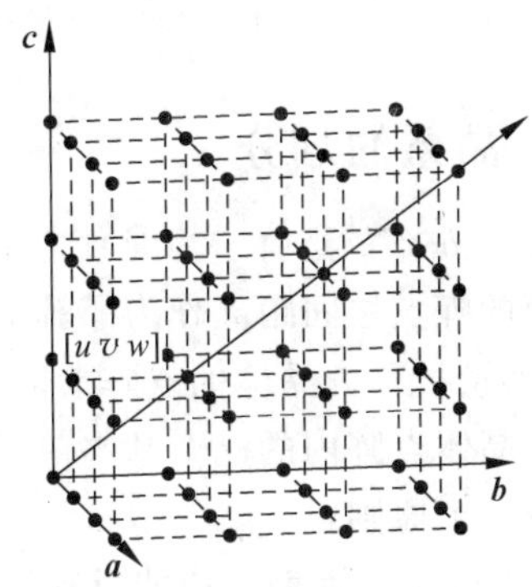

图 1.5　晶向指数的确定

由于六方晶系的标准定向为：1 个 6 次轴为 c 轴，a_1 轴、a_2 轴为二次轴，a_1 轴与 a_2 轴成 120°，按照米勒指数的规定，(100)，(010)，($\bar{1}$10)，($\bar{1}$00)，(0$\bar{1}$0)，(1$\bar{1}$0)为 6 次对称关系，但米勒指数不能体现这种对称性，为了描述这种对称关系，我们通常引入第四个指数，使添加的 a_3 与 a_1 和 a_2 均成 120°，如图 1.6 所示，有 $\boldsymbol{a}_3=-(\boldsymbol{a}_1+\boldsymbol{a}_2)$的关系。当三轴坐标系中的晶面指数为($hkl$)时，写成四轴坐标系为($hkil$)，可以证明 $i=-(h+k)$。因此，上面的六个晶面可以写成(10$\bar{1}$0)，(01$\bar{1}$0)，($\bar{1}$100)，($\bar{1}$010)，(0$\bar{1}$10)，(1$\bar{1}$00)，这样可以充分地体现出晶体的对称性。同样(110)，($\bar{2}$10)，(1$\bar{2}$0)是以 c 轴为三次对称轴的晶面，在三轴坐标系中不能体现出其对称性，而在四轴坐标系中上面的 3 个晶面可以写成(11$\bar{2}$0)，($\bar{2}$110)，(1$\bar{2}$10)。因此对于六方晶系，采用四轴坐标系可以直观地表达出同一晶面族的米勒指数。三轴坐标系中晶向指数为[uvw]的晶向，在四轴坐标系中的晶向指数为[$uvtw$]，指数的确定采用 C. S. Barrett 提出的方法操作，即从原点出发，沿着平行于四个晶轴的方向依次移动，最后到达欲标定的方向上某一点，移动时必须选择适当的路线，使沿着 a_3 轴移动的距离等于沿着 a_1 和 a_2 轴移动距离之和，但符号相反。根据基矢之间的关系，可以写成

$$\begin{cases}U=u-t\\V=v-t\\W=w\end{cases}\Rightarrow\begin{cases}u=(2U-V)/3\\v=(2V-U)/3\\t=-(u+v)=-(U+V)/3\\w=W\end{cases}\tag{1.2}$$

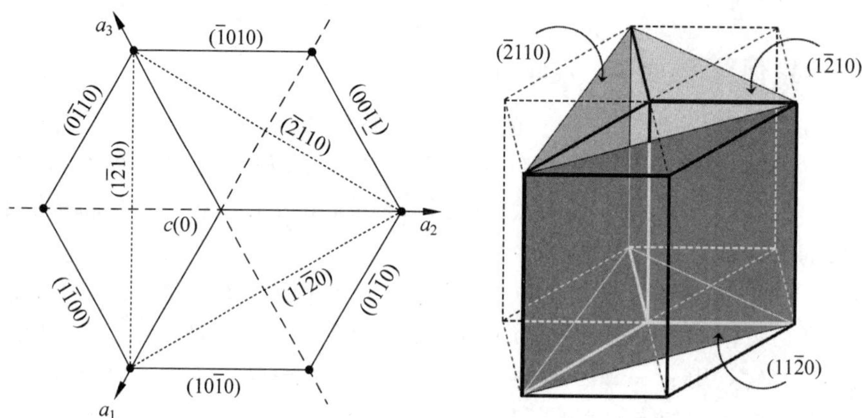

图 1.6　采用四轴坐标表示六方晶系的晶面指数

1.1.5　晶系的划分

晶体晶轴 a、b、c 的选择一定是使它们与晶体点阵的三个最主要的阵点列相重合，而且以阵点上最短的阵点之间距离作为晶轴的单位轴长，从而确定 a_0、b_0、c_0、α、β、γ 6 个参量。所以，这 6 个参量被称为晶体的点阵参数。以此 6 个参量不难建立一个平行六面体，这样的平行六面体是晶体点阵内的一个基本单元，称为晶体点阵的单位格子。平行六面体的选取必须遵循以下三个原则：

(1) 所选取的平行六面体应能反映结点分布固有的对称性；

(2) 在上述前提下，所选取的平行六面体棱与棱之间的直角力求最多；

(3) 在满足以上两条件的基础上，所选取的平行六面体的体积最小。

晶体内部结构的特征是以同样的 a_0、b_0、c_0、α、β、γ 6 个参量在晶体内部划分的平行六面体来表达的。它的大小和形状与抽象的晶体点阵中的单位格子一样，但它却包含着具体的结构基元，我们把这种包含着具体结构内容的平行六面体称为晶体结构的单位晶胞（简称晶胞）。因而我们也把晶体点阵参数称为晶体的晶胞参数。晶体内部结构就是由晶胞沿三维方向周期排列的结果。单位平行六面体的对称性符合空间点阵的对称性，选定了单位平行六面体，就确定了空间格子的坐标系。根据上述平行六面体的选择原则，在空间点阵中划分出的单位平行六面体的类型有七种，分别对应七个晶系，属于各晶系中对称程度最高的那个点阵。这七个晶系的单位平行六面体的形状和点阵参数特征见表 1.1。

表 1.1　七个晶系的点阵参数

晶系	点阵参数
三斜晶系	$a\neq b\neq c,\alpha\neq\beta\neq\gamma\neq 90°$
单斜晶系	$a\neq b\neq c,\alpha=\gamma=90°,\beta\neq 120°$
六方晶系	$a=b\neq c,\alpha=\beta=90°,\gamma=120°$
三方晶系(菱方晶系)	$a=b=c,\alpha=\beta=\gamma\neq 90°$

续表

正交晶系(斜方晶系)	$a\neq b\neq c,\alpha=\beta=\gamma=90°$
正方晶系(四方晶系)	$a=b\neq c,\alpha=\beta=\gamma=90°$
立方晶系	$a=b=c,\alpha=\beta=\gamma=90°$

1.2 晶体宏观对称及点群

在研究晶体结构时,除了要了解晶体学基本概念,我们还需要对晶体单元进行分析。一般来讲,晶体单元具有对称性。所谓对称是指晶体中的相同部分有规律地重复。晶体对称有着自己特殊的规律性,晶体对称的主要特征在于:①晶体是由在三维空间规则重复排列的原子或原子团组成的,可以通过平移使之重复,这种规则的重复就是平移对称性的一种形式,所以从微观的角度来看,所有的晶体都是对称的;②晶体的对称同时也受点阵构造的限制,只有符合点阵构造规律的对称才能在晶体上出现;③晶体的对称不仅体现在外形上,同时也体现在其物理性质上(如光学、力学和电学性质等),其对称不仅具有几何意义,也具有物理意义。

1.2.1 晶体的宏观对称元素和对称操作

晶体的宏观对称主要表现在外部形态上,如晶体的晶面、晶棱和角顶作有规律的重复。若使得对称图形中等同部分重复,就必须通过一定的操作,这种操作就称为对称操作。对称操作不改变物体等同部分内部任何两点间的距离,而使物体各等同部分调换位置后恢复到原状。对称操作需要借助点、线、面来进行,这些点线面及它们之间的组合,称为对称元素。宏观晶体中可能出现的对称元素共有五类:对称心、对称面、对称轴、旋转反伸轴和旋转反映轴,与之相对应的对称操作为反伸操作、反映操作、旋转操作、旋转反伸操作和旋转反映操作。后两种操作是复合操作。

对称操作就是对应点进行坐标变换。在某一坐标系中,如果有一点的坐标为(x,y,z),经过对称操作后变换到另外一点(X,Y,Z),则可按照式(1.3)变换:

$$\begin{cases}X=a_{11}x+a_{12}y+a_{13}z\\Y=a_{21}x+a_{22}y+a_{23}z\\Z=a_{31}x+a_{32}y+a_{33}z\end{cases}\quad\text{或}\quad\begin{bmatrix}X\\Y\\Z\end{bmatrix}=\boldsymbol{\Delta}\begin{bmatrix}x\\y\\z\end{bmatrix},\quad\text{其中},\quad\boldsymbol{\Delta}=\begin{bmatrix}a_{11}&a_{12}&a_{13}\\a_{21}&a_{22}&a_{23}\\a_{31}&a_{32}&a_{33}\end{bmatrix}\tag{1.3}$$

式中,$\boldsymbol{\Delta}$为对称变换矩阵。对任一对称操作,都有唯一的对称变换矩阵与之对应。

1.2.2 晶体的对称心

对称心为一假想的几何点,相应的对称操作是对于这个点的反伸。这个对称操作的习惯符号用C来表示,国际符号记为$\bar{1}$。其含义是,如果通过此点作任意直线,在距对称心等距离的两端,一定可以找到相对应的点,如图1.7所示。(x,y,z)经过对称心变换后可以得到另外一点$(-x,-y,-z)$,变换式为

$$\begin{bmatrix} X \\ Y \\ Z \end{bmatrix} = \boldsymbol{\Delta} \begin{bmatrix} x \\ y \\ z \end{bmatrix}, \quad \text{其中,} \quad \boldsymbol{\Delta} = \begin{bmatrix} -1 & 0 & 0 \\ 0 & -1 & 0 \\ 0 & 0 & -1 \end{bmatrix} \tag{1.4}$$

晶体可能有对称心,也可能没有对称心。若晶体存在对称心,如图1.7所示,它必定与几何中心重合。晶体若有对称心,则其所有晶面必定两两平行,大小相等,方向相反。

1.2.3 晶体的对称面

对称面是一个假想的平面,相应的对称操作是对于这个平面的反映,习惯符号用P来表示,国际符号用m表示。如图1.8所示,对称面将图形分为上下两个互为镜像的部分。对称面必通过晶体几何中心,且垂直平分某些晶面、晶棱,或包含某些晶棱。有的晶体没有对称面,最多的有9个对称面。若在空间存在一点(x,y,z)通过对称面操作可以得到对称点,则以Oxy为对称面的对称点为$(x,y,-z)$,以Oxz为对称面的对称点为$(x,-y,z)$,以Oyz为对称面的对称点为$(-x,y,z)$。

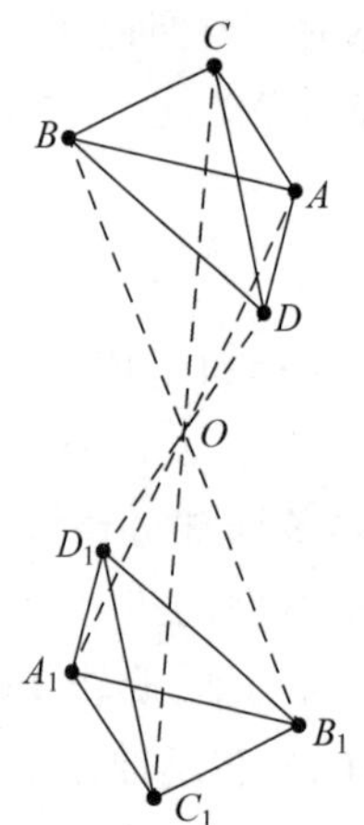

图1.7 晶体的对称心

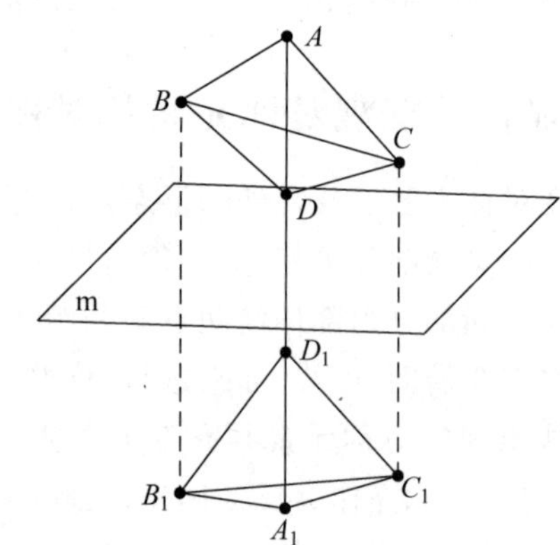

图1.8 晶体的对称面

1.2.4 晶体的对称轴

对称轴是通过晶体中心的一根假想直线,晶体绕此直线旋转一定的角度后,可使晶体上的相等部分重复,或者说晶体重合。对称轴的操作是绕直线旋转。旋转一周重复的次数称为轴次。重复时所旋转的最小角度称为基转角α。基转角和轴次n之间的关系是:$n=360°/\alpha$。习惯用符号L^n来表示,国际符号用n表示,图1.9给出1、2、3、4、6次对称轴的图示。

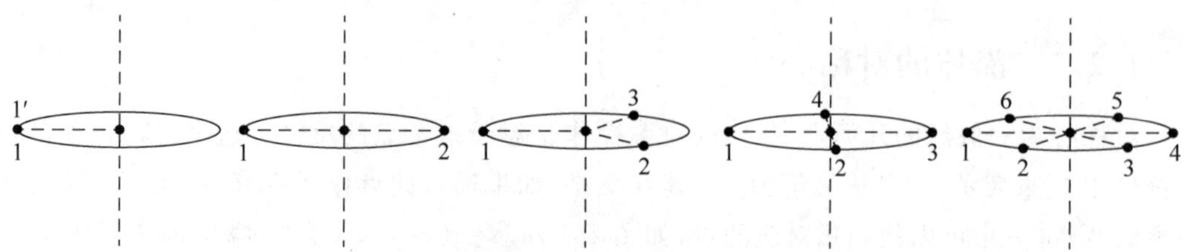

图1.9 晶体的对称轴($n=1,2,3,4,6$)

晶体的轴次受到晶体在三维空间的周期性排列规律所限,不存在 5 次对称轴和高于 6 次的对称轴。

设阵点 A_1,A_2,A_3,A_4 的间距为 a,由于每个阵点的周围环境相同,以 a 为半径旋转 α,可以得到其他阵点。设绕 A_2 顺时针旋转 α 可得到 B_1,绕 A_3 逆时针转动 α,可得 B_2,如图 1.10 所示,根据阵点的构造规律可知,$B_1B_2 /\!/ A_1A_2$,则 B_1B_2 应该为 a 的整数倍,记为 ma,m 为整数,则有

$$a+2a\cos\alpha=ma \Rightarrow \cos\alpha=\frac{m-1}{2} \Rightarrow \frac{|m-1|}{2} \leqslant 1 \tag{1.5}$$

因此,m 只能取$-1,0,1,2,3$,m 取不同值时对应的轴次、基转角及作图表示符号见表 1.2。

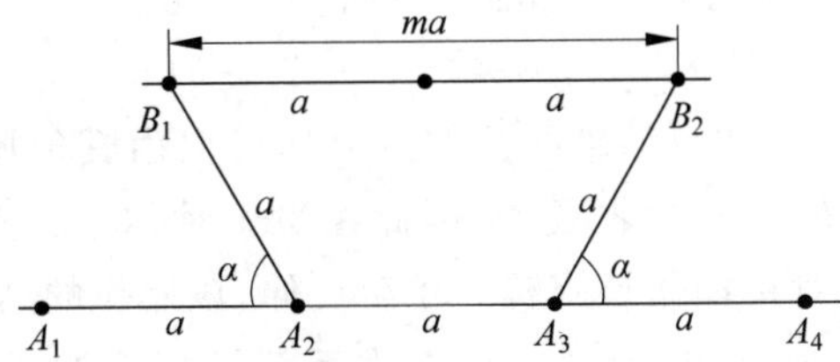

图 1.10 存在的旋转轴轴次示意图

表 1.2 旋转轴的轴次、基转角及作图表示符号

m	3	2	1	0	-1
$\cos\alpha$	1	1/2	0	$-1/2$	-1
α	0°	60°	90°	120°	180°
n	1	6	4	3	2
作图表示符号		⬡	□	Δ	0

如图 1.11 所示,向量 $\overrightarrow{OM}$ 在坐标系旋转 ψ 前后的向量表达式为

$$\overrightarrow{OM}=x\boldsymbol{i}+y\boldsymbol{j},\quad \overrightarrow{OM}=x_1\boldsymbol{i}_1+y_1\boldsymbol{j}_1 \tag{1.6}$$

分别用 $\boldsymbol{i}_1$ 和 $\boldsymbol{j}_1$ 点乘 $\overrightarrow{OM}$ 可得

$$\begin{cases} x_1=(\boldsymbol{i}\cdot\boldsymbol{i}_1)x+(\boldsymbol{j}\cdot\boldsymbol{i}_1)y \\ y_1=(\boldsymbol{i}\cdot\boldsymbol{j}_1)x+(\boldsymbol{j}\cdot\boldsymbol{j}_1)y \end{cases} \tag{1.7}$$

由于

$$\begin{cases} \boldsymbol{i}\cdot\boldsymbol{i}_1=\cos\psi, & \boldsymbol{j}\cdot\boldsymbol{i}_1=\sin\psi \\ \boldsymbol{i}\cdot\boldsymbol{j}_1=-\sin\psi, & \boldsymbol{j}\cdot\boldsymbol{j}_1=\cos\psi \end{cases} \tag{1.8}$$

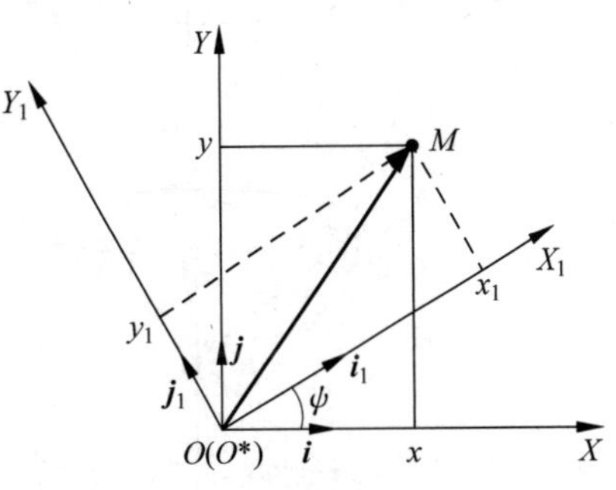

图 1.11 对称轴的变换矩阵

所以,对称轴的矩阵变化可以表达为

$$\begin{bmatrix} x_1 \\ y_1 \\ z_1 \end{bmatrix}=\boldsymbol{\Delta}\begin{bmatrix} x \\ y \\ z \end{bmatrix},\quad 其中,\quad \boldsymbol{\Delta}=\begin{bmatrix} \cos\psi & \sin\psi & 0 \\ -\sin\psi & \cos\psi & 0 \\ 0 & 0 & 1 \end{bmatrix} \tag{1.9}$$

1.2.5 晶体的旋转反伸轴

旋转反伸轴也称为反轴或反演轴，相应的操作是一种复合的对称操作，它借助的几何要素有两个：一根假想的直线和此直线上的一个定点。相应的对称操作为围绕此直线旋转一定的角度并对于此定点的反伸，反演轴与旋转轴一样也不存在5次和高于6次的反演轴，只有1、2、3、4和6次反演轴，国际符号分别记为$\bar{1}$、$\bar{2}$、$\bar{3}$、$\bar{4}$和$\bar{6}$，习惯符号用L_i^n来表示，n为反演轴的轴次。反演轴是一个点（对称心）和对称轴的复合操作，所以旋转反伸操作的对称变换矩阵为对称心变换矩阵和对称轴变换矩阵的乘积，可以写成

$$\boldsymbol{\Delta}=\begin{bmatrix}-\cos\alpha & -\sin\alpha & 0\\ \sin\alpha & -\cos\alpha & 0\\ 0 & 0 & -1\end{bmatrix} \tag{1.10}$$

如图1.12所示，1、2、3、6次反演轴的操作效果均可以由其他操作的组合代替。1次反演轴相应的对称操作为旋转360°后再反伸，因此相当于对称心的操作，国际符号记为$\bar{1}$，即$\bar{1}=C$。2次反演轴相应的对称操作是旋转180°后反伸，该操作的结果是到达1′点，1和1′两点的对称关系相当于对称面操作，即$\bar{2}=P$。3次反演轴相应的对称操作是旋转120°后反伸，其效果就是3次轴和对称心操作的组合，即$\bar{3}=L^3+C$。6次反演轴相应的对称操作是旋转60°后反伸，效果相当于3次轴和对称面操作的组合，即$\bar{6}=L^3+P$。

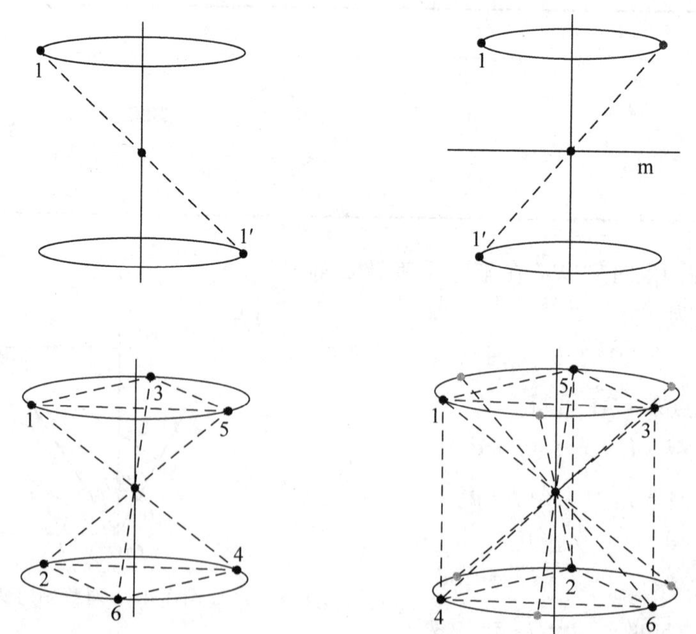

图1.12 1、2、3、6次反演轴示意图

图1.13是4次反演轴操作的示意图，图中1、2、3、4四个点是不能通过其他对称操作组合得到的，因此4次反演轴是一种独立操作。图1.14是一个正四面体，不共面的晶棱AB与CD、AC与BD、AD与BC的中点连线构成了具有4次反演轴的对称关系。如图1.14所示，绕AB和CD的中点连线转动90°后，ABC面达到的新位置正好与旋转前的BCD面

成反向位置，晶面的面法线可以通过反演轴操作重合。四面体经 $\overline{4}$ 操作后，整个图形复原。

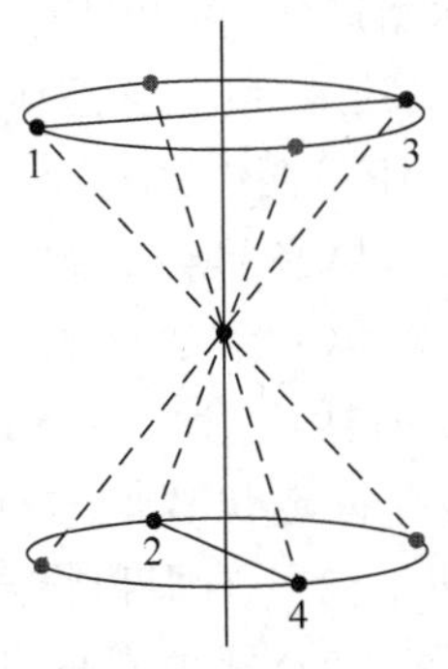

图 1.13　4 次反演轴

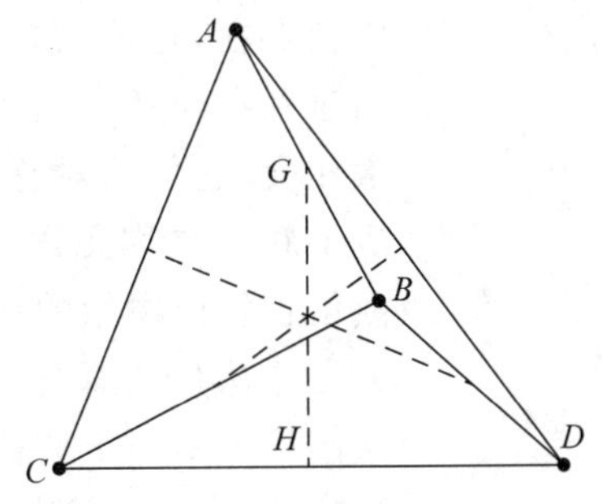

图 1.14　具有 $\overline{4}$ 的正四面体

1.2.6　晶体的旋转反映轴

旋转反映轴（也叫作映转轴）是一根假想的轴，相应的对称操作为绕该轴旋转一定角度后，并对垂直于此轴进行平面反映，可使晶体相等部分重复。相应的对称操作包含旋转和反映，旋转反映轴记为 L_s^n，n 为反映轴的轴次。不存在 5 次和高于 6 次的映转轴，只有 1、2、3、4 和 6 次映转轴，由于映转轴不存在新的对称内容，映转轴可以采用其他对称操作加以取代。

如图 1.15 所示，1、2、3、6 次映转轴的操作效果可以由其他操作的组合代替。1 次映转轴相应的对称操作为旋转 360°反映，因此相当于对称面的操作。2 次映转轴相应的对称操作是旋转 180°后反映，该操作的结果是到达 1′点，1 和 1′两点的对称关系是对称心操作，即 2 次映转轴与对称心操作等同。3 次映转轴相应的对称操作是旋转 120°后反映，其效果就是 3 次轴和对称面操作的组合，即 $\overline{3}=L^3+P$。6 次映转轴相应的对称操作是旋转 60°后反映，效果相当于 3 次轴和对称心操作的组合，即 $\overline{6}=L^3+C$。同样，4 次映转轴与其他几个映转轴相比也是独立的，不能由简单操作组合出来，如图 1.16 所示，4 次映转轴的对称效果与 4 次反演轴没有区别，只是在先后次序上不同。因此 4 次映转轴并没有新的对称内容，所以还是使用 4 次反演轴来表示这样的对称关系。

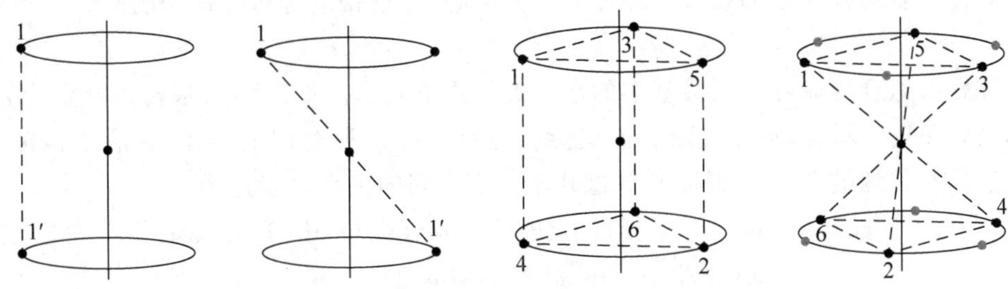

图 1.15　1、2、3、6 次映转轴示意图

1.2.7　宏观对称元素

根据前面几节内容，可以总结出 10 种独立的对称元素，这就是几何晶体学中所讲的 10

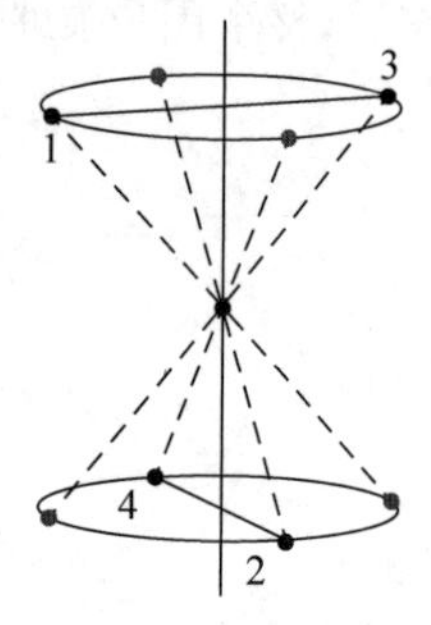

图 1.16　4 次映转轴

种宏观对称元素，见表 1.3。

在结晶多面体这一有限对称图形中，可以只有一个对称元素单独存在，也可以有多于一个对称元素相交于晶体的几何中心，同时并存于一个晶体多面体中。任意两个或两个以上的对称元素相交，它们的对称操作组合的结果必然会导致产生另一个或多个新的对称元素。而且，新的对称元素的性质(种类)及其坐标位置将由原始的那些对称元素的性质(种类)及其坐标位置所决定。从数学概念上，每一个具有特定位置的对称元素的对称操作均可由一个变换来描述。两个变换的乘积将导出一个新的变换，这个新的变换表达了具有特定坐标位置的新派生对称元素所具有的对称操作。

表 1.3　几何晶体学中实际存在的 10 种宏观对称元素

对称元素	国际符号	习惯符号
对称自身	1	L^1
对称心	$\bar{1}$	C
对称面	m	P
2 次旋转轴(2 次轴)	2	L^2
3 次旋转轴(3 次轴)	3	L^3
4 次旋转轴(4 次轴)	4	L^4
6 次旋转轴(6 次轴)	6	L^6
3 次映转轴(3 次反轴)	$\bar{3}$	L_i^3
4 次映转轴(4 次反轴)	$\bar{4}$	L_i^4
6 次映转轴(6 次反轴)	$\bar{6}$	L_i^6

1.2.8　宏观对称元素的组合

对于晶体而言，对称元素的存在往往不是孤立的。如果一个晶体的对称元素多于一种，那么就涉及对称元素的组合问题。对称元素的组合不是任意的，必须符合对称元素的组合定律。晶体宏观对称元素都相交于晶体的几何中心，并且在进行对称操作的时候，中心点是不动的。

对称元素组合规律可以用最基本的数学关系式来表示。如果两个基转角分别为 α 和 β 的对称轴以角度 δ 斜交，则经过两者的交点必定有另外一种对称轴存在，它的基转角为 ω，且与原来的对称轴的交角为 γ' 和 γ''。这几个角度之间的关系可表述为

$$\cos(\omega/2)=\cos(\alpha/2)\cos(\beta/2)-\sin(\alpha/2)\sin(\beta/2)\cos\delta \tag{1.11}$$

$$\cos\gamma'=\frac{\cos(\beta/2)-\cos(\alpha/2)\cos(\omega/2)}{\sin(\alpha/2)\sin(\omega/2)} \tag{1.12}$$

$$\cos\gamma''=\frac{\cos(\alpha/2)-\cos(\beta/2)\cos(\omega/2)}{\sin(\beta/2)\sin(\omega/2)} \tag{1.13}$$

根据式(1.11)～式(1.13)很容易推导出，当两个 2 次轴以 90°相交，一定存在第三个 2 次轴，该 2 次轴与原来的两个 2 次轴正交。还可以进一步推出如下几个结论：

(1) 如果一个 L^2 垂直于 L^n，那么必定存在 n 个 L^2 垂直于 L^n，且相邻的两个 L^2 的夹角为 L^n 的基转角的一半；

(2) 如果有一个对称面 P 垂直于偶次对称轴 L^n，则在其交点存在对称心 C；

(3) 如果对称面 P 包含对称轴 L^n，则必定有 n 个 P 包含 L^n；

(4) 两个对称面垂直相交，必然在它们的交线上产生一个 2 次轴；

(5) 一个 2 次轴与一个对称面以夹角 60°相交，经充分对称操作后，必然导出一个 6 次旋转反伸轴；

(6) 如果有一个 2 次轴 L^2 垂直于 L_i^n，或者有一个对称面 P 包含 L_i^n，则当 n 为奇数时，必有 n 个 L^2 垂直于 L_i^n 和 n 个对称面包含 L_i^n；当 n 为偶数时，必有 $n/2$ 个 L^2 垂直于 L_i^n 和 $n/2$ 个对称面包含 L_i^n……

晶体的宏观对称操作受到组合规律的约束，并不是任意组合的，以晶体学中实际存在的 10 种宏观对称元素为基础，经过合理的组合，可以派生出新的对称元素，存在的组合方式共有 32 种。

1.2.9　晶体的 32 点群

晶体可以只包含一个对称元素，也可能是多个对称元素的组合。在几何晶体学中共有 32 个可能的对称类型组合，对称变换的集合称为对称变换群，因此共有 32 个变换群。而相应的对称元素的集合则称为对称元素群，这两者通常总称为对称群。当晶体具有一个以上的对称元素时，这些对称元素一定要通过一个公共点，即晶体的几何中心，因此我们也将 32 个变换群称为 32 点群。为了推导方便，把高次轴($n>2$)不多于一个的组合称为 A 类组合，高次轴多于一个的组合称为 B 类组合。

我们将 10 种独立的宏观对称元素进行组合，由于 A 类组合高次轴不多于一个，所以先只考虑 L^n 和 L^2 的组合。当 L^n 和 L^2 平行时，只选择高次轴；当 L^n 和 L^2 斜交时，会有多个 L^n 出现，不属于 A 类组合，因此我们只考虑两者垂直的组合。参照 1.2.8 节中对称元素的组合规律，我们将初始对称元素分别与一个 2 次轴垂直相交、一个对称面平行相交、一个对称面垂直相交、两个对称面(一个平行、一个垂直)相交，可以得到表 1.4 的组合规律。

表 1.4　A 类组合的对称元素

初始对称元素	一个 2 次轴垂直相交	一个对称面平行相交	一个对称面垂直相交	两个对称面(一个平行、一个垂直)相交
L^1	L^2	P	P	$L^2 2P$
C	$L^2 PC$	P	$L^2 2P$	$L^2 2P$
P	$L^2 PC$	$L^2 PC$	$L^2 PC$	$3L^2 3PC$
L^2	$3L^2$	$L^2 2P$	$L^2 PC$	$3L^2 3PC$
L^3	$L^3 3L^2$	$L^3 3P$	$L_i^6 (P)$	$L_i^6 3L^2 4P$
L^4	$L^4 4L^2$	$L^4 4P$	$L^4 PC$	$L^4 4L^2 5PC$
L^6	$L^6 6L^2$	$L^6 6P$	$L^6 PC$	$L^6 6L^2 7PC$
L_i^3	$L_i^3 3L^2 3PC$	$L_i^3 3L^2 3PC$	$L^6 PC$	$L^6 6L^2 7PC$

续表

初始对称元素	一个2次轴垂直相交	一个对称面平行相交	一个对称面垂直相交	两个对称面(一个平行、一个垂直)相交
L_i^4	$L_i^4 2L^2 2P$	$L_i^4 2L^2 2P$	$L^4 PC$	$L^4 4L^2 5PC$
L_i^6	$L_i^6 3L^2 4P$	$L_i^6 3L^2 4P$	$L_i^6 (P)$	$L_i^6 3L^2 4P$

B类组合高次轴多于一个,而晶体中又不存在5次和高于6次的对称轴,根据1.2.8节所述的对称组合规律,推导出来的组合形式只有$3L^2 4L^3$和$3L^4 4L^3 6L^2$两种。我们把$3L^4 4L^3 6L^2$看成是在$3L^2 4L^3$基础上增加了L^2的组合产生的。$3L^2 4L^3$还可以与对称心、对称面组合得到其他三种点群形式$3L^2 4L^3 3PC$、$3L_i^4 4L^3 6P$和$3L^4 4L^3 6L^2 9PC$。这样B类组合共有5个点群。

在晶体中,形成晶体点群的对称元素的总数从1个到24个不等,但由于对称元素的相互制约,并不需要使用每一个对称元素来唯一地定义和完整地描述晶体的对称关系。按照国际符号的规定,点群符号是按照一定顺序书写的,见表1.5。当存在一个n次轴垂直于对称面时使用"/"来表示,比如在单斜晶系中有2次轴垂直对称面,表示的符号为2/m。表中给出了各个晶系的特征对称元素和主要晶体学方向的对应关系,如果对称元素不足时,点群符号可以用1个或2个方向的对称元素表示,其他的均由3个方向的对称元素表示。比如正交晶系,点群符号所表示的是[100]、[010]、[001]方向的对称元素;立方晶系,点群符号所表示的是[100]、[111]、[110]方向的对称元素。如正交晶系的mmm点群,表示该晶体在垂直于[100]、[010]、[001]方向均有对称面存在,在立方晶系点群432中,[100]方向有4次对称轴,在[111]方向有3次对称轴,在[110]方向存在2次对称轴。

表1.5 晶体点群的国际符号

晶系	第一方向及对称元素		第二方向及对称元素		第三方向及对称元素		点群
三斜	N/A	1或$\bar{1}$		无		无	1,$\bar{1}$
单斜	y	2,m或2/m		无		无	2,m,2/m
正交	x	2或m	y	2或m	Z	2或m	222,mm2,mmm
四方	z	4,$\bar{4}$或4/m	x	无或2或m	基面对角线	无或2或m	4,$\bar{4}$,4/m,422,4mm,$\bar{4}$2m,4/mmm
三方	z	3,$\bar{3}$	x	无或2或m		无	3,$\bar{3}$,32,3m,$\bar{3}$m
六方	z	6,$\bar{6}$,或6/m	x	无或2或m	基面对角线	无或2或m	6,$\bar{6}$,6/m,622,6mm,$\bar{6}$2m,6/mmm
立方	x	2,m,4或$\bar{4}$	体对角线	3或$\bar{3}$	面对角线	无或2或m	23,m3,432,$\bar{4}$3m,m$\bar{3}$m

晶体点群的描述除了采用习惯符号和国际符号,还普遍使用圣弗利斯(Schoenflies)符号(表1.6),该符号系统是根据晶体最明显的特征对称元素总结出来的,例如C_n表示n次旋转轴,则C_2表示二次旋转轴;C_{nh}表示除了n次旋转轴,还包括一个与此轴垂直的对称面,如C_{4h}表示除了存在4次对称轴,还存在垂直于该4次轴的一个对称面;C_{nv}表示除了

n 次旋转轴，还包括一个与此轴重合的对称面等。需要注意的是，立方晶系的特征对称元素是 4 个 3 次轴。

表 1.6　32 点群的特征对称元素、国际符号及圣弗利斯符号

点群序号	晶系	特征对称元素	习惯符号	国际符号的完整式	国际符号的简化式	圣弗利斯符号
1	三斜	无	L^1	1	1	C_1
2			C	$\bar{1}$	$\bar{1}$	C_i
3	单斜	一个 2 次轴或对称面	L^2	2	2	C_s
4			P	m	m	C_h
5			L^2PC	$\frac{2}{m}$	2/m	C_{2h}
6	正交	3 个互相垂直的 2 次轴或镜面	$3L^2$	222	222	D_2
7			$L^2 2P$	mm2	mm2(mm)	C_{2v}
8			$3L^2 3PC$	$\frac{2}{m}\frac{2}{m}\frac{2}{m}$	mmm	D_{2h}
9	四方	1 个 4 次轴	L_4	4	4	C_4
10			L_i^4	$\bar{4}$	$\bar{4}$	S_4
11			L^4PC	$\frac{4}{m}$	4/m	C_{4h}
12			$L^4 4L^2$	422	422(42)	D_4
13			$L^4 4P$	4mm	4mm(4m)	C_{4v}
14			$L_i^4 2L^2 2P$	$\bar{4}$m2	$\bar{4}$2m	D_{2d}
15			$L^4 4L^2 5PC$	$\frac{4}{m}\frac{2}{m}\frac{2}{m}$	4/mmm	D_{4h}
16	三方	1 个 3 次轴或 3 次反轴	L^3	3	3	C_3
17			L^3C	$\bar{3}$	$\bar{3}$	C_{3i}
18			$L^3 3L^2$	32	32	D_3
19			$L^3 3P$	3m	3m	C_{3v}
20			$L^3 3L^2 3PC$	$\bar{3}\frac{2}{m}$	$\bar{3}$m	D_{3d}
21	六方	1 个 6 次轴或 6 次反轴	L^6	6	6	C_6
22			L_i^6	$\bar{6}$	$\bar{6}$	C_{3h}
23			L^6PC	$\frac{6}{m}$	6/m	C_{6h}
24			$L^6 6L^2$	622	622	D_6
25			$L_6 6P$	6mm	6mm(6m)	C_{6v}
26			$L_i^6 3L^2 3P$	$\bar{6}$m2	$\bar{6}$m2	D_{3h}
27			$L^6 6L^2 7PC$	$\frac{6}{m}\frac{2}{m}\frac{2}{m}$	6/mmm	D_{6h}
28	立方	4 个 3 次轴	$3L^2 4L^3$	23	23	T
29			$3L^2 4L^3 3PC$	$\frac{2}{m}\bar{3}$	m3	T_h
30			$3L^4 4L^3 6L^2$	432	432(43)	O
31			$3L_i^4 4L^3 6P$	$\bar{4}$3m	$\bar{4}$3m	T_d
32			$3L^4 4L^3 6L^2 9PC$	$\frac{4}{m}\bar{3}\frac{2}{m}$	m3m	O_h

1.2.10 晶体的劳厄群

在晶体的 X 射线、中子衍射及电子衍射中，通过衍射无法区分(hkl)与($\overline{hkl}$)晶面，因此衍射的结果相当于在晶体中添加了一个反转中心，所产生的衍射图案始终是中心对称的，这就使得某些具有不同点群的晶体有着相同的衍射规律，我们将 32 点群中全部添加了反转中心的分类方式称为劳厄群(Laue classes)。劳厄群的推导可以在 32 点群的基础上添加反转中心获得。

图 1.17(a)和(b)分别是点群为 2 和 m 的晶体对称元素分布情况，通过添加反转中心，它们可以得到图 1.17(c)的对称元素分布图，该图形对应的点群为 2/m，因此这 3 个点群同属于 2/m 的劳厄群。我们可以将 32 点群划分成 11 个劳厄群。11 个劳厄群可以通过单晶体的三维衍射数据得到。然而通过传统粉末衍射的数据仅是将衍射强度作为某一方向上布拉格角的函数，所以粉末衍射的方法不能区分出 11 个劳厄群，可以划分成 6 个粉末劳厄群。32 点群、11 个劳厄群和 6 个粉末劳厄群见表 1.7。

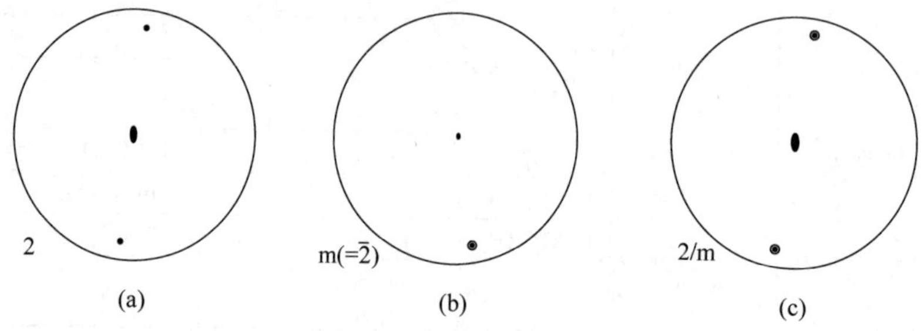

图 1.17 点群 2、m 与 2/m 的对称元素分布

表 1.7 32 点群、11 个劳厄群和 6 个粉末劳厄群

晶系	劳厄群	粉末劳厄群	点群
三斜	$\bar{1}$	$\bar{1}$	1,$\bar{1}$
单斜	2/m	2/m	2,m,2/m
正交	mmm	mmm	222,mmm,mm2
四方	4/m	4/mmm	4,4/m,$\bar{4}$
	4/mmm		422,4mm,$\bar{4}$2m,4/mmm
三方	$\bar{3}$	6/mmm	3,$\bar{3}$
	$\bar{3}$m		32,3m,$\bar{3}$m
六方	6/m		6,$\bar{6}$,6/m
	6/mmm		622,6mm,$\bar{6}$m2,6/mmm
立方	m$\bar{3}$	m$\bar{3}$m	23,m$\bar{3}$
	m$\bar{3}$m		432,$\bar{4}$3m,m$\bar{3}$m

1.3 晶体微观对称

如 1.1 节所述，晶体内部结构具有十分严谨的周期性。物质点在内部三维空间有规则且周期性排列，这是晶体最基本的，也是最本质的特征。晶体的空间点阵就是晶体内部结构

中物质点的三维周期排列的一种几何抽象。几何晶体学的着眼点在于研究晶体外形的几何形貌，而X射线晶体学把注意力放在晶体内部结构的微观空间，把物质点周期排列的三维空间看作一个无限的周期空间，而这种物质点三维周期排列的几何抽象——晶体空间点阵也被看作是无限的周期点阵。晶体内部任一物质点与其三维周期上的其他物质点，在化学及物理性质上完全相同，晶体点阵中所有阵点的性质也完全一样。

这种具有三维周期排列特性的晶体内部结构可分割为无限多个平行六面体——单位晶胞。单位晶胞是晶体内部结构的最小单位。单位晶胞内的结构内容和特性充分代表了晶体内部结构。晶体内部结构正是由无限多个单位晶胞沿三维方向周期性排列起来的。单位晶胞可以用平行六面体在 $\boldsymbol{a}$、$\boldsymbol{b}$、$\boldsymbol{c}$ 晶体学轴一致方向上的单位长度 a_0、b_0 和 c_0 以及它们之间的夹角 α、β 和 γ 来表示。当我们单独考察一个单位晶胞的内部结构时，所选择的坐标系 XYZ 要与晶胞参数相一致，即坐标系原点必须选在平行六面体的顶点，方向分别与 $\boldsymbol{a}$、$\boldsymbol{b}$、$\boldsymbol{c}$ 重合。晶体学习惯沿用右手坐标系，即 X、Y、Z 的次序关系必须符合右手规则。

晶体的空间点阵是晶体内部物质点(原子、离子、分子等)三维周期排列的几何抽象，阵点呈现周期性排列，晶体点阵可以分割为无限多个平行六面体——单位格子。单位格子是晶体点阵的最小单位。单位格子的选择通常以阵点为平行六面体的 8 个顶点，每个顶点的阵点分属于 8 个相邻单位格子所共有，单位格子除了 8 个顶点具有阵点，平行六面体的 6 个面心及体心不再具有附加阵点的，称为简单格子，否则称为复格子。单位格子的形状、大小应与单位晶胞一样，同样可以用 a_0、b_0 和 c_0 以及它们之间的夹角 α、β 和 γ 来表示。在晶体学中平移总是与晶体学轴方向相关地进行，因而晶体内部微观空间中，包括周期平移在内的所有平移均可由式(1.14)表达：

$$\boldsymbol{R}_{mnp}=m\boldsymbol{t}_a+n\boldsymbol{t}_b+p\boldsymbol{t}_c \tag{1.14}$$

式中，$\boldsymbol{t}_a$、$\boldsymbol{t}_b$ 和 $\boldsymbol{t}_c$ 分别是单位晶胞中与 $\boldsymbol{a}$、$\boldsymbol{b}$ 及 $\boldsymbol{c}$ 平行的基本矢量；m、n、p 分别为 0 或整数 $\pm1,\pm2,\cdots$时，$\boldsymbol{R}_{mnp}$ 所表达的平移是单位晶胞周期的重复，称为周期平移。

晶体外形是有限图形，它的对称是宏观有限图形的对称，而晶体内部结构可以视为无限图形，这两者之间既互相联系又互有区别。首先，在晶体结构中平行于任何一个对称元素有无穷多和它相同的对称元素；其次，在晶体结构中出现了一种在晶体外观上不可能有的对称操作——平移操作，从而使得晶体内部结构除具有外形上可能出现的那些对称元素，还出现了一些特有的对称元素：平移轴、螺旋轴和滑移面。

1.3.1　单位晶胞的投影及其符号表示

在讨论三维空间微观对称时通常采用垂直投影方法，将单位晶胞平行六面体沿着某一晶体学轴垂直投影于纸面。此时单位晶胞平行六面体被投影成平行四边形的二维图形，坐标系 xyz 中的两个轴分别与四边形的两边重合，表示两个周期方向。坐标系原点与晶胞原点重合。投影轴正方向是从纸面上的坐标系原点处朝向纸面上方。平行四边形中两平行边之间的距离表示 1 个周期。投影图表示被投影的等效点或对称元素对应于投影轴的截距(高度)。我们通常采用分数坐标，即以周期作为单位，所以在投影图上所标出的投影轴截距也是以分数坐标表示。如果没有标出投影高度，则应视为零高度，即处于投影面(纸面)上。

例如，某一等效点标明“$\frac{1}{2}+$”，表示此等效点在投影坐标轴上的坐标值是投影轴的半周期加坐标变量；“$\frac{1}{4}-$”表示投影轴的四分之一周期减去坐标变量；“+”或“−”是表示某等效点的投影轴坐标为正变量或负变量。此外，投影图上的等效点均以圆圈“○”表示，当两个等效点投影在同一位置时，则以两个半圆表示，其中一个半圆附加小点“◐”。

1.3.2 平移轴

平移轴是一条直线，图形沿此直线移动一定距离，可使等同部分重合，也就是图形复原。晶体结构沿着空间格子中的任意一行列移动一个或若干个结点间距，可使每一质点与其相同的质点重合。因此，空间格子中的任一行列代表平移对称的平移轴。空间格子即晶体内部结构在三维空间呈平移对称规律的几何图形。这一对称变换中，能够使图形复原的最小平移距离，称为平移轴的移距。任何晶体结构中的任意行列方向皆是平移轴。

1.3.3 滑移面

滑移面亦称像移面，是一个假想的平面，当沿此平面反映，并平行此平面移动一定距离后，整个结构得到重复。滑移面是一种复合的对称要素，其辅助几何要素有两个：一个假想的平面和平行此平面的某一直线方向。相应的对称变换为：对于此平面的反映和沿此直线方向平移的联合，平移的距离称为移距。a、b、c、n 滑移所具有的平移操作，其移距是指定方向周期的一半，而 d 滑移的移距为 $t/4$ 的周期。按照滑移方向和移距可分为表 1.8 的几种形式。

表 1.8 滑移面的滑移方向和移距

滑移面	滑移方向和移距
a、b、c 滑移	沿 a、b、c 轴向滑移，$a/2$，$b/2$ 或 $c/2$
n 滑移(对角线滑移)	沿对角线方向滑移，$(a+b)/2$，$(b+c)/2$，$(a+c)/2$ 或 $(a+b+c)/2$
d 滑移(金刚石型滑移)	沿对角线方向滑移，$(a+b)/4$，$(b+c)/4$，$(a+c)/4$ 或 $(a+b+c)/4$

我们以 b 滑移为例，来理解滑移面操作。

图 1.18(b)中“⌈→”表示滑移面平行于投影面的 $a/2$、$b/2$ 或 $c/2$ 滑移，箭头方向表示滑移方向；如图 1.18(c)所示，以点线“------”表示 a、b、c 滑移面在投影面上的垂直投影，滑移方向是垂直于投影面的方向滑移 1/2 的周期；而图 1.18(d)中，以长断线“----”表示 a、b、c 滑移面在投影面上的垂直投影，沿着断线方向滑移 1/2 的周期。

垂直投影于投影面(纸面)的 n 滑移面用点划线“—•—•—•—•—•”表示，如图 1.19(a)和(b)所示。滑移面的平移操作是沿着两个平行于滑移面的周期方向进行的，即沿着水平方向的周期和垂直方向的周期同时进行滑移，平移量均为 1/2 周期。平移操作是沿着这两个周期的对角线方向的周期上进行平移量为 1/2 周期的操作。当 n 滑移面平行于投影面时如图 1.19(c)所示，用“⌈↘”符号来表示，在此符号旁边的 a 表示滑移面高度。此时一般位置的等效点系为$(x,y,z)\xleftrightarrow{n(ayz)}\left(2a-x,\frac{1}{2}+y,\frac{1}{2}+z\right)$。

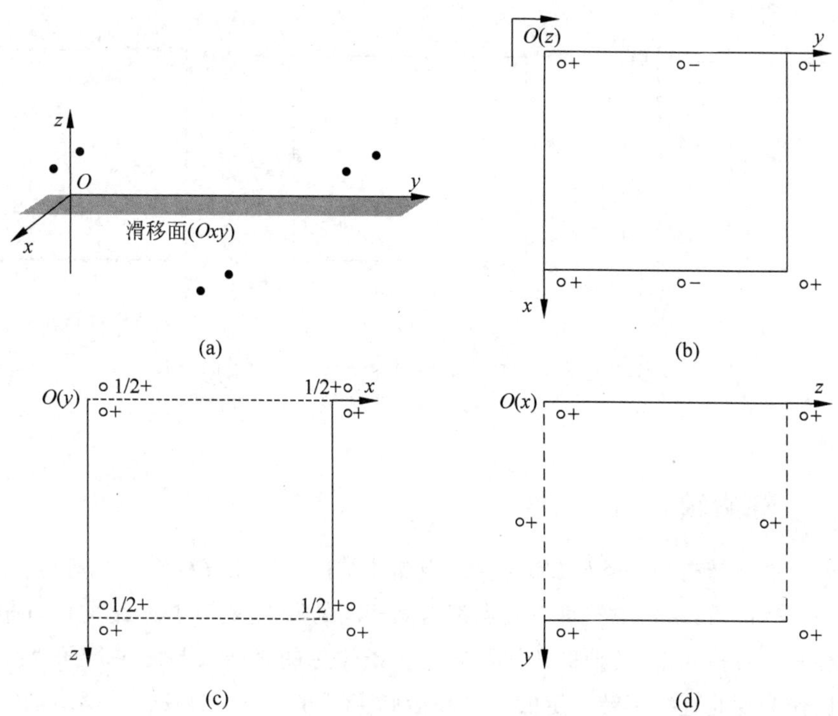

图 1.18　具有 Oxy 滑移面的 $b/2$ 滑移沿 x、y、z 轴的投影示意图

(a) $b/2$ 滑移的空间示意图；(b) 沿 z 轴投影；(c) 沿 y 轴投影；(d) 沿 x 轴投影

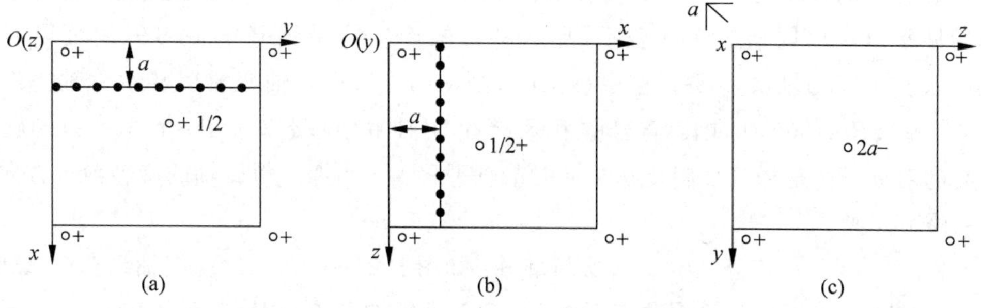

图 1.19　当具有与 x 轴垂直并且截距为 a 的滑移面时，等效点的分布

(a) 沿 z 轴投影；(b) 沿 y 轴投影；(c) 沿 x 轴投影

如图 1.20(a)和(c)所示，垂直于投影面的 d 滑移面，用点和箭头相隔"→•→•→•→•→•"表示，箭头方向表示滑移方向，d 滑移面平移操作所施行的平移方向与 n 滑移相同，都是沿两个周期的对角线方向，但其平移量为 1/4 周期，因此 d 滑移具有方向性。d 滑移只能出现在面心立方空间点阵。"↙⌐"和"⌐↘"表示滑移面平行于投影面的 d 滑移，如图 1.20(b)所示。当滑移面为 xOz 时它的一般等效点系为 $\left(x,y,z;\frac{1}{4}+x,\bar{y},\frac{1}{4}+z;\frac{1}{2}+x,y,\frac{1}{2}+z;\frac{3}{4}+x,\bar{y},\frac{3}{4}+z\right)$。

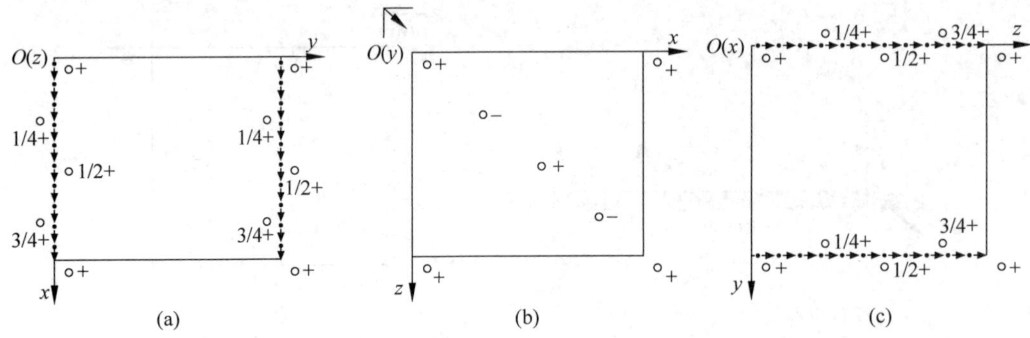

图 1.20　当 d 滑移的滑移面为 xOz 时等效点的分布

(a) 沿 z 轴投影；(b) 沿 y 轴投影；(c) 沿 x 轴投影

1.3.4　螺旋轴

螺旋轴为晶体结构中一条假想的直线，当晶体结构围绕此直线旋转一定角度，并平行此直线平移一定距离后，结构中的每一质点都与其相同的质点重合，整个结构也自相重合。螺旋轴是一种复合对称元素，其辅助几何要素为一条假想的直线及与之平行的直线方向。相应的对称操作为绕此直线旋转一定的角度和沿此直线方向平移的联合。螺旋轴的国际符号一般写为 n_s，n 为轴次，s 为小于 n 的正整数。螺旋轴 n_s 的对称操作为旋转与平移的复合操作。几何晶体学中已证明，在晶体中对称轴的轴次 n 只能是 1、2、3、4、6，共 5 种，其基转角 α 相应地为 360°、180°、120°、90°和 60°。其他轴次和基转角的对称轴不可能存在。每一种螺旋轴的性质是由它的轴次 n 和沿轴平移基本矢量 $\boldsymbol{R}$ 决定的。如果沿轴方向的点阵周期是以基本周期矢量 $\boldsymbol{t}$ 表示，那么各种螺旋轴的沿轴基本平移矢量可以表示为 $\boldsymbol{R}=s\boldsymbol{t}/n$，其中 n 为轴次，s 是正整数($s<n$)，当 $s=n$ 时，螺旋轴变成旋转对称轴。例如螺旋轴 6_1，基转角 $=360°/6$，国际符号的下标 $s=1$，沿轴平移基本矢量 $\boldsymbol{R}=\boldsymbol{t}/6$，所以螺旋轴 6_1 所具有的对称操作是每绕轴旋转 60°，同时沿轴平移 1/6 周期。螺旋轴的旋转前进方向应遵循右手螺旋定则。

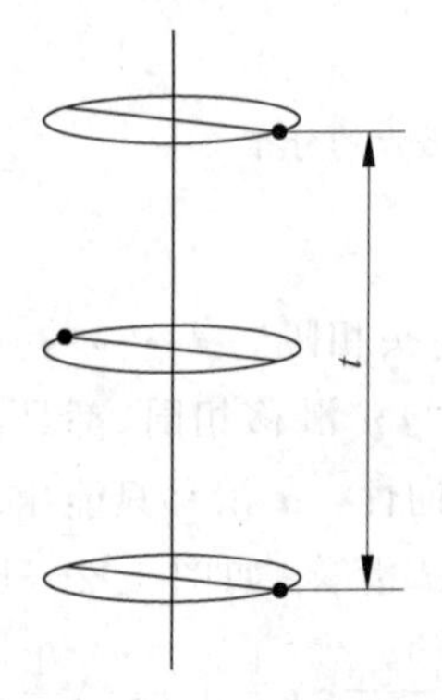

图 1.21　二次螺旋轴示意图

二次螺旋轴：如图 1.21 所示，二次螺旋轴只有 2_1 螺旋轴，最小基转角为 180°，沿轴的基本平移矢量为 $\boldsymbol{R}=\boldsymbol{t}/2$。由于二次螺旋轴左旋和右旋等效，所以不加区分。二次螺旋轴的图形符号为“⥾”。

三次螺旋轴：三次螺旋轴共有两种，即 3_1 和 3_2 螺旋轴。3_1 螺旋轴符合右手旋进定则，如图 1.22(a)所示。3_2 螺旋轴如图 1.22(c)所示，旋转的基转角为 120°，沿轴的基本平移矢量为 $\boldsymbol{R}=2\boldsymbol{t}/3$，这样 1 点按照 3_2 螺旋轴的对称操作会产生 1′、1″和 1‴的三个等效点。而 1″点是在相邻周期的等效点 2 的位置上，所以从一个周期来看，为 1→2→1′→2′和 2′→1″→2″→1‴两个同样的周期结构，这一结构与图 1.22(b)一致。因此 3_1 螺旋轴是按照右手旋进定则操作，

而 3_2 螺旋轴按照左手旋进定则操作。用“”图形符号来表示 3_1 螺旋轴，“”表示 3_2 螺旋轴。

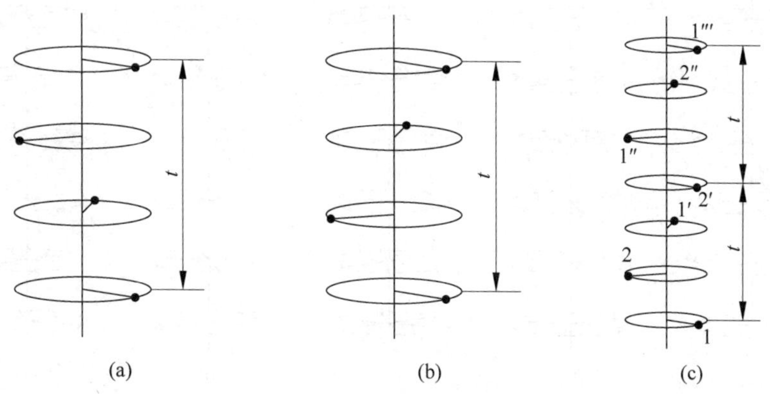

图 1.22　三次螺旋轴示意图

(a) 3_1 螺旋轴；(b) 3_2 螺旋轴；(c) 3_1 螺旋轴和 3_2 螺旋轴的旋转方式

四次螺旋轴：有 3 种，即 4_1、4_2 和 4_3 螺旋轴。四次螺旋轴的基转角为 90°，沿轴的基本平移矢量为 $\boldsymbol{R}=st/4$。4_1 螺旋轴符合右手螺旋定则，如图 1.23(a)所示。在 4_1 螺旋轴的旋进过程中起始等效点 1，按照 4_2 螺旋轴旋进定则依次旋进到 1′和 1″位置，而 1″为下一周期旋进的起点，所以 4_2 螺旋轴形成了一个双轨螺旋结构。4_3 螺旋轴符合左手定则旋进。4_1、4_2 和 4_3 螺旋轴分别采用“”“”和“”图形表示。

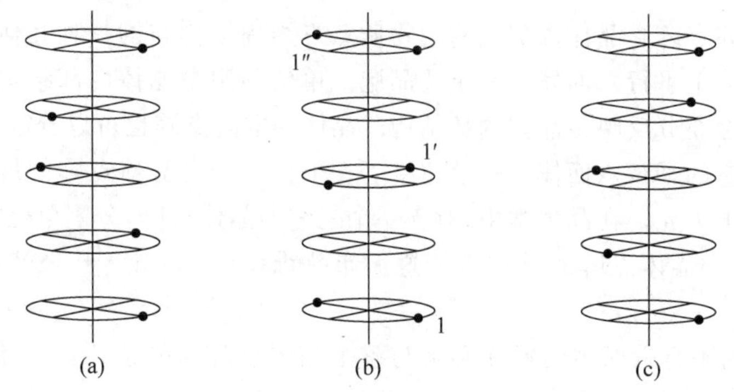

图 1.23　四次螺旋轴示意图

(a) 4_1 螺旋轴；(b) 4_2 螺旋轴；(c) 4_3 螺旋轴

六次螺旋轴：有 5 种，即 6_1、6_2、6_3、6_4 和 6_5 螺旋轴。六次螺旋轴的基转角为 60°，沿轴的基本平移矢量为 $\boldsymbol{R}=st/6$。6_1 和 6_5 螺旋轴分别对应图 1.24(a)和(e)的等效点分布，右旋进和左旋进操作。6_2 和 6_4 螺旋轴对应着图 1.24(b)和(d)的等效点分布，6_3 螺旋轴失去了二次轴和二次螺旋轴的对称特点，但保留了三次旋转轴的性质。6_1、6_2、6_3、6_4 和 6_5 的图形符号分别为“”“”“”“”“”。

在晶体学中存在的微观对称操作共 16 种：*a* 滑移、*b* 滑移、*c* 滑移、*n* 滑移、*d* 滑移，以及 2_1 螺旋轴、3_1 螺旋轴、3_2 螺旋轴、4_1 螺旋轴、4_2 螺旋轴、4_3 螺旋轴、6_1 螺旋轴、6_2 螺旋轴、6_3 螺旋轴、6_4 螺旋轴、6_5 螺旋轴。

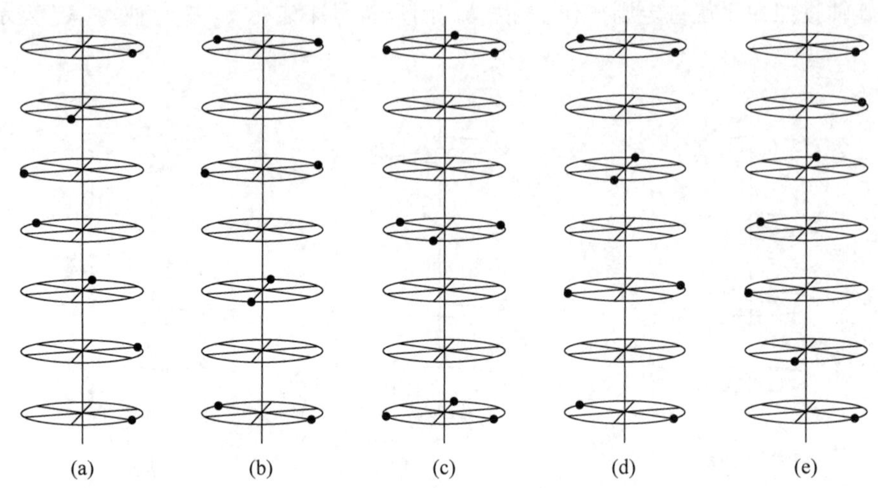

图 1.24　六次螺旋轴示意图

(a) 6_1 螺旋轴；(b) 6_2 螺旋轴；(c) 6_3 螺旋轴；(d) 6_4 螺旋轴；(e) 6_5 螺旋轴

1.4　14 种布拉维格子

1.4.1　单位格子的选择、初基格子和非初基格子

晶体的空间点阵是晶体内部结构中物质点三维周期排布的一种几何抽象，晶体结构可以分割为无限多个平行六面体——单位晶胞。单位晶胞是晶体内部结构的最小单位，它的结构内容和特性充分反映了晶体内部结构。晶体的空间点阵也可以分割为无限多个与上述单位晶胞相对应的平行六面体——单位格子。单位格子是晶体点阵的最小单位，也是组成晶体点阵的基本单元。在晶体学中，对于一个三维的晶体点阵，分割单位格子的方式有无穷多种，在晶体学中晶体点阵的单位格子遵循布拉维(O. Bravais)于 1895 年提出的原则。主要内容是：

(1) 所选择的平行六面体的特征必须与整个晶体点阵的晶系特征(6 参量和晶体对称特征)完全一致；

(2) 所选择的平行六面体中各棱之间的直角数目最多，不为直角者应尽量接近于直角；

(3) 满足上述条件时，所选择的平行六面体的体积应该最小。

如果不考虑格子的几何形状(即 a_0、b_0、c_0、α、β、γ 6 个参量)，只考虑格子中阵点的排列方式，可以将 14 种布拉维格子分为两大类：初基格子和非初基格子。

初基格子(primitive lattice，用英文字母 P 表示)又称为简单格子(图 1.25(a))，其阵点的分布特点是只在平行六面体的 8 个顶角上存在阵点，没有其他附加的阵点。由于每一个顶角上的阵点在晶体点阵中为相邻的 8 个等同的六面体所有，所以每一个格子对于顶角上的阵点只占有 1/8，因此初基格子在晶体阵点中具有的阵点数目为 $n=8\times1/8=1$。初基格子中，阵点与阵点之间具有点阵周期的平移关系，其中，a_0、b_0、c_0 是格子的 3 个基本周期长度，也是周期平移矢量的基本单位。

非初基格子亦称为复格子。非初基格子的平行六面体中，除了在 8 个顶角上具有阵点，还存在着“附加阵点”，亦称“非初基阵点”。为了使晶体点阵保持周期平移特征，非初基阵点只可以出现在平行六面体中一对平行平面的面中心（图 1.25（b）），形成底心格子（end-centered lattice，用英文字母 C 表示），也可以在平行六面体中三对平行平面的面中心同时存在（图 1.25（c）），形成面心格子（face-centered lattice，用英文字母 F 表示），还可以在平行六面体的体中心存在（图 1.25（d）），形成体心格子（body-centered lattice，用英文字母 I 表示）。

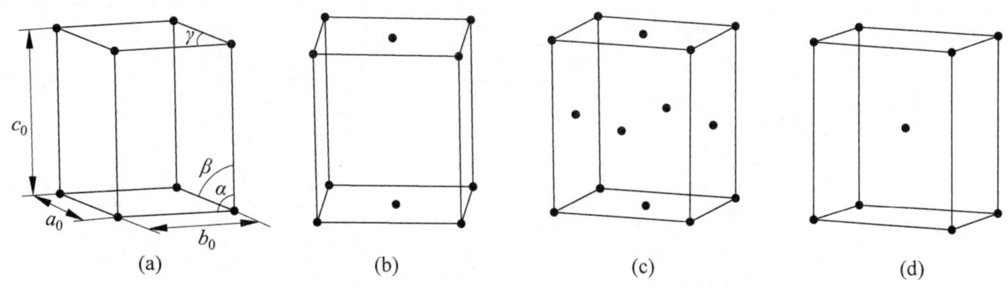

图 1.25　初基格子和非初基格子的阵点分布

(a) 初基格子；(b) 底心格子；(c) 面心格子；(d) 体心格子

底心格子结构中，8 个顶角可以组成一个阵点，上、下平行面各占有 1/2 个阵点，所以底心格子包含 2 个阵点。面心格子顶角有一个阵点，六个面心位置各有 1/2 个阵点，所以面心格子单胞内包含 4 个阵点。体心格子除了在顶角有一个阵点，在体心位置有一个阵点，所以体心格子有 2 个阵点。

1.4.2　14 种布拉维点阵

1.1.5 节介绍了晶体的七个晶系对应着具有不同特点的平行六面体，按照非初基格子的构成原则，可以有 28 种空间格子出现，但经过计算分析，新构成的空间格子可以由其他体积更小的空间格子类型取代，也有一些附加阵点的添加不符合晶体的对称性而不能存在，所以在 7 个晶系中可能存在的空间点阵有 14 种，被称为 14 种布拉维点阵。

如图 1.26(a)所示，如果存在底心正方点阵的话，就可以划分出体积更小的简单正方点阵；如图 1.26(b)所示，如果存在面心正方点阵，一定可以划分出体积更小的体心正方点阵；图 1.26(c)中，假设在立方晶系中存在底心点阵，将破坏立方晶系的 3 次对称轴的对称关系，所以立方晶系不存在底心点阵。同样的道理，在 7 个晶系基础上附加阵点，只可能形成 14 种新的点阵，被称为 14 种布拉维点阵（表 1.9）。

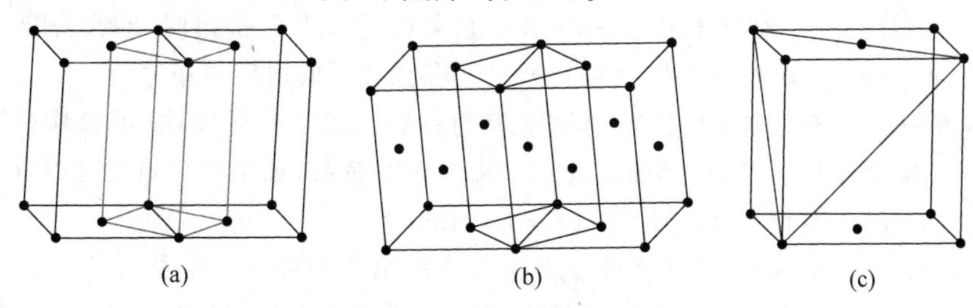

图 1.26　空间点阵的转换示意图

(a) 底心正方点阵→简单正方点阵；(b) 面心正方点阵→体心正方点阵；(c) 底心立方点阵不能存在

表 1.9　14 种布拉维点阵

晶　系	点阵类型	点阵数	点阵位置
三斜晶系	简单三斜	1	(0 0 0)
单斜晶系	简单单斜	1	(0 0 0)
	底心单斜	2	(0 0 0),(1/2 1/2 0)
六方晶系	简单六方	1	(0 0 0)
三方晶系	简单三方	1	(0 0 0)
正交晶系	简单正交	1	(0 0 0)
	底心正交	2	(0 0 0),(1/2 1/2 0)
	体心正交	2	(0 0 0),(1/2 1/2 1/2)
	面心正交	4	(0 0 0),(1/2 1/2 0) (1/2 0 1/2),(0 1/2 1/2)
正方晶系	简单正方	1	(0 0 0)
	体心正方	2	(0 0 0),(1/2 1/2 1/2)
立方晶系	简单立方	1	(0 0 0)
	体心立方	2	(0 0 0),(1/2 1/2 1/2)
	面心立方	4	(0 0 0),(1/2 1/2 0) (1/2 0 1/2),(0 1/2 1/2)

1.5　空间群

晶体外形的宏观对称包括了对称轴、对称面和对称心，其相应的对称操作只有旋转、反映和反伸，对称元素均交于一点(晶体的几何中心)，并且在进行对称操作时该点是不动的。因此，宏观对称元素的集合也称为点群。晶体内部结构的对称被视为无限图形，除了具有宏观对称元素，还出现了平移轴、滑移面、螺旋轴等包含平移操作的微观对称元素。空间群(space group)就是晶体内部结构所有对称元素的集合。共有 230 个空间群，空间群的表示符号采用国际符号(Hermann-Mauguin's symbol，HM)。

1.5.1　点群和空间群的关系

如 1.4.2 节所述，空间点阵可以划分出 14 种布拉维点阵，这 14 种布拉维点阵是七个晶系上通过添加附加阵点产生的，分别对应简单格子 P、底心格子 C、体心格子 I、面心格子 F 及三方格子 R(表 1.10)，空间群符号中的对称元素规定与表 1.5 相同，即与点群的对称元素规定的方向一致。点群符号和空间群符号之间存在如下的对应关系。

(1) 点群中的旋转轴和对称面可以被合理的螺旋轴和滑移面替代，相应地在空间群的符号中出现了螺旋轴和滑移面，例如点群 432 属于立方晶系，对应的空间群可以有 $P4_232$ 和 $F4_132$ 等，6/mmm 点群可以出现 P6/mcc、$P6_3/mmc$ 等。

(2) 在某些情况下，可以通过互换点群符号中的第二和第三个对称元素产生新的空间群，如点群为 $\bar{4}m2$ 的晶体中，在不引入新的微观对称元素时，可以通过互换产生新的空间群 $P\bar{4}2m$ 和 $P\bar{4}m2$。

表 1.10 14 种布拉维点阵的划分

晶 系	P	C	I	F	R
三斜	简单三斜				
单斜	简单单斜	底心单斜			
正交	简单正交	底心正交	体心正交	面心正交	
正方	简单正方		体心正方		
六方、三方	简单六方				简单三方
立方	简单立方		体心立方	面心立方	

点群和空间群的这种变化规则也是一种从点群推导出空间群的方法。在使用滑移面和螺旋轴替代点群中的旋转轴和对称面时，需要考虑这种替代是否会产生新的空间群。例如，单斜晶系点群 m，当对称面 m 垂直于 b 时，存在 P 和 C 两种布拉维点阵，且只有一个对称元素 m 有可能被滑移面 $\boldsymbol{a}$、$\boldsymbol{b}$、$\boldsymbol{c}$、$\boldsymbol{n}$、$\boldsymbol{d}$ 所代替，形成新的空间群：①首先可以选择的空间群是 Pm；②使用 $\boldsymbol{a}$ 滑移代替 m，可以获得新的空间群；③在垂直于[010]方向的对称面不可能产生 $\boldsymbol{b}$ 滑移；④将对称面换成 $\boldsymbol{c}$ 滑移产生的空间群，而空间群 Pa 可以通过变换晶体学坐标轴 X 和 Z 也变换成 Pc 空间群；而采用 $\boldsymbol{n}$ 滑移取代对称面时，可以通过坐标变换：$\boldsymbol{a}_{\text{new}}=-\boldsymbol{a}_{\text{old}}$，$\boldsymbol{b}_{\text{new}}=\boldsymbol{b}_{\text{old}}$，$\boldsymbol{c}_{\text{new}}=\boldsymbol{a}_{\text{old}}+\boldsymbol{c}_{\text{old}}$ 获得新的坐标系，这样 Pn→Pc；⑤而 $\boldsymbol{d}$ 滑移取代对称面 m 与简单单斜的布拉维点阵不相容，所以对应 m 点群的空间群只有可能存在 Pm 和 Pc 两种形式。同样对应于点群为 m，布拉维点阵为 C 时，可以形成的空间群只能有 Cm 和 Cc。因此，单斜晶系的 m 点群可能对应的空间群有四个：Pm、Pc、Cm 和 Cc。同样的道理，32 个点群对应 230 个空间群。7 个晶系、32 点群及 230 个空间群的对应关系请参见附录一。详细的 230 个空间群的对称元素分布及等效点系等信息可以参见国际晶体学表。

1.5.2 国际晶体学表

230 个空间群被归纳到国际晶体学表中，图 1.27 和图 1.28 给出了第 35 号空间群的晶体学信息，可以将表格划分成 12 个区域，每个区域包含的信息如下。

(1) 标题：给出了短国际空间群对称符号(Cmm2)，以及该空间群的圣弗利斯符号(C_{2v}^{11})，相应的点群对称符号(mm2)和晶系的名称(正交)。

(2) 副标题是空间群的序列号，Cmm2 空间群的序列号为 35，完整 HM 的国际符号为 Cmm2，该空间群的完整符号和短 HM 一样，最后给出的是该空间群帕特森(Patterson)函数的对称为 Cmmm，帕特森函数与电子云密度密切相关，所以帕特森函数受到晶体对称性的影响，呈现有规则的分布。采用宏观对称元素取代空间群的滑移面和螺旋轴，并添加一个反演中心可以推导出 24 种帕特森函数。

(3) 单胞投影图给出了沿单元的不同方向进行的(最多 3 个)正交投影，投影方向垂直于图形的平面。投影方向、轴方向和坐标原点的选择取决于晶体坐标系统，完整描述参见国际结晶学表格 A 卷。如图 1.27 所示为正交晶系空间群为 Cmm2 对称元素分布图，第一个图中给出了二次轴、对称面和滑移面的分布位置，第二个图和第三个图中的 Bm2m 和 A2mm 均属于底心格子，与 Cmm2 的格子类型相同，可以通过坐标系的变换变化为同一空间群，但由于改变了坐标系选取规则，对称元素的分布也发生了变化，在 Bm2m 和 A2mm

中存在位于投影面 1/4 高度位置上的滑移面以及垂直于投影面方向的滑移。最后一个图是对称等效点系分布图(包含了一个单元内部以及相邻单元的等效点),该图与第一张图的对称元素分布图是相关联的,通过对称元素的分布图可以画出等效点系的分布图。

(4) 单元的原点是用于确定各等效点位置的初始点。比如,在 Cmm2 空间群中,原点选择在 mm2 的位置上,也就是与两个垂直对称面的交线重合的二次轴上。在 Cmm2 空间群中,由于对称元素没有固定的 z 坐标,原点可以选择在 z 轴上的任意位置。

(5) 非对称单元是单胞的一部分,在此区域内不能通过对称得到相应的等效点。比如,在 Cmm2 中非对称单元是由 $0\leqslant x\leqslant 1/4$,$0\leqslant y\leqslant 1/2$ 和 $0\leqslant z\leqslant 1$ 区域组成的平行六面体。

(6) 对称操作:给出了获得一般位置(x,y,z)等效点坐标的操作规则。一般位置是指处在点群中非宏观对称元素存在的位置。非初基格子的对称可以分成不同的集合,这些集合是通过布拉维晶格中心的平移矢量得到的。第一个集合是在初基格子上建立起来的集合,故选择(0,0,0)+set 作为一组,Cmm2 是底心格子,所以还存在底心点阵(1/2,1/2,0)+set。随后表中给出了对称操作的序列号以及对称元素和对称元素所处的位置,其中 t(1/2,1/2,0)代表点沿 $\boldsymbol{a}$(或 x 轴)和 $\boldsymbol{b}$(或 y 轴)的 1/2 平移。

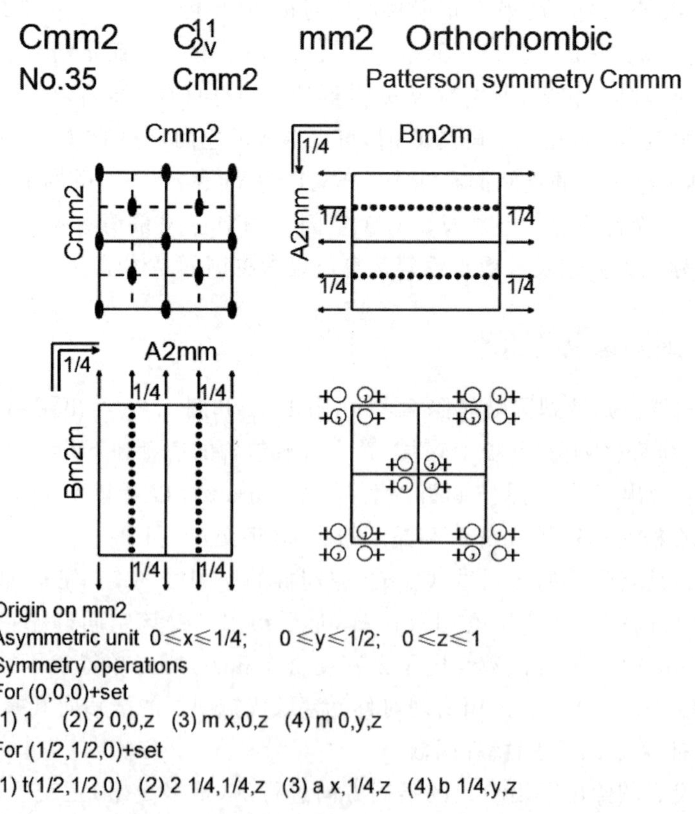

图 1.27 国际晶体学表中的 Cmm2 空间群(1)

(7) 生成操作的选取是指包括形成空间群的平移操作在内的最小对称操作集合。前三个代表沿三个主要晶体学方向的完整平移,第四个表示底心布拉维晶格的平移,然后从前面对称操作部分确定对称操作的序号。空间群 Cmm2 的等效点可以通过与 z 轴重合的二次

CONTINUED　　No.35　　Cmm2

Generators selected　(1); t(1, 0, 0); t(0, 1, 0); t(0, 0, 1); t(1/2, 1/2, 0); (2); (3);

Positions

Multiplicity, Wyckoff letter, Site symmetry			Coordinates		Reflection conditions
			(0, 0, 0)+	(1/2, 1/2, 0)+	General:
8	f	1	(1) x, y, z (2) $\bar{x}, \bar{y}, z$ (3) x, $\bar{y}$, z (4) $\bar{x}$, y, z		hkl: h+k=2n 0kl: k=2n h0l: h=2n hk0: h+k=2n h00: h=2n 0k0: k=2n
					Special: as above, plus
4	e	m..	0, y, z	0, $\bar{y}$, z	no extra conditions
4	d	.m.	x, 0, z	$\bar{x}$, 0, z	no extra conditions
4	c	..2	1/4, 1/4, z	1/4, 3/4, z	hkl: h=2n
2	b	mm2	0, 1/2, z		no extra conditions
2	a	mm2	0, 0, z		no extra conditions

Symmetry of special projections

Along [001] c2mm　　Along [100] p1m1　　Along [010] p11m

a'=a　b'=b　　a'=1/2b　b'=c　　a'=c　b'=1/2a

Origin at 0, 0, z　　Origin at x, 0, 0　　Origin at 0, y, 0

Maximal non-isomorphic subgroups

I　[2]C1m1(Cm, 8)　(1;3)+

[2]Cm11(Cm, 8)　(1;4)+

[2]C112(P2, 3)　(1;2)+

IIa　[2]Pba2(32)　1; 2; (3; 4)+(1/2, 1/2, 0)

[2]Pbm2(Pma2, 28)　1; 3; (2; 4)+(1/2, 1/2, 0)

[2]Pma2(28)　1; 4; (2; 3)+(1/2, 1/2, 0)

[2]Pmm2(25)　1; 2; 3; 4

IIb　[2]Ima2 ($c' = 2c$) (46);[2] Ibm2 ($c' = 2c$) (Ima2,46);[2] Iba2 ($c' = 2c$) (45);[2]Imm2($c' = 2c$)(44);[2]Ccc2($c' = 2c$)(37);

[2]Cmc2_1 ($c' = 2c$) (36);[2]Ccm2_1($c' = 2c$) (Cmc2_1, 36)

Maximal isomorphic subgroups of lowest index

IIc　[2]Cmm2 ($c' = 2c$) (35); [3] Cmm2 ($a' = 3a$ or $b' = 3b$) (35)

Minimal non-isomorphic supergroups

I　[2]Cmmm(65); [2]Cmme(67); [2]P4mm(99) ; [2]P4bm(100); [2]P4_2cm(101); [2]P4_2nm(102);

[2] P$\bar{4}$2m(111); [2]P$\bar{4}2_1$m(113); [3]P6mm(183)

II　[2]Fmm2(42); [2]Pmm2($\mathbf{a}' = \mathbf{a}/2, \mathbf{b}' = \mathbf{b}/2$) (25)

图 1.28　国际晶体学表中的 Cmm2 空间群(2)

旋转轴(对称操作 No. 2)以及垂直于 y 轴且 $y=0$ 处的对称面(对称操作 No. 3)以及四个平移生成。

(8) 在 Positions 区域给出了单胞内可能存在的阵点(或原子)的位置以及反射条件的信息。反射条件给出了受到空间群对称限制的米勒指数可能的组合对反射规律的影响，即消光规律。魏柯夫符号(Wyckoff letter)表示单胞内各种不同类型点的位置的一种符号。例如，空间群的原点(0,0,0)不论对它怎样操作，其坐标位置仍是点(0,0,0)不变，所以原点对称性很高。而一般位置点则可得多个对称位置，所以对称性较低。对每一个可能的位置都用一个字母代表。位置对称性最高的用字母 a 表示，并由此开始按字母顺序排下去，直到位置对称性最低的位置(a,b,c,d,…)。位置数(multiplicity)处于魏柯夫符号前面的数字，表示每一空间群中各种特定对称位置的个数。例如，空间群 Cmm2 中，魏柯夫符号为 a 时，对应的位置数为 2，而对于一般位置点，魏柯夫符号为 f 时，位置数为 4 个。位置对称性(site symmetry)表达了在该种对称操作下相应位置的坐标不会改变。例如，Cmm2 中，魏柯夫位置为 a 时，对应的位置数为 2，处在此魏柯夫位置时进行 mm2 的对称操作该点的位置不会发生变化，原来为$(0,0,z)$的位置，对称变换后仍然为$(0,0,z)$；魏柯夫位置为 d 时，位置数为 4，对应的位置对称为.m.，这种对称并不会产生新的对称点，原来为$(x,0,z)$的等效点对称后仍然为$(x,0,z)$，由于$(\bar{x},0,z)$也满足这一位置对称关系，所以此时位置对称的坐标为$(x,0,z)$和$(\bar{x},0,z)$。

国际晶体学表中包含了大量的晶体学信息，是我们进行晶体结构分析的最重要的工具。

1.6 常见的晶体结构

常见的金属材料大多为晶体，很多无机非金属也属于晶体。目前，人们将晶体划分成 A,B,C,…的符号体系，A 表示单质晶体；B 表示 AX 型化合物；C 表示 AX_2 型化合物；D 表示 A_nX_m 型化合物，其中 D0 表示 AX_3 型化合物；E 表示两种元素以上没有原子基团的化合物；F 表示带有 BX 和 BX_2 原子基团的化合物等。现将几种典型的晶体结构作一介绍。

1.6.1 单质晶体结构

(1) 铜型：晶体结构符号是 A1，其为面心立方晶体，空间群为 $Fm\bar{3}m$(第 225 号空间群)。原子占据 4a 位置，各原子的坐标为(0,0,0)，(1/2,1/2,0)，(1/2,0,1/2)和(0,1/2,1/2)。属于这种结构的晶体有 Al、Cu、γ-Fe、Au、Ni 等，如图 1.29(a)所示。

(2) 钨型：晶体结构符号是 A2，其为体心立方晶体，空间群为 $Im\bar{3}m$(第 229 号空间群)。原子占据 2a 位置，各原子的位置坐标分别为(0,0,0)和(1/2,1/2,1/2)。属于这种结构的晶体有 Ba、Cs、α-Fe、Ta、V、W 等，如图 1.29(b)所示。

(3) 镁型：晶体结构符号是 A3，其为密排六方晶体，空间群为 $P6_3/mmc$(第 194 号空间群)。原子占据 2c 位置，各原子的坐标为(1/3,2/3,1/4)和(2/3,1/3,3/4)。属于这种结构的晶体有 Mg、α-Be、Cd、α-Zr、α-Ti 等，如图 1.29(c)所示。

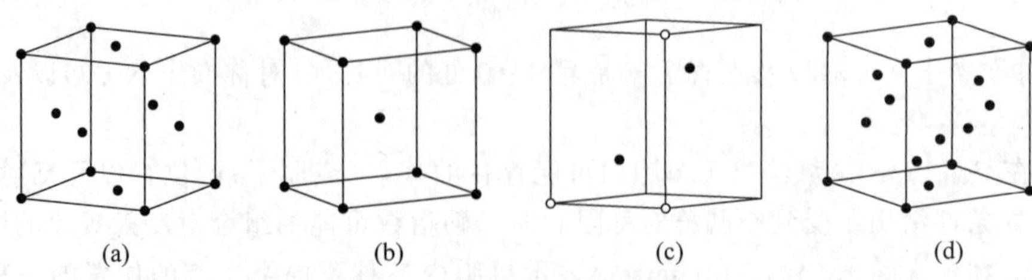

图 1.29 几种单质晶体的结构

(a) 铜型；(b) 钨型；(c) 镁型；(d) 金刚石型

(4) 金刚石型：晶体结构符号是 A4，其为面心立方晶体，空间群是 $Fd\bar{3}m$(第 227 号空间群)。原子占据 8a 位置。属于这种结构的晶体有金刚石 C、Ge、Si、α-Sn 等，如图 1.29(d)所示。

单质晶体中还有体心四方的 β-Sn 型晶体结构，α-Sn 型的菱形三方晶体等。

1.6.2　AX 型化合物

(1) NaCl 型：晶体结构符号是 B1，其为面心立方结构，空间群是 $Fm\bar{3}m$(第 225 号空间群)，Na 离子占据 4a 位置，Cl 离子占据 4b 位置，如图 1.30(a)所示。属于这种结构的晶体有 VC、TiC、NbC、PbS、TiN、TiB 等。

(2) β′-CuZn 型：晶体结构符号是 B2，其为简单立方结构，空间群是 $Pm\bar{3}m$(第 221 号空间群)。Cu 原子占据 1a 位置，Zn 原子占据 1b 位置，如图 1.30(b)所示。属于这种结构的晶体有 AgCd、CoTi、FeAl、FeV 等。

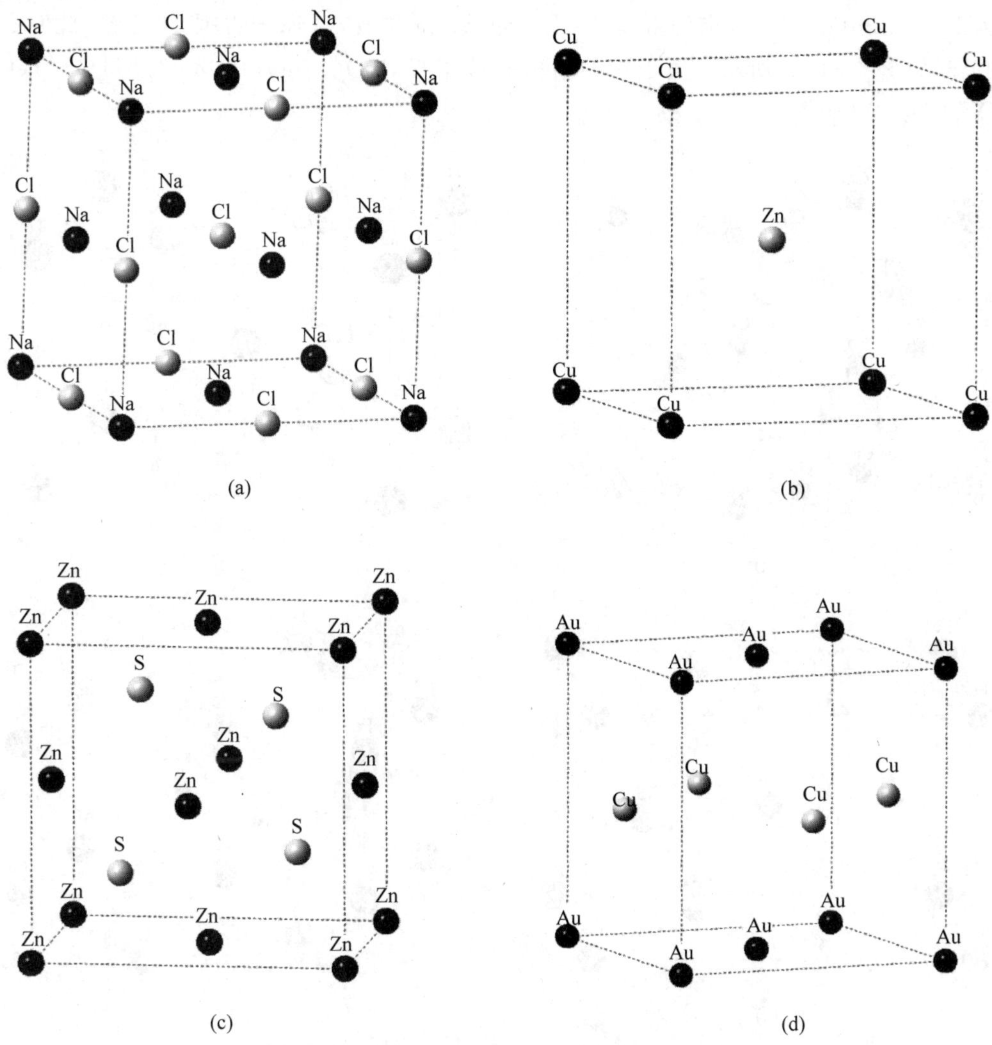

图 1.30　几种 AX 型化合物的晶体结构

(a) NaCl 型；(b) β′-CuZn 型；(c) ZnS 型；(d) AuCu Ⅰ 型

(3) ZnS 型：晶体结构符号是 B3，其为面心立方晶体，空间群是 $F\bar{4}3m$(第 216 号空间群)。Zn 原子占据 4a 位置，S 原子占据 4c 位置，如图 1.30(c)所示。属于这种结构的晶体有 SiC、CdSe、CdTe、InAs、InSb、ZnSe、AlAs 等。

(4) AuCuⅠ型：晶体结构符号是 $L1_0$，其为简单四方结构，空间群是 P4/mmm(第 123 号空间群)。Au 原子占据 1a 和 1c 位置，Cu 原子占据 2e 位置，如图 1.30(d)所示。属于这种结构的晶体有 AgTi、AlTi、AuCuⅠ、θ-CdPt、FePd、θ-MnNi 等。

1.6.3 AX_2 型化合物

(1) CaF_2 型：晶体结构符号是 C1，其为面心立方晶体。Ca 原子占据 4a 位置，F 原子占据 8c 位置，如图 1.31(a)所示。属于这种晶体结构的还有 Be_2B、$CoSi_2$、Mg_2Pb、Mg_2Si、CeO_2、ZrO_2、UO_2 等。

(2) TiO_2 型：晶体结构符号是 C4，其为简单四方晶体($a=4.593$Å，$c=2.959$Å)，空间群为 $P4_2/mnm$(第 136 号空间群)。Ti 原子占据 2a 位置，O 原子占据 4f 位置，此时 $x=0.3056$，如图 1.31(b)所示。属于这种结构的晶体有 PbO_2、SnO_2、β-MnO_2、TaO_2、TeO_2、TiO_2、VO_2、WO_2 等。

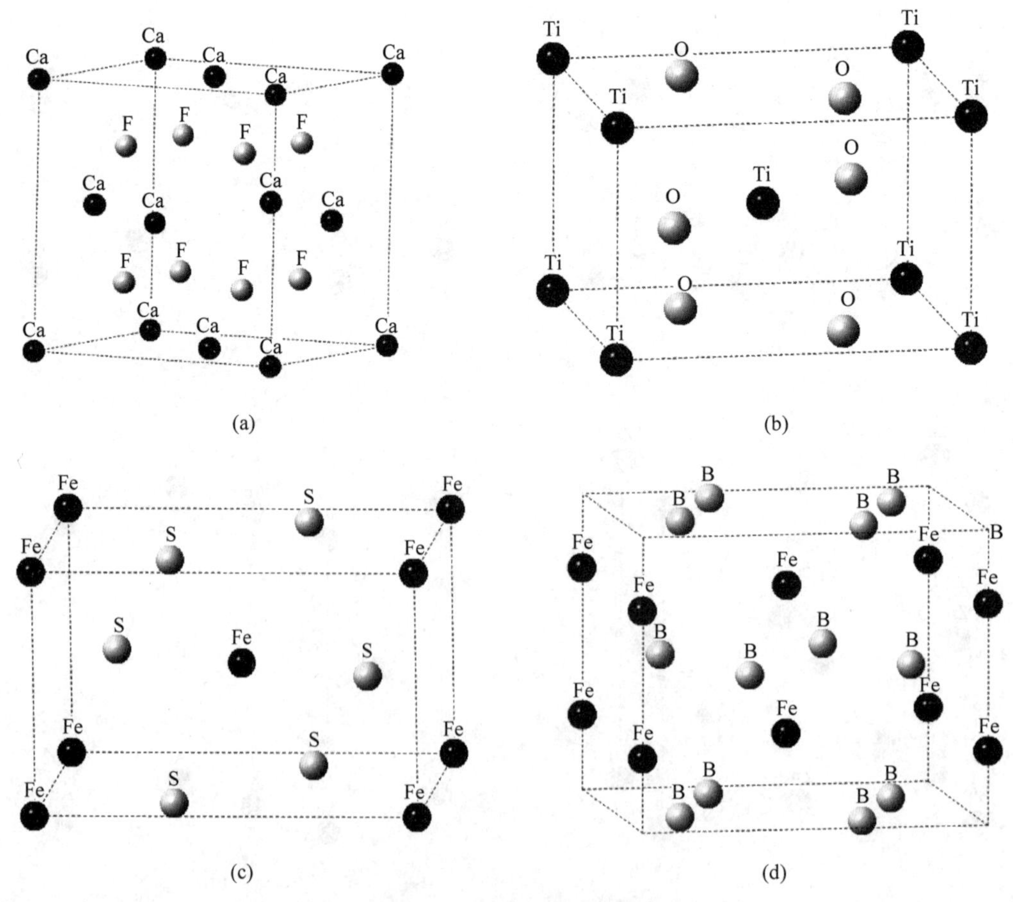

图 1.31 AX_2 型化合物的晶体结构

(a) CaF_2 型；(b) TiO_2 型；(c) FeS_2 型；(d) FeB_2 型

(3) FeS_2 型：晶体结构符号是 C18，其为简单正交晶体($a=4.443$Å，$b=5.424$Å，$c=3.386$Å)，空间群为 Pnnm(第 58 号空间群)。Fe 原子占据 2a 位置，S 占据 4g 位置，$x=0.2$，$y=0.348$，如图 1.31(c)所示。属于这种晶体结构的晶体有 FeP_2、FeS_2、$FeSe_2$、$FeTe_2$、$NiSb_2$ 等。

(4) FeB_2 型：晶体结构符号是 C16，其为体心四方晶体($a=5.11$Å，$c=4.249$Å)，空间群为 I4/mcm(第 140 号空间群)。Fe 原子占据 4a 位置，B 原子占据 8h 位置(x，$x+1/2$，0)，$x=0.1649$，如图 1.31(d)所示。属于这种晶体结构的晶体有 $CuAl_2$、CoB_2、FeB_2、MnB_2、NiB_2、MoB_2、WB_2、$FeSn_2$ 等。

1.6.4　AX_3 型化合物

(1) Fe_3C 型：晶体结构符号是 $D0_{11}$，其为简单正交晶体($a=5.092$Å，$b=6.741$Å，$c=4.527$Å)，空间群是 Pnma(第 62 号空间群)。Fe 原子占据 4c($x=0.036$，$z=0.852$)和 8d(如 $x=0.186$，$y=0.063$，$z=0.328$)位置，C 原子占据 4c(如 $x=0.89$，$z=0.45$)位置，如图 1.32 所示。不同文献给出的上述 4c 和 8d 的 x，y，z 值也不尽相同。属于这种结构的晶体有 Co_3B、Co_3C、Fe_3C、Mn_3C、Pd_3P 等。

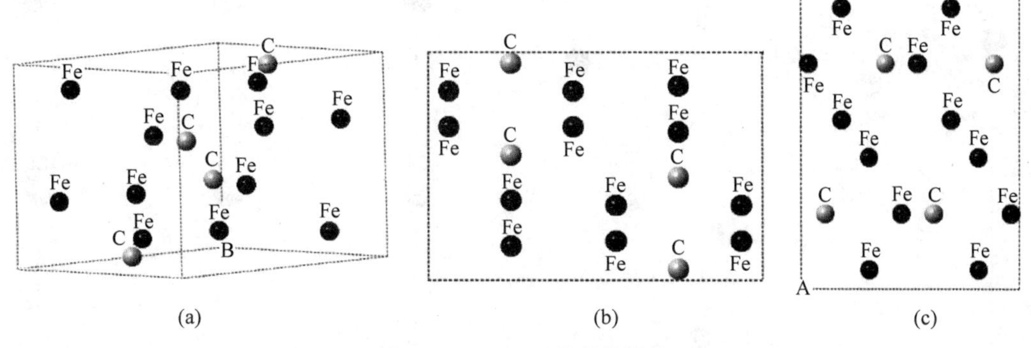

图 1.32　Fe_3C 型的晶体结构

(a) 原子的空间分布；(b) [100]方向投影；(c) [001]方向投影

(2) BiF_3(或 $BiLi_3$)型：晶体结构符号是 $D0_3$，其为面心立方晶体，空间群是 $Fm\bar{3}m$(第 225 号空间群)。Bi 原子占据 4a 位置，F 原子占据 4b 和 8c 位置，如图 1.33 所示。属于这种结构的晶体有 $BiLi_3$、Fe_3Al、γ-Cu_3Sn、α-Fe_3Si、Mn_3S、Ni_3Sn 等。

(3) $AuCu_3$ Ⅰ 型：晶体结构符号是 $L1_2$，其为简单立方晶体，相应的空间群是 Pm3m(第 221 号空间群)。Au 原子占据 1a 位置，Cu 原子占据 3c 位置，如图 1.34 所示。属于这种结构的晶体有 a-$AINi_3$、$AuCu_3$ Ⅰ、$CoPt_3$、Cr_3Pt、$FePd_3$、Ni_3Fe、Ni_3Mn、Sn_3U。

(4) Ni_3Sn 型：晶体结构符号是 $D0_{19}$，其为密排六方晶体($a=5.296$Å，$c=4.248$Å)，空间群是 $P6_3/mmc$(第 194 号空间群)。Ni 原子占据 6h($x=0.833$)位置，Sn 原子占据 2c 位置，如图 1.35 所示。属于这种结构的晶体有 Cd_3Mg、$CdMg_3$、Co_3Mo、Co_3W、β''-Fe_3Sn、Ni_3In、Ni_3Sn。

(5) Al_3Ti 型：晶体结构符号是 DO_{22}，其为体心四方晶体($a=3.854$Å，$c=8.584$Å)，空间群是 I4/mmm(第 139 号空间群)。Al 原子占据 2b 和 4d 的位置，Ti 原子占据 2a 位置，如

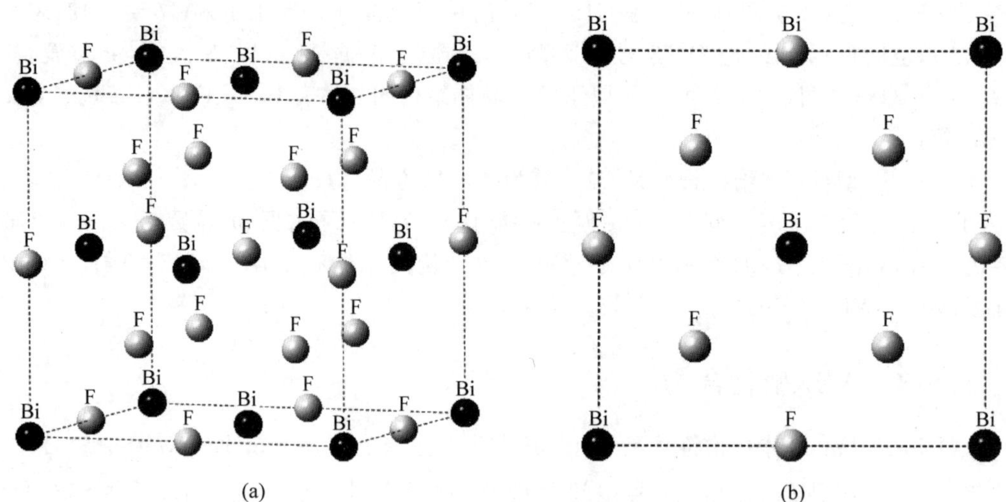

图 1.33　BiF_3 型的晶体结构

(a) 原子的空间分布；(b) [001]方向投影

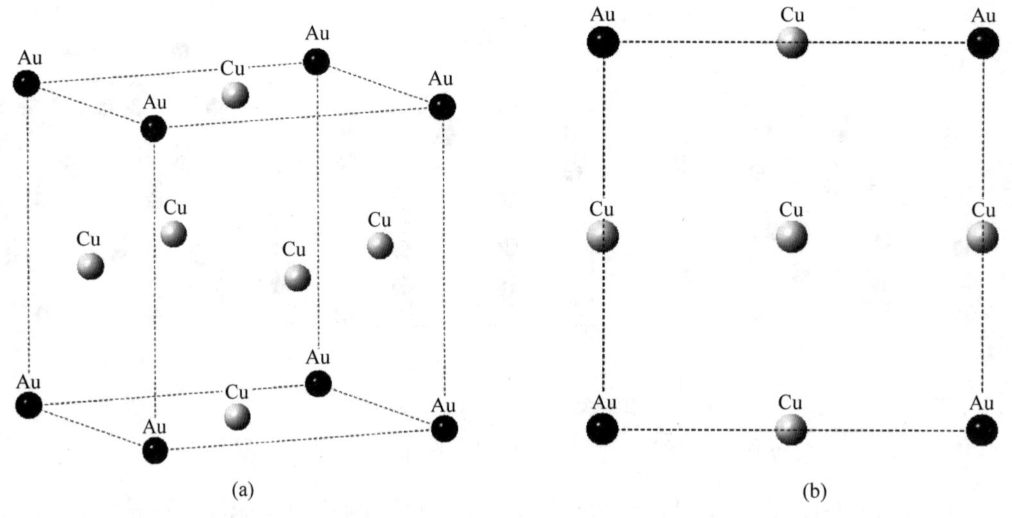

图 1.34　$AuCu_3$ Ⅰ型的晶体结构

(a) 原子的空间分布；(b) [001]方向投影

图 1.36 所示。属于这种晶体结构的晶体有 Al_3Nb、Al_3Ti、Al_3Hf、Al_3Ta、Al_3V、Ni_3V 等。

(6) Cr_3Si 型：晶体结构符号是 A15，其为简单立方晶体，空间群为 Pm3n（第 223 号空间群）。Cr 原子占据 6c 位置，Si 原子占据 2a 位置，如图 1.37 所示。属于这种结构的晶体有 AlV_3、$AuTi_3$、CoV_3、Cr_3Si、V_3Si、W_3Si、Nb_3Sn 等。

1.6.5　拓扑密堆型化合物

拓扑密堆型化合物是由两种或三种大小不同的原子组成的。大小原子通过适当配合构成空间利用率和配位数都很高的复杂结构。这种结构比面心立方和密排六方结构的空间利用率都高，因而称为拓扑密堆结构。常见的拓扑密堆结构有拉弗斯（Laves）相、σ 相、μ 相等。

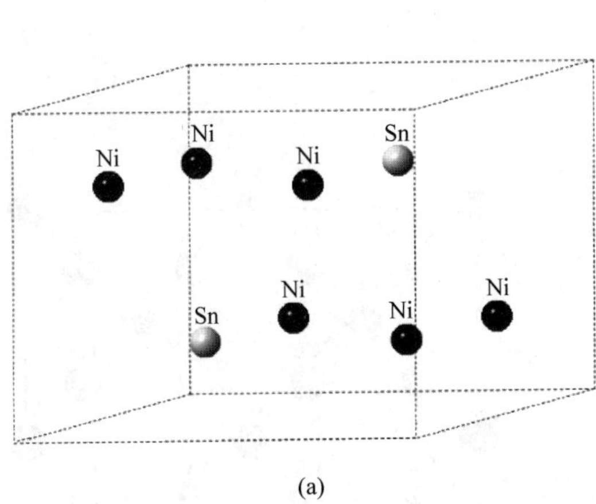

(a)

(b)

图 1.35　Ni_3Sn 型的晶体结构

(a) 原子的空间分布；(b) [001]方向投影

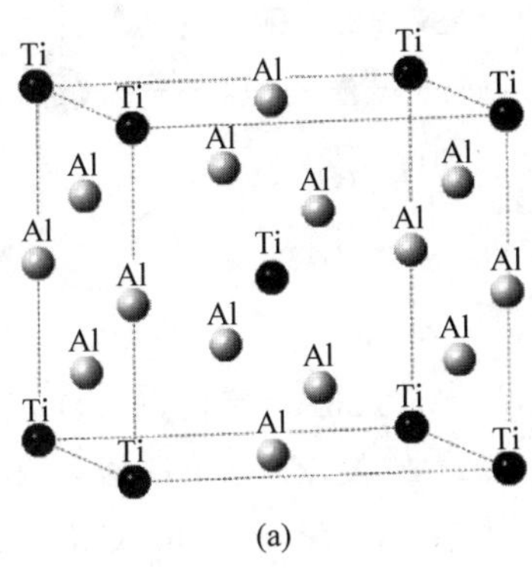

(a)

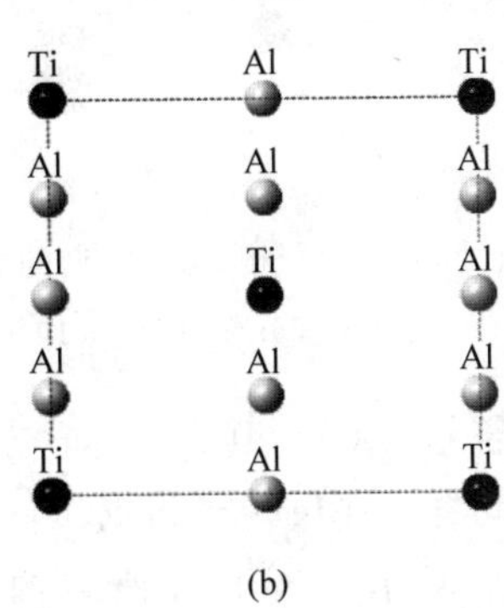

(b)

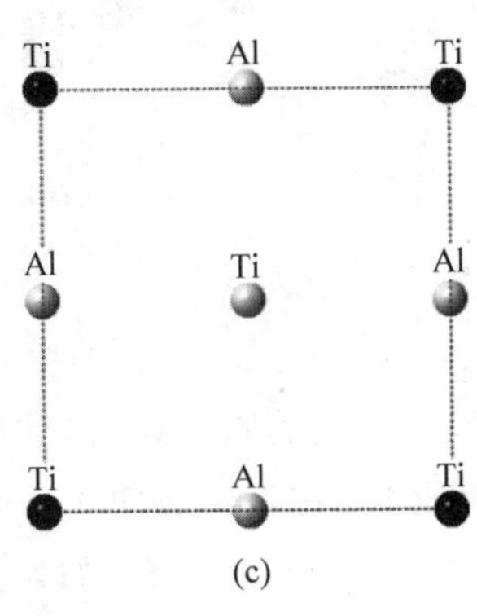

(c)

图 1.36　Al_3Ti 型的晶体结构

(a) 原子空间分布；(b) [100]方向投影型；(c) [001]方向投影型

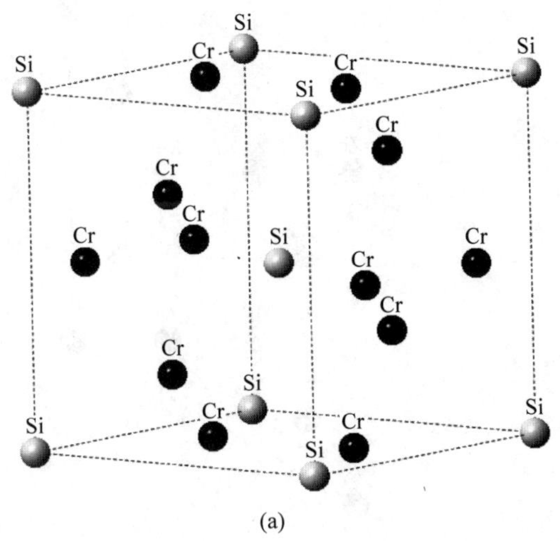

(a)

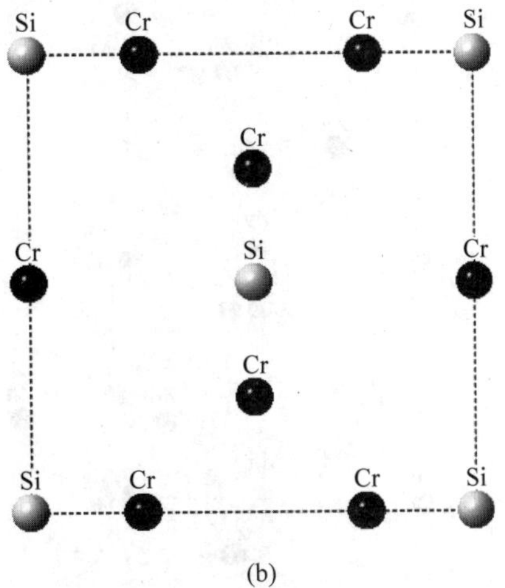

(b)

图 1.37　Cr_3Si 型的晶体结构

(a) 原子空间分布；(b) [001]方向投影型

拉弗斯相：拉弗斯相按照结构特征可以划分为Cu_2Mg型、$MgZn_2$型、$MgNi_2$型。

(1) Cu_2Mg型：晶体结构符号是C15，其为面心立方晶体，空间群是$Fd\bar{3}m$，点阵参数$a=7.039Å$。Mg原子占据8b($x=y=z=0.375$)位置，Cu原子占据16c(000)位置，如图1.38所示。属于这种结构的晶体有Al_2Ca、Al_2U、Co_2U、Co_2Zr、Cu_2Mg、Fe_2U、Fe_2Zr、α-$TiCo_2$、ZrW_2等。

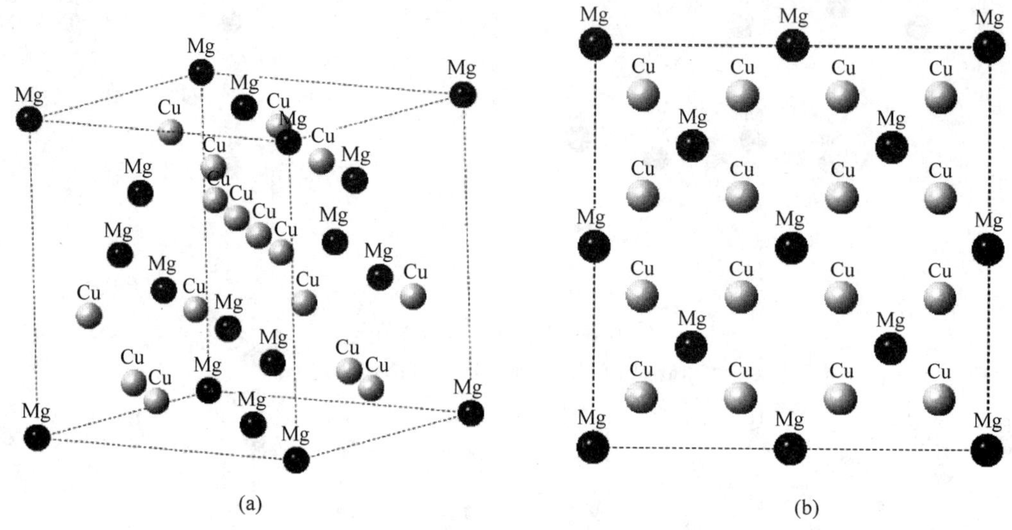

图1.38 拉弗斯相Cu_2Mg型的晶体结构

(a) 原子的空间分布；(b) [001]方向投影

(2) $MgZn_2$型：晶体结构符号是C14，其为密排六方晶体($a=5.223Å$，$c=8.566Å$)，空间群是$P6_3/mmc$(第194号空间群)。Mg原子占据4f($z=0.062$)位置，Zn原子占据2a和6h($x=0.83$)位置，如图1.39所示。属于这种结构的晶体有Al_2Zr、Be_2Mo、$CaCd_2$、$CaMg_2$、$CdCu_2$、Fe_2Mo、Fe_2Ta、Fe_2Ti、Fe_2W、$MgZn_2$、$TiZn_2$、FeSiW和高温$TiCr_2$等。

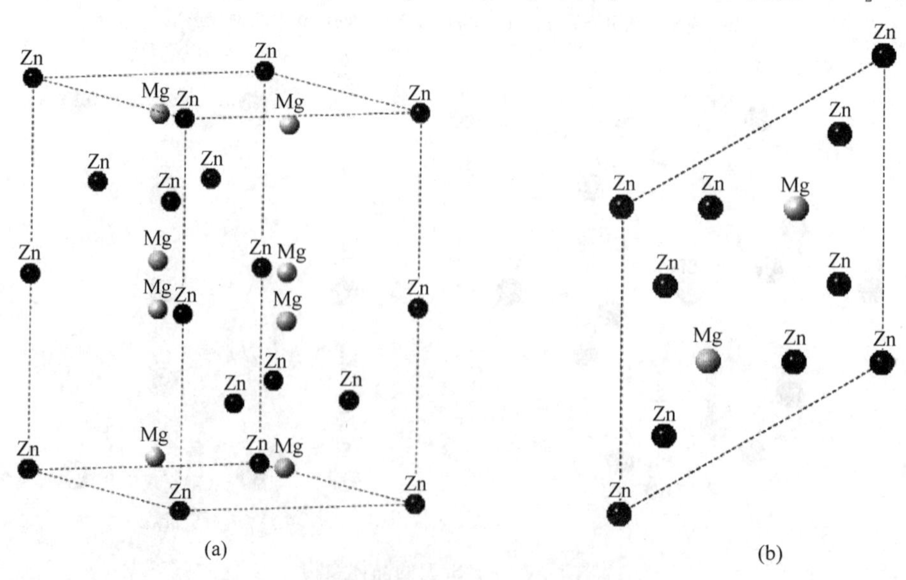

图1.39 拉弗斯相$MgZn_2$型的晶体结构

(a) 原子的空间分布；(b) [001]方向投影

(3) $MgNi_2$ 型：晶体结构符号是 C36，其为密排六方晶体($a=4.824$Å，$c=15.826$Å)，空间群是 $P6_3/mmc$(第 194 号空间群)。Mg 原子占据 4e($z=0.094$)和 4f($z=0.8442$) 位置，Ni 原子占据 4f($x=0.1251$)，6g 和 6h($x=0.1643$) 位置。属于这种结构的晶体有 $NbCo_2$、$MgNi_2$、$ZrFe_2$ 等。

σ 相：σ-FeCr 型，晶体结构符号是 $D8_b$，其为简单四方晶体($a=8.799$Å，$c=4.544$Å)，空间群是 $P4_2/mnm$(第 136 号空间群)。原子位置为 2a，4g($x=0.3981$)，8i($x_1=0.5368$，$y_1=0.1316$，$x_2=0.0653$，$y_2=0.2476$)和 8j($x=0.3177$，$z=0.2476$)。其中 2a 位置上的原子有 40%是 Cr，有 60%是 Fe，4g 及 $8i_1$ 上为 45%Cr+55%Fe，$8i_2$ 上为 35%Cr+65%Fe，8j 上为 50%Cr+50%Fe，如图 1.40 所示。这样 Cr 的原子分数总共为 43.3%。实际的原子分数组成用 A=40%Cr+60%Fe，B=45%Cr+55%Fe，C=35%Cr+65%Fe，D=50%Cr+50%Fe 表示。

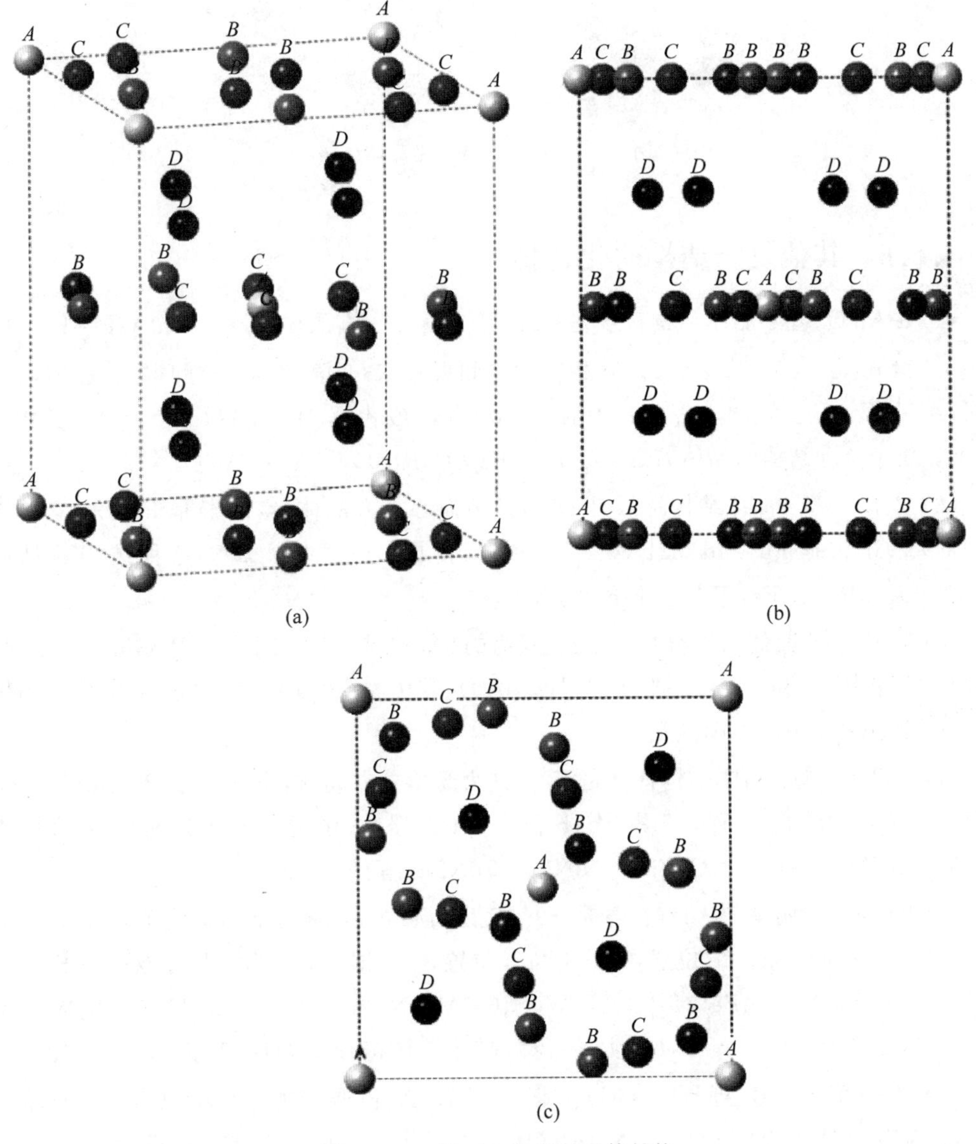

图 1.40　σ 相 σ-FeCr 型的晶体结构

(a) 原子空间分布；(b) [001]方向投影；(c) [001]方向投影

属于这种结构的晶体有 σ-CoCr、Co_2Mo_3、$CrMn_3$、σ-FeCr、σ-FeMo、σ-FeV、σ-MnMo、TaV 等。

μ 相：Fe_7W_6 型晶体结构符号是 $D8_5$，其为菱形三方晶体($a=4.764$，$c=25.850$)，空间群是 $R\bar{3}m$(第 166 号空间群)。采用菱形单胞的坐标系，Fe 原子占据 1a 和 6h($x=0.9$，$z=0.59$)位置，W 原子占据 2c($x_1=0.167$，$x_2=0.346$，$x_3=0.448$)位置。菱方 Fe_7W_6 的点阵常数为 $a=9.04$Å，$\alpha=30.5°$，如图 1.41 所示。属于这种结构的晶体有 μ-Co_7Mo_3、Co_7W_6、Fe_7Mo_6、Fe_7W_6、NiTa 等。

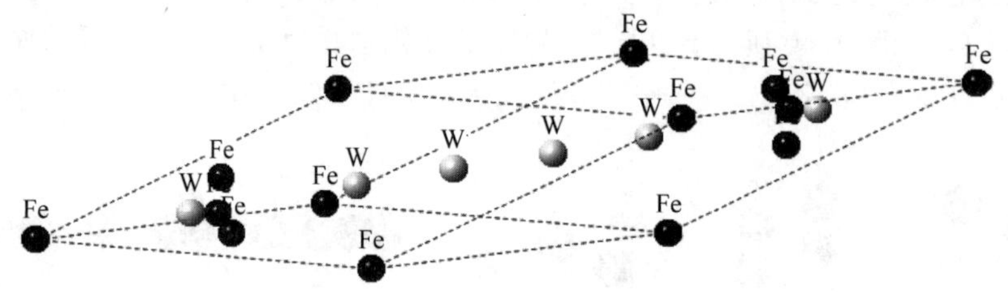

图 1.41 μ 相 Fe_7W_6 型晶体结构

1.6.6 其他复杂结构的化合物

(1) α-Al_2O_3 型：晶体结构符号是 $D5_1$，其为菱形三方晶体($a=4.760$Å，$c=12.99$Å)，$a_0=0.514$nm，$\alpha=55°17'$，$Z=2$。其相应的空间群是 $R\bar{3}c$(第 167 号空间群)。晶体取 P 单胞时，Al 占据 12c 位置(0,0,z)，其中有 $z=0.352$；O 占据 18e 位置(x,0,1/4)，其中 $x=0.306$。属于这种结构的晶体有 α-Al_2O_3、α-Fe_2O_3、Rh_2O_3、Ti_2O_3、V_2O_3 等。

(2) $Cr_{23}C_6$ 型：晶体结构符号是 $D8_4$，其为面心立方晶体，空间群是 $Fm\bar{3}m$(第 225 号空间群)。Cr 占据 4b、24d、$32f_1$、$32f_2$ 位置，C 占据 24e 位置。属于这种结构的晶体有 $Cr_{23}C_6$、$Fe_{21}Mo_2C_6$、$Fe_{21}W_2C_6$、$Mn_{23}C_6$ 等。

(3) CaB_6 型：晶体结构符号是 $D2_1$，其为简单立方晶体，空间群是 $Pm\bar{3}m$(第 221 号空间群)。Ca 占据 1a 位置，B 占据 6f 位置(x,0,0)，其中 $x=0.207$。属于这种结构的晶体有 YB_6、ThB_6、KB_6、SiB_6、LaB_6 等。

(4) $CaTiO_3$ 型：晶体结构符号是 $E2_1$，其为简单立方晶体，空间群是 $Pm\bar{3}m$(第 221 号空间群)。Ca 占据 1a 位置，Ti 占据 1b 位置，O 占据 3c 位置。属于这种结构的晶体有 $AlCFe_3$、$AlCMn_3$、$AlCTi_3$、$CaTiO_3$、$NiNFe_3$、$SnNFe_3$ 等。

(5) Fe_3W_3C 型：晶体结构符号是 $E9_3$，其为面心立方晶体，空间群是 $Fd\bar{3}m$(第 227 号空间群)。Fe 占据 16d、32e 位置，W 占据 48f 位置，C 占据 16c 位置。属于这种结构的晶体有 Ca_2Mo_4C、Fe_3Mo_3C、Fe_3Mo_3N、Fe_3W_3C、Cr_3Mo_3N、Mn_3Mo_3C、Mo_3Ni_3C、Ni_3W_3C 等。

(6) $MgAl_2O_4$ 型：$MgAl_2O_4$ 尖晶石型，晶体结构符号是 $H1_1$，其为面心立方晶体，空间群是 $Fd\bar{3}m$(第 227 号空间群)。Mg 占据 8a 位置，Al 占据 16d 位置，O 占据 32e 位置。属于这种结构的晶体有 $CrAl_2S_4$、$MgAl_2O_4$、$NiCo_2S_4$、Co_3O_4、Co_3S_4、$CuTi_2S_4$、$FeNi_2S_4$、Fe_3O_4、Fe_3S_4、Ni_3S_4 等。

(7) β-Si_3N_4 型：晶体结构符号是 $H1_3$，其为简单六方晶体，空间群是 $P6_3/m$(第 176 号空间群)。Si 占据 6h 位置，N 占据 2c、6h 位置。属于这种结构的晶体有 Nb_3Te_4、Nb_3S_4、Nb_3Se_4、β-Si_3N_4 等。

(8) $CaCO_3$ 的结构符号是 GO_2，其为菱形三方晶体，空间群是 $R\bar{3}c$(第 167 号空间群)。晶体取 R 单胞时 Ca 占据 2b 位置，C 占据 2a 位置，O 占据 6e 位置。

第2章

晶体投影和倒易点阵

为便于分析三维晶体结构，人们借助二维图形来表示三维晶体以及点阵等图形中直线、平面的取向及它们之间的几何关系，这就是晶体投影。由于计量的是角度关系，故投影中需要某些几何元素来准确体现形体中的直线、平面等在空间的取向，而且这些几何元素的分布应是保角度的。

2.1 晶体投影

为将三维图形中的直线、平面等投影到二维平面上，我们先引入一个大参考球，将晶体置于球心。假设参考球半径远大于置于球心的晶体尺寸，这样可以认为晶体的各晶向和各晶面均通过球心。

2.1.1 球面投影

我们先作一个大参考球，将晶体置于球心，若通过球心的直线交球面于一点，称此点为该直线在球面投影上的迹点。通过球心的平面与球面交成一个大圆，此圆即该平面的迹线。如果将平面的面法线通过球心，此平面法线与球面相交，则此交点称为该平面的极点。投影面上的点可理解为直线的迹点或平面的极点。

2.1.2 球坐标和角度测定

过参考球的球心作三个互相垂直的轴：竖直轴 NS、水平轴 CD 和垂直纸面的轴 AB，如图 2.1 所示。包含 AB 轴和 CD 轴的平面称为赤道平面。若以 OA 方向为基准，球面上任一点 P'的位置，可由 OP'与 ON 轴夹角 ρ 及其在赤道平面上的投影 OK 与 OA 轴间夹角 ϕ 确定，记为 $P'(\rho,\phi)$。ρ 和 ϕ 称为 P'的极角和辐角。

为了便于对球面上的点进行角度测量，我们将参考球按照地球的经纬线的方式划分(图 2.2)。过球心的水平大圆 $ABCD$ 为赤道大圆，平行于赤道圆的平面与参考球的交线为纬线圆，与赤道垂直的线段 NS 为过两极 N、S 的极轴，纬线圆的圆心都在 NS 轴线上，纬线圆均为小圆。经线则是以 NS 为轴的平面与参考球的交线，经线均为大圆，经纬线角度的确定如图 2.3 所示。

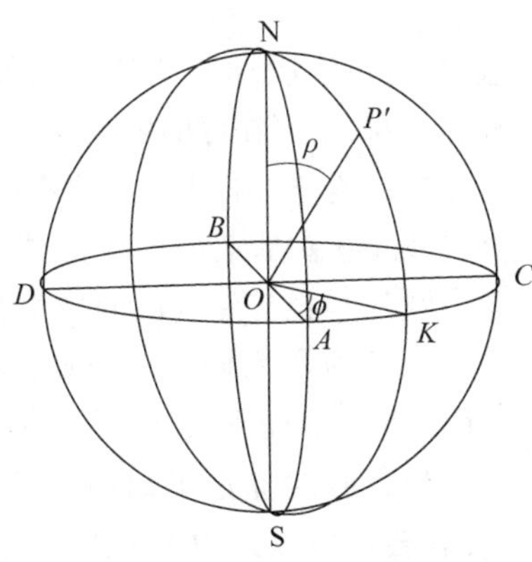

图 2.1 球面上点的坐标

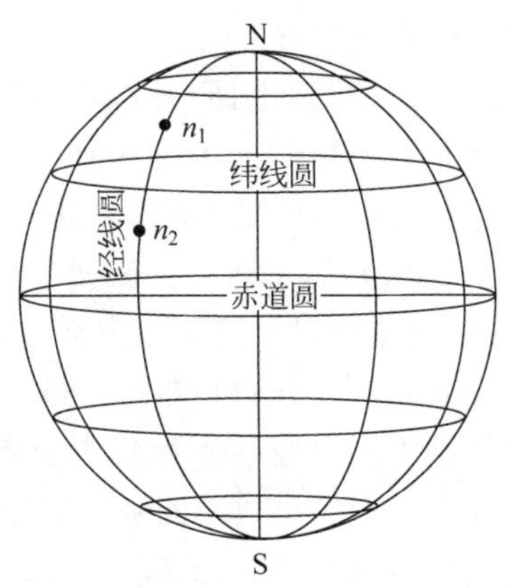

图 2.2 参考球上的经纬线

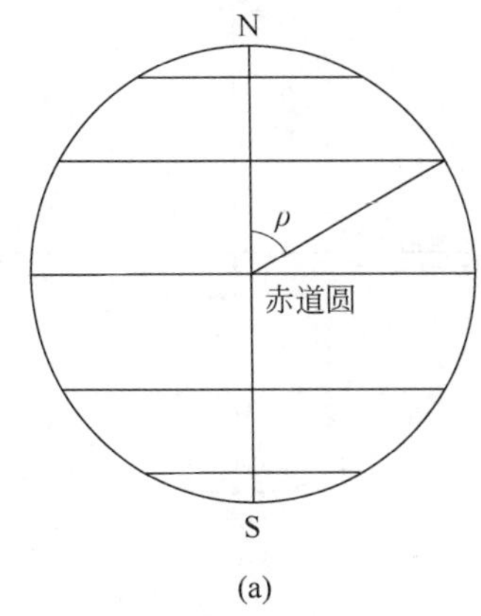

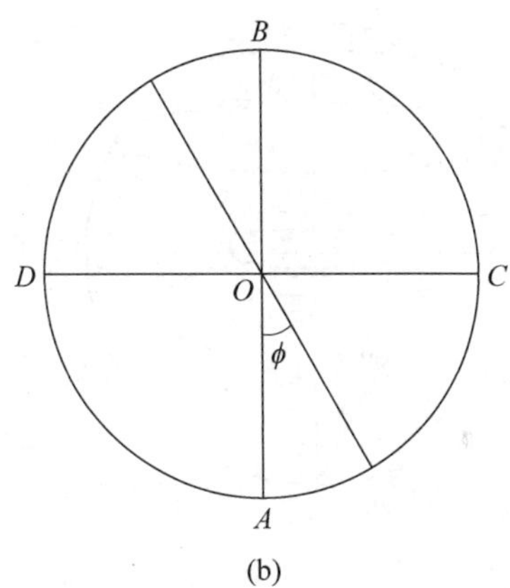

图 2.3 参考球上的经纬度角

(a) 极角(纬度角);(b) 辐角(经度角)

若想测定球面上两个极点的夹角,则必须将两点转到同一个大圆上,也就是将这两点转到同一个经线上,根据这两点的纬度差测定其夹角。

2.1.3 极射赤面投影

为便于使用,我们将球面投影变换成平面投影。在晶体学中采用最多的是极射赤面投影(图 2.4)。其原理是:以赤道平面为投影面,以南极(或北极)为投影点,将球面上的点、线、面进行投影。具体做法是:球面上一点 P' 的球面坐标为 (ρ,ϕ),如果 P' 在赤道平面的上方,则选取 S 极为投影点,反之选择 N 极作投影点,然后连接 SP' 与赤道平面交于 P'' 点,则 P'' 点就是 P' 点的极射赤面投影。根据几何关系,可以得到 NS 与 SP' 的夹角为 $\rho/2$,所以有 $OP''=r\times\tan(\rho/2)$。由于 NS、OP'、OP'' 共面,所以可以通

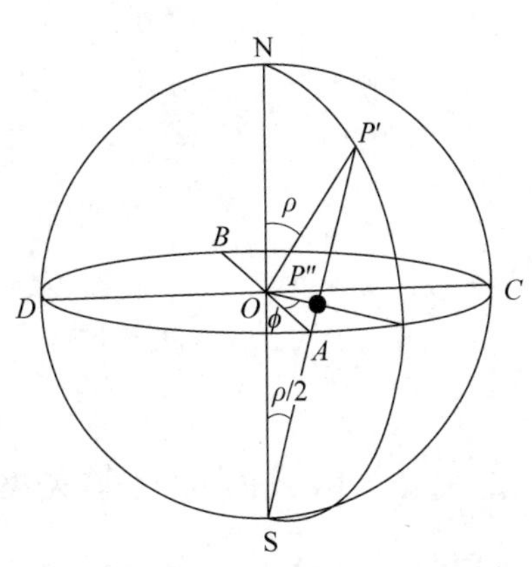

图 2.4 极射赤面投影过程

过辐角确定 P''点的位置。

与赤道平面平行的平面(纬线圆)的极射赤面投影为一组以球心为圆心的同心圆,以NS为轴的平面(经线圆)的极射赤面投影为基圆直径。如果点 P'在球的下半部,为了保证投影点在赤道圆内,应以N极为投影点进行投影,但使用不同的符号在极射赤面投影图中标注。

如图 2.5(a)所示,平行于投影面(赤道平面)的纬线圆,也就是水平小圆,经极射赤面投影后在投影面上形成以赤道圆心为圆心的同心圆,同心圆的半径与纬度圆的极角有关,可以用 $r'=r\times\tan(\rho/2)$ 计算同心圆的半径。图 2.5(b)是一组直立的大圆,该大圆以NS为旋转轴转动,这样的大圆经极射赤面投影会形成赤道平面的直径。图 2.5(c)是一组直立的小圆,经极射赤面投影后形成小圆弧。如图 2.5(d)所示,当大圆绕赤道平面内的某一个轴转动,也就是一个倾斜大圆时,此倾斜大圆的极射赤面投影会形成以此轴为端点的大圆弧。倾斜小圆的极射赤面投影如图 2.6 所示,在投影面上会形成一个小圆。

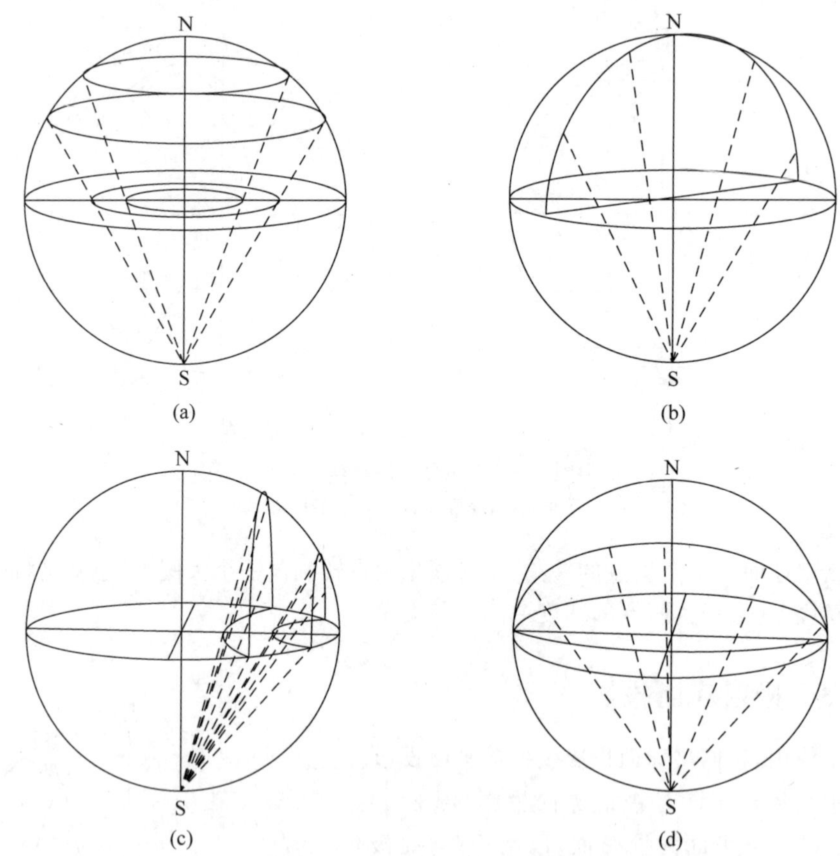

图 2.5　大圆及小圆的极射赤面投影

(a) 水平小圆;(b) 直立大圆;(c) 直立小圆;(d) 倾斜大圆

2.1.4 极式网和乌尔夫网

为了方便地对球面上任何两点夹角进行测定以及绕某一方向旋转一定角度等操作,需要一个按照极射赤面投影同样规则投影的标准图形作为度量,这样可以将三维空间上的夹角测定以及旋转等操作在投影平面直接进行，方便晶体面角关系的分析。目前普遍采用的标准投影方式有极式网和乌尔夫(Wulff)网。

当投影方式选择图 2.5(a)和(b)方式时，可以得到极式网。平行于投影面的纬线在投影面中为一组同心圆，围绕 NS 轴旋转的大圆在投影面上投影为直径。如果球面上等间距划分纬线，同时等角度绕 NS 轴转动，可以得到如图 2.7(a)所示的极式网。如果大圆绕投影面内某个直径等间隔角度转动，可以得到一组大圆弧，同时将垂直该直径的一组直立的小圆进行投影可以得到一组小圆弧，参见图 2.5(c)和(d)，可以得到乌尔夫网(图 2.7(b))。

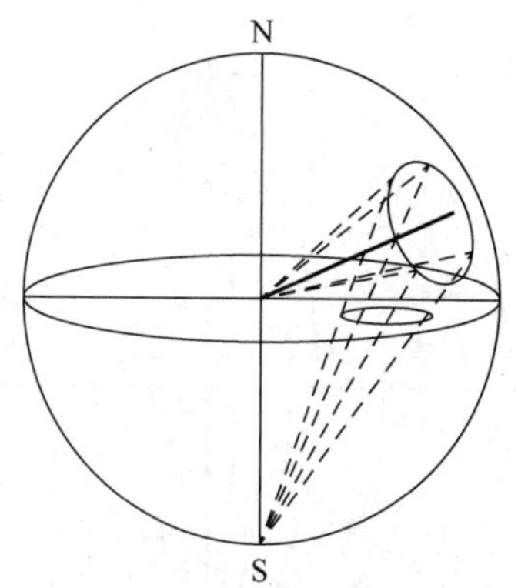

图 2.6　倾斜小圆的极射赤面投影

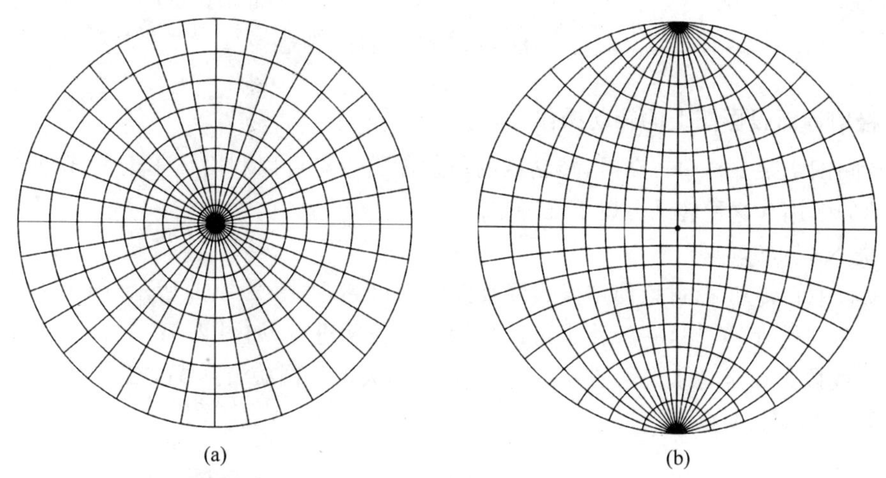

图 2.7　10°角度间隔的极式网和乌尔夫网
(a) 极式网；(b) 乌尔夫网

2.1.5　极射赤面投影图上的操作

1. 极射赤面投影图上两点之间角度的测量

极射赤面投影图上任意两点夹角的测定可以使用乌尔夫网实现。极式网只能在特定的情况下使用。在测定任意两点的夹角时需要将要测定的极点(或迹点)旋转至同一个平面上，即两点处于同一个大圆上，然后才能测量角度。当两点处于同一个大圆时，其投影处于乌尔夫网的赤道或某条经线上。将所要测定的极点转至同一经线后，根据其纬度差测量投影图上任意两点的夹角。如图 2.8(a)所示，测定 A、B 两点的夹角可以利用乌尔夫网直接测定，而任意两点 A、B 则需要将乌尔夫网转至如图 2.8(b)所示的位置，通过确定其纬度差确定夹角。图 2.8 中，C 点是由 OA、OB 两个方向构成的平面的面法线投影，与 A、B 两点所在大圆弧成 90°。

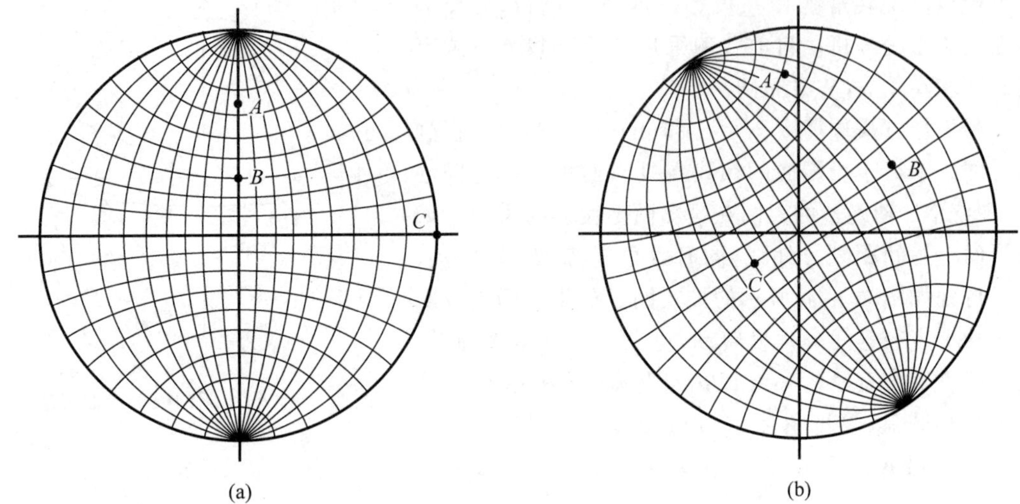

图 2.8　投影图上两点夹角的测定

2. 极射赤面投影图上的转动操作

在空间围绕某一方向转动时，转动点的极射赤面投影可以利用乌尔夫网或极式网直接画出转动的轨迹。这种转动分以下几种形式。

1）绕 NS 轴转动 ϕ

绕投影中心转动 ϕ，可以使用极式网直接转动得到，如图 2.9(a)所示，图中 B 点绕 NS 轴旋转 ϕ 后到达 A 点。这一操作也可以使用乌尔夫网进行，如图 2.9(b)所示，将投影中心到 B 点的线段延长至乌尔夫网的外圆，然后在乌尔夫网外圆旋转 ϕ 后，在与 B 点等半径的位置找到旋转后的 A 点。

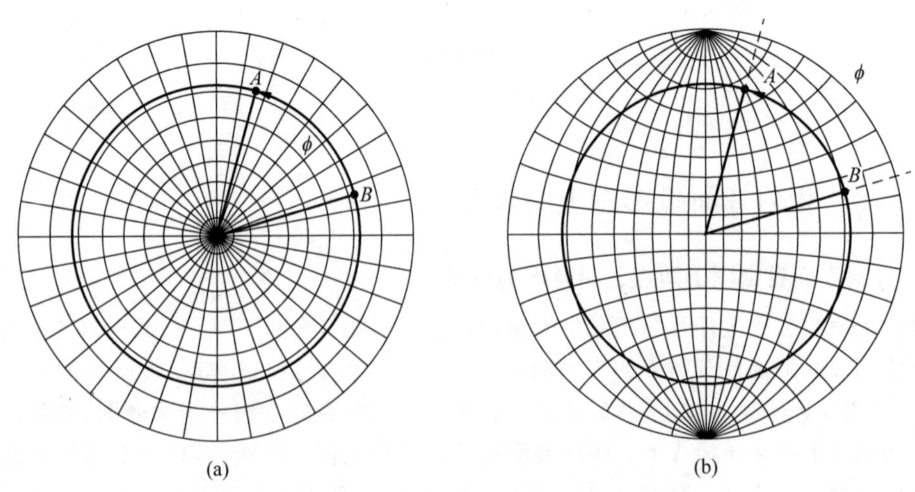

图 2.9　作图法 B 点绕 NS 轴转动 ϕ

(a) 极式网；(b) 乌尔夫网

2）绕投影面内的一个直径转动 ϕ

绕投影面内某个直径的旋转相当于图 2.5(c)的旋转方式，此时的转动在极射赤面投影中就是沿着纬线运动 ϕ。如图 2.10(a)所示，点 1 绕投影面内的 PP'轴转动 80°，首先需要将乌尔夫网转动一定角度，使得 PP'与乌尔夫网的 NS 轴重合，然后在点 1 所在纬线上沿转动方向旋转 80°，可以得到旋转后的点 1′。如果点 1 绕 PP'轴与图 2.10(a)的旋转方向相反，则如图 2.10(b)所示，在此转动过程中，转动 80°后点 1 转到参考球下半部分，我们用以点 1 的反方向进行投影，其转动的轨迹如图 2.10(b)所示。

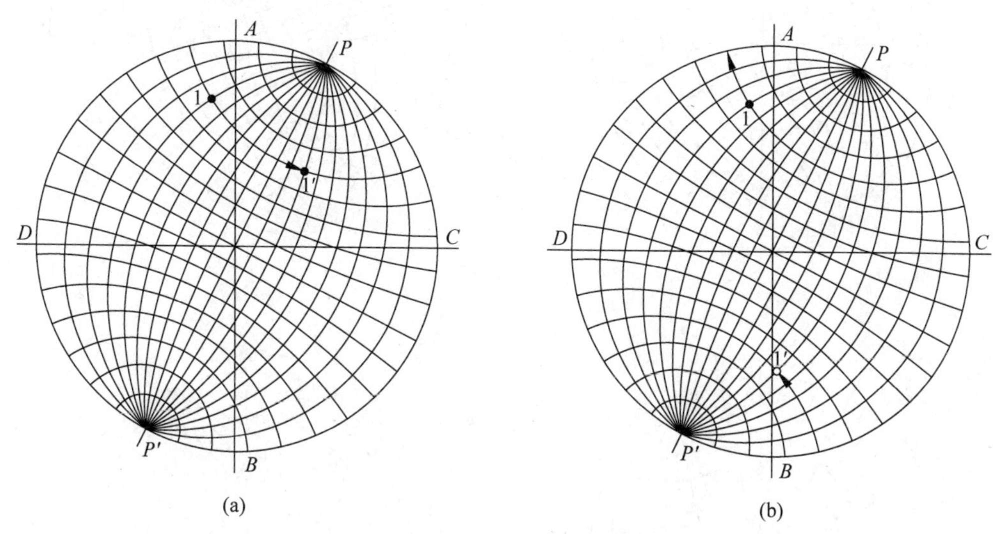

图 2.10　作图法绕投影面内的轴转动 ϕ

3）绕任意倾斜轴的转动

图 2.11 是点 P 绕倾斜轴 OQ 转动 ϕ 的操作过程。由于 OQ 是倾斜轴，没有标准的转动工具来完成这一操作，但我们可以借助乌尔夫网来完成。在转动过程中需要将绕倾斜轴转动的过程分解成三个步骤，每个步骤的转动都可以借助乌尔夫网完成。首先，需要将 Q 转至投影中心，这一过程相当于将倾斜的旋转轴变成垂直于投影面的旋转轴，这一操作可以通过乌尔夫网完成。如图 2.11(a)所示，P 点和 Q 点均沿着自己所在的纬线转动，转动的角度为 Q 点至投影中心 O 点的角度，P 点也旋转相同的角度，分别转至 P_1 和 Q_1 点(与 O 点重合)。然后，如图 2.11(b)所示将转动后的 P_1 点绕 O 点转动 ϕ，完成要求的转动操作，这一转动可以借助乌尔夫网外圆的转动角度确定，在这个过程中 Q_1 点不动，而 P_1 点转动 ϕ 后到 P_2 点。下一步需要将 $Q_2(Q_1)$点转回原位置，如图 2.11(c)所示，即沿着第一步转动的反方向转动，将 Q_2 转回到 Q 的位置，同时 P_2 要沿着此时所在的纬度线转动相同的角度，转动到 P_3 点，P_3 点就是 P 点绕 OQ 转动后的位置。

3. 极射赤面投影图上的转动操作

在极射赤面投影中围绕某一倾斜轴 OA 一定角度范围的区域可以通过乌尔夫网在极射赤面投影图中画出。这种操作从三维空间看与图 2.6 相同，对应在极射赤面投影图上是一个圆。如图 2.12(a)所示，围绕点 A 的 30°范围可以将 A 点置于乌尔夫网的赤道上，从 A 点沿赤道向两侧量出 30°得到 P_1 和 P_2 两点，再以 P_1P_2 为直径确定圆心位置 A_1，这样绕 A 点 30°的范围就是以 A_1 为圆心，A_1P_1 为半径的圆内。如图 2.12(b)所示，如果沿赤道量取角度超出了乌尔夫网的外圆，则超出部分处于参考球的下半部分，我们可以从 A 点出发，沿

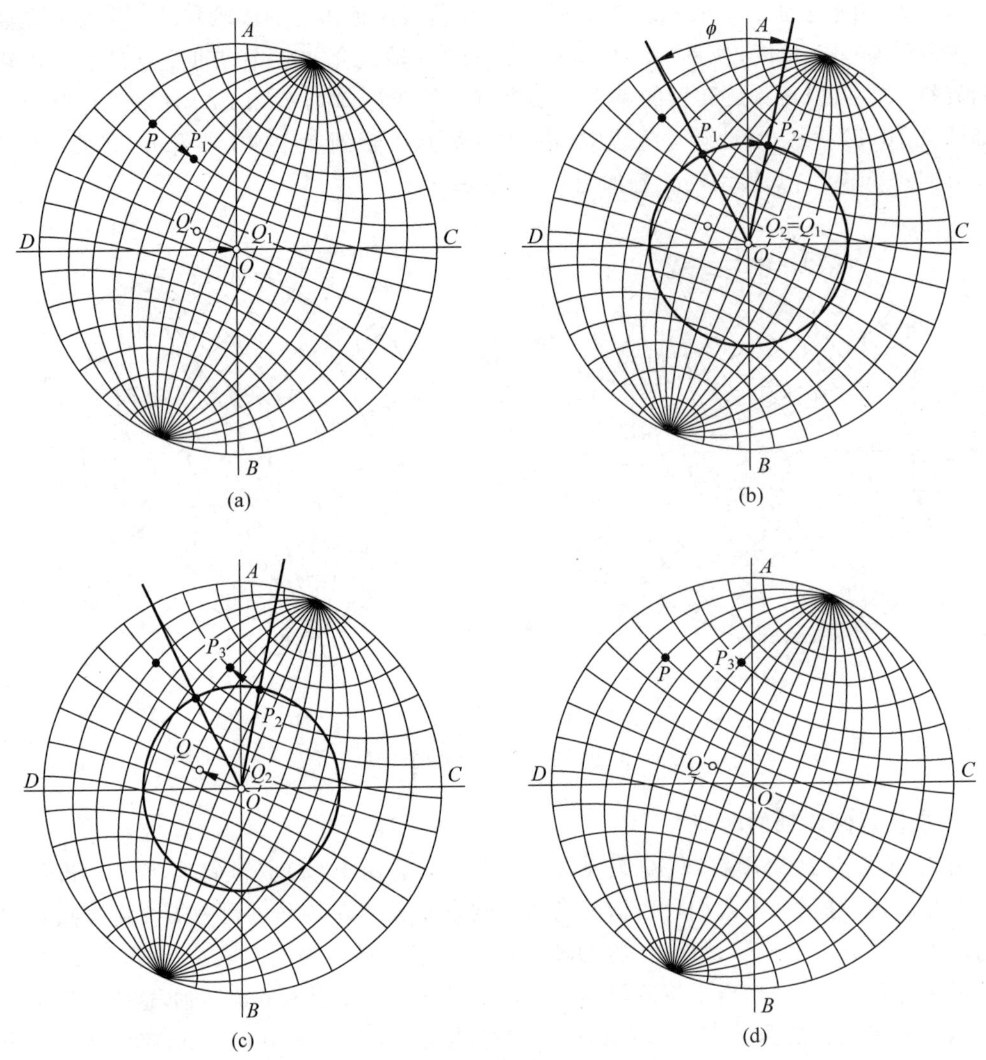

图 2.11　作图法绕倾斜轴转动 ϕ

赤道及 A 点所在的经线上下数 30°，可以得到 P_1、P_2、P_3 三个点，此三点共圆，得到了以 A_1 为圆心，A_1P_1 为半径的圆，此圆所包含的区域即围绕 A 点 30°的范围。

2.1.6　32 点群的极射赤面投影

点群对称元素可以很方便地使用极射赤面投影在二维平面表示出来。以第 11 号点群 4/m 为例，此点群的特点是存在一个垂直于四次对称轴的对称面，所以对称点在三维空间的对称分布如图 2.13(a)所示，如果存在点 1，根据四次对称关系会出现 4 个对称点，同时由于垂直于四次轴的对称面存在，所以在球的下方也同样存在 4 个对称点，所以 4/m 点群的对称特征用极射赤面投影表示，如图 2.13(b)所示。以第 12 号点群 422 为例，此点群的特点是存在一个四次对称轴，同时还存在 4 个与之垂直的二次轴，对称点在三维空间的对称分布如图 2.14(a)所示。如果存在点 1，根据四次对称关系会出现 4 个对称点，同时由于垂直

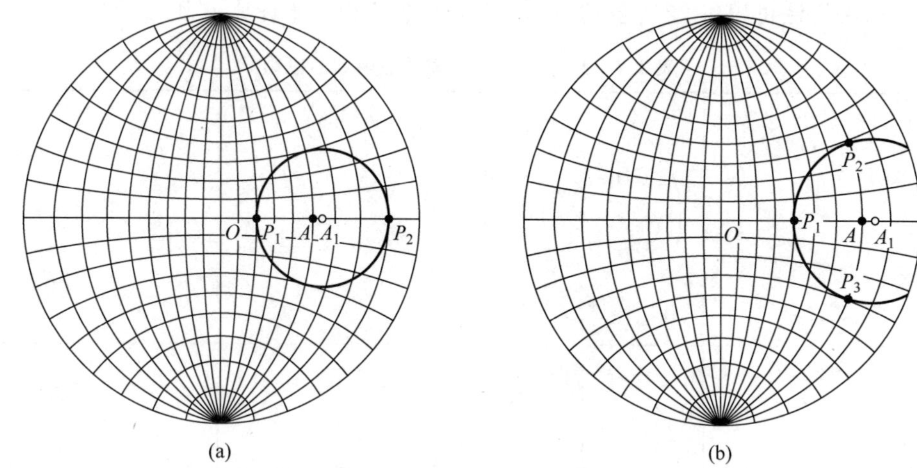

图 2.12　与点 A 成等夹角点的轨迹

(a) 轨迹在参考球上半部分；(b) 部分轨迹在参考球下半部分

于四次轴有二次对称轴存在，这种对称同样会在球的下方出现对称点。但对称点的位置根据二次对称轴的对称特点推导出对称点的位置，422 点群的对称特征用极射赤面投影表示，如图 2.14(b)所示。这样，所有的 32 个点群均可采用极射赤面投影方便地表示出来。

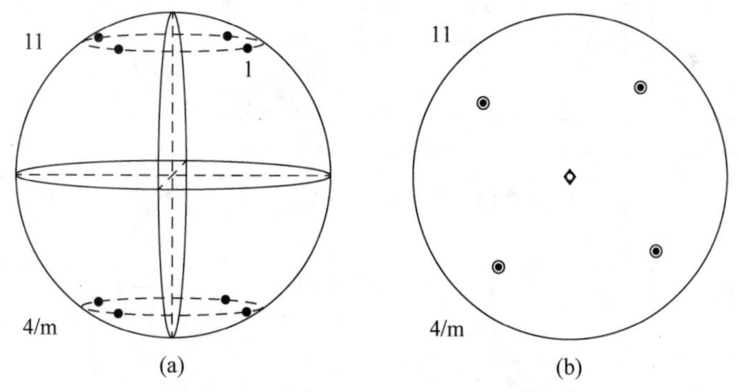

图 2.13　点群 4/m 的对称元素分布

(a) 对称点在三维空间的分布；(b) 对称元素的极射赤面投影

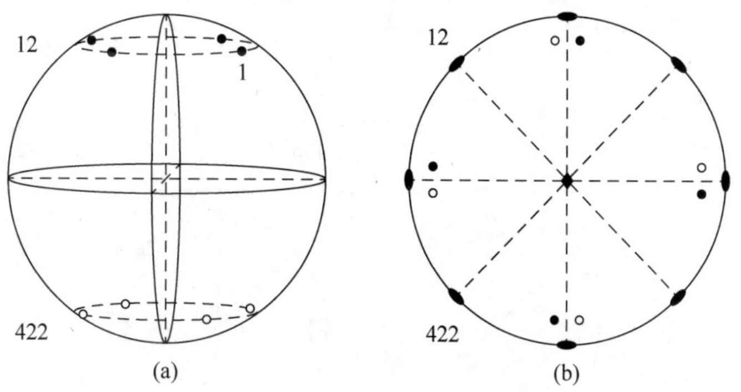

图 2.14　点群 422 的对称元素分布

(a) 对称点在三维空间的分布；(b) 对称元素的极射赤面投影

通过这种方法可以将 32 点群的对称元素及极射赤面投影计算出来，见表 2.1。

表 2.1　32 点群对称元素的极射赤面投影

三斜晶系	1 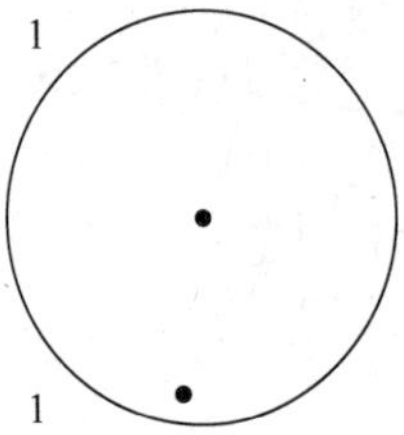 1	2 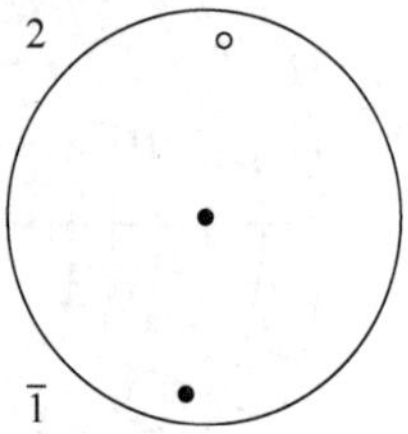 $\bar{1}$		
单斜晶系	3 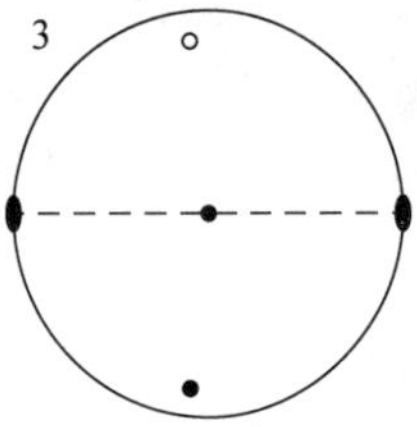	4 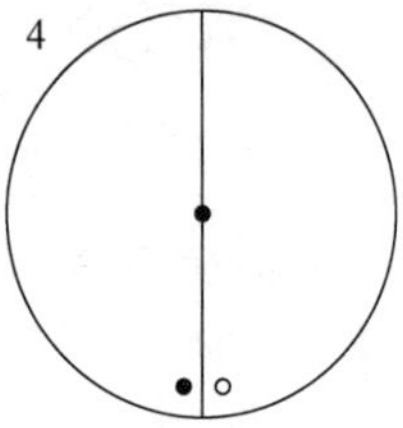	5 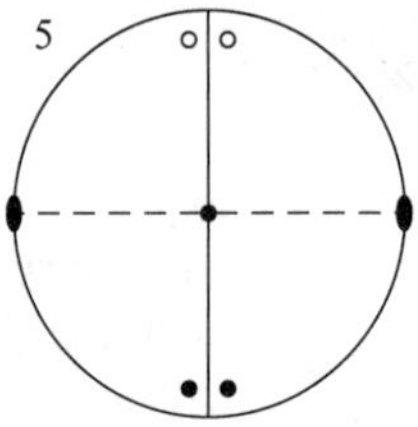	
	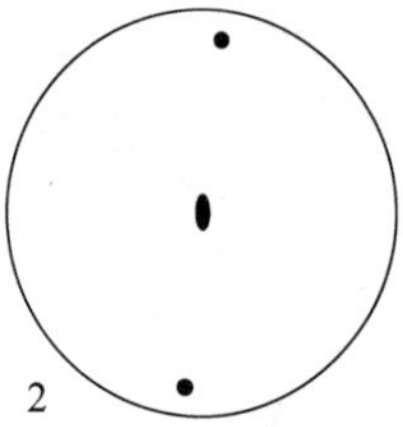 2	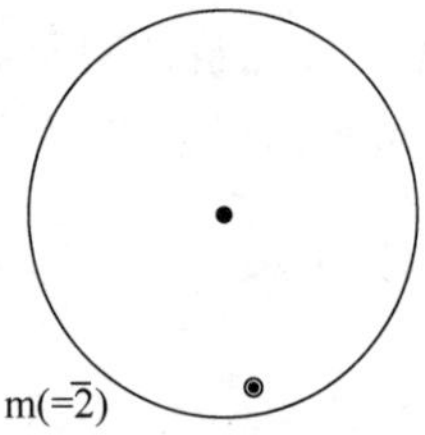 m(=$\bar{2}$)	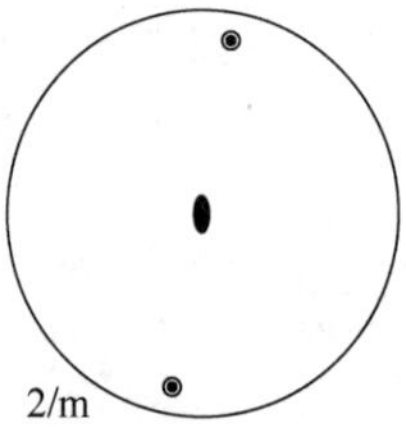 2/m	
正交晶系	6 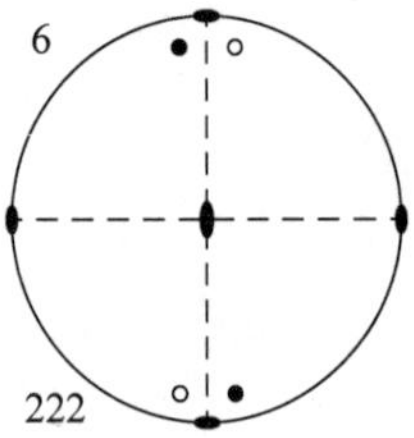 222	7 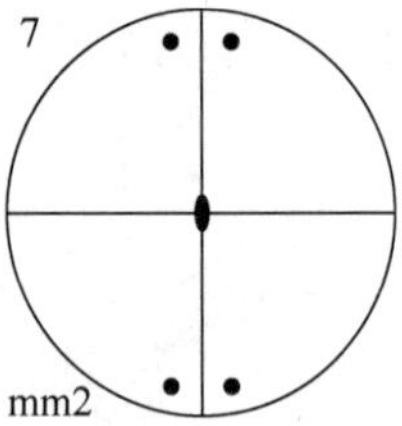 mm2	8 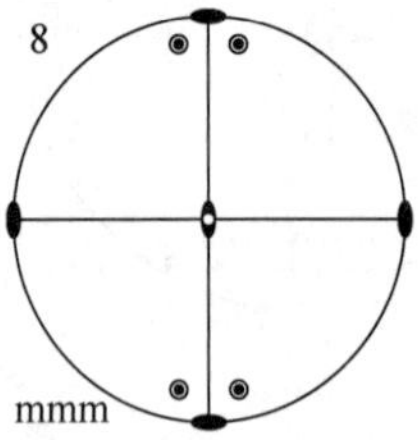 mmm	
四方晶系	9 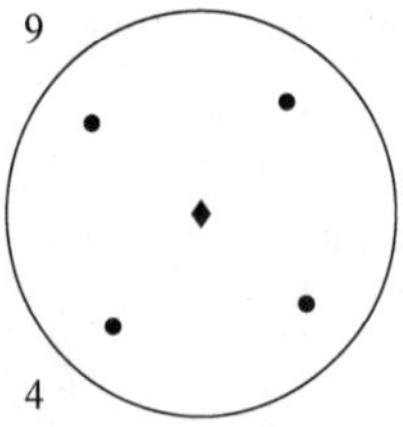 4	10 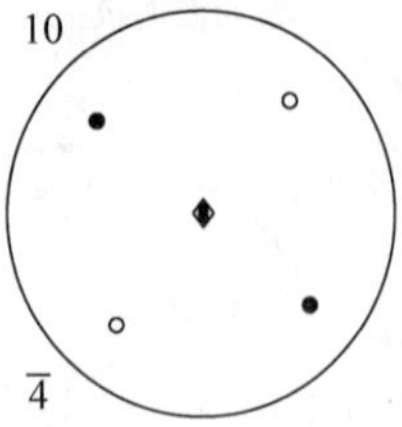 $\bar{4}$	11 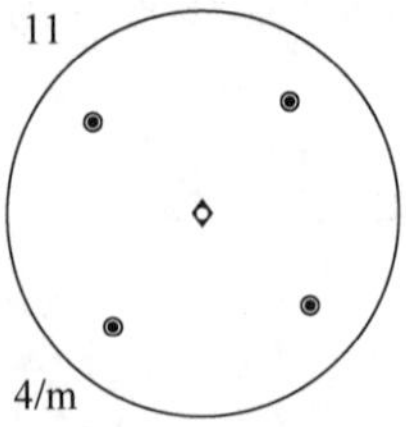 4/m	12 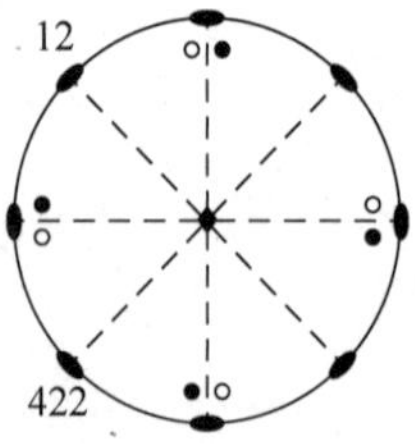 422
	13 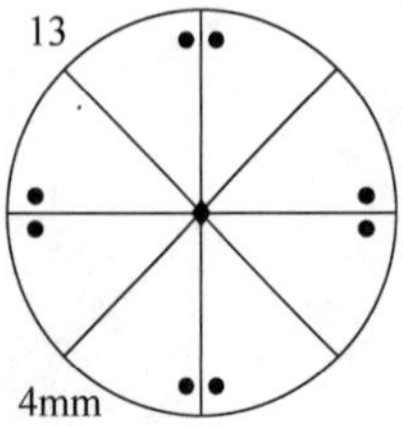 4mm	14 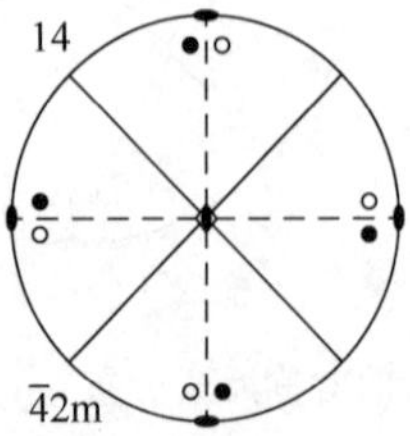 $\bar{4}$2m	15 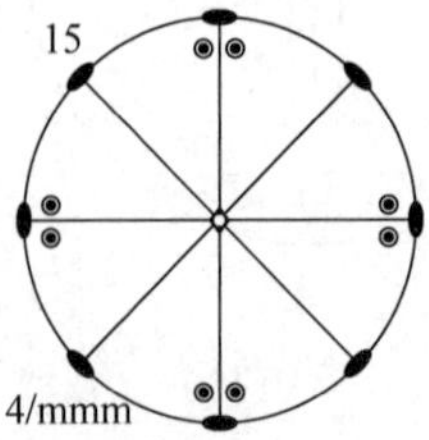 4/mmm	

续表

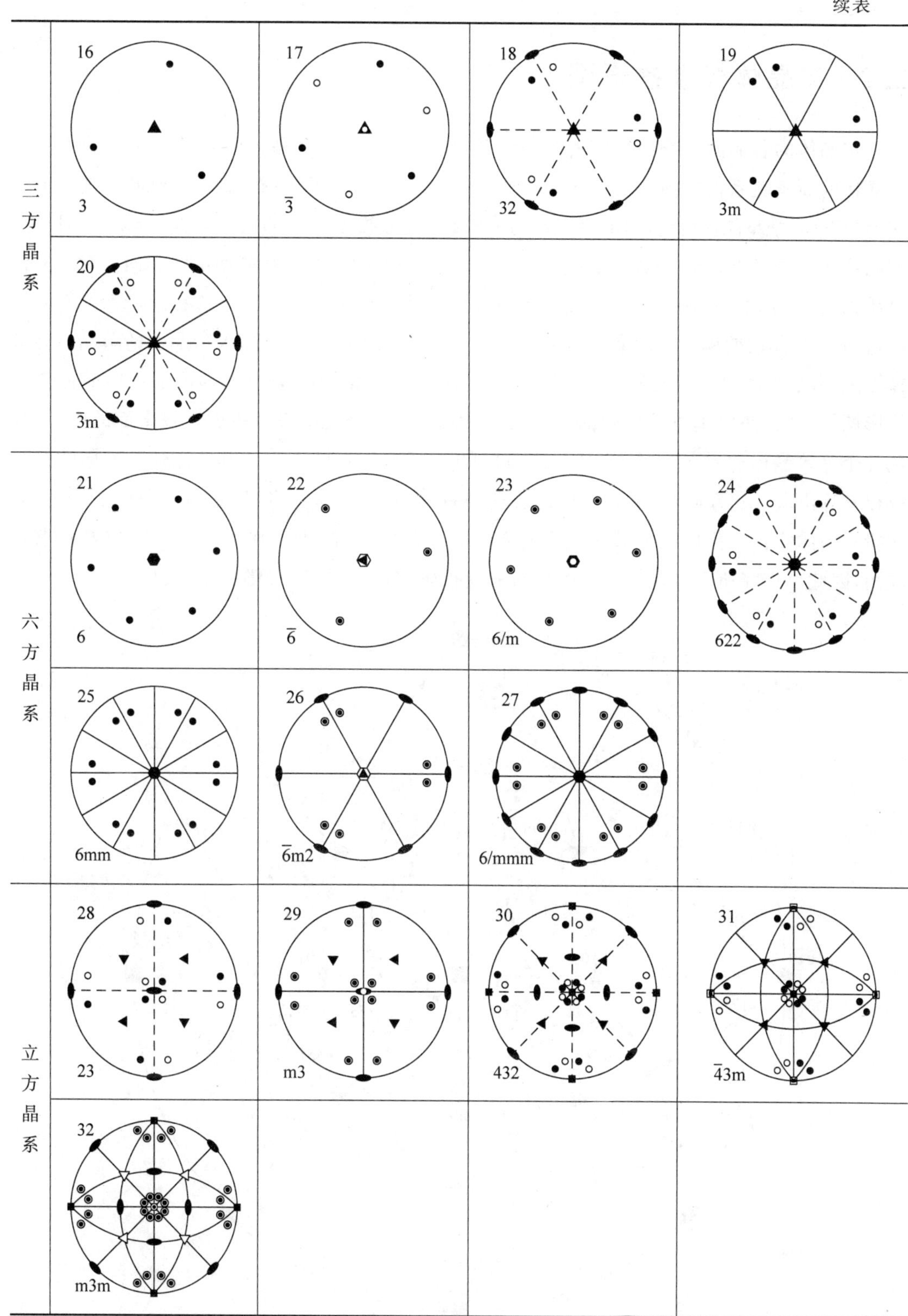
三方晶系
16
3
17
$\bar{3}$
18
32
19
3m
20
$\bar{3}$m
六方晶系
21
6
22
$\bar{6}$
23
6/m
24
622
25
6mm
26
$\bar{6}$m2
27
6/mmm
立方晶系
28
23
29
m3
30
432
31
$\bar{4}$3m
32
m3m

2.2 单晶体标准投影图

单晶体的各晶面及晶向之间的夹角非常重要，可以采用单晶体极射赤面投影的方法将单晶体的面角关系很方便地表示出来。所说的“单晶体标准投影图”就是以单晶体某一晶面作为投影面，把单晶体的各晶面法线或晶向作极射赤面投影得到的极射赤面投影图。对于立方晶系，由于同名的晶面指数与晶向指数垂直，可以用晶向指数代替晶面法线方向。对于其他晶系，需要对晶面法向和晶向指数进行区分。当投影面平行于(hkl)晶面作极射赤面投影时可以得到(hkl)晶面的单晶体标准投影图。图 2.15(a)和(b)是立方晶系(001)晶面的单晶体标准投影图，由于晶体学方向较多，将低指数晶面在两个投影图中画出。(001)晶面的单晶体标准投影图是[001]晶向垂直于投影面进行投影，因此(001)晶面的极点投影在投影面的中心，其他几个等效晶体学方向[100]、[010]、[$\bar{1}$00]和[0$\bar{1}$0]投影在圆周上。其他晶体学方向的投影可以计算出[uvw]方向与[001]方向的夹角，即投影时的极角。可以通过计算出[uvw]方向在投影面的投影与投影面内某一规定的方向的夹角(此方向可以作为辐角基准位置)，求出辐角，因此可以将所有[uvw]方向的极射赤面投影在(001)标准投影图中标出。

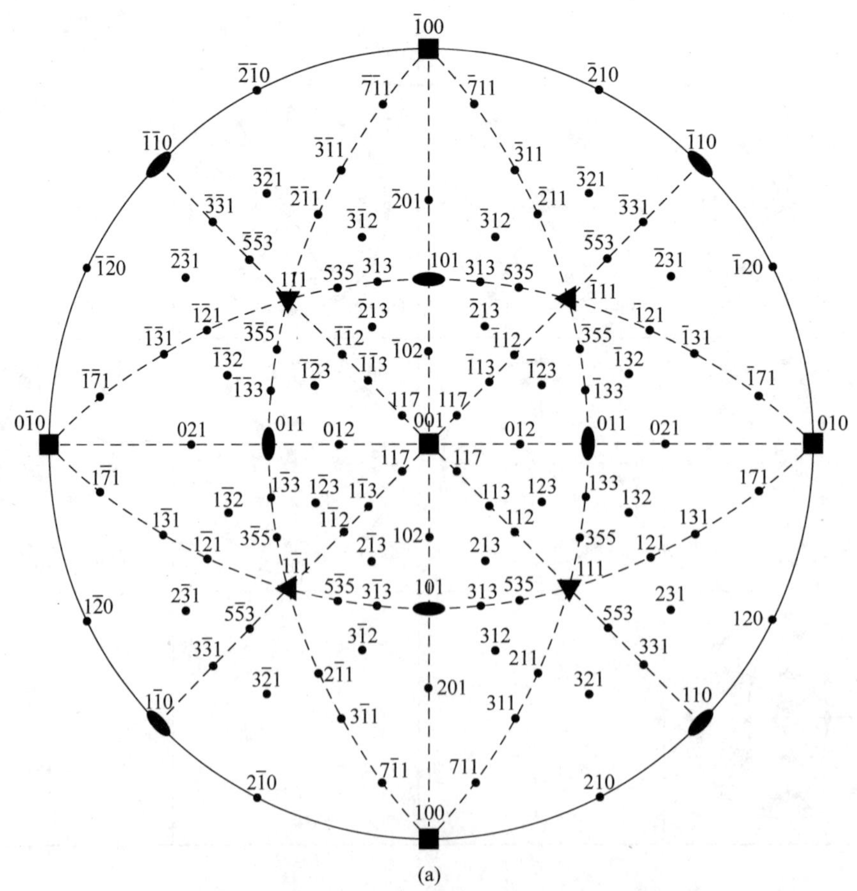

(a)

图 2.15 立方晶系(001)晶面的单晶体标准投影图

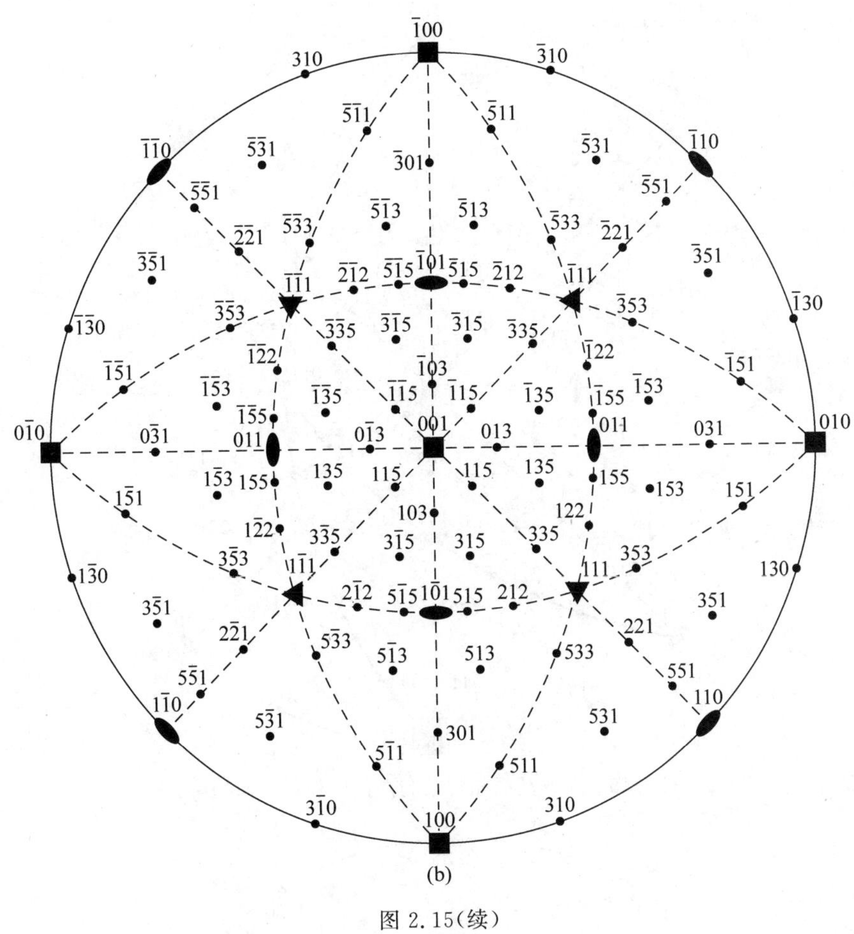

(b)

图 2.15(续)

对于任意(hkl)晶面的标准投影图，可以有多种计算方法：

(1) 在(001)标准投影图的基础上，可以借助乌尔夫网将需要的(hkl)晶面的极点旋转至投影图的中心，其他各个极点均按照同样的规则进行旋转，具体的旋转方法可参见前面所讲的绕投影面的某一轴转动的方法；

(2) 可以采用几何方法计算出任意晶面(hkl)的面法线与平行于投影面的晶面法向夹角(极角)，以及(hkl)的面法线的投影与投影面内某一方向的夹角(辐角)，并在极射赤面投影图中标出；

(3) 可以在三维空间进行变换，直接得到转换后各个晶面的极射赤面投影点。

在单晶体标准投影图中，图中处于同一经线的点属于同一晶带，晶带轴与此经线成90°。如图2.16所示，A点与$(\bar{1}00)$，$(\bar{2}11)$，$(\bar{1}11)$，(011)，(111)，(311)到(100)晶面的极点在一条经线上，与这条经线成90°的点为A点($(0\bar{1}1)$晶面的极点)，$(\bar{1}10)$，$(\bar{2}31)$，$(\bar{1}32)$，(011)，(112)，(101)，$(2\bar{1}1)$，$(1\bar{1}0)$处于同一经线，与之成90°的点为B点$(\bar{1}\bar{1}1)$。A和B分别为这两个晶带的晶带轴。

六方晶系单晶体标准投影需要将四轴坐标转化至直角坐标系，然后按照与上面介绍的立方晶系的单晶体标准投影图相同的方法计算。图2.17是计算后轴比为1.63的六方晶系的(0001)单晶体标准投影图，其他的标准投影图参见附录二。

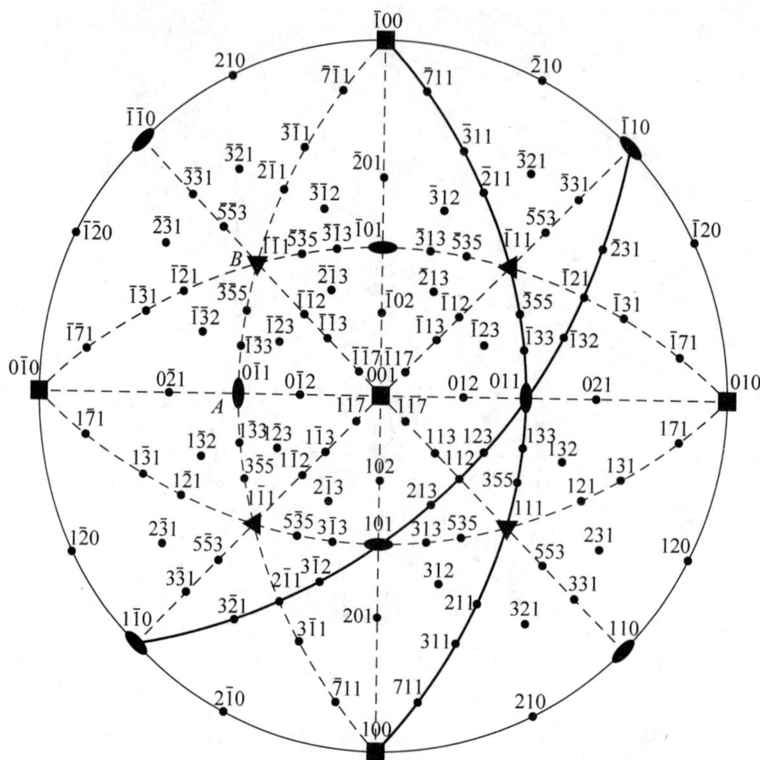

图 2.16　立方晶系晶带轴与晶面的极射赤面投影

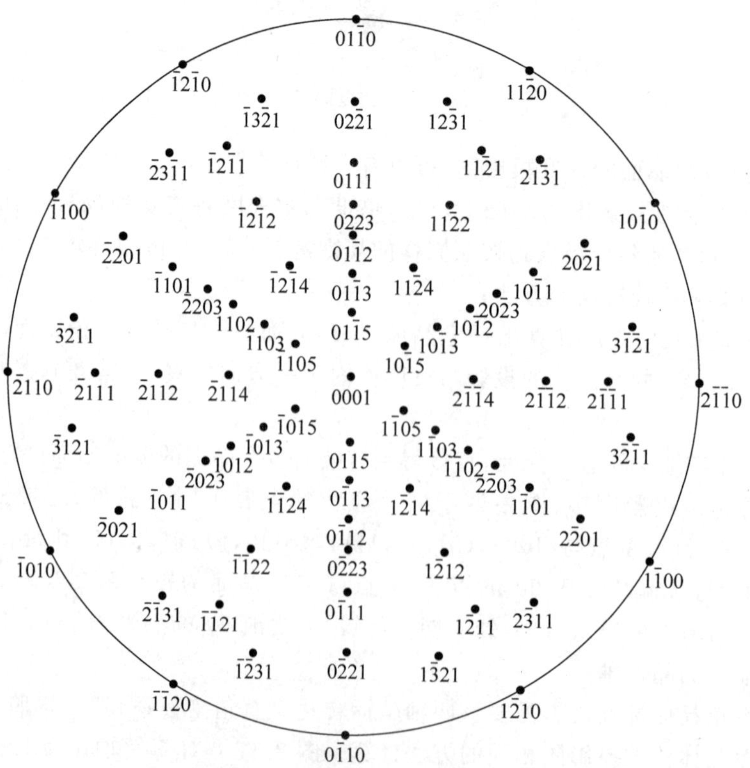

图 2.17　六方晶系(0001)单晶体标准投影图($c/a=1.63$)

单晶体的标准投影图非常重要，是我们进行单晶体取向分析的基础，如织构的分析、晶体取向的分析均离不开单晶体标准投影图。以上只给出了几个低指数晶面的单晶体标准投影图，其他的投影图需要读者按照上面介绍的方法进行计算。附录二中也给出了部分低指数晶面的标准投影图。

2.3 倒易点阵

倒易点阵的概念在晶体衍射及晶体结构分析中十分重要，通过倒易点阵可以简化晶体学中的计算问题，同时还可以形象地解释晶体的衍射现象，帮助理解 X 射线衍射问题。

我们将从晶体结构中抽象出来的点阵称为正点阵，也称为晶体点阵，而倒易点阵则是从晶体点阵中按照一定的变换原则得到的点阵。所以倒易点阵是与正点阵一一对应的，倒易点阵与晶体衍射现象紧密关联。

2.3.1 倒易点阵的定义

倒易点阵也是几何点在三维空间中有规律的排列，因此倒易点阵中的点称为倒易结点，与晶体点阵描述的方法类似，也可用倒易矢量描述其位置。倒易阵胞是一个与晶体点阵相对应的阵胞。

我们知道，晶体点阵可以用 3 个不共面的基矢 $\boldsymbol{a}$、$\boldsymbol{b}$ 和 $\boldsymbol{c}$ 来描述点阵的分布情况，对于倒易空间我们也采用类似的方法定义 3 个基矢 $\boldsymbol{a}^*$、$\boldsymbol{b}^*$ 和 $\boldsymbol{c}^*$，并且倒易点阵的基矢按照如下的原则规定：

$$\boldsymbol{a}^* = \frac{\boldsymbol{b}\times\boldsymbol{c}}{v},\quad \boldsymbol{b}^* = \frac{\boldsymbol{c}\times\boldsymbol{a}}{v},\quad \boldsymbol{c}^* = \frac{\boldsymbol{a}\times\boldsymbol{b}}{v} \tag{2.1}$$

式中，v 为晶体点阵的阵胞体积。从式(2.1)可以看出，倒易点阵的基矢垂直于与晶体点阵异名的基矢，比如倒易点阵的 $\boldsymbol{a}^*$ 垂直于晶体点阵基矢 $\boldsymbol{b}$ 和 $\boldsymbol{c}$ 组成的平面，倒易点阵的 $\boldsymbol{b}^*$ 垂直于晶体点阵基矢 $\boldsymbol{c}$ 和 $\boldsymbol{a}$ 组成的平面，倒易点阵的 $\boldsymbol{c}^*$ 垂直于晶体点阵基矢 $\boldsymbol{a}$ 和 $\boldsymbol{b}$ 组成的平面。我们将式(2.1)分别点乘 $\boldsymbol{a}$、$\boldsymbol{b}$ 和 $\boldsymbol{c}$，由晶体点阵的阵胞体积 $v=\boldsymbol{a}\cdot(\boldsymbol{b}\times\boldsymbol{c})$，可以得到下面的推论：

$$\begin{cases}\boldsymbol{a}\cdot\boldsymbol{a}^* = \boldsymbol{b}\cdot\boldsymbol{b}^* = \boldsymbol{c}\cdot\boldsymbol{c}^* = 1\\ \boldsymbol{a}^*\cdot\boldsymbol{b} = \boldsymbol{a}^*\cdot\boldsymbol{c} = \boldsymbol{b}^*\cdot\boldsymbol{a} = \boldsymbol{b}^*\cdot\boldsymbol{c} = \boldsymbol{c}^*\cdot\boldsymbol{a} = \boldsymbol{c}^*\cdot\boldsymbol{b} = 0\end{cases} \tag{2.2}$$

式(2.2)表明，倒易空间的基矢与晶体点阵同名的基矢点乘为 1，与晶体点阵异名的基矢点乘为 0。倒易空间基矢的大小可以根据式(2.1)推出：

$$a^* = \frac{bc\sin\alpha}{v},\quad b^* = \frac{ac\sin\beta}{v},\quad c^* = \frac{ab\sin\gamma}{v} \tag{2.3}$$

在倒易空间阵胞中有 $\cos\alpha^* = \dfrac{b^*\cdot c^*}{|b^*||c^*|}$。

将式(2.1)和式(2.2)代入式(2.3)中，经化简可以得到

$$\cos\alpha^* = \frac{\cos\beta\cos\gamma - \cos\alpha}{\sin\beta\sin\gamma}$$

同理可得

$$\cos\beta^* = \frac{\cos\alpha\cos\gamma - \cos\beta}{\sin\alpha\sin\gamma}, \quad \cos\gamma^* = \frac{\cos\alpha\cos\beta - \cos\gamma}{\sin\alpha\sin\beta} \tag{2.4}$$

我们可以根据式(2.1)～式(2.4)对倒易空间的基矢及倒易空间进行定义。

由于倒易空间阵胞的体积可以表示为

$$v^* = \boldsymbol{a}^* \cdot (\boldsymbol{b}^* \times \boldsymbol{c}^*) \tag{2.5}$$

将式(2.1)代入式(2.5)中，并化简后可得 $v^*=1/v$，因此倒易空间的阵胞体积与晶体点阵的阵胞体积之间是互为倒数的关系。对于晶体点阵和倒易点阵的量纲，可以从上面倒易空间的定义看出，晶体点阵中的长度单位如果为 nm，那么倒易空间的长度单位为 nm^{-1}，晶体点阵的体积单位为 nm^3，倒易空间的体积单位为 nm^{-3}。

2.3.2 倒易点阵与晶体点阵的关系

根据倒易空间的定义来讨论一下晶体点阵中某一晶面(hkl)与倒易空间中的矢量 $\boldsymbol{g}_{hkl}$ 之间的关系。根据晶面指数的定义，(hkl)晶面在三个基矢的截距分别为 $1/h$、$1/k$、$1/l$，如图 2.18 所示，晶面(hkl)由矢量 $\overrightarrow{AB}$、$\overrightarrow{AC}$ 和 $\overrightarrow{BC}$ 组成。矢量 $\overrightarrow{AC}$ 可以表示为

$$\overrightarrow{AC} = \overrightarrow{OC} - \overrightarrow{OA} = \frac{\boldsymbol{c}}{l} - \frac{\boldsymbol{a}}{h} \tag{2.6}$$

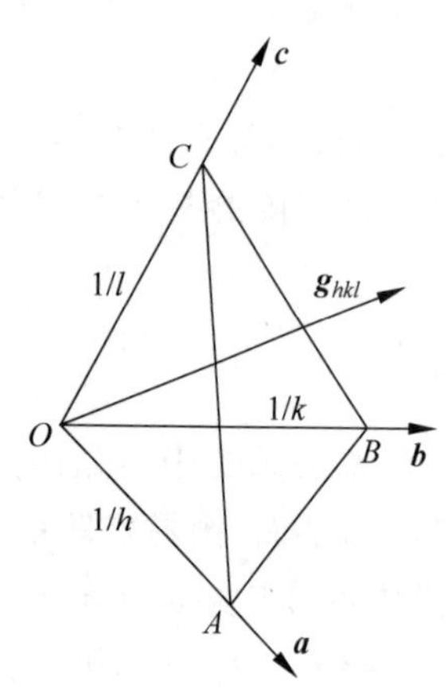

图 2.18 倒易矢量 $\boldsymbol{g}_{hkl}$ 与晶面(hkl)的关系

同理矢量 $\overrightarrow{AB}$ 可以表示为 $\overrightarrow{AB}=\overrightarrow{OB}-\overrightarrow{OA}=\frac{\boldsymbol{b}}{k}-\frac{\boldsymbol{a}}{h}$。

我们知道倒易空间的任意一个矢量 $\boldsymbol{g}_{hkl}$ 可以用其矢量坐标表示为

$$\boldsymbol{g}_{hkl} = h\boldsymbol{a}^* + k\boldsymbol{b}^* + l\boldsymbol{c}^* \tag{2.7}$$

将式(2.7)的矢量 $\boldsymbol{g}_{hkl}$ 分别与矢量 $\overrightarrow{AB}$、$\overrightarrow{AC}$ 点乘可以得到下式：

$$\begin{cases} \boldsymbol{g}_{hkl} \cdot \overrightarrow{AB} = (h\boldsymbol{a}^* + k\boldsymbol{b}^* + l\boldsymbol{c}^*) \cdot \left(\frac{\boldsymbol{b}}{k} - \frac{\boldsymbol{a}}{h}\right) = 0 \\ \boldsymbol{g}_{hkl} \cdot \overrightarrow{AC} = (h\boldsymbol{a}^* + k\boldsymbol{b}^* + l\boldsymbol{c}^*) \cdot \left(\frac{\boldsymbol{c}}{l} - \frac{\boldsymbol{a}}{h}\right) = 0 \end{cases} \tag{2.8}$$

式(2.8)证明，矢量 $\boldsymbol{g}_{hkl}$ 垂直于矢量 $\overrightarrow{AB}$、$\overrightarrow{AC}$，因此倒易空间的矢量 $\boldsymbol{g}_{hkl}$ 垂直于晶体空间的(hkl)晶面。这是倒易空间矢量的一个很重要的性质。

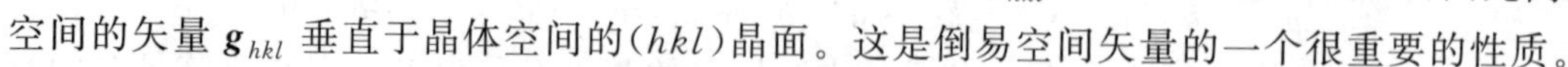

面间距大小可以用 $\overrightarrow{OA}$、$\overrightarrow{OB}$ 或 $\overrightarrow{OC}$ 在晶面法向(矢量 $\boldsymbol{g}_{hkl}$)的投影确定，可以用下式表示：

$$d_{hkl} = \overrightarrow{OA} \cdot \frac{\boldsymbol{g}_{hkl}}{g_{hkl}} = \frac{\boldsymbol{a}}{h} \cdot \frac{h\boldsymbol{a}^* + k\boldsymbol{b}^* + l\boldsymbol{c}^*}{g_{hkl}} = \frac{1}{g_{hkl}} \tag{2.9}$$

式(2.9)给出矢量 $\boldsymbol{g}_{hkl}$ 的另外一个重要性质，即矢量 $\boldsymbol{g}_{hkl}$ 的大小等于(hkl)晶面间距的倒数。从前两节的倒易空间的定义及性质可以看出，晶体空间(正空间)和倒易空间是互为倒易的关系。

对于立方晶系来说，倒易空间的三个基矢与晶体空间的三个基矢方向一致，倒易空间的

基矢长度是晶体点阵的阵胞常数的倒数。为了更好地理解倒易点阵的概念，现以单斜晶系为例，如图 2.19 所示，单斜晶系的晶体点阵参数为 $\boldsymbol{a}$、$\boldsymbol{b}$、$\boldsymbol{c}$，基矢 $\boldsymbol{b}$ 垂直于基矢 $\boldsymbol{a}$ 和 $\boldsymbol{c}$ 组成的平面，即图 2.19 中垂直于纸面方向为矢量 $\boldsymbol{b}$ 的方向，基矢 $\boldsymbol{a}$ 和 $\boldsymbol{c}$ 的夹角为 β，按照倒易空间的规定，倒易空间的三个基矢方向为图中的 $\boldsymbol{a}^*$、$\boldsymbol{c}^*$ 方向，分别垂直于晶体点阵的 $\boldsymbol{b}$、$\boldsymbol{c}$ 基矢和 $\boldsymbol{a}$、$\boldsymbol{b}$ 基矢，倒易点阵基矢的大小可以按照式(2.3)进行计算。图 2.19 是根据倒易点阵的规定构建的倒易空间点阵，从图中可以看到，倒易空间的[001]方向垂直于晶体空间的(001)晶面，倒易空间的[100]方向垂直于晶体点阵的(100)晶面，且倒易矢量的大小与晶体空间的晶面面间距成倒数关系。因此，晶体点阵中一个晶面对应倒易点阵为一个阵点，反之亦然。

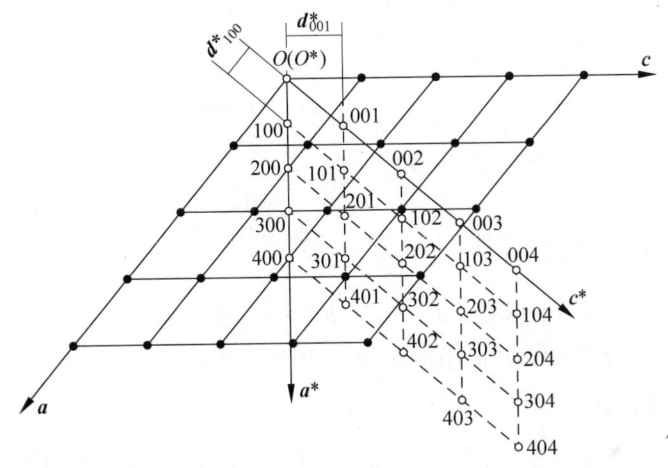

图 2.19　单斜晶系的晶体点阵与倒易点阵的关系

2.3.3　倒易点阵的应用

1. 晶面夹角的计算

在晶体学中经常用到晶面的夹角，可以通过倒易点阵的计算得到。晶面的面法线方向可以用倒易矢量表达即 $\boldsymbol{g}_{hkl}$，因此任意两个晶面的夹角可以表达成

$$\cos\alpha=\frac{\boldsymbol{g}_{h_1k_1l_1}\cdot\boldsymbol{g}_{h_2k_2l_2}}{|\boldsymbol{g}_{h_1k_1l_1}||\boldsymbol{g}_{h_2k_2l_2}|}=\frac{(h_1\boldsymbol{a}^*+k_1\boldsymbol{b}^*+l_1\boldsymbol{c}^*)\cdot(h_2\boldsymbol{a}^*+k_2\boldsymbol{b}^*+l_2\boldsymbol{c}^*)}{|\boldsymbol{g}_{h_1k_1l_1}||\boldsymbol{g}_{h_2k_2l_2}|}\tag{2.10}$$

根据倒易空间的性质，对于立方晶系有

$$\cos\alpha=\frac{h_1h_2+k_1k_2+l_1l_2}{\sqrt{h_1^2+k_1^2+l_1^2}\cdot\sqrt{h_2^2+k_2^2+l_2^2}}\tag{2.11}$$

对于正交晶系，式(2.10)可以写成

$$\cos\alpha=\frac{\dfrac{h_1h_2}{a^2}+\dfrac{k_1k_2}{b^2}+\dfrac{l_1l_2}{c^2}}{\sqrt{\dfrac{h_1^2}{a^2}+\dfrac{k_1^2}{b^2}+\dfrac{l_1^2}{c^2}}\times\sqrt{\dfrac{h_2^2}{a^2}+\dfrac{k_2^2}{b^2}+\dfrac{l_2^2}{c^2}}}\tag{2.12}$$

六方晶系为

$$\cos\alpha=\frac{\frac{4}{3a^2}\left(h_1h_2+k_1k_2+\frac{h_1k_2+h_2k_1}{2}\right)+\frac{l_1l_2}{c^2}}{\sqrt{\frac{4(h_1^2+h_1k_1+k_1^2)}{3a^2}+\frac{l_1^2}{c^2}}\times\sqrt{\frac{4(h_2^2+h_2k_2+k_2^2)}{3a^2}+\frac{l_2^2}{c^2}}} \tag{2.13}$$

以上是特殊晶系的晶面夹角计算公式，对于三斜晶系的晶面夹角首先需要计算出以下参量。

由式(2.3)可以得到：

$$\boldsymbol{a}^*\cdot\boldsymbol{a}^*=\left(\frac{bc\sin\alpha}{v}\right)^2$$

将式(2.3)和式(2.4)代入，可得到

$$\boldsymbol{a}^*\cdot\boldsymbol{b}^*=|\boldsymbol{a}^*||\boldsymbol{b}^*|\cos\gamma^*=\frac{abc^2\sin\alpha\sin\beta}{v^2}\frac{\cos\alpha\cos\beta-\cos\gamma}{\sin\alpha\sin\beta}$$

同理，

$$\boldsymbol{a}^*\cdot\boldsymbol{c}^*=|\boldsymbol{a}^*||\boldsymbol{c}^*|\cos\beta^*=\frac{acb^2\sin\alpha\sin\gamma}{v^2}\frac{\cos\alpha\cos\gamma-\cos\beta}{\sin\alpha\sin\gamma}$$

按照如上的计算原则可计算出：$\boldsymbol{b}^*\cdot\boldsymbol{a}^*$、$\boldsymbol{b}^*\cdot\boldsymbol{b}^*$、$\boldsymbol{b}^*\cdot\boldsymbol{c}^*$、$\boldsymbol{c}^*\cdot\boldsymbol{a}^*$、$\boldsymbol{c}^*\cdot\boldsymbol{b}^*$、$\boldsymbol{c}\cdot\boldsymbol{c}^*$，代入式(2.10)中可以计算出三斜晶系的晶面夹角的一般表达式。

2. 晶面间距的计算

由于晶面间距和矢量 $\boldsymbol{g}_{hkl}$ 的大小有互为倒数的关系，所以晶面间距可以用下面式子表达：

$$\frac{1}{d_{hkl}^2}=|\boldsymbol{g}_{hkl}|^2=(h\boldsymbol{a}^*+k\boldsymbol{b}^*+l\boldsymbol{c}^*)\cdot(h\boldsymbol{a}^*+k\boldsymbol{b}^*+l\boldsymbol{c}^*) \tag{2.14}$$

对于立方晶系，有

$$d_{hkl}=\frac{a}{\sqrt{h^2+k^2+l^2}} \tag{2.15}$$

正交晶系的面间距为

$$d_{hkl}=\frac{1}{\sqrt{\frac{h^2}{a^2}+\frac{k^2}{b^2}+\frac{l^2}{c^2}}} \tag{2.16}$$

六方晶系的面间距为

$$d_{hkl}=\frac{1}{\sqrt{\frac{4}{3}\frac{h^2+hk+k^2}{a^2}+\frac{l^2}{c^2}}} \tag{2.17}$$

三斜晶系面间距的计算需要按照2.3.3节中介绍的方法进行推算，这里不再赘述。

3. 晶带定律

平行于某一个特定方向的面构成一个晶带，这个特定方向为晶带轴。图2.20中有三个晶面$(h_1k_1l_1)$、$(h_2k_2l_2)$、$(h_3k_3l_3)$，均平行于$[uvw]$方向，所以这三个晶面属于$[uvw]$晶带

轴，因此这三个晶面的面法线共面，倒易矢量 $\boldsymbol{g}_{h_1k_1l_1}$、$\boldsymbol{g}_{h_2k_2l_2}$、$\boldsymbol{g}_{h_3k_3l_3}$ 均处于$(uvw)^*$倒易面上。所以同属于一个晶带的所有晶面$(h_ik_il_i)$的矢量 $\boldsymbol{g}$ 均垂直于$[uvw]$晶向。

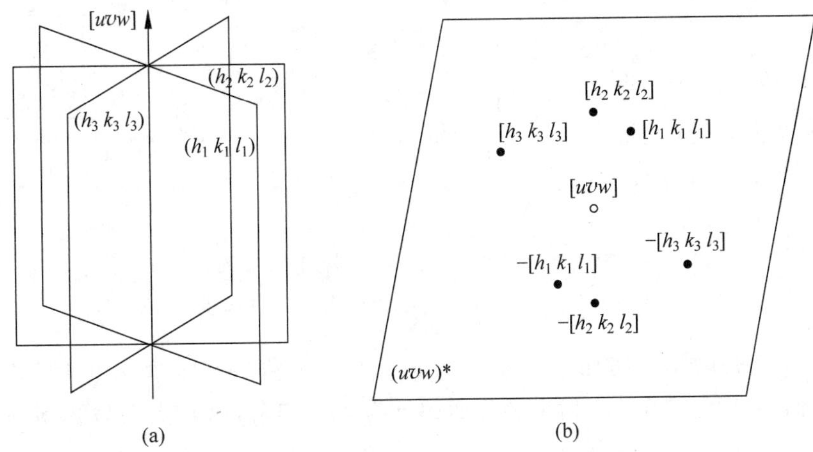

图 2.20　以$[uvw]$为晶带轴的晶面

(a) 三个晶面均平行于$[uvw]$晶向；(b) 倒易平面$(uvw)^*$内的各晶面的矢量 $\boldsymbol{g}$

我们将各晶面的倒易矢量用 $\boldsymbol{g}_{hkl}=h\boldsymbol{a}^*+k\boldsymbol{b}^*+l\boldsymbol{c}^*$ 表示，晶带轴方向用 $\boldsymbol{L}_{uvw}=u\boldsymbol{a}+v\boldsymbol{b}+w\boldsymbol{c}$ 表示，属于同一晶带的晶面(hkl)的倒易矢量均应满足

$$\boldsymbol{L}_{uvw}\cdot\boldsymbol{g}_{hkl}=(u\boldsymbol{a}+v\boldsymbol{b}+w\boldsymbol{c})\cdot(h\boldsymbol{a}^*+k\boldsymbol{b}^*+l\boldsymbol{c}^*)=hu+kv+lw=0 \tag{2.18}$$

式(2.18)即晶带定律，可以用作判断某个晶面是否属于某个晶带轴的依据。式(2.18)的推导过程没有特定的限制条件，因此适合所有晶系的判断。由此可以推论出：已知两个晶面$(h_1k_1l_1)$和$(h_2k_2l_2)$，可以应用晶带定律求出其交线的晶向指数$[uvw]$，具体的做法如下：

$$\begin{cases}h_1u+k_1v+l_1w=0\\ h_2u+k_2v+l_2w=0\end{cases} \tag{2.19}$$

可以按照交叉相乘的方法求解式(2.19)：

$$\begin{array}{cccccc} h_1 & k_1 & l_1 & h_1 & k_1 & l_1 \\ h_2 & k_2 & l_2 & h_2 & k_2 & l_2 \end{array} \tag{2.20}$$

$$u=k_1l_2-l_1k_2,\quad v=l_1h_2-h_1l_2,\quad w=h_1k_2-k_1h_2$$

图 2.21 为面心立方晶体的零阶倒易平面(去掉面心立方晶体中消失的倒易点)，所有倒易阵点的指数均满足 $hu+kv+lw=0$。

4. 广义晶带定律

阵面$(uvw)^*$在倒易空间中对应一个面，该阵面与晶体空间中$[uvw]$方向垂直，但在倒易空间中与$(uvw)^*$阵面平行的还有很多，如果我们令 $hu+kv+lw=N$，则过倒易原点的$(uvw)^*$阵面称为零阶面，此时 $N=0$。那么还存在与之平行的阵面 $N=\pm1,\pm2,\pm3,\cdots$，这些相应的阵面，我们称为 N 阶面。N 阶面的特点是平行于过倒易原点的$(uvw)^*$阵面，均垂直于晶体空间的$[uvw]$晶向，但这组阵面不经过倒易原点。

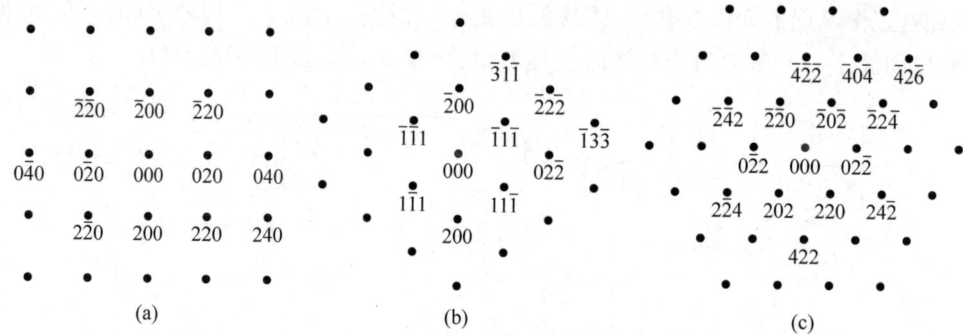

图 2.21 面心立方晶体的零阶倒易平面

(a) 晶带轴为[001]；(b) 晶带轴为[011]；(c) 晶带轴为[$\bar{1}$11]

从图 2.22 可以看出，零阶倒易阵面上的 $\boldsymbol{g}_{200}$ 与晶带轴[001]点乘为 0，1 阶倒易阵面的 $\boldsymbol{g}_{111}$ 与晶带轴[001]点乘为 1，2 阶倒易阵面的 $\boldsymbol{g}_{002}$ 与晶带轴[001]点乘为 2，零阶倒易阵面下方的 $\boldsymbol{g}_{11\bar{1}}$ 与晶带轴[001]点乘为−1。

处于零阶倒易阵面上的倒易矢量 $\boldsymbol{g}_{h_1k_1l_1}$ 与[uvw]晶带轴垂直，而 N 阶倒易阵面矢量的 $\boldsymbol{g}_{h_2k_2l_2}$ 与晶带轴 [uvw] 并非垂直关系。根据如图 2.23 所示的晶带轴与倒易矢量的关系，可以写出

$$\boldsymbol{g}_{hkl} \cdot \frac{\boldsymbol{L}_{uvw}}{|L_{uvw}|} = Nd^*_{uvw} \tag{2.21}$$

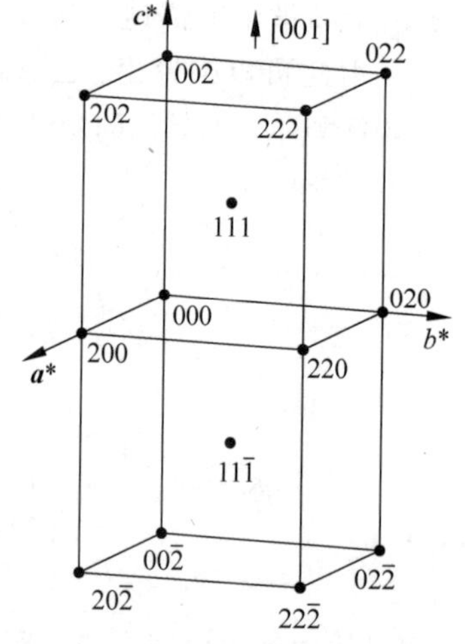

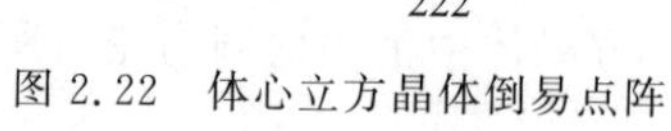

图 2.22 体心立方晶体倒易点阵

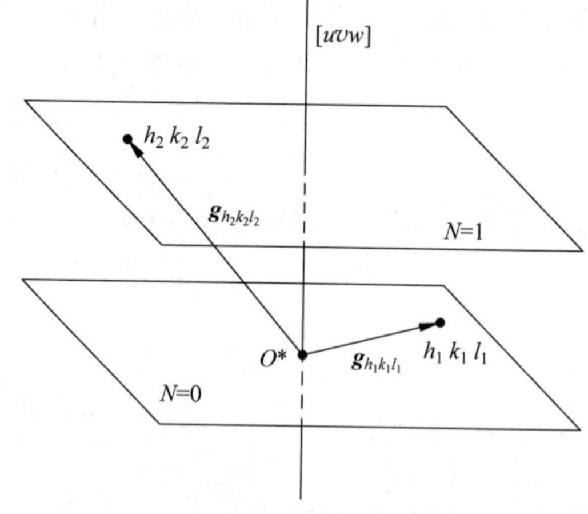

图 2.23 N 阶倒易阵面上的倒易矢量与晶带轴的关系

由于倒易空间和晶体空间是互为倒易的关系，显然在上式中，$|\boldsymbol{L}_{uvw}| = 1/d^*_{uvw}$，所以式(2.21)可以写成

$$\boldsymbol{g}_{hkl} \cdot \boldsymbol{L}_{uvw} = hu + kv + lw = N \tag{2.22}$$

式(2.22)就是广义晶带定律，用此定律可以确定晶体点阵的(hkl)晶面是否属于[uvw]晶带轴的 N 阶倒易阵面。晶带定律是广义晶带定律当 $N=0$ 时的特殊情况。透射电子显微分析中的高阶劳厄斑点就是非零阶倒易阵点的衍射结果。

第3章

X射线的产生及性质

晶体中的原子、离子在三维空间是周期性排列的，但由于原子很小，采用普通的光学显微镜无法证明晶体中原子的周期性排列规律，也难以对微观组织进行分析。X射线是德国物理学家伦琴(Wilhelm Conrad Röntgen)在1895年从事阴极射线的研究时发现的，并因此贡献在1901年获得了首届诺贝尔物理学奖。1912年，德国科学家劳厄(Max von Laue)发现了晶体的X射线衍射现象，并因此贡献在1914年获诺贝尔物理学奖。劳厄的发现解决了当时科学界的两大难题：①晶体的点阵结构具有周期性；②X射线具有波动性，其波长与晶体点阵结构周期为同一量级。布拉格父子(W. H. Bragg和W. L. Bragg)以更简洁的方式，清楚地解释了X射线晶体衍射的形成，并提出了著名的布拉格公式，证明了人类能够用X射线来获取晶体结构的信息，布拉格父子获得了1915年的诺贝尔物理学奖。

3.1 X射线的本质和X射线源

3.1.1 X射线的本质和产生条件

X射线是一种电磁波。带电粒子在加速或减速时都会产生电磁辐射，这种电磁波是一种横波，它的电矢量(**E**)和磁矢量(**H**)相互垂直，并与波的传播矢量(**k**)垂直，如图3.1所示。一般来讲，X射线的波长为0.01～100Å，波长处于γ射线和紫外线之间，而晶体点阵大小与X射线的波长具有相同的数量级，所以采用X射线可以观察到明显的衍射现象，并且有很高的精度。

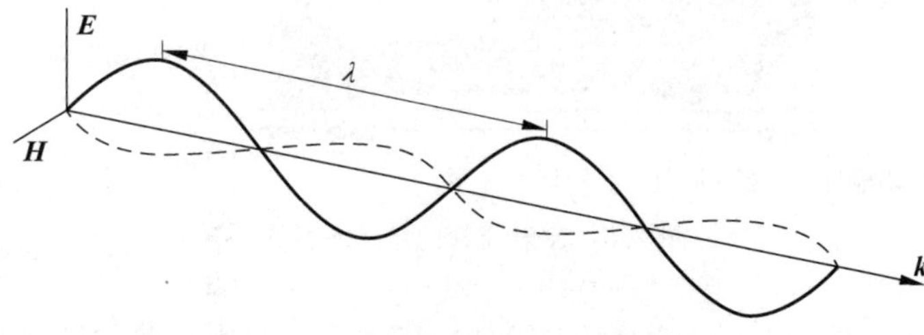

图3.1 X射线的横波性质

凡是高速运动的带电粒子运动受阻均会产生X射线,带电粒子既可以是带负电的电子也可以是带正电荷的离子及离子基团,运动受阻可以使带电粒子运动的速度和方向发生改变。因此实验室方便获得X射线的一般方式是:

(1) 产生自由电子(如加热钨丝发射热电子);

(2) 加速电子使其高速定向运动(在阴极与阳极间施加高压);

(3) 在电子运动路径上设置障碍物(阳极靶)使其减速。

通常有两种不同的方法可以获得X射线源。第一种是一种叫作X射线管的装置。电磁波是由高能电子与金属靶碰撞产生的,这是最简单和最常用的X射线源,可在实验室中使用,因此X射线管被称为实验室或传统X射线源。传统的X射线源通常效率较低,由于被加速电子的动能在与金属靶碰撞时都会在快速减速(有时是瞬间减速)时释放出大量的热能,因此这种靶材在使用时必须进行连续冷却,从而导致X射线源的亮度受到限制。第二种是先进的X射线辐射源——同步加速器,它是将高能电子限制在一个储存环中,当它们在一个圆形轨道上运动时,电子在储存环中被加速,并沿圆周运动,从而沿切线方向辐射出电磁波。同步加速器非常明亮,因为热损失最小,而且不需要冷却,所以它们的亮度只受高能束中电子通量的限制。如今,第三代同步加速器已经投入使用,其亮度超过了传统X射线管近10个数量级。由于同步辐射源建设复杂,投入巨大,所以同步辐射源都是多个用户设施,它们是通过政府的支持建造和维护的(例如,APS是由美国能源部和美国国家科学基金会管理的;上海光源也属于第三代同步辐射光源,由中国科学院管理与运行,属国家级大科学装置和多学科的实验平台之一)。第四代同步辐射X射线光源即衍射极限环光源也在设计与建设中,包括中国科学院高能物理研究所承建的北方高能光源。相比第三代同步辐射光源,第四代同步辐射光源的亮度要高出2～3个数量级,可望促进X射线在材料科学与工程方面研究与应用水平的大幅提升。

3.1.2 X射线管的结构和工作原理

如前所述,X射线管是传统的实验室X射线源。目前常用的两种X射线管是密封管和旋转阳极管。密封管由阴极灯丝和阳极组成,阴极、阳极都放置在金属/玻璃或金属/陶瓷容器内,并在高真空下密封,如图3.2所示。

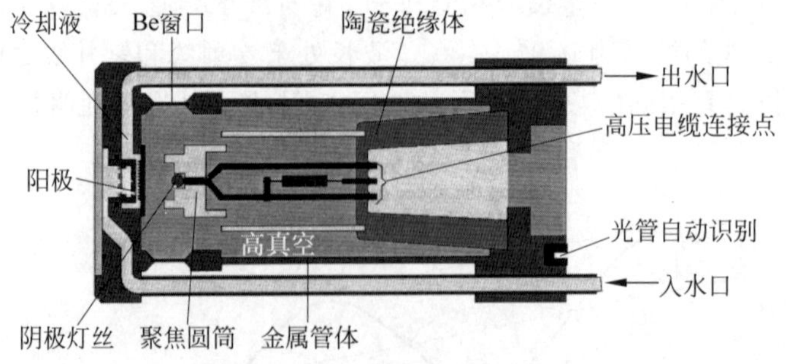

图3.2 X射线管的结构示意图

在X射线管里高速运动的电子猝然受阻时,由于电子与阻挡物质相互作用便会从被阻处向四面八方发射出X射线。这类X射线管实质上是真空管,真空度为$10^{-3}\sim10^{-5}$ Pa。

作为电子源的管阴极用细钨丝(特殊情况下也可用 LaB_6)卷成，在两极之间加高压，使阴极出来的电子在高压的作用下向阳极高速运动。在阳极端面上镶有被称为靶面材料的特制金属薄块，通常用 Mo、W、Ag、Cu、Fe、Co、Cr 等纯金属充任。由于高速运动的电子不断撞击阳极靶，因此在 X 射线管工作时需要冷却水冷却。在靶的四周有 4 个窗口，由于 Be 对 X 射线的吸收少，一般使用 Be 将窗口密封，使得产生的 X 射线能从窗口顺利地辐射出来。

一般靶上会有明显的标志注明阳极材料，图 3.3 中的 Cu 就是表示阳极靶材为 Cu。在靶的四周有 4 个 Be 窗口，其中 2 个线焦斑窗口，2 个点焦斑窗口，靶上有焦斑的标志，可以根据实验的需要选择焦斑的类型。在靶上还有冷却水的出入口。在真空管中，电子从阴极出来后，受到高压的作用快速向阳极运动，最终撞击阳极靶面产生 X 射线，电子撞击到阳极表面的范围，称为实际焦斑，大小形状与灯丝的形状有关，一般实际焦斑均为长方形，如图 3.4(a)所示。

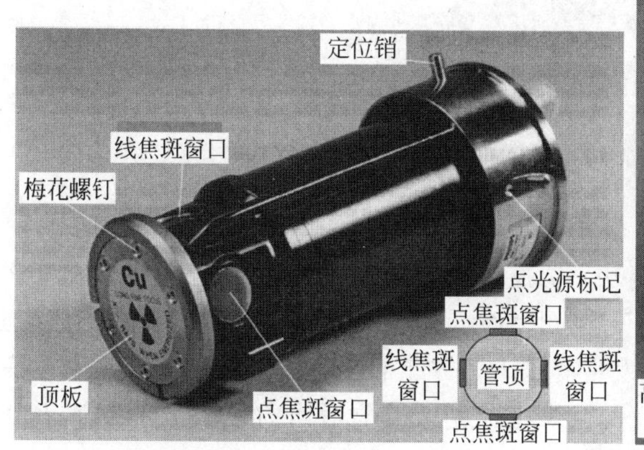

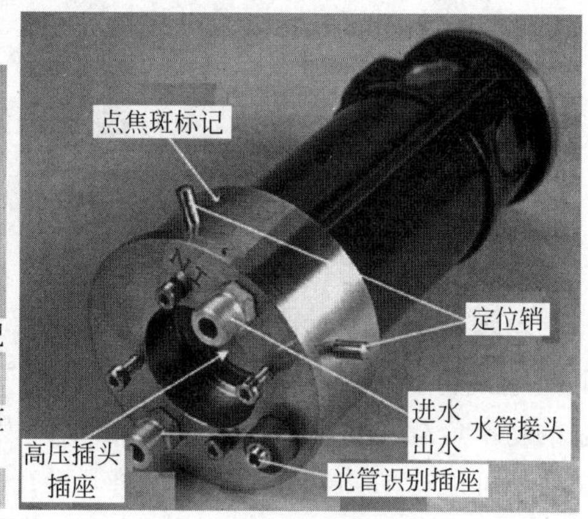

图 3.3　X 射线管

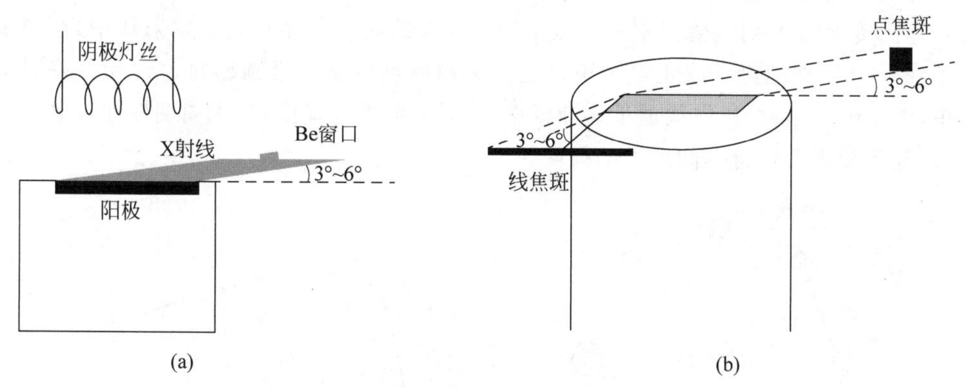

图 3.4　X 射线管点焦斑和线焦斑的选择示意图

在 X 射线管的使用中，我们通常更关注实际焦斑在 X 射线出射方向的投影，即有效焦斑，其大小与 X 射线管的靶面与 X 射线方向的夹角有关。假设实际焦斑大小为 1.0mm×10mm，我们沿着图 3.4(b)中点焦斑的方向选取，则得到的 X 射线焦斑是长轴方向在这个方向的投影。如果窗口与靶面成 3°～6°，则长轴的投影接近 1mm，因此在这个方向得到

1mm×1mm 的点焦斑。沿着与点焦斑成 90°的方向取 X 射线，如果窗口与靶面成 3°～6°，短轴方向的投影更短变为 0.1mm，那么沿此方向可以得到 0.1mm×1mm 的线焦斑。这就是 X 射线管点焦斑和线焦斑的选取方法。

图 3.5 是转靶 X 射线发生器，也是目前最实用的高强度 X 射线发生装置。阳极设计成圆柱体形，柱面作为靶面，阳极用水冷却。工作时阳极圆柱高速旋转，这样靶面受电子束轰击的部位不再是一个点或一条线段，而是被延展成阳极柱体上的一段柱面，使受热面积展开，大大增强靶面的冷却效率。

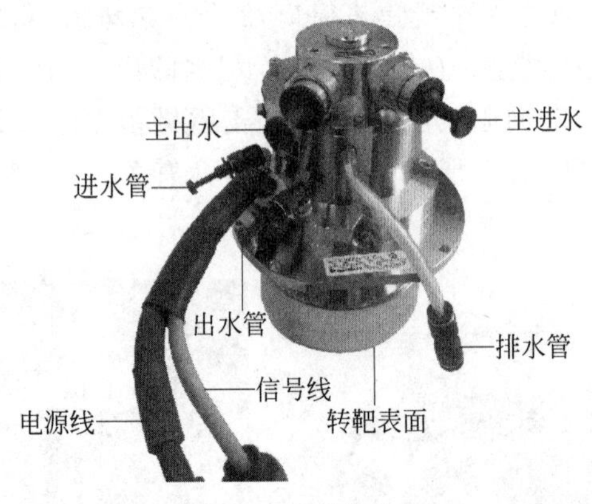

图 3.5　旋转阳极靶

提高 X 射线源亮度的途径除了采用高功率的旋转阳极 X 射线发生器，还可采用微焦斑的 X 射线管。设计尽可能细小的焦斑，由于焦斑尺寸小，能够大大提高 X 射线源的亮度，但总的功率负载却减小，因此微焦斑 X 射线发生器是十分节能的。目前微焦斑 X 射线管的焦斑直径可以达 12μm，甚至更小。将几十瓦的微焦斑 X 射线管与适当的光学元件结合，其 X 射线强度可达 3×10^{10} cps/mm^2(Cu K_α)，是功率为 5kW 的转靶 X 射线发生器的 8 倍。

通过同步辐射源获得的 X 射线源亮度很高，电磁波的相干度都非常高。同步加速器的输出功率比传统的 X 射线管大很多个数量级。巨大的能量存储在同步辐射环中，在同步辐射环中(图 3.6)，加速电子或正电子束以近光速在磁场控制下沿圆形轨道运动。在同步加速器中，由于电子损耗，X 射线通量逐渐减小，然后周期性地降低，必须周期性地将电子注入环中，以补充在正常运行期间发生的损耗。

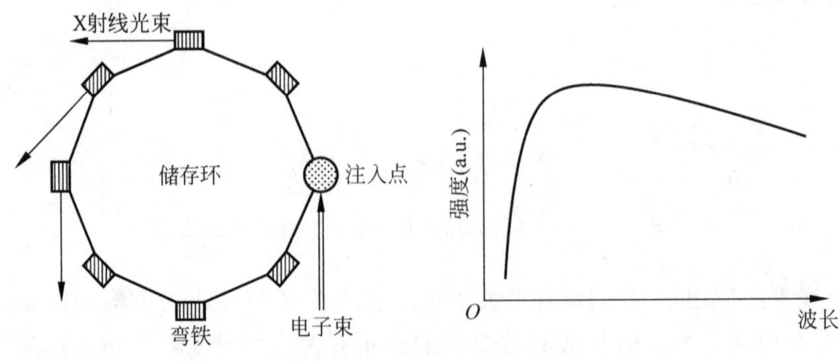

图 3.6　同步加速器的示意图

由于不需要冷却，第一代同步加速器和第三代同步加速器的X射线亮度比传统的X射线源分别高4和12个数量级。由于同步加速器的储存环直径通常为几百米，光束的平均分散度很小，所以产生的X射线为近似平行光，这一特性在粉末衍射中意义重大。同步辐射源的另一个重要优点是，除了X射线束的极高亮度，光束强度随波长的变化而变化(图3.6)。在很大的光子能量范围内，可以选择我们希望的任何波长进行高强度的衍射实验。此外，还可以在需要时改变波长，进行衍射角保持不变的能量色散实验。

3.1.3　连续X射线谱和特征X射线谱

热阴极X射线管发射的X射线谱有两种类型：连续X射线和特征X射线。

1. 连续X射线谱

连续X射线谱包括从某一短波极限 λ_0 开始的波长大于 λ_0 的所有辐射，亦称多色(或白色)X射线谱。不同的靶面物质发射的连续谱具有相似的特征。

图3.7(a)是钼靶在不同管电压时的连续X射线谱，其他金属靶的连续X射线谱与此类似。连续X射线谱有如下几个特征：

(1) 随着管电压升高，短波极限 λ_0 变短；

(2) 如果用 λ_{max} 来表示辐射强度最大的X射线波长，可以看出随着管电压升高，λ_{max} 变小，并且有 $\lambda_{max}\approx1.5\lambda_0$；

(3) 管电流的变化不影响连续X射线谱的波长分布形态，只影响相对强度高低，也就是说，当管电压不变时，随管电流的升高，各辐射强度均升高，但 λ_0 和 λ_{max} 保持不变。

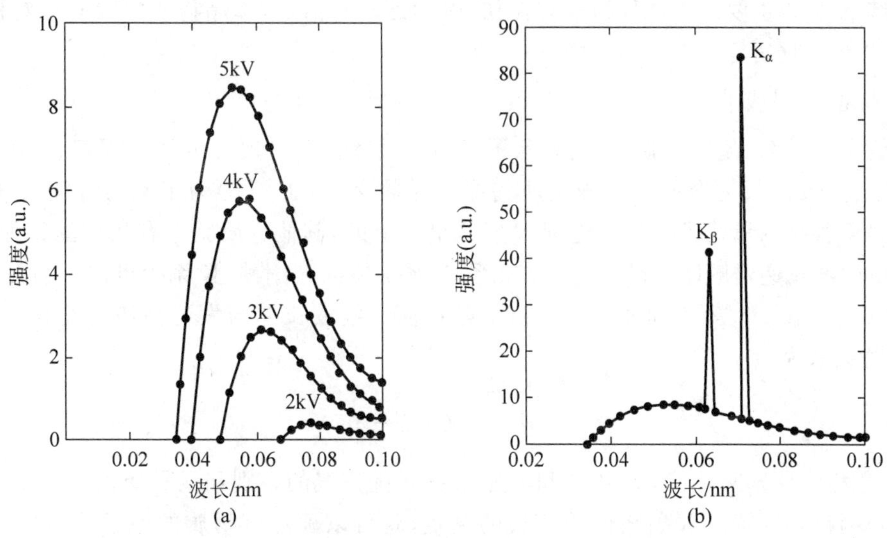

图3.7　钼靶的连续X射线谱和特征X射线谱

(a) 连续X射线谱与管电压之间的关系；(b) 特征X射线谱

基于以上几个特征，可以定量化地总结如下几个公式：

(1) 短波极限 $\lambda_0=\dfrac{1240(\text{V}\cdot\text{nm})}{U_{管}}$，其中 λ_0 的单位为nm，$U_{管}$ 的单位为V。

(2) 连续谱所包含的各波长辐射的总强度 I_s 与靶面物质原子序数 Z、管电压和管电流

的关系为

$$I_s = AZi_{管} U_{管}^m \tag{3.1}$$

式中,A 为系数($(1.1\sim1.4)\times10^{-9}$),$m$ 近于 2。式(3.1)表明,靶面物质 Z 越大,I_s 越大,X 射线管的发射效率越高。所以通常采用 W(原子序数为 74)作为连续谱的发生源。X 射线管的效率为

$$\eta = \frac{\text{X 射线的功率}}{\text{电子流的功率}} = \frac{AZi_{管}U_{管}^m}{i_{管}U_{管}} \tag{3.2}$$

一般来讲,X 射线管的效率很低,大约在 1%,即使是效率较高的 W 靶,其效率也不会超过 2%,其余 98%以上的能量均转化为热能,因此当电子束撞击阳极靶面时,靶面的温度很高,需要连续冷却,以免将靶面熔化。

连续 X 射线为什么具有以上的分布特征呢?按电磁波理论,作加速运动的带电粒子会向周围空间发射电磁波。X 射线管中高速射向阳极的电子束在靶面突然停止时有极大的负加速度,并相应发射出极短的电磁波,即 X 射线。显然当电子在真空管中加速所获得的能量全部转化成电磁波时,辐射出来的 X 射线具有最大的能量,可以用公式表达为

$$eU_{管} = \frac{hc}{\lambda} \Rightarrow \lambda_0 = \frac{hc}{eU_{管}} \tag{3.3}$$

式中,h 为普朗克常量,c 为光速。从式(3.3)可以看出,当管电压升高时,λ_0 变小,与我们实验观察到的结果一致。从 X 射线管阴极出来的电子,在电场作用下加速,这些电子在运动过程中,有的经过多次碰撞,消耗能量。电子每发生一次碰撞便产生一个光子,多次碰撞就产生多次辐射。由于每次辐射的光子能量不同,形成连续 X 射线。

连续 X 射线主要用于器件检查与探伤、医学诊断与治疗、单晶物质的取向和对称测定,以及 X 射线吸收谱等方面的研究中。

2. 特征 X 射线谱

当管电压升高,超过某临界值后,除了连续 X 射线,会出现几组波长固定、强度很大的 X 射线组分,其波长完全取决于靶物质的原子序数 Z,图 3.7(b)为钼靶的特征 X 射线谱。这几组强度很高的谱线是叠加在连续 X 射线谱之上的,其他金属靶也有相似的特征。特征 X 射线按照波长递增顺序,分别定义为 K 系、L 系等特征 X 射线,K 系也可以分为 K_α、K_β,L 系也可以分为 L_α、L_β 等不同波长的辐射。各特征谱线波长 λ 与发射该谱的靶材物质原子序数 Z 的关系为

$$\sqrt{\frac{1}{\lambda}} = C(Z-\sigma) \tag{3.4}$$

式(3.4)也称为莫塞莱定律,式中 C 和 σ 为常数,σ 随谱线的系别和线号变化。依据该公式,通过对被测材料的特征 X 射线谱线波长的测定,就可以确定该物质的原子序数,电子探针和 X 射线荧光分析均基于此公式,这个方法是进行材料成分分析的重要方法。

特征 X 射线的产生需要外加的管电压达到某一临界值,我们把这个临界值称为激发电压,产生 K 系特征谱线的最低电压称为 K 系激发电压 U_K,产生 L 系特征谱线的最低电压称为 L 系激发电压 U_L,依此类推,并且 $U_K > U_L$。

K 系是我们最常使用的特征谱,可以分为 K_α、K_β,其中 K_α 也分为两个波长的辐射 $K_{\alpha1}$ 和 $K_{\alpha2}$,只不过这两个波长非常接近,在低角度衍射时两个波长的衍射难以分辨,但高角度

的衍射峰会发生分离现象。K 系这几个波长的辐射之间有如下关系：

$$\begin{cases}\lambda_{K_{\alpha2}} > \lambda_{K_{\alpha1}} > \lambda_{K_{\beta}} \\ I_{K_{\alpha1}} \approx 2I_{K_{\alpha2}} \\ I_{K_{\alpha}} \approx (5-7)I_{K_{\beta}}\end{cases} \tag{3.5}$$

在 $U_{管}>U_{激发}$ 情况下升高管电压，特征谱线强度升高，其中 K 系谱线的强度 I_K 与 $i_{管}$、$U_{管}$ 和 U_K 之间的关系为

$$I_K = A' i_{管} (U_{管} - U_K)^{1.5} \tag{3.6}$$

式中，A' 为比例系数。如果 $I_{总}$ 为总的辐射强度，I_K 为 K 系的辐射强度，一般情况下，当 $U_{管}/U_K = 4 \sim 5$ 时，$I_K/I_{总}$ 达到最大值，因此管电压并非越高越好，应该选择在 4～5 倍 K 系激发电压，要想获得更高的强度可以提高管电流。

特征 X 射线之所以具有以上所介绍的特征，与靶材的原子结构有关。按照玻尔原子模型，核外电子围绕原子核在一定的能级轨道运动，自原子核向外依次分布为 K 层、L 层、M 层…（图 3.8）。各壳层能容纳电子的数目均有定值。层中一个电子的总能（即势能与动能之和，等于结合能为负值）基本取决于所在层号，常以 E_K，E_L，E_M，…（下标为层号）表示，并有 $E_K < E_L < E_M < \cdots$。此外，各层电子的总能还皆与原子序数 Z 的平方近似成正比。原子在稳定状态下核外全部电子的总能必然最低，所以原子自 K 层向外依序分布。

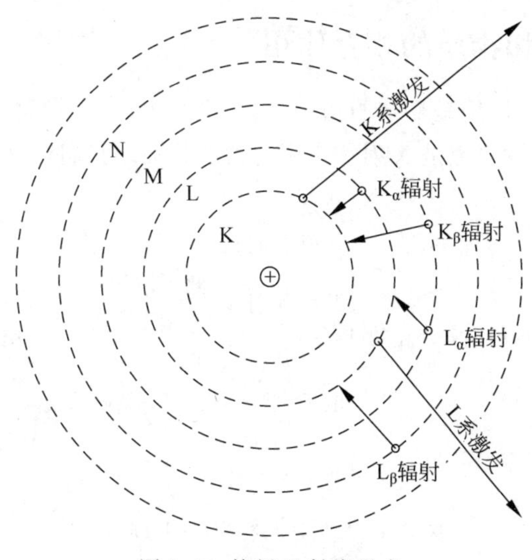

图 3.8　特征 X 射线形成

当撞击靶面的电子的能量 $eU_{管}$ 可以补偿原子某层电子的结合能时，此电子可与靶原子实现能量交换，原子获得能量并释出该层一电子，形成该系的激发态。如图 3.8 所示，当外来电子能量足够将 K 层的电子激发出去时，K 层出现空位，K 系处于激发态。被激发的原子能量高，不稳定，外层电子将跃入该层来填充内层空位，使原子回归稳定态。在这一跃迁过程中，由于外层电子能量较高，跃迁到内层时有能量差，这部分能量以 X 射线的形式释放出去，形成特征 X 射线。辐射的特征 X 射线能量等于电子跃迁时释放的能量，因此对 K 系辐射的 K_α 有

$$\frac{hc}{\lambda_{K_\alpha}}=E_L-E_K \tag{3.7}$$

式中，E_L 和 E_K 是由原子结构决定的，因此对于同一原子序数的物质，辐射的特征 X 射线只取决于原子序数，与外在的电流、电压无关。而 K_β 是 M 层的电子跃迁到 K 层，所以有

$$\frac{hc}{\lambda_{K_\beta}}=E_M-E_K \tag{3.8}$$

由于 $E_M-E_K>E_L-E_K$，比较式(3.7)和式(3.8)可以看出，$\lambda_{K_\beta}<\lambda_{K_\alpha}$。同理，当电子由其他轨道跃迁到 L 层时，会形成 L_α、L_β 等 L 系谱线。

从上面的分析可以看出，只有当管电压高，可以将电子加速到足够能量时，才能将原子核外的电子撞击出去，形成激发态，才能辐射特征 X 射线。在原子中 K 层电子比其他层的电子能量低，更稳定，所以要将 K 层电子激发出去需要较大的能量，因此 K 系的激发电压高于其他谱系的激发电压。当然激发态原子的能量释放途径不仅仅是辐射出 X 射线，还有其他途径。

3.2 X 射线的性质

3.2.1 X 射线和物质的相互作用

X 射线与物质的相互作用是复杂的物理过程，将产生透射、散射、吸收和放热等一系列效应，如图 3.9 所示。这些效应也是 X 射线应用的物理基础。我们对这几种作用效果逐一分析。

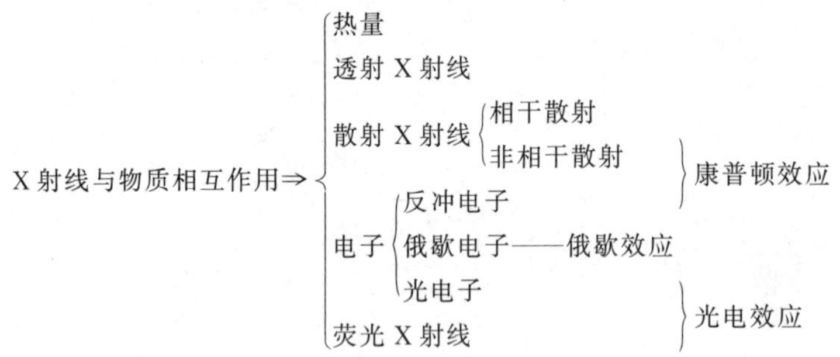

图 3.9 X 射线与物质的相互作用

(1) 热量：当 X 射线照射物质时，部分 X 射线被原子吸收，X 射线的能量使得被照射物体温度升高。

(2) 透射 X 射线：透过物体的 X 射线遵循指数衰减规律，将在后面详细介绍。

(3) 散射 X 射线：分成相干散射和非相干散射。相干散射的 X 射线只是引起 X 射线的方向变化，X 射线的波长不变，这是 X 射线衍射的物理基础，本书将在后面重点讨论。

康普顿在进行 X 射线通过实物物质发生散射的实验时，发现了一个新的现象，即散射光中除了有原波长 λ_0 的 X 射线，还产生了波长大于 λ_0 的 X 射线，其波长的增量随散射角的不同而变化，这种现象称为康普顿效应(Compton effect)。

波长为 λ 的光子与原子中质量为 m_0 的、自由而静止的电子碰撞，碰撞后，在与入射方

向成 θ 角的方向测到波长为 λ' 的散射波；电子在碰撞中受到反冲，它以能量 E 在与入射波的方向成 ϕ 角的方向上射出（图 3.10(a)），按体系的能量和动量守恒原理（图 3.10(b)），即有

$$\begin{cases} h\gamma = h\gamma' + \dfrac{1}{2}mv^2 \\ \dfrac{1}{2}mv = \dfrac{h}{\lambda}\sin\theta \end{cases} \tag{3.9}$$

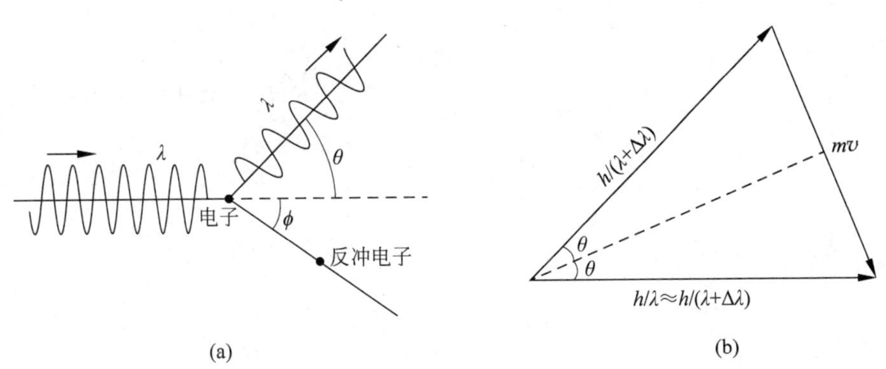

图 3.10　康普顿效应

由于 $\Delta\lambda$ 很小，我们可以认为光子碰撞前后的动量相等，根据式(3.9)可以解出，所以有

$$\Delta\lambda = \frac{2h}{mc}\sin^2\theta \tag{3.10}$$

将物理常量代入式(3.10)中，可以得到

$$\Delta\lambda = 0.024(1-\cos2\theta)(\text{Å}) \tag{3.11}$$

式(3.11)是著名的康普顿散射公式，它与实验结果符合得很好。从康普顿散射公式可以看出，$\Delta\lambda$ 取决于散射角 θ 的大小，与入射波的波长无关。

非相干散射是不可避免的，在晶体中不能产生衍射现象，但会在衍射的背底数据中体现出来，形成连续背底，其大小随 $\sin\theta/\lambda$ 的增加而增加。

(4) 俄歇效应：原子内壳层中产生空位后，另一种释放能量的途径是产生俄歇电子。当 K 壳层中出现空位，L 壳层的一个电子跃迁到 K 层时，多余的能量既可以释放 X 射线，也可以把能量传递给另一壳层（如 M 壳层）中的一个电子，此电子获得能量就可以脱离原子核而发生电离，形成俄歇电子。这样一个过程中，俄歇电子的动能为 $E_{ke}=\varepsilon_K-\varepsilon_L-\varepsilon_M$（$\varepsilon_K$ 为 K 层电子的结合能……），完全取决于元素的本性，所以对俄歇电子的测量也可作为元素分析的手段。俄歇电子只能测定表面约 1nm 的范围，适合做表层成分分析，俄歇电子的能量一般都很低，在 50～1500eV。还可以根据俄歇电子能量峰的位移和峰形变化，获得样品表面化学态的信息。

(5) 光电效应：当光照射到金属时，有电子从金属表面逸出，这一现象称为光电效应，发射出来的电子叫作光电子。当 X 射线照射到物体上时，如果 X 射线的光子能量大于原子核外的电子与原子核的结合能，X 射线光子与核外电子相遇时，就会将电子击出，形成光电子，此时原子处于激发态。如果 K 层的电子被击出，在 K 层出现空位，如图 3.11 所示，则核外高能的电子将跃迁到 K 层，跃迁后多余的能量以特征 X 射线的形式辐射出来，形成荧光

X 射线，这样一个过程就是光电效应。光电效应是光子的粒子性表现形式。在光电效应中，会同时出现光电子和荧光 X 射线。

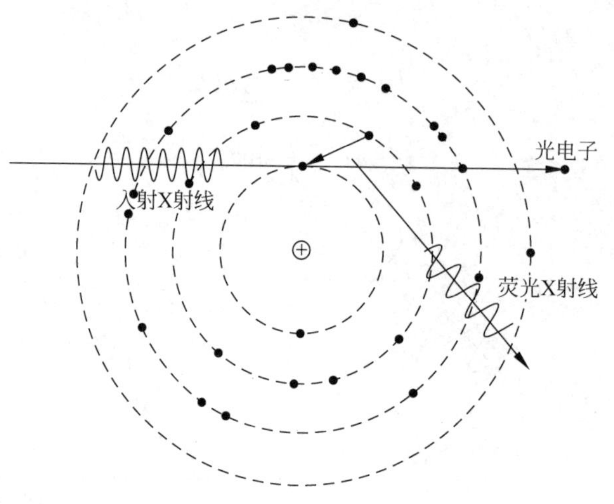

图 3.11 光电效应图解

激发 K 系光电效应时，入射 X 射线光子的能量必须大于击出一个 K 层电子与原子核的结合能 E_K，如果用 λ_K 表示 K 系激发的最大入射 X 射线的波长，则 $E_K=\dfrac{hc}{\lambda_K}$。只有当入射 X 射线的波长小于 λ_K 时，才能产生光电效应。不同材料的 K 系电子与原子核的结合能不同，所以产生光电效应的最大入射 X 射线波长也不同。

以上几种物理现象是 X 射线与物质相互作用的结果，除了上面讲述的康普顿效应和光电效应，透射 X 射线的衰减规律和相干散射将陆续进行讨论。

3.2.2 X 射线在物质中的衰减

X 射线在穿行物质中会发生衰减，衰减符合指数规律。

1. 衰减定律

设 I_0 为入射前 X 射线的强度，I_l 为穿过厚度为 l 的物质后的强度，I 为穿行到深度 x 处的强度，$I-\mathrm{d}I$ 为继续穿行厚度为 $\mathrm{d}x$ 薄层后的强度，如图 3.12 所示。假定穿透此薄层的强度变化率与穿透厚度成正比，即

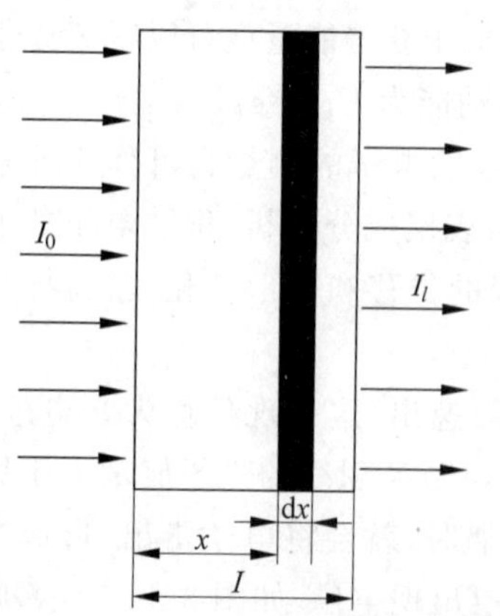

图 3.12 X 射线在物质中的衰减

$$\frac{(I-\mathrm{d}I)-I}{I}\propto \mathrm{d}x \tag{3.12}$$

则

$$-\frac{\mathrm{d}I}{I}=\mu_l\,\mathrm{d}x \quad 或 \quad I_l=I_0\mathrm{e}^{-\mu_l l} \tag{3.13}$$

式中，μ_l 为比例系数。该式被称为衰减定律。

式(3.13)中的 μ_l 称为线衰减系数，单位为 cm^{-1}。μ_l 越大，X 射线在穿行物体时衰减越厉害。如果被穿

行物体的密度为 ρ，则有

$$\mu_l l=\frac{\mu_l l\rho}{\rho}=\frac{\mu_l}{\rho}l\rho=\mu_m m \tag{3.14}$$

显然有 $\mu_m=\mu_l/\rho$，其单位为 cm^2/g，m 的物理意义是垂直入射 X 射线方向上的单位面积内被穿行物体的质量，其单位为 g/cm^2。因此，式(3.13)的衰减定律可以写成

$$I_m=I_0 e^{-\mu_m m} \tag{3.15}$$

式(3.15)的优点是 μ_m 只与被照射物质的化学成分有关，与被照射物质的状态无关。比如，水的 μ_l 和水蒸气的 μ_l 差别很大，但考虑到二者的密度差，计算后它们的 μ_m 是相同的。

复合物的质量衰减系数可以通过下面公式计算：

$$\mu_m=\omega_1\mu_{m1}+\omega_2\mu_{m2}+\cdots+\omega_n\mu_{mn}=\sum_{i=1}^{n}\omega_i\mu_{mi} \tag{3.16}$$

式中，μ_m 为复合物的质量吸收系数；$\omega_1,\omega_2,\cdots,\omega_n$ 为组成复合物各元素的质量分数；μ_{m_1}，$\mu_{m_2},\cdots,\mu_{m_n}$ 为组成复合物各元素的质量衰减系数。

例题　已知铝和钛对铜靶 K_α 辐射的质量衰减系数分别为 $\mu_{m-K_\alpha-Cu}^{Al}=48.6cm^2/g$ 和 $\mu_{m-K_\alpha-Cu}^{Ti}=208cm^2/g$，铝与钛的相对原子质量各为 26.9 和 47.90，①试求 Ti_3Al 对铜靶 K_α 辐射的质量吸收系数；②已知 Ti_3Al 的密度为 $4.3g/cm^3$，求 $\mu_{m-K_\alpha-Cu}^{Ti_3Al}$。

解：① Ti_3Al 化合物中，钛和铝的质量分数 ω_{Ti} 和 ω_{Al} 各为

$$\omega_{Ti}=\frac{47.9\times 3}{47.9\times 3+26.98}=0.842$$

$$\omega_{Al}=1-\omega_{Ti}=1-0.842=0.158$$

将 ω_{Ti} 和 ω_{Al} 代入式(3.16)中，有

$$\mu_{m-K_\alpha-Cu}^{Ti_3Al}=0.842\times 208cm^2/g+0.158\times 48.6cm^2/g=182.8cm^2/g$$

② 由于 $\mu_m=\mu_l/\rho$，所以

$$\mu_{l-K_\alpha-Cu}^{Ti_3Al}=\rho\mu_{m-K_\alpha-Cu}^{Ti_3Al}=182.8cm^2/g\times 4.3g/cm^2=786.04cm^{-1}$$

2. X射线的散射与吸收

X 射线在穿行物体时强度的衰减是由物质对它的散射和吸收共同造成的。散射是指 X 射线光子与物质相遇时因改变了传播方向而造成原传播方向上 X 射线强度的减弱。吸收则指 X 射线光子与物质相遇而被俘获，造成原传播方向 X 射线的减弱。这样体现衰减程度的 μ_m 就是散射导致 X 射线强度减弱的质量散射系数 σ_m 与体现吸收导致强度减弱的质量吸收系数 τ_m 之和，即

$$\mu_m=\sigma_m+\tau_m \tag{3.17}$$

一般情况下，X 射线穿行物质时强度的减弱主要是由吸收导致的，而散射的作用极小；即 τ_m 远大于相应的 σ_m。例如，钼靶 K_α 辐射穿行铁板、锌板时，$\tau_{m-K_\alpha-Mo}^{Fe}=38.5cm^2/g$，$\tau_{m-K_\alpha-Mo}^{Zn}=55.4cm^2/g$，而它们的 σ_m 均在 $0.2cm^2/g$ 左右。因此，常以 τ_m 直接代换 μ_m，或以“吸收”同义于“衰减”。各种物质的 σ_m，除少数轻元素外，对波长大于 0.02nm 的 X 射线均在 $0.2cm^2/g$ 左右；波长小于 0.02nm，各元素的 σ_m 随 X 射线波长的缩短而缓慢

减小。

实验表明，被穿行物体的吸收系数 τ_m 与入射 X 射线波长 λ 和原子的序数 Z 有如图 3.13 的变化规律，即

$$\tau_m = KZ^3\lambda^3 \tag{3.18}$$

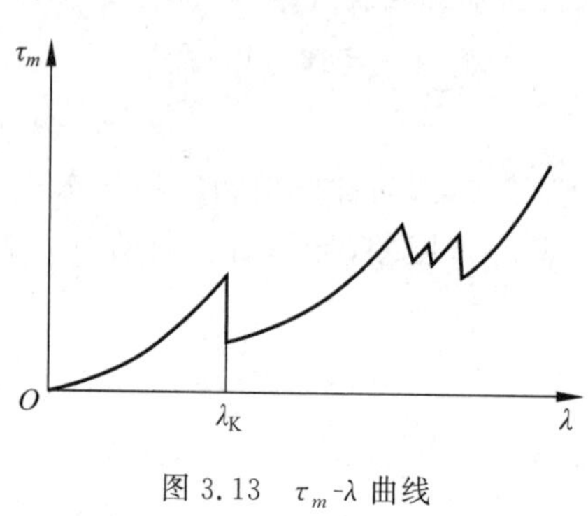

图 3.13　τ_m-λ 曲线

式(3.18)中，K 为一常数。τ_m-λ 曲线在不同波长区间的 K 值各异。如以 Å 为波长单位，则在最短波长区内，K 约为 0.007；而在次一波长区里，K 为 0.0009。二者结合处对应的波长 λ_K 取决于物质的原子结构，称为 K 吸收限。在 λ_K 值处 τ_m 值的突变达 6～8 倍之多。在图 3.13 中，τ_m-λ 曲线上 τ_m 值突变处对应的各波长，依波长增加顺序，分别称 K 系吸收限，L 系吸收限，……；它们的值都由被穿行物质的原子结构决定。

3. K 吸收限的形成

图 3.13 中，在波长为 λ_K 处，τ_m 值出现了突降，这一现象与被照射物质的光电效应有关。当入射光子能量恰好大于 K 层电子与原子核的结合能，即入射 X 射线的波长刚好小于 λ_K 时，X 射线光子被俘获的概率最大，同时将 K 层电子击出，原子处于激发态，产生光电效应。当入射 X 射线的波长大于 λ_K 时，入射的 X 射线不能激发被照射物质的光电效应，所以表现出 τ_m 值在 λ_K 处出现了突变。在一个区间段内，波长短，X 射线光子的能量高，被吸收的少，所以在每一个区间段的 τ_m-λ 曲线均呈现式(3.18)的变化规律。

3.3　X 射线衍射实验的条件选择

3.3.1　阳极靶和滤波片的选择

1. 阳极靶

在 X 射线衍射实验中，需要对阳极靶进行选择。阳极靶的选择首先需要考虑靶材辐射的 X 射线波长不能刚好小于被照射物质的 λ_K 值，否则会产生光电效应，光电效应辐射出的特征 X 射线会严重干扰实验结果。比如，Cu 靶的 $\lambda_{K_\alpha}=0.15418\text{nm}$，Fe 的 K 吸收限 $\lambda_K=0.17429$，如果采用 Cu 靶作为光源，入射的特征 X 射线波长刚好小于被照射物质的 K 吸收限，此时会产生光电效应，辐射出强烈的荧光 X 射线，所以 Fe 基材料的 X 射线衍射实验时，要避免使用 Cu 靶，应采用 Fe 靶($\lambda_{K_\alpha}=0.19373\text{nm}$)、Co 靶($\lambda_{K_\alpha}=0.17902\text{nm}$)或 Cr 靶($\lambda_{K_\alpha}=0.22909\text{nm}$)。以此类推，在做衍射实验之前先选好阳极靶。

2. 滤波片

X 射线衍射实验通常需要单一波长的 X 射线源，而 X 射线管发出的特征 X 射线是由多波长的 X 射线组成的，如 K_α、K_β、L_α 等，这种多波长的 X 射线严重影响衍射结果的分析，因此有必要将 X 射线波长单一化。

采用滤波片是最方便的波长单一化方法。如图 3.14 所示，入射的 X 射线具有 K_α 和 K_β 波长的特征 X 射线。我们想将 K_β 去掉，只留下单一波长的 K_α 辐射，可以利用前面所讲的物质的 K 吸收限的特性实现。当滤波片的 K 吸收限 λ_K 刚好位于靶材的 λ_{K_α} 和 λ_{K_β} 之间时，由于光电效应，K_β 被大量吸收，而 K_α 损失不大，这样就达到滤波的作用。比如，Cu 靶的 $\lambda_{K_\alpha}=0.15418\text{nm}$，$\lambda_{K_\beta}=0.139217\text{nm}$，我们需要找到一个物质的 K 吸收限处于 λ_{K_α} 和 λ_{K_β} 之间，以达到滤波的效果。Ni 的 K 吸收限为 0.14869nm，恰好位于 λ_{K_α} 和 λ_{K_β} 之间，所以使用 Ni 作为 Cu 的滤波片。当然滤波片的厚度也不宜过厚，避免 K_α 辐射的 X 射线损失过大，降低光源的强度。一般情况，以 K_α 损失 50% 为宜，此时经过滤后的 X 射线中 K_β 的强度大约仅为 K_α 强度的 1/600。

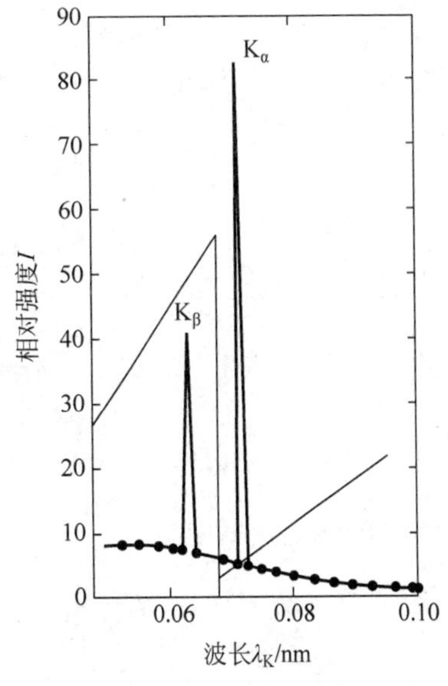

图 3.14　滤波片的 K 吸收限和靶材特征 X 射线的关系

表 3.1　几种常用靶材的滤波片

阳　极　靶				滤　波　片				
靶材	原子序数	K_α 波长/Å	K_β 波长/Å	材料	原子序数	λ_K/Å	厚度*/mm	I/I_0 (K_α)
Cr	24	2.2909	2.08480	V	23	2.2690	0.016	0.50
Fe	26	1.9373	1.75653	Mn	25	1.8964	0.016	0.46
Co	27	1.7902	1.62075	Fe	26	1.7429	0.018	0.44
Ni	28	1.6591	1.50010	Co	27	1.6072	0.013	0.53
Cu	29	1.5418	1.39217	Ni	28	1.4869	0.021	0.40
Mo	42	0.7107	0.63225	Zr	40	0.6888	0.180	0.31
Ag	47	0.5609	0.49701	Rh	45	0.5338	0.079	0.29

* 滤波后的 K_β/ K_α 强度比为 1/600。

滤波片的选取原则，有如下的规律：

$$\begin{cases}\text{当 } Z_{\text{靶}} \leqslant 30 \text{ 时}, & Z_{\text{滤}} = Z_{\text{靶}} - 1 \\ \text{当 } Z_{\text{靶}} \geqslant 42 \text{ 时}, & Z_{\text{滤}} = Z_{\text{靶}} - 2\end{cases}$$

当靶材原子序数位于 30～42 时，可以按照滤波片的选取原则进行选取。

例题　已知铜靶的 K_α 强度是 K_β 的 5 倍，如果要使铜的辐射经镍滤波片后，K_α 强度是 K_β 的 400 倍，求滤波片的厚度？（已知铜的 $\lambda_{K_\alpha}=1.5418\text{Å}$，$\lambda_{K_\alpha}=1.39217\text{Å}$，铜的原子序数为 29，镍的原子序数为 28，镍密度 $\rho=8.9\text{g/cm}^3$。假设 σ_m 可以忽略不计，在 $\lambda<\lambda_K$ 时，$K=0.007$；$\lambda>\lambda_K$ 时，$K=0.0009$）

解：根据关系式 $\tau_m=KZ^3\lambda^3$，则

$$\tau_{m-K_\alpha-\text{Cu}}^{\text{Ni}}=0.0009\times28^3\times1.5418^3=72.41$$

$$\tau_{m-K_\beta-Cu}^{Ni}=0.007\times 28^3\times 1.3917^3=414.2$$

由于忽略了散射因素，则 $\mu_m=\tau_m$，根据 $I_m=I_0 e^{-\mu_m m}$，则

$$I'_\alpha=I_\alpha e^{-\mu_{m-K_\alpha-Cu}^{Ni} m}=I_\alpha e^{-72.41m}$$

$$I'_\beta=I_\beta e^{-\mu_{m-K_\beta-Cu}^{Ni} m}=I_\beta e^{-414.2m}$$

则按照题意

$$\frac{I'_\alpha}{I'_\beta}=\frac{I_\alpha}{I_\beta}e^{342.79m}=400$$

解得

$$m=0.01278\text{g/cm}^2$$

所以需要的滤波片厚度为

$$t=\frac{m}{\rho}=\frac{0.01278\text{g/cm}^2}{8.9\text{g/cm}^3}=0.001436\text{cm}$$

3.3.2 X 射线的防护

为了正确、安全地使用 X 射线，就必须了解其探测和防护方面的知识。X 射线对人体有严重的破坏作用，局部强辐照可使组织烧伤，长期弱辐照可使人精神萎靡、脱发、血象改变，甚至患射线病。辐射越强，辐射波长越长，辐照时间越长，受照面积越大，人体受照部位越脆弱，则杀伤影响就越强烈。还需指出的是：①人的肉眼看不见 X 射线，往往疏于防范；②伤害不严重(或未显现)时无痛感，难以感知，常掉以轻心；③伤害有积累效应，一旦成患，较难治愈，故不可不防。

辐射伤害是由于 X 射线被人体吸收。射线被吸收数量称为吸收剂量；1kg 被照射物质吸收 1J 射线能量时定义为 1 希沃特(记作 Sv)。由于人体不同器官对伤害的承受能力差异较大，因而人们对不同器官规定了各自剂量限制值，譬如眼晶体每年辐射剂量不得超过 150mSv，四肢每年辐射剂量不得超过 500mSv。为保护 X 射线工作者的健康，我国规定全身被辐照的年剂量限制值为 50mSv，而且三个月累积不得超过 30mSv。另外，还要定期体检(通常每年一次)和保健、休假。

为保证安全：①X 射线装置需用铅板或适当厚度的强吸收材料屏蔽，以免直射和漫射线的漏出，伤害工作人员和周边实验室；②实验室内设置警示标志；③建立安全的运行制度并必须严格遵守。另外，X 射线实验室还是高电压实验室，有关水、电安全制度亦需遵守，并要求排除电离气体，保持室内空气清新。

第4章

X射线衍射原理及基本实验方法

第 3 章介绍了当 X 射线通过物质传播时，衍射现象应考虑以下过程的发生：相干散射，即产生与入射(主)光束波长相同的衍射束，也就是与入射光束相比，相干散射光束中光子的能量保持不变；非相干散射(康普顿效应)，是由于入射光子与电子碰撞时，光子能量的部分转移给电子，形成反冲电子，散射出的 X 射线光子能量降低，波长变长。非相干散射的散射方向具有随机性，并且能量也不固定，因此我们在研究晶体时主要考虑 X 射线和晶体晶格之间的相互作用，非相干散射通常不给予考虑。只有当吸收变得显著时，才将其作为单独的效应考虑。

一般来说，X 射线(或任何其他类型的具有适当波长的辐射)与晶体的相互作用是复杂的，有两个不同层次上的理论对衍射现象进行分析——运动学和动力学衍射理论。在运动学衍射中，一次散射的光束在离开晶体之前不允许被再次散射。因此，衍射的运动学理论需要以下假设：①材料中的晶粒(包括镶嵌结构和亚晶等)足够小；②晶粒之间有足够大取向差；③X 射线与晶粒相互作用的范围大于晶粒的尺寸。相反，动力学衍射理论解释了衍射光束和晶体内部传播的波相互作用，只有当晶体几乎是完美的，或者当有非常强的相互作用时动力学效应才明显。然而，在大多数多晶体材料中，动力学效应很弱，通常只有单晶衍射实验时才加以考虑。即便如此，许多动力学效应(如初级和/或二次消光、热扩散散射)通常作为运动衍射的校正。

运动学理论可以简单、充分、准确地描述多晶体的 X 射线衍射现象，尤其适用于晶粒尺寸相对较小的多晶体材料。因此，本书主要讲述 X 射线衍射的运动学理论。

晶体对 X 射线的散射实际上就是核外电子对 X 射线的散射作用。本章研究的内容是相干散射部分，第 3 章已经将非相干散射(康普顿效应)做了解释，本章不再重复。相干散射和非相干散射有着本质上的不同，相干散射的 X 射线波长与入射波长相同，只改变入射线的方向，是 X 射线波动性的体现；而非相干散射的 X 射线不仅方向改变，波长也发生变化，是 X 射线粒子性的表现。

4.1 一个电子对 X 射线的散射

由于入射 X 射线是一种电磁波，晶体受到 X 射线照射时，核外的电子在入射 X 射线的作用下受迫作同频率的振动，该电子成为新的辐射波源，向外辐射电磁波，这种由电子受迫振动而发出的X射线称为散射线。由于入射线和散射线的波长相同，相位差恒定，所以散射线之间能够发生相互干涉现象，我们把这种现象称为相干散射。X射线是一种横波，它的电矢量($\boldsymbol{E}$)和磁矢量($\boldsymbol{H}$)相互垂直，并与波的传播矢量($\boldsymbol{K}$)垂直，为了方便研究，我们分别讨论入射X射线为偏振光和非偏振光时的散射行为。

4.1.1 偏振光的散射现象

所谓的偏振光是指入射X射线的电场矢量($\boldsymbol{E}$)和磁场矢量($\boldsymbol{H}$)在固定的方向振动，不会绕着入射线的方向旋转。如图4.1所示，现在假定电子处于坐标原点，电场矢量在 yOz 平面内分布，磁场矢量在 xOy 平面内分布，入射X射线沿 Oy 方向传播，当入射波的波前到达电子所在的坐标原点时，电子将沿着电场矢量方向作同频率的振动，电子振动的加速度由X射线入射线的电场强度 $\boldsymbol{E}_{入}$ 决定，根据牛顿第二定律有

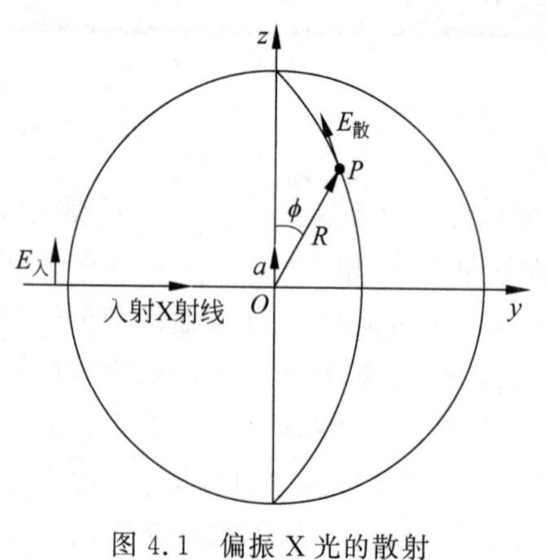

图 4.1 偏振X光的散射

$$m\boldsymbol{a} = e\boldsymbol{E}_{入} \tag{4.1}$$

式中，m 和 e 分别是电子的质量和电量，$\boldsymbol{E}_{入}$ 是入射X射线的电场强度，$\boldsymbol{a}$ 的方向与 $\boldsymbol{E}_{入}$ 相同。根据经典的电磁学理论，如果电荷以一定的角频率 ω 随时间作正弦变化，则它所激发的电磁场也以相同的角频率随时间作正弦变化，这种以一定频率作正弦变化的场，称为正弦场或时谐场。如果散射线在真空，介电常数和磁导率均为1，观测点 P 到 O 点的距离为 R，ϕ 为加速度 a 与散射方向 OP 的夹角，并且 $R \gg \lambda$ 处于电磁波远区，可将散射波的电矢量 $E_{散}$ 表示为

$$E_{散} = \frac{ea}{c^2 R}\sin\phi \tag{4.2}$$

式中，c 为光速。散射线的电场矢量在加速度 a 和散射线 OP 所组成的平面上，并且与散射线 OP 垂直。

将式(4.1)的加速度 a 代入式(4.2)中，可以得到

$$E_{散} = \frac{E_{入} e^2}{mc^2 R}\sin\phi \tag{4.3}$$

电磁波的强度是单位时间内单位面积上辐射的能量，其与电场强度的平方成正比，所以

$$\frac{I_{散}}{I_0} = \frac{E_{散}^2}{E_0^2} \tag{4.4}$$

整理式(4.3)和式(4.4)，可以得到

$$I_{散} = I_0\left(\frac{e^2}{mc^2 R}\right)^2 \sin^2\phi \tag{4.5}$$

从式(4.5)可以看出，散射线的强度是 R 和 ϕ 的函数，当观测点 P 确定后，$I_{散}$ 只是 ϕ 的函数。如果以虚线长度表示散射线的强度，当散射线与 z 轴的夹角 ϕ 变化时，有如图4.2所示的变化规律。在 R 一定时，三维空间中与 z 轴夹角为 ϕ 的圆锥面方向上都有相同的散射线强度，所以等强度的点构成了以 z 轴为轴的回转体。

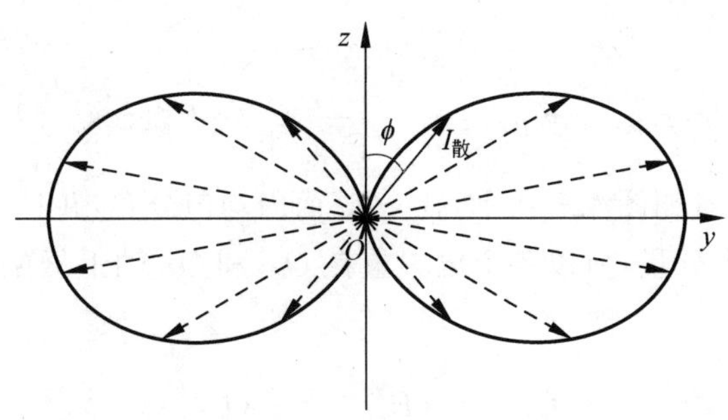

图 4.2　偏振光下自由电子散射波强度与 ϕ 的关系

4.1.2　非偏振光的散射现象

所谓的非偏振光是指在垂直于电磁波传播方向的平面内，沿各方向振动的电矢量均匀分布，且振动的振幅相同的电磁波，如图 4.3 所示，非偏振光的电矢量在径向是均匀分布的。假设在 yOz 面内有一点 P，OP 是在原点振动的电子的散射方向，OP 距离为 R，OP 与 y 轴的夹角为散射角，用 2θ 表示。如图 4.4 所示，非偏振光在任意方向的电矢量均为 E_0，可以将 E_0 在 x 和 z 轴作投影，得到 E_{Ox} 和 E_{Oz} 两个分量，那么 P 点的散射线可以看成是 E_{Ox} 和 E_{Oz} 两个分量共同作用的结果，且 $E_0^2=E_{Ox}^2+E_{Oz}^2$。由图 4.4 可以看出，OP 与 z 轴的夹角为 $90°-2\theta$，OP 与 x 轴的夹角为 $90°$，用 E_{Px} 和 E_{Pz} 分别表示 E_{Ox} 和 E_{Oz} 两个分量与原点的电子作用后在 P 点形成的散射线电矢量，由于 P 点在 yOz 平面内，E_{Pz} 的方向也在 yOz 平面内且垂直于 OP，E_{Px} 的方向处于 x 轴和 OP 组成的平面内且垂直于 OP（即平行于 x 轴），E_{Oz} 与 OP 的夹角 $\phi_1=90°-2\theta$，E_{Ox} 与 OP 的夹角 ϕ_2 始终是 $90°$，按照式(4.5)可知

$$E_{Px}=\frac{E_{Ox}e^2}{mc^2R}\sin\phi_2=\frac{E_{Ox}e^2}{mc^2R} \tag{4.6}$$

$$E_{Pz}=\frac{E_{Oz}e^2}{mc^2R}\sin\phi_1=\frac{E_{Oz}e^2}{mc^2R}\cos(2\theta) \tag{4.7}$$

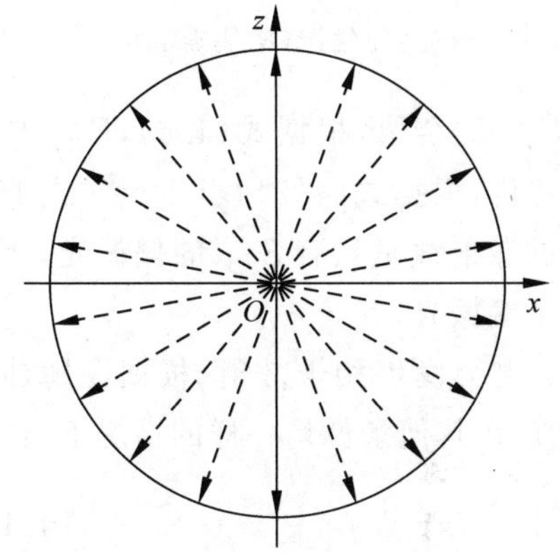

图 4.3　非偏振光的电矢量

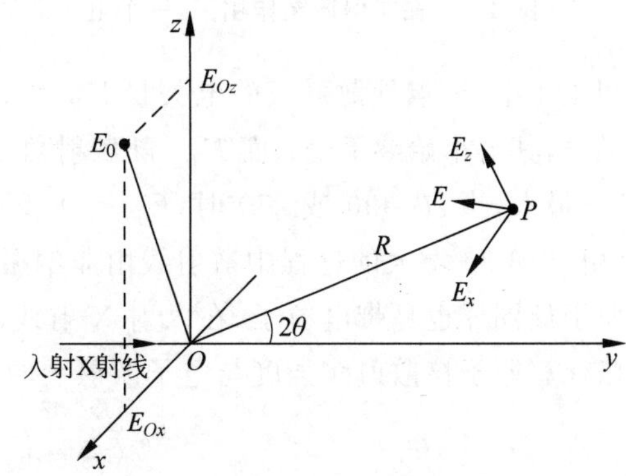

图 4.4　yOz 面内一点 P 的散射线

所以有

$$E_P^2 = E_{Px}^2 + E_{Pz}^2 = \frac{e^4}{m^2 c^4 R^2}[E_{Ox}^2 + E_{Oz}^2 \cos^2(2\theta)] \tag{4.8}$$

非偏振光中的电矢量如图 4.3 所示，在 xOz 面内均匀分布，并且每个电矢量 E_0 均可以分解成 E_{Ox} 和 E_{Oz} 两个分量，所以各个电矢量在 Ox 和 Oz 轴上振幅的分量平方的平均值应相等，有

$$\langle E_{Ox}^2 \rangle = \langle E_{Oz}^2 \rangle = \frac{1}{2}\langle E_0^2 \rangle \tag{4.9}$$

X 射线的强度与电矢量的平方成正比，所以

$$\frac{I_P}{I_0} = \frac{\langle E_P^2 \rangle}{\langle E_0^2 \rangle} \tag{4.10}$$

将式(4.8)～式(4.10)合并整理，得到 O 点处电子散射至 P 点处的散射线强度：

$$I_P = I_0 \frac{e^4}{m^2 c^4 R^2} \frac{1 + \cos^2(2\theta)}{2} \tag{4.11}$$

式(4.11)给出了非偏振光在 yOz 平面内任意一点 P 处的散射线强度，$\frac{1+\cos^2(2\theta)}{2}$ 被称为偏振因子。事实上，如果当非偏振光的电矢量沿径向均匀分布时，x 轴和 z 轴可以任意选择并不影响式(4.11)的结果。所以式(4.11)就是非偏振 X 射线入射到一个自由电子上所产生相干散射强度的计算公式，也称为汤姆孙公式。图 4.5 给出了不同散射角 2θ 时，一个电子散射线强度随散射角的变化规律，当散射角小时，散射线强度高。

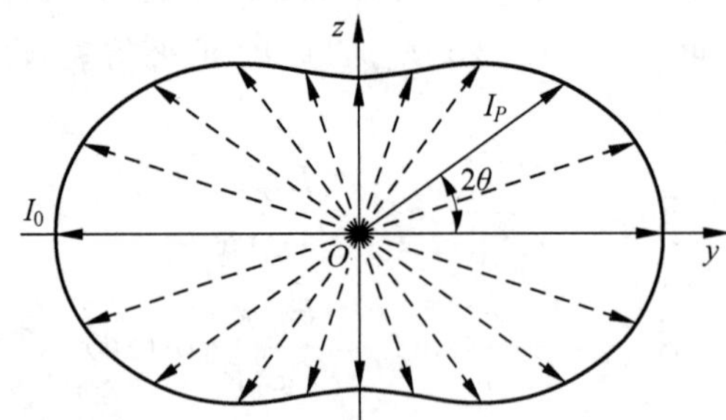

图 4.5 在非偏振光作用下，一个电子散射线的强度随 2θ 的变化情况(R 值确定)

图 4.4 中，P 点处散射线的电矢量 E_P 是 E_{Px} 和 E_{Pz} 的合成，根据式(4.6)，E_{Px} 与散射角无关，其大小始终不变；而 E_{Pz} 随散射角 2θ 发生变化，根据式(4.7)，当 $2\theta=0°$或 180°时，E_{Pz} 最大，当 $2\theta=90°$或 270°时，$E_{Pz}=0$，此时 P 点的散射线是只有 E_{Px} 的偏振光，所以在 2θ 由 0°向 90°增大的过程中散射线由非偏振光变成了偏振光。

原子核同样也是带电粒子，在入射 X 射线的作用下也会发生相干散射，根据汤姆孙公式可以计算原子核散射线强度与电子散射线的强度比值(在其他条件均一样的情况下)：

$$\frac{I_{原子核}}{I_{电子}} = \left(\frac{m_{电子}}{M_{原子核}}\right)^2 \tag{4.12}$$

一般来说，原子核的质量是电子质量的 1836 倍，这样原子核对入射 X 射线散射的强度

是电子对 X 射线散射强度的 $1/1836^2$，从这个计算结果来看，原子核对 X 射线的散射作用可以忽略不计，我们通常认为物质对 X 射线的散射主要来自于核外电子的散射作用。

综上所述，电子对 X 射线的散射有以下几个特点：

(1) 散射线强度是距离和方向的函数；

(2) 当 $2\theta=90°$或 $270°$时，散射线为电矢量垂直于入射线和 OP 方向的偏振光；

(3) 由于 I_P 与散射电荷的质量平方成反比，所以原子核对电子的散射可以忽略不计；

(4) 尽管单个电子的 X 射线的散射强度很小，但由于物质大量电子的存在，所以电子的散射强度是可以测定的。

4.2　原子对 X 射线的散射

原子对 X 射线的散射主要是核外电子散射的结果。按照 4.1 节内容所述，单个电子的散射强度可以用式(4.11)表示，但原子的核外电子可能有多个，那么考虑一个原子对 X 射线的散射就需要将核外电子的散射波合成起来。

4.2.1　核外电子的散射

如图 4.6 所示，假设原子核外有两个分别位于 O 和 F 处的电子，F 点相对于 O 点的位置矢量为 $\boldsymbol{r}$，在受到 X 射线照射后，O 和 F 处的电子会散射出 X 射线。假定入射线的单位矢量为 $\boldsymbol{S}_0$，散射线的单位矢量为 $\boldsymbol{S}$，入射线与散射线的夹角为 2θ，方向如图 4.6 所示。

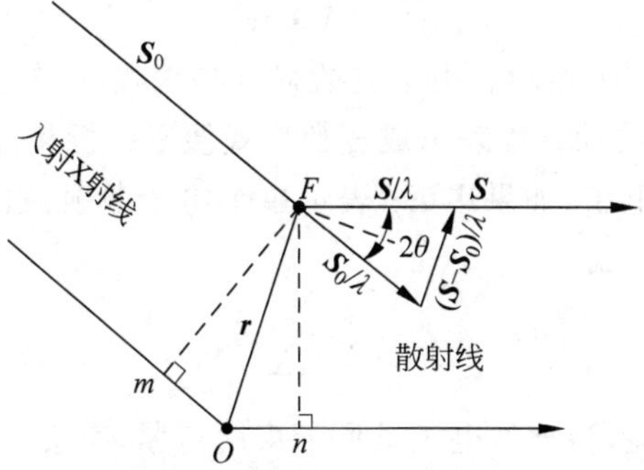

图 4.6　一个原子中两个电子对 X 射线的散射

用 δ 表示入射线与散射线的波程差：

$$\delta=\boldsymbol{r}\cdot\boldsymbol{S}-\boldsymbol{r}\cdot\boldsymbol{S}_0=\boldsymbol{r}\cdot(\boldsymbol{S}-\boldsymbol{S}_0) \tag{4.13}$$

相位差为

$$\varphi=\frac{2\pi}{\lambda}\times\delta=\frac{2\pi}{\lambda}\times\boldsymbol{r}\cdot(\boldsymbol{S}-\boldsymbol{S}_0) \tag{4.14}$$

设 $\boldsymbol{K}=\dfrac{\boldsymbol{S}-\boldsymbol{S}_0}{\lambda}$，则

$$\varphi=2\pi\boldsymbol{K}\cdot\boldsymbol{r} \tag{4.15}$$

两个电子散射波的合成是同一方向、同一频率波长的合成，可以按照图 4.7 的方式得

到。由振幅为 A_1、相位为 ϕ_1，振幅为 A_2、相位为 ϕ_2，振幅为 A_3、相位为 ϕ_3 和振幅为 A_4、相位为 ϕ_4 四个同频率、同方向的散射线合成振幅 A 和相位 ϕ，可以写成

$$A=\sqrt{(A_1\cos\phi_1+A_2\cos\phi_2+A_3\cos\phi_3+A_4\cos\phi_4)^2+(A_1\sin\phi_1+A_2\sin\phi_2+A_3\sin\phi_3+A_4\sin\phi_4)^2} \tag{4.16}$$

$$\tan\phi=\frac{A_1\sin\phi_1+A_2\sin\phi_2+A_3\sin\phi_3+A_4\sin\phi_4}{A_1\cos\phi_1+A_2\cos\phi_2+A_3\cos\phi_3+A_4\cos\phi_4} \tag{4.17}$$

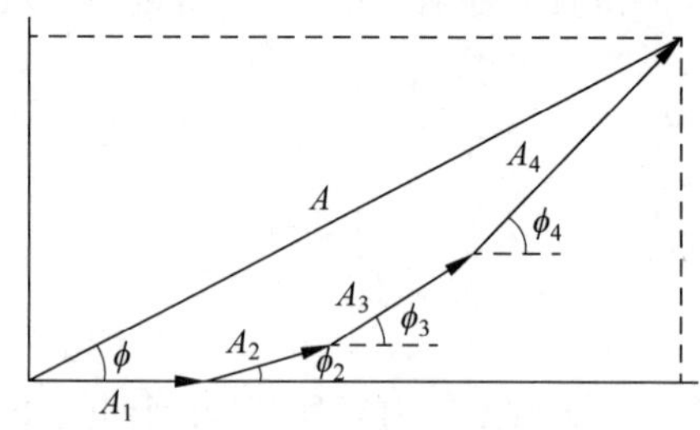

图 4.7 矢量法表示波的合成

对于 n 个波的合成可以写成

$$A=\left[\left(\sum_{j=1}^{n}A_j\cos\phi_j\right)^2+\left(\sum_{j=1}^{n}A_j\sin\phi_j\right)^2\right]^{1/2} \tag{4.18}$$

$$\tan\phi=\frac{\sum_{j=1}^{n}A_j\sin\phi_j}{\sum_{j=1}^{n}A_j\cos\phi_j} \tag{4.19}$$

根据欧拉公式，可以将 $e^{i\phi}=\cos\phi+i\sin\phi$，我们将每个波用复数形式表示，写成 $A_j e^{i\phi_j}$，那么合成波的振幅 A 可以表示为

$$A=\sum_{j=1}^{n}A_j e^{i\phi_j} \tag{4.20}$$

A 的实部为 $\sum_{j=1}^{n}A_j\cos\phi_j$，虚部为 $\sum_{j=1}^{n}A_j\sin\phi_j$，所以可以方便地获得 A 的平方为

$$A^2=A\cdot A^* \tag{4.21}$$

显然式(4.21)与式(4.18)结果相同。由于波的强度与振幅的平方成正比，所以我们更多的是关注 A^2 的大小，因此将波动方程表示成复数形式便于分析和计算。

如果原子核外有 n 个电子，如果用 E_e 表示单个电子散射波的振幅，用 E_a 表示一个原子散射波的振幅，E_a 可以写成

$$E_a=E_e\sum_{j=1}^{n}e^{i\phi_j} \tag{4.22}$$

我们分析一个特例情况，当核外电子被原子束缚得紧，有 Z 个电子集中在一点，那么这 Z 个电子的相位差为 0，式(4.22)中 $E_a=ZE_e$，则

$$I_a=Z^2I_e=Z^2I_0\frac{e^4}{m^2c^4R^2}\frac{1+\cos^2(2\theta)}{2} \tag{4.23}$$

4.2.2 电子云的散射

原子中的核外电子并不是绕核作规则运动，电子在原子核外任意位置均可能出现，只是出现的概率不同，我们用疏密不同的点表示电子在原子核外各个位置出现的概率，形成的图样就是电子云。因此，4.2.1 节中所讲核外电子散射结果需要进一步完善。可以将电子云离散化，设距离原子中心 O 为 r 处的电子云密度为 $\rho(r)$，则电子云在如图 4.8 所示体积元内的电荷数为 $\rho(r)\mathrm{d}v$。根据球坐标的定义 $\mathrm{d}v=r^2\sin\alpha\,\mathrm{d}\alpha\,\mathrm{d}\beta\,\mathrm{d}r$，所以在图 4.8 中体积元内所

包含的电荷数为 $\rho(r)\sin\alpha\,\mathrm{d}\alpha\,\mathrm{d}\beta\,\mathrm{d}r$。

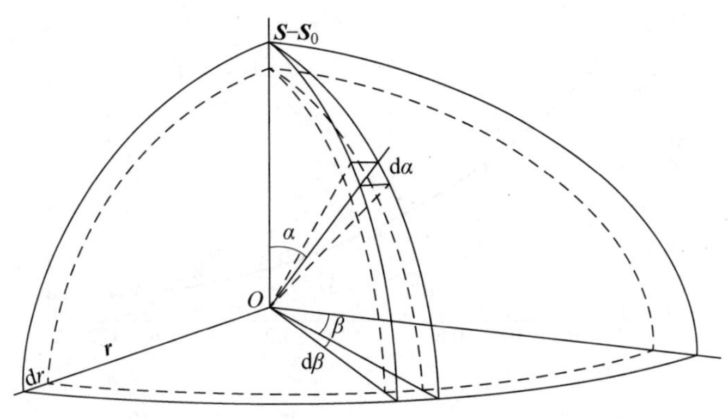

图 4.8 球坐标下的电子云体积元

假定电子云在球面连续且均匀分布，可以采用积分代替式(4.22)的累加形式来计算原子对 X 射线的散射，表示方法如下：

$$f(K)=\int_v \rho(r)\mathrm{e}^{\mathrm{i}2\pi \boldsymbol{K}\cdot\boldsymbol{r}}\,\mathrm{d}v \tag{4.24}$$

式(4.22)可以改写成

$$E_{\mathrm{a}}=E_{\mathrm{e}}f(K) \tag{4.25}$$

$f(K)$称为原子散射因数，即以电子散射波振幅为单位表示的一个原子的散射线振幅。人们处理散射问题时常将原子作为具有 $f(K)$个电子电量的点散射源。

由 $\boldsymbol{K}=\dfrac{\boldsymbol{S}-\boldsymbol{S}_0}{\lambda}$可知，当散射波波长与入射波波长相同时，$K=\dfrac{2\sin\theta}{\lambda}$，$2\theta$ 为入射线与散射线的夹角。式(4.24)中，$\boldsymbol{K}\cdot\boldsymbol{r}=kr\cos\alpha$，由于电荷密度呈球对称分布，所以可以设定 $\boldsymbol{K}$(即 $\boldsymbol{S}-\boldsymbol{S}_0$)与 z 轴同向，可以得到

$$f(K)=\int_v \rho(r)\mathrm{e}^{\mathrm{i}2\pi \boldsymbol{K}\cdot\boldsymbol{r}}\,\mathrm{d}v=\int_0^{\infty}4\pi r^2\rho(r)\,\frac{\sin(2\pi kr)}{2\pi kr}\mathrm{d}r \tag{4.26}$$

显然，当散射角 2θ 很小时，$\left[\dfrac{\sin(2\pi kr)}{2\pi kr}\right]_{k\to 0}=1$，也就是 $f(K)\to Z$，并且一般情况下 $f(K)$随散射角 2θ 的增加而减小。

图 4.9 给出几种典型金属的原子散射因子随$\dfrac{2\sin\theta}{\lambda}$的变化趋势。原子散射因数可以通过式(4.26)计算出来，但计算 $f(K)$时需要做如下几个假定：①X 射线波长远短于该元素的吸收限 λ_{K}；②$\rho(r)$呈球对称分布。这与实际情况有差异，因而将实际的原子散射因数修正为

$$f(K)=f_0+\Delta f'+\mathrm{i}\Delta f'' \tag{4.27}$$

式中，f_0 是按式(4.26)算出的原子散射因子，$\Delta f'$和 $\Delta f''$则是与 X 射线波长 λ 有关的修正值，其中的虚数项说明有位相移动。λ 越接近于 λ_{K}，则此二修正值越大，f 与 f_0 相差越大，此时的原子散射称为异常散射。在大多数情况下，我们选择衍射实验条件时都要考虑入射波的波长不能处于刚好小于被照射物质的 K 吸收限的情况，因此对于异常吸收通常不用考虑。

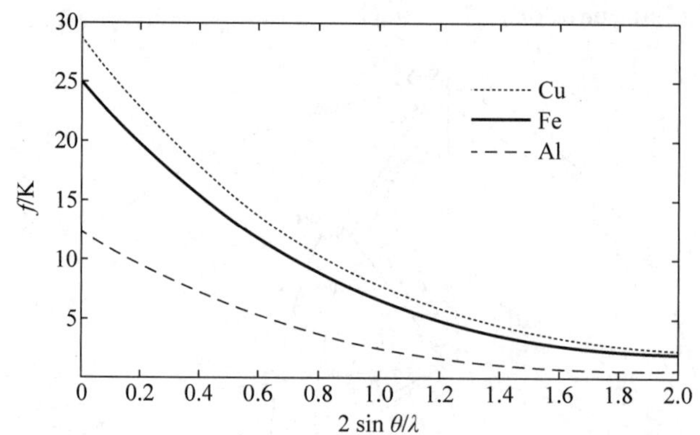

图 4.9 几种典型金属的原子散射因子随 $k\left(k=\frac{2\sin\theta}{\lambda}\right)$ 的变化

电子对 X 射线的散射也与原子核对电子的束缚能力有关,对于束缚较弱的电子,由于它的散射因子仅在小散射角时才有较大值,所以只有在散射角很小时才能观测到它的散射强度,对于束缚较紧的电子,则在一个较大的散射角变化范围内,都能观测到它的相干散射强度。对于同种元素的原子和离子,区别仅在于外层电子的多少,即弱束缚电子的多少;同时,一般的实验手段,难以准确测量散射角较小时的 X 射线强度,所以衍射实验很难区分出是原子还是它的离子的散射。

4.3 简单晶体的 X 射线衍射

4.3.1 原子群对 X 射线的散射

在 X 射线的传播中,如与一群原子相遇,则每个原子均可视为一个点散射源,向四周发出散射 X 射线。设入射线为平行 X 射线束,N 个原子围绕参照点 O 分布,测量点 P 与 O 的距离 R 远大于原子群的尺度,如图 4.10 所示。令各原子的位置矢量分别为 $\boldsymbol{r}_1,\boldsymbol{r}_2,\cdots,\boldsymbol{r}_N$,相应的原子散射因数为 $f_1,f_2,\cdots,f_N$。按图 4.10 原子 j 在点 P 处的散射波振幅为 $f_j\exp(2\pi\boldsymbol{K}\cdot\boldsymbol{r}_j)$(以一个电子在相同散射条件下在 P 处的散射波振幅为度量单位,后面如无特别注明均同此),而 N 个原子在点 P 的散射波总振幅 E_P 则为

$$E_P=\sum_{j=1}^{N}f_j\exp(2\pi\boldsymbol{K}\cdot\boldsymbol{r}_j) \tag{4.28}$$

式(4.28)没有限定原子群的分布状态,因此是一个普适于各种物质的相干散射(和衍射)的关系式。

4.3.2 简单晶体对 X 射线的散射

简单晶体是指由同种原子构成的(原子散射因数均为 f),每个晶胞只含 1 个原子的晶体。设 $\boldsymbol{a}$、$\boldsymbol{b}$、$\boldsymbol{c}$ 为晶体的三个基矢,沿三个基矢的原子数目分别为 M、N、T(原子总数为

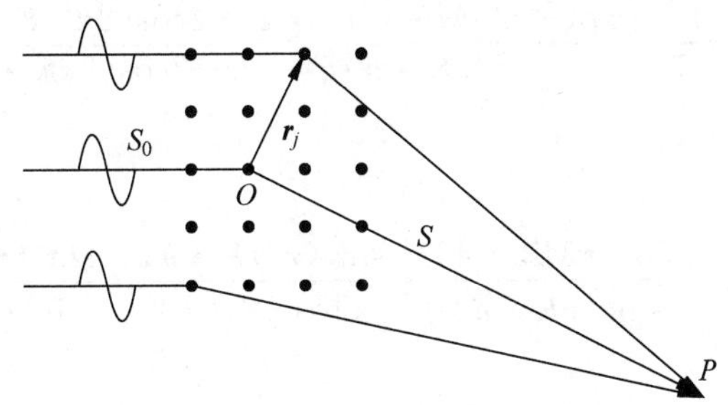

图 4.10 原子群对 X 射线的散射

MNT),为简便且不失普遍意义起见,参照点 O 取在晶体一角上(图 4.11)。按此,任何一个原子 j 的位置矢量均可以表示为 $\boldsymbol{r}_j = m\boldsymbol{a} + n\boldsymbol{b} + t\boldsymbol{c}$。

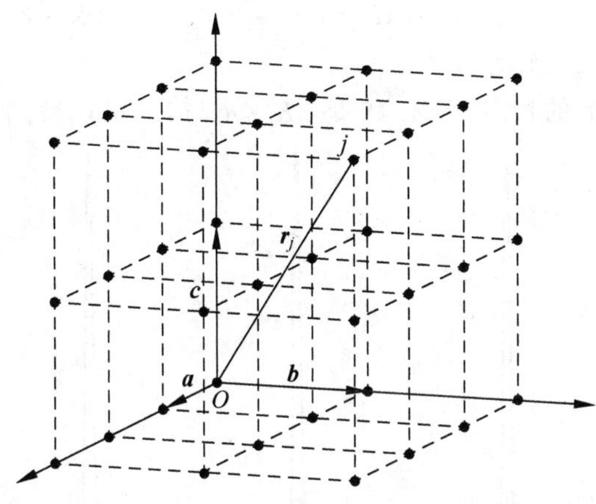

图 4.11 简单晶体中原子 $\boldsymbol{j}$ 的位置矢量

将所有原子的位置矢量均代入式(4.28)中,并做累加可以得到所有原子在 P 点处的散射波的振幅:

$$E_P = \sum_{m=0}^{M-1}\sum_{n=0}^{N-1}\sum_{t=0}^{T-1} f\exp[\mathrm{i}2\pi\boldsymbol{K}\cdot(m\boldsymbol{a}+n\boldsymbol{b}+t\boldsymbol{c})] \tag{4.29}$$

$$E_P = f\sum_{m=0}^{M-1}\exp(\mathrm{i}2\pi m\boldsymbol{K}\cdot\boldsymbol{a})\cdot\sum_{n=0}^{N-1}\exp(\mathrm{i}2\pi n\boldsymbol{K}\cdot\boldsymbol{b})\cdot\sum_{t=0}^{T-1}\exp(\mathrm{i}2\pi t\boldsymbol{K}\cdot\boldsymbol{c}) \tag{4.30}$$

式(4.30)中的每一项累加运算均是一个等比级数,等比级数的和可以表示为

$$S = 1 + r + r^2 + \cdots + r^{n-1} = \frac{1-r^n}{1-r} \tag{4.31}$$

因此,式(4.30)可以写成

$$E_P = f\cdot\frac{1-\exp(\mathrm{i}2\pi M\boldsymbol{K}\cdot\boldsymbol{a})}{1-\exp(\mathrm{i}2\pi\boldsymbol{K}\cdot\boldsymbol{a})}\cdot\frac{1-\exp(\mathrm{i}2\pi N\boldsymbol{K}\cdot\boldsymbol{b})}{1-\exp(\mathrm{i}2\pi\boldsymbol{K}\cdot\boldsymbol{b})}\cdot\frac{1-\exp(\mathrm{i}2\pi T\boldsymbol{K}\cdot\boldsymbol{c})}{1-\exp(\mathrm{i}2\pi\boldsymbol{K}\cdot\boldsymbol{c})} \tag{4.32}$$

散射波的强度与散射波电场振幅成正比,也就是

$$I_P = I_e E_P \cdot E_P^* \tag{4.33}$$

式中,I_e 为在相同散射条件下一个电子在 P 点的散射线强度。我们以式(4.32)中的一项 $\dfrac{1-\exp(\mathrm{i}2\pi M\boldsymbol{K}\cdot\boldsymbol{a})}{1-\exp(\mathrm{i}2\pi\boldsymbol{K}\cdot\boldsymbol{a})}$ 为例,求与其共轭复数的乘积:

$$\frac{1-\exp(\mathrm{i}2\pi M\boldsymbol{K}\cdot\boldsymbol{a})}{1-\exp(\mathrm{i}2\pi\boldsymbol{K}\cdot\boldsymbol{a})}\cdot\frac{1-\exp(-\mathrm{i}2\pi M\boldsymbol{K}\cdot\boldsymbol{a})}{1-\exp(-\mathrm{i}2\pi\boldsymbol{K}\cdot\boldsymbol{a})}=\frac{2-2\cos(2\pi M\boldsymbol{K}\cdot\boldsymbol{a})}{2-2\cos(2\pi\boldsymbol{K}\cdot\boldsymbol{a})}=\frac{\sin^2(\pi M\boldsymbol{K}\cdot\boldsymbol{a})}{\sin^2(\pi\boldsymbol{K}\cdot\boldsymbol{a})} \tag{4.34}$$

所以

$$I_P=I_e f^2\frac{\sin^2(\pi M\boldsymbol{K}\cdot\boldsymbol{a})}{\sin^2(\pi\boldsymbol{K}\cdot\boldsymbol{a})}\cdot\frac{\sin^2(\pi N\boldsymbol{K}\cdot\boldsymbol{b})}{\sin^2(\pi\boldsymbol{K}\cdot\boldsymbol{b})}\cdot\frac{\sin^2(\pi T\boldsymbol{K}\cdot\boldsymbol{c})}{\sin^2(\pi\boldsymbol{K}\cdot\boldsymbol{c})} \tag{4.35}$$

令

$$L(k)=\frac{\sin^2(\pi M\boldsymbol{K}\cdot\boldsymbol{a})}{\sin^2(\pi\boldsymbol{K}\cdot\boldsymbol{a})}\cdot\frac{\sin^2(\pi N\boldsymbol{K}\cdot\boldsymbol{b})}{\sin^2(\pi\boldsymbol{K}\cdot\boldsymbol{b})}\cdot\frac{\sin^2(\pi T\boldsymbol{K}\cdot\boldsymbol{c})}{\sin^2(\pi\boldsymbol{K}\cdot\boldsymbol{c})} \tag{4.36}$$

$L(k)$被称为晶体的干涉函数,它是以相同散射条件下一个原子的散射线强度为尺度表示的该晶体的散射线强度。其中,$L_a=\frac{\sin^2(\pi M\boldsymbol{K}\cdot\boldsymbol{a})}{\sin^2(\pi\boldsymbol{K}\cdot\boldsymbol{a})}$,$L_b=\frac{\sin^2(\pi N\boldsymbol{K}\cdot\boldsymbol{b})}{\sin^2(\pi\boldsymbol{K}\cdot\boldsymbol{b})}$,$L_c=\frac{\sin^2(\pi T\boldsymbol{K}\cdot\boldsymbol{c})}{\sin^2(\pi\boldsymbol{K}\cdot\boldsymbol{c})}$,那么干涉函数 $L(k)=L_aL_bL_c$。

我们来看看 L_a 函数的特点,图 4.12 是 $\pi\boldsymbol{K}\cdot\boldsymbol{a}$ 与 L_a 的函数图像。

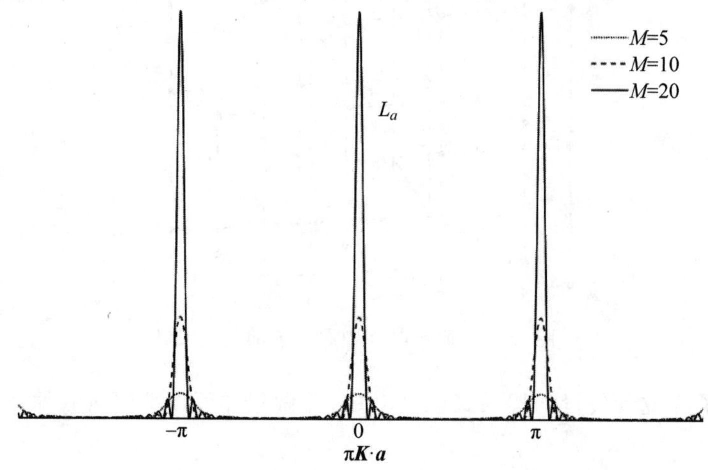

图 4.12 L_a 与 $\pi\boldsymbol{K}\cdot\boldsymbol{a}$ 的关系

由图 4.12 可以看出,当 $\boldsymbol{K}\cdot\boldsymbol{a}$ 为 0,1,2,…整数时,L_a 有极值且等于 M^2,称之为主峰;当 $\boldsymbol{K}\cdot\boldsymbol{a}$ 为 $1/M,2/M,\cdots,(M-1)/M$ 时,L_a 为零。主峰两侧的为第一副峰,峰值不到主峰的 5%,因此可以认为 L_a 只在围绕 $\boldsymbol{K}\cdot\boldsymbol{a}$ 为整数的狭窄区域内有值,此区域为($\pm1/M$),若偏离此区域,L_a 就为零。L_b、L_c 与 L_a 的变化规律相同。通常材料中的晶粒尺寸都在纳米级别以上,也就是 M、N、T 的值都比较大,所以 L_a、L_b、L_c 的有值区域很窄,从式(4.35)可以看出,只有当 L_a、L_b、L_c 均有值时,I_P 才有值,也就是要求

$$\begin{cases}\boldsymbol{K}\cdot\boldsymbol{a}=H\\ \boldsymbol{K}\cdot\boldsymbol{b}=K\\ \boldsymbol{K}\cdot\boldsymbol{c}=L\end{cases}\Rightarrow\begin{cases}\dfrac{\boldsymbol{S}-\boldsymbol{S}_0}{\lambda}\cdot\boldsymbol{a}=H\\ \dfrac{\boldsymbol{S}-\boldsymbol{S}_0}{\lambda}\cdot\boldsymbol{b}=K\\ \dfrac{\boldsymbol{S}-\boldsymbol{S}_0}{\lambda}\cdot\boldsymbol{c}=L\end{cases} \tag{4.37}$$

在式(4.37)中只有当 H、K、L 同时为整数时，对应 L_a、L_b、L_c 才不为零，此时，L_K 取得极值为$(MNT)^2$；若 $K=\frac{S-S_0}{\lambda}$稍有偏离，干涉函数即下降为零。所以晶体的散射线只有在某些方向才有值。在入射 X 射线束照射下，从晶体发出的散射线只沿某些方向(满足式(4.37))行进，发散度很小，即形成了几束散射线束(图 4.13)。晶体的这种散射现象被称为衍射。

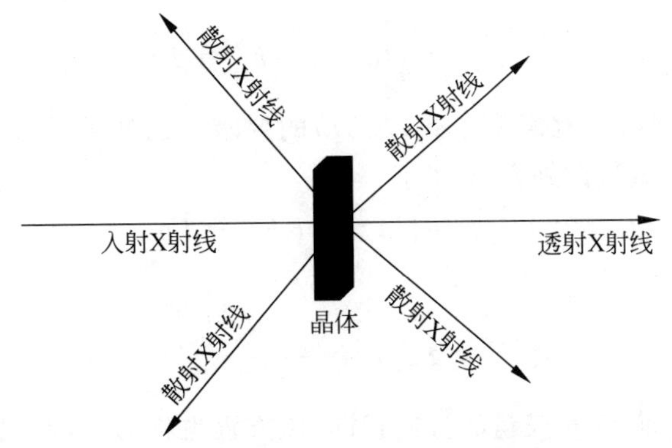

图 4.13　晶体对 X 射线的衍射

例题　假定晶体为简立方点阵，每个结点对应 1 个原子，晶胞常数 $a=0.1\text{nm}$，人射 X 射线束波长 $\lambda=0.15\text{nm}$，并有($\boldsymbol{S}-\boldsymbol{S}_0$)与 $\boldsymbol{a}$ 平行(参看图 4.14，这里 $\boldsymbol{a}$ 平行于该图的 d_{HKL})。试求：①当 $H=1$ 时衍射线与入射线的夹角 2θ；②如沿 $\boldsymbol{a}$ 轴的原子数 $M=100$，衍射线的漫散角 $\Delta 2\theta$；③$M=10^4$ 时的 $\Delta 2\theta$。

解：① 由于有($\boldsymbol{S}-\boldsymbol{S}_0$)与 $\boldsymbol{a}$ 平行，并且 $H=1$，将 $\boldsymbol{a}$ 和 λ 的值代入式(4.37)中：

$$\frac{2\sin\theta\times 0.1}{0.15}=1$$

所以有

$$\theta=48.59°,\quad 2\theta=97.18°$$

② 当$\frac{\boldsymbol{S}-\boldsymbol{S}_0}{\lambda}\cdot\boldsymbol{a}$ 偏离整数值 $1/M$ 时，干涉函数的值变为零，所以可以得到

$$\Delta\left(\frac{S-S_0}{\lambda}\cdot a\right)=\frac{\Delta(2a\sin\theta)}{\lambda}=\frac{1}{M}$$

所以有

$$\Delta 2\theta=\frac{\lambda}{Ma\cos\theta}$$

当 $M=100$ 时，

$$\Delta 2\theta=\frac{\lambda}{Ma\cos\theta}=\frac{0.15}{100\times 0.1\times\cos(48.59)}=0.0227\text{rad}=1.3°$$

所以当 $M=100$ 时，2θ 的漫散角为 1.30°。

③ 当 $M=10^4$ 时，

$$\Delta 2\theta=\frac{\lambda}{Ma\cos\theta}=\frac{0.15}{10^4\times 0.1\times\cos(48.59)}=0.0227\text{rad}=0.013°$$

所以当 $M=10^4$ 时，2θ 的漫散角为 1.30°。

此例题说明，晶体中的原子排列有序化程度越高，对应的散射线漫散度范围越小，相应衍射强度也越高。

4.3.3 布拉格方程

为了满足式(4.37)的条件，可以写成

$$\frac{\boldsymbol{S}-\boldsymbol{S}_0}{\lambda}=H\boldsymbol{a}^*+K\boldsymbol{b}^*+L\boldsymbol{c}^* \tag{4.38}$$

所以当满足式(4.38)时，也就满足了式(4.37)的要求。已知倒易矢量 $\boldsymbol{g}$ 是倒易空间的矢量，其大小和方向以前做过详细介绍，并且

$$\boldsymbol{g}_{HKL}=H\boldsymbol{a}^*+K\boldsymbol{b}^*+L\boldsymbol{c}^* \tag{4.39}$$

所以可以将式(4.38)写成

$$\boldsymbol{g}_{HKL}=\frac{\boldsymbol{S}-\boldsymbol{S}_0}{\lambda} \tag{4.40}$$

式中要求($\boldsymbol{S}-\boldsymbol{S}_0$)的方向与 $\boldsymbol{g}$ 矢量的方向相同，该方程也称为干涉方程，H、K、L 为干涉指数。我们知道 $\boldsymbol{g}$ 矢量的大小等于(HKL)晶面的面间距的倒数，入射线与散射线波长相同，所以 $|(\boldsymbol{S}-\boldsymbol{S}_0)|=2\sin\theta$，因此式(4.40)可以写成

$$2d_{HKL}\sin\theta=\lambda \tag{4.41}$$

式(4.41)被称为布拉格方程(图 4.14)，是干涉方程的另外一种表达形式。对于 H、K、L 有公约数 n 时，如果 $H=nh$，$K=nk$，$L=nl$，可以将(HKL)晶面的衍射看成是(hkl)晶面的 n 级衍射。由于 d_{hkL} 是 d_{HKL} 的 n 倍，所以也可将式(4.41)写成

$$2d_{hkl}\sin\theta=n\lambda \tag{4.42}$$

式中的 θ 是入射线和反射线与衍射晶面的夹角，也称为掠射角。对于一定波长的入射 X 射线，需要严格满足布拉格方程才能够发生衍射，满足衍射条件的 θ 称为布拉格角 θ_{HKL}。

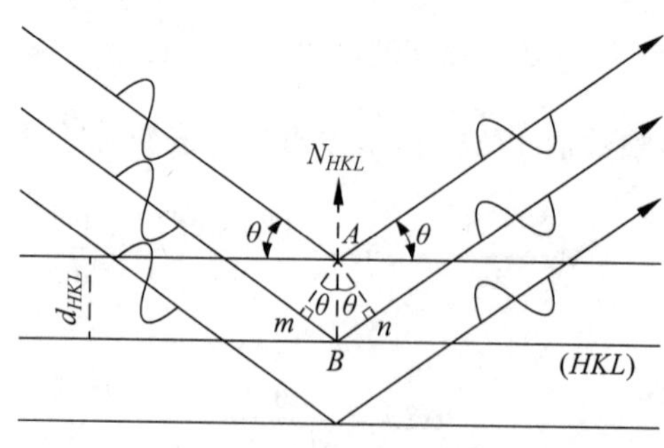

图 4.14 两个相邻原子面的反射线的光程差

例题 入射 X 射线使用 Cr 靶的 K_α 辐射，波长为 0.2291nm，被照射的晶体为α-Fe，α-Fe 为体心立方结构晶体，晶胞常数为 $a=0.2866$nm，求 θ_{110} 和 θ_{200}。

解：$d_{110}=0.2027$nm，根据布拉格方程可以计算出 $\theta_{110}=34.42°$

$d_{200}=0.1433$nm，根据布拉格方程可以计算出 $\theta_{110}=53.07°$

4.4　复杂晶体对 X 射线的散射

复杂晶体是指单位晶胞内含有一个以上的同种或不同种原子的晶体(图 4.15)。对于复杂晶体的衍射现象可以按照与简单晶体的衍射分析相似的方法进行分析。

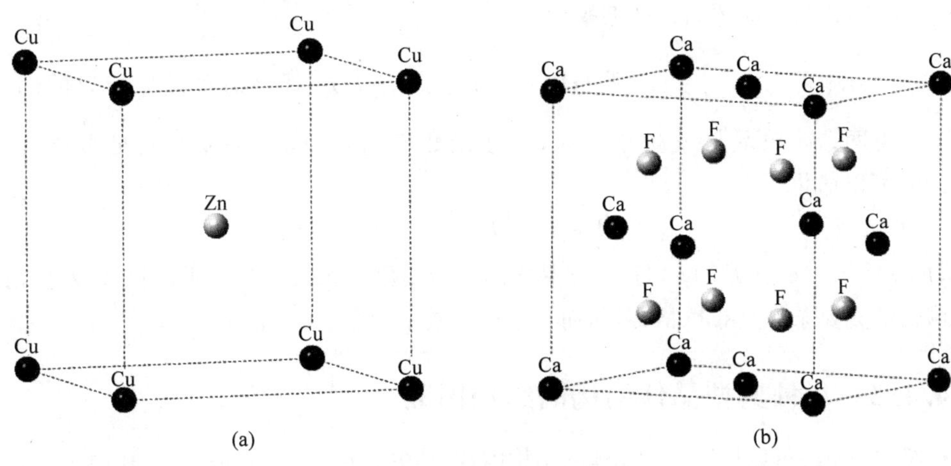

图 4.15　复杂晶体的晶胞

(a) β′-CuZn 型；(b) CaF_2 型

4.4.1　结构因数

设复杂晶体的 3 个基矢各为 $\boldsymbol{a}$、$\boldsymbol{b}$、$\boldsymbol{c}$，晶体沿三个基矢方向的晶胞数各为 M、N、T，每一晶胞含 J 个不同的原子，晶胞中原子 j 的原子散射因数为 f_j，位矢为 $\boldsymbol{r}_j$(图 4.16)，则第 mnt 晶胞中原子 j 相对于参照点 O 的位置矢量为

$$\boldsymbol{r}_{mntj}=m\boldsymbol{a}+n\boldsymbol{b}+t\boldsymbol{c}+\boldsymbol{r}_j \tag{4.43}$$

在 P 点处散射波的振幅可以由各个原子散射波振幅的合成得到：

$$E_P=\sum_{j=1}^{J}\sum_{m=0}^{M-1}\sum_{n=0}^{N-1}\sum_{t=0}^{T-1}f_j\exp[\mathrm{i}2\pi\boldsymbol{K}\cdot(m\boldsymbol{a}+n\boldsymbol{b}+t\boldsymbol{c}+\boldsymbol{r}_j)] \tag{4.44}$$

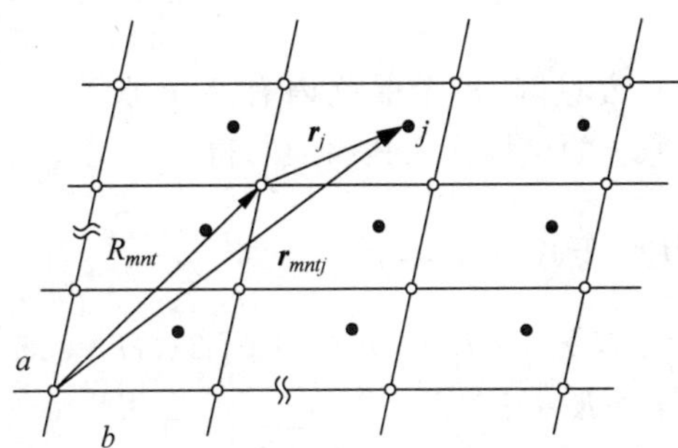

图 4.16　复杂晶体晶胞中原子 j 的位置矢量

$$E_P=\sum_{j=1}^{J}f_j\exp(\mathrm{i}2\pi\boldsymbol{K}\cdot\boldsymbol{r}_j)\sum_{m=0}^{M-1}\sum_{n=0}^{N-1}\sum_{t=0}^{T-1}\exp[\mathrm{i}2\pi\boldsymbol{K}\cdot(m\boldsymbol{a}+n\boldsymbol{b}+t\boldsymbol{c})] \tag{4.45}$$

令

$$F(k)=\sum_{j=1}^{J}f_j\exp(\mathrm{i}2\pi\boldsymbol{K}\cdot\boldsymbol{r}_j) \tag{4.46}$$

$F(k)$为在相同散射条件下，以1个电子在点P的散射线振幅为尺度表示的1个晶胞的衍射线振幅，$F(k)$称为该晶体的结构振幅。

式(4.45)中的$\sum_{m=0}^{M-1}\sum_{n=0}^{N-1}\sum_{t=0}^{T-1}\exp[\mathrm{i}2\pi\boldsymbol{K}\cdot(m\boldsymbol{a}+n\boldsymbol{b}+t\boldsymbol{c})]$就是简单晶体衍射的部分，与式(4.29)相同。简单晶体发生衍射时，干涉函数不为零，也就是需要满足布拉格方程。式(4.46)可以简化写成

$$I_P=I_e|F(k)|^2L(k) \tag{4.47}$$

式中，$F(k)^2=F(k)\cdot F^*(k)$，称为该晶体的结构因数。式(4.47)表明，当晶体发生衍射时需要满足的充要条件是布拉格方程，而且结构因数不为零。

4.4.2 几种典型晶体结构的结构因数

按照式(4.46)可以计算复杂晶体的结构因数，其中$\boldsymbol{r}_j=x_j\boldsymbol{a}+y_j\boldsymbol{b}+z_j\boldsymbol{c}$，式中$(x_j,y_j,z_j)$为晶胞中第$j$个原子的位置坐标，$\boldsymbol{K}=\boldsymbol{g}_{HKL}=H\boldsymbol{a}^*+K\boldsymbol{b}^*+L\boldsymbol{c}^*$，所以式(4.46)可以写成

$$F(k)=\sum_{j=1}^{J}f_j\exp[\mathrm{i}2\pi(H\boldsymbol{a}^*+K\boldsymbol{b}^*+L\boldsymbol{c}^*)\cdot(x_j\boldsymbol{a}+y_j\boldsymbol{b}+z_j\boldsymbol{c})] \tag{4.48}$$

所以

$$F(k)=\sum_{j=1}^{J}f_j\exp[\mathrm{i}2\pi(Hx_j+Ky_j+Lz_j)] \tag{4.49}$$

式(4.49)是计算结构振幅的基本公式，可以用于任何晶体结构的结构振幅计算。

1）简单晶体

简单晶体只有一个原子，该原子的位置坐标为(0,0,0)，将该位置坐标代入式(4.49)得

$$F(k)=\sum_{j=1}^{J}f_j\exp[\mathrm{i}2\pi(Hx_j+Ky_j+Lz_j)]=\sum_{j=1}^{1}f_j\exp[\mathrm{i}2\pi(H\times0+K\times0+L\times0)]$$

所以$F(k)=f$，因此简单晶体的衍射只受到布拉格方程的约束。

2）钨结构晶体

钨结构晶体属于体心立方点阵，每个晶胞内有2个原子，原子的位置坐标(0,0,0)和(0.5,0.5,0.5)，将这2个原子的坐标代入式(4.49)得

$$\begin{aligned}F(k)&=\sum_{j=1}^{J}f_j\exp[\mathrm{i}2\pi(Hx_j+Ky_j+Lz_j)]\\&=f\{\exp[\mathrm{i}2\pi(H\times0+K\times0+L\times0)]+\exp[\mathrm{i}2\pi(H\times0.5+K\times0.5+L\times0.5)]\}\\&=f\{1+\exp[\mathrm{i}2\pi(H+K+L)]\}\end{aligned}$$

显然，$\begin{cases}\text{当 } H+K+L=2n \text{ 时，} F(k)=2f,\\ \text{当 } H+K+L=2n+1 \text{ 时，} F(k)=0。\end{cases}$

因此，对于钨结构晶体(或体心立方结构)，只有 $H+K+L$ 为偶数的衍射线，$H+K+L$ 等于奇数的衍射晶面不出现。

例题　α 铁为钨结构，判断 α 铁的衍射规律，给出能发生衍射的前 3 个干涉指数。

解：干涉指数对应的面间距由大到小排列顺序为(100)，(110)，(111)，(200)，(210)，(211)，(220)，…，由于结构因数的限制，只有 $H+K+L=2n$ 的干涉指数能够发生衍射，所以面间距由大到小可以发生衍射的前 3 个干涉指数，只能是(110)，(200)，(211)。

3) 铜结构晶体

铜结构晶体属于面心立方点阵，单位晶胞含 4 原子，其原子散射因数均为 f。原子坐标为(0,0,0)，(1/2,1/2,0)；(1/2,0,1/2)，(0,1/2,1/2)。所以其结构振幅为

$$F(k)=\sum_{j=1}^{J} f_j \exp(\mathrm{i}2\pi(Hx_j+Ky_j+Lz_j))$$

$$F(k)=f[\exp(\mathrm{i}2\pi(H\times 0+K\times 0+L\times 0))+\exp(\mathrm{i}2\pi(H\times 0.5+K\times 0.5+L\times 0))+\exp(\mathrm{i}2\pi(H\times 0.5+K\times 0+L\times 0.5))+\exp(\mathrm{i}2\pi(H\times 0+K\times 0.5+L\times 0.5))]$$

$$F(k)=f(1+\mathrm{e}^{\mathrm{i}\pi(H+K)}+\mathrm{e}^{\mathrm{i}\pi(H+L)}+\mathrm{e}^{\mathrm{i}\pi(K+L)})$$

上式中，$\begin{cases}\text{当 } H、K、L \text{ 均为奇数或偶数时}, F(k)=4f, \\ \text{当 } H、K、L \text{ 为奇、偶混合时}, F(k)=0。\end{cases}$

所以，对于铜结构晶体(或面心立方结构)，只有 H、K、L 为全奇或全偶的衍射线，不出现奇偶混合的衍射线。

4) 金刚石结构晶体

金刚石结构属于面心立方点阵，是由 2 个面心立方穿插而成。一个晶胞内有 8 个原子，原子位置为(0　0　0)，(0　1/2　1/2)，(1/2　0　1/2)，(1/2　1/2　0)，(1/4　1/4　1/4)，(1/4　3/4　3/4)，(3/4　1/4　3/4)，(3/4　3/4　1/4)。从图 4.17 可以看出，金刚石结构在 A 点处有四次螺旋轴，PP_1 为对称面，QQ_1 为 $(a+c)/4$ 的 d 滑移面。

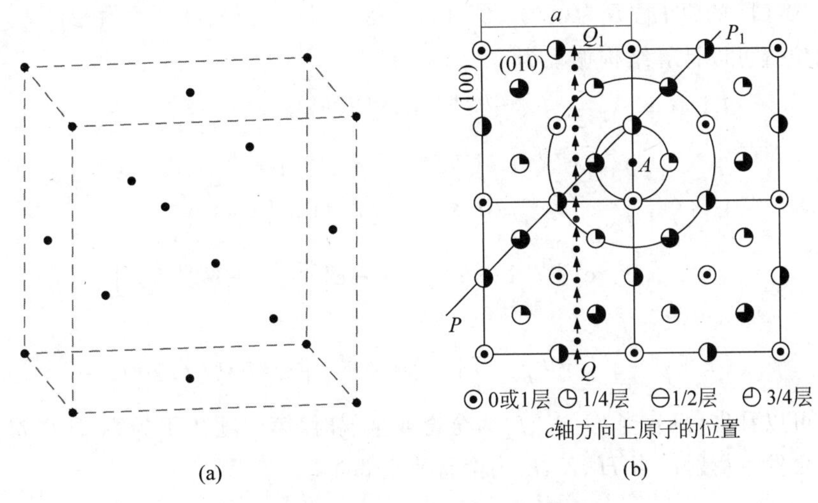

图 4.17　金刚石结构示意图

(a) 单胞原子分布；(b) [001]方向的原子分布

金刚石的结构振幅为

$$F(k)=f\left[1+e^{i\pi(H+K)}+e^{i\pi(H+L)}+e^{i\pi(K+L)}+e^{i2\pi(H/4+K/4+L/4)}+e^{i2\pi(H/4+3K/4+3L/4)}+e^{i2\pi(3H/4+K/4+3L/4)}+e^{i2\pi(3H/4+3K/4+L/4)}\right]$$

$$F(k)=f\left[1+e^{i\pi(H+K)}+e^{i\pi(H+L)}+e^{i\pi(K+L)}\right]\left[1+e^{i\pi(H+K+L)/2}\right] \tag{4.50}$$

需要对式(4.50)进行讨论，为了方便分以下几个情况讨论：

(1) $[1+e^{i\pi(H+K)}+e^{i\pi(H+L)}+e^{i\pi(k+L)}]$是前面讨论的面心立方的结构振幅，只有在$H$、$K$、$L$为全奇或全偶时，该项才不为零；

(2) 在满足(1)的情况下，还需要满足$[1+e^{i\pi(H+K+L)/2}]$不为零，结构振幅才不为零，由于衍射强度与结构因数成正比，我们在此计算$|F(k)|^2$的值更为方便。当满足条件(1)时有

$$|F(k)|^2=16f^2\left[1+e^{\frac{i\pi(H+K+L)}{2}}\right]\left[1+e^{\frac{-i\pi(H+K+L)}{2}}\right]$$

$$|F(k)|^2=32f^2\{1+\cos[\pi(H+K+L)/2]\}$$

所以可以总结出：

$$\begin{cases}H、K、L\text{ 为全偶数，且 }H+K+L=4n\text{ 时，}|F(k)|^2=64f^2,\\ H、K、L\text{ 为全偶数，且 }H+K+L=4n+2\text{ 时，}|F(k)|^2=0,\\ H、K、L\text{ 为全奇数，}|F(k)|^2=32f^2,\\ H、K、L\text{ 为奇、偶混合，}|F(k)|^2=0。\end{cases}$$

金刚石结构的特殊之处在于对于全偶数的干涉指数，当其和为$4n+2$时，干涉函数为零，不发生衍射。所以金刚石结构中干涉指数为(200)，(420)时，不会像面心立方结构一样发生衍射。

5) NaCl晶体结构

复杂面心立方结构，晶胞的原子分布如图1.30(a)所示，空间群为Fm3m(225)，钠离子占据4a位置，氯离子占据4b位置。Na^+的原子位置为(0 0 0)，(0 1/2 1/2)，(1/2 0 1/2)，(1/2 1/2 0)，Cl^-的原子位置为(1/2 0 0)，(1/2 1/2 1/2)，(0 0 1/2)，(0 1/2 0)。根据原子的位置可以计算结构振幅为

$$F(k)=f_{Na}\left[1+e^{i\pi(H+K)}+e^{i\pi(H+L)}+e^{i\pi(K+L)}\right]+f_{Cl}\left[e^{i\pi H}+e^{i\pi(H+K+L)}+e^{i\pi L}+e^{i\pi K}\right]$$

$$F(k)=f_{Na}\left[1+e^{i\pi(H+K)}+e^{i\pi(H+L)}+e^{i\pi(K+L)}\right]+f_{Cl}e^{-i\pi H}\left[1+e^{i\pi(K+L)}+e^{i\pi(H+L)}+e^{i\pi(H+K)}\right]$$

所以有

$$F(k)=\left[f_{Na}+e^{-i\pi H}f_{Cl}\right]\left[1+e^{i\pi(H+K)}+e^{i\pi(H+L)}+e^{i\pi(K+L)}\right]$$

从上式可以看出，只有当H、K、L为全奇或全偶时，第二项才不为零，所以奇偶混合的干涉指数不会发生衍射。当H、K、L为全奇或全偶时，

$$F(k)=4\left(f_{Na}+e^{-i\pi H}f_{Cl}\right)$$

所以结构振幅为

$$\begin{cases}\text{当 } H \text{ 为偶数时}, F(k)=4(f_{\mathrm{Na}}+f_{\mathrm{Cl}}), \text{衍射强度强},\\ \text{当 } H \text{ 为奇数时}, F(k)=4(f_{\mathrm{Na}}-f_{\mathrm{Cl}}), \text{衍射强度弱。}\end{cases}$$

6）Mg 结构

密排六方晶体，属于简单六方点阵，晶胞内有 2 个原子，坐标为(0 0 0)和(1/3 2/3 1/2)。结构振幅为

$$F(k)=f\left[1+\mathrm{e}^{\mathrm{i}2\pi\left(\frac{H}{3}+\frac{2K}{3}+\frac{L}{2}\right)}\right]=f\left[1+\mathrm{e}^{\mathrm{i}2\pi\left(\frac{H+2K}{3}+\frac{L}{2}\right)}\right]$$

结构因数为

$$|F(k)|^2=f^2\left[1+\mathrm{e}^{\mathrm{i}2\pi\left(\frac{H+2K}{3}+\frac{L}{2}\right)}\right]\left[1+\mathrm{e}^{-\mathrm{i}2\pi\left(\frac{H+2K}{3}+\frac{L}{2}\right)}\right]$$

$$|F(k)|^2=2f^2\left\{1+\cos\left[2\pi\left(\frac{H+2K}{3}+\frac{L}{2}\right)\right]\right\}$$

$$|F(k)|^2=4f^2\cos^2\left[\pi\left(\frac{H+2K}{3}+\frac{L}{2}\right)\right]$$

所以可以得到

$$\begin{cases}\text{当 } H+2K=3n, L=2n'(n \text{ 和 } n' \text{ 为任意整数}) \text{时}, |F(k)|^2=4f^2,\\ \text{当 } H+2K=3n, L=2n'+1 \text{ 时}, |F(k)|^2=0,\\ \text{当 } H+2K=3n+1, L=2n' \text{ 时}, |F(k)|^2=f^2,\\ \text{当 } H+2K=3n+1, L=2n'+1 \text{ 时}, |F(k)|^2=3f^2\text{。}\end{cases}$$

因此，镁结构的晶体除了 $H+2K=3n$，L 为奇数时，其他衍射线均能出现。

7）非初基晶体点阵的倒易点阵部分倒易阵点系统消失的规律

对于初基的晶体点阵，只要从晶体点阵六个参数获得倒易点阵的六个参数，就可以正确地建立相应的倒易点阵。但是对于非初基点阵，除了要考虑晶体点阵平移周期相关的(100)，(010)和(001)三个基本阵点面族，还要将四个与各种非初基平移直接相交的(110)，(101)，(011)和(111)面族结合在一起，作为倒易点阵的推导依据，从而可以充分表现倒易点阵的特征和它与晶体点阵的正确变换关系。

对于初基的晶体点阵，从 7 个基本阵点面族(100)、(010)、(001)、(110)、(101)、(011)和(111)的面法线及其面间距离 d_{100}、d_{010}、d_{001}、d_{110}、d_{101}、d_{011} 和 d_{111}，可推导出相应倒易点阵的 7 个基本的单位倒易矢量 $\boldsymbol{H}_{100}$、$\boldsymbol{H}_{010}$、$\boldsymbol{H}_{001}$、$\boldsymbol{H}_{110}$、$\boldsymbol{H}_{101}$、$\boldsymbol{H}_{011}$ 和 $\boldsymbol{H}_{111}$。这 7 个基本的单位倒易矢量的模量与相应的 7 个基本面族间距离有如下关系：

$$\boldsymbol{H}_{100}=1/d_{100},\quad \boldsymbol{H}_{010}=1/d_{010},\quad \boldsymbol{H}_{001}=1/d_{001},\quad \boldsymbol{H}_{110}=1/d_{110},$$
$$\boldsymbol{H}_{101}=1/d_{101},\quad \boldsymbol{H}_{011}=1/d_{011},\quad \boldsymbol{H}_{111}=1/d_{111}$$

现在以正交晶系为例。

如图 4.18 所示，在初基点阵的情况下，相应的单位倒易格子充分代表着整个相应的倒易点阵，单位倒易格子在三维方向周期平移，完整地构建成倒易点阵。在初基情况下，由 $\boldsymbol{a}$、$\boldsymbol{b}$ 和 $\boldsymbol{c}$ 构成的晶体单位格子及由 $\boldsymbol{a}^*$、$\boldsymbol{b}^*$ 和 $\boldsymbol{c}^*$ 构成的倒易单位格子之间的变换关系及其特征，可以充分表达晶体点阵及倒易点阵之间的变换关系及特征。因此，初基晶体点阵的倒易点阵也是初基点阵，初基的晶体点阵中单位格子所相应的也是一个初基的倒易单位格子。初基晶体点阵与其倒易单位格子的阵点是一一对应的关系。

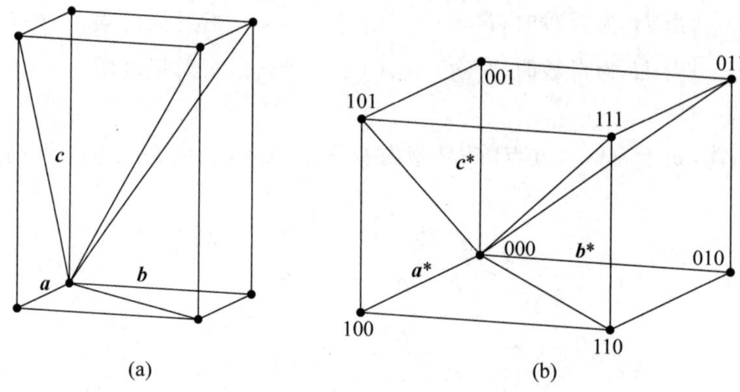

图 4.18 初基晶体点阵与单位倒易格子之间的变换

(a) 初基晶体点阵的单位格子；(b) 依据 7 个基本单位倒易矢量给出的倒易阵点

依据上述原则来推导体心点阵的倒易点阵。我们依然以正交体心点阵为例，推导倒易点阵的 7 个基本的单位倒易矢量 $\boldsymbol{H}_{100}$、$\boldsymbol{H}_{010}$、$\boldsymbol{H}_{001}$、$\boldsymbol{H}_{110}$、$\boldsymbol{H}_{101}$、$\boldsymbol{H}_{011}$ 和 $\boldsymbol{H}_{111}$。体心格子除了 8 个顶角上具有阵点，在单位格子的体中心还有一个非初基附加阵点，它的非初基平移为 $(t_a+t_b+t_c)/2$。

由于增添了非初基附加阵点，体心点阵中 7 个基本面族的面间距 d 会发生变化，由于有体心的阵点存在，相当于在原来的(100)、(010)、(001)之间加入了一个由滑移产生的($\boldsymbol{a}/2,\boldsymbol{b}/2,\boldsymbol{c}/2$)原子面，如图 4.19(a)所示，而体心附加点阵对 d_{110} 没有影响，如图 4.19(c)所示，附加体心点阵等于在原来的(111)阵面之间添加了一个阵面，根据正交晶系的面间距计算，面间距有如下变化：

$$\begin{cases} d_{100}=\dfrac{a}{2} \\ d_{010}=\dfrac{b}{2} \\ d_{001}=\dfrac{c}{2} \\ d_{110}=\dfrac{ab}{\sqrt{a^2+b^2}} \\ d_{101}=\dfrac{ac}{\sqrt{a^2+c^2}} \\ d_{011}=\dfrac{bc}{\sqrt{b^2+c^2}} \\ d_{111}=\dfrac{abc}{2\sqrt{a^2b^2+a^2c^2+b^2c^2}} \end{cases} \tag{4.51}$$

从式(4.51)可以看出，体心点阵的(100)、(010)、(001)和(111)晶面的面间距变成原来的 1/2，而(110)、(101)、(011)的面间距不变，因此倒易空间的 100、010、001 和 111 消失，应出现在 200、020、002 和 222 位置上。

如图 4.20 所示，体心正交点阵的倒易单位格子对应的倒易阵点是一个只有四个倒易阵

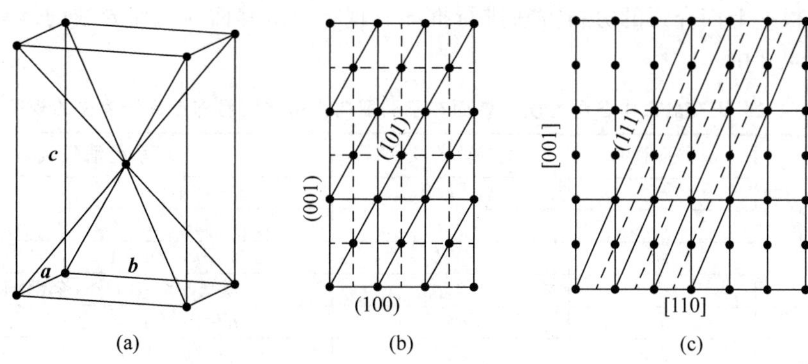

图 4.19　体心正交晶系的面间距，虚线代表附加的阵面

(a) 阵点分布；(b) [010]方向视图；(c) $[1\bar{1}0]$方向视图

点组成的残缺不全的平行六面体。它并不是倒易点阵的基本单元。由这样一个残缺不全的倒易单位格子沿三维方向周期地平移，不能构建成一个完整的相应的倒易点阵。只有建立以 $2\boldsymbol{a}^*$、$2\boldsymbol{b}^*$ 和 $2\boldsymbol{c}^*$ 为边长的"倒易点阵单元"，才形成一个面心格子。

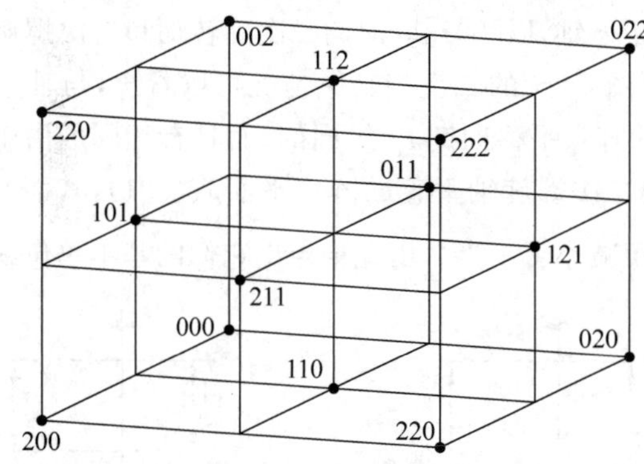

图 4.20　体心正交点阵所构建的倒易单元是面心正交点阵

同样道理，面心点阵的倒易点阵空间是一个体心点阵，因此非初基晶体点阵会使部分倒易点阵消失，导致出现阵点的系统消光，消光规律见表 4.1。

表 4.1　非初级晶体点阵的倒易阵点系统消失规律

晶体点阵	相应倒易点阵中部分倒易阵点系统消失
初基点阵	hkl 阵点不存在消失
侧面心 A 点阵	$k+l=2n+1$ 阵点消失
侧面心 B 点阵	$h+l=2n+1$ 阵点消失
侧面心 C 点阵	$h+k=2n+1$ 阵点消失
体心点阵	$h+k+l=2n+1$ 阵点消失
面心点阵	$k+l=2n+1, h+l=2n+1, h+k=2n+1$ 阵点消失

注：h、k、l 均为整数。

8）滑移面和螺旋轴引起的倒易阵点系统消失规律

由于滑移面的出现，此点阵的 7 个基面族的面间距 d_{100}、d_{010}、d_{001}、d_{110}、d_{101}、d_{011} 和 d_{111} 会发生相应的变化，导致倒易点阵的某一些倒易阵点存在规律性的系统消失，这种消失规律可以根据上面介绍的分析方法进行推导。现将由滑移面存在而导致的倒易阵点消失规律列在表 4.2 中。

表 4.2　正交晶系中各种性质滑移面在不同取向上引起倒易阵点系统消失的规律

	滑移面性质	倒易阵点类型	阵点系统消失规律
[100]取向	b	$0kl$	$k=2n+1$
	c	$0kl$	$l=2n+1$
	n	$0kl$	$k+l=2n+1$
	d	$0kl$	除 $k+l=4n$ 外，全部消失
[010]取向	a	$h0l$	$h=2n+1$
	c	$h0l$	$l=2n+1$
	n	$h0l$	$h+l=2n+1$
	d	$h0l$	除 $h+l=4n$ 外，全部消失
[001]取向	a	$hk0$	$h=2n+1$
	b	$hk0$	$k=2n+1$
	n	$hk0$	$h+k=2n+1$
	d	$hk0$	除 $h+k=4n$ 外，全部消失

图 4.21 给出了平行于 c 轴，以[001]取向的二次旋转轴和二次螺旋轴，以及它们在晶体点阵中的对称等效阵点。从图 4.21 的二次旋转轴情况可以看出，与轴垂直的阵点平面族(001)的面间距 d_{001} 是与沿轴的阵点平移周期 t_c 等同的，而具有相同的沿轴平移周期 t_c 的二次螺旋轴的情况却不一样。与二次螺旋轴垂直的阵点平面族(001)，其面间距 d_{001} 只是沿轴平移周期的一半，即等于面间距减小了一半。由此推导出它们的基本单位易矢量是 $\boldsymbol{H}_{001}^{2_1}=2\boldsymbol{H}_{001}^{(2)}$。

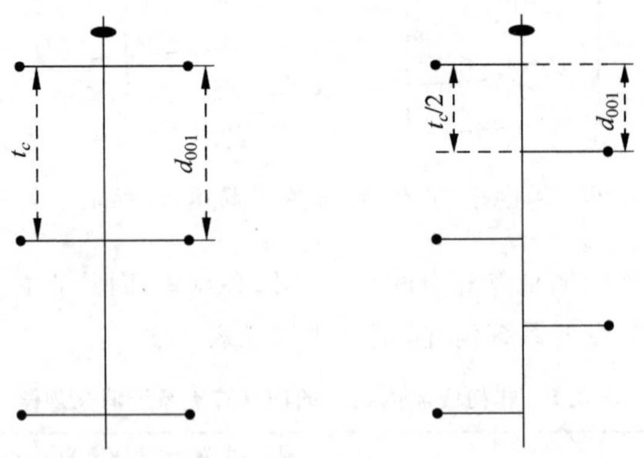

图 4.21　与二次旋转轴和二次螺旋轴垂直相交的阵点平面间距 d 与点阵周期 t_c 的关系

由于晶体点阵中存着以[001]取向的二次螺旋轴 2_1，因而引起其倒易点阵中，通过坐标原点的倒易阵点列 001 上出现倒易阵点系统消失，其系统消失的规律是 $l=2n+1$(表 4.3)。其他的螺旋轴也有类似的结果。

表 4.3　二次螺旋轴引起倒易阵点系统消失的规律

二次螺旋轴取向	[100]取向	[010]取向	[001]取向
倒易阵点类型	$h00$	$0k0$	001
阵点系统消失规律	$h=2n+1$	$k=2n+1$	$l=2n+1$

4.5　埃瓦尔德作图法

无论是单晶体、多晶体，其 X 射线衍射都受到布拉格方程的约束。干涉方程是布拉格方程的矢量式，可以将 X 射线的衍射情况进行全面的描述。式(4.40)中，给出了发生衍射时入射线、衍射线及衍射晶面的法线之间的关系：

$$\boldsymbol{g}_{HKL}=\frac{\boldsymbol{S}-\boldsymbol{S}_0}{\lambda}$$

这三者的关系用作图法可以表示为图 4.22 的情形。

在干涉方程中 $\boldsymbol{S}/\lambda$、$\boldsymbol{S}_0/\lambda$ 以及 $\boldsymbol{g}_{HKL}$ 均是以 $1/\lambda$ 为长度单位，其量纲为 nm^{-1}。因此，我们构建一个以倒易点阵的原点 O^* 为出发点，平行入射线束逆向量出"长度"$1/\lambda$，该点定义为 O 点，作出矢量 $\boldsymbol{S}_0/\lambda$，再以 O 为球心，以 $1/\lambda$ 为半径作一个球面，显然球面过倒易原点 O^* 点。图 4.23 中只绘出以 O 为圆心，过点 O^* 并与某一倒易平面重合的截面。这样，落在球面上的倒易点 HKL 与 O^* 的连线即 $\boldsymbol{g}_{HKL}$，而 O 与该点的连线即 $\boldsymbol{S}/\lambda$。因而当入射线束(矢量 $\boldsymbol{S}_0$)与晶体的相对取向确定后，通过作图，即可找到球面与倒易点相交的 $\boldsymbol{g}$ 矢量。图 4.23 中的 P_1 点的 $\boldsymbol{g}$ 矢量为(310)，P_2 点的 $\boldsymbol{g}$ 矢量为(280)及其反射线束的方向 $\boldsymbol{S}$。这种作图法名为埃瓦尔德作图法。图中以 O 为心的球面称为反射球。

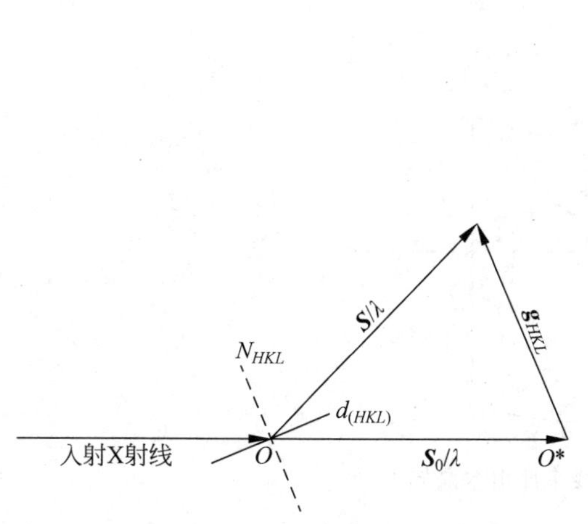

图 4.22　式(4.40)的图形表示法

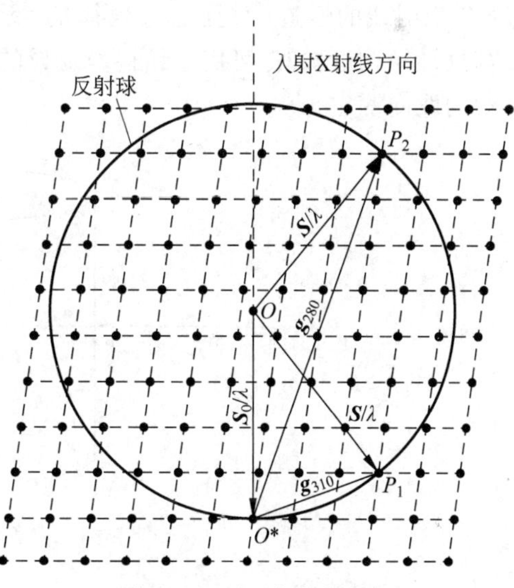

图 4.23　埃瓦尔德作图法

埃瓦尔德作图法并不限于晶体结构简单、取向固定的情况。对结构复杂的晶体，在构绘其倒易点阵时可按系统消光直接将不反射的各 HKL 点抹掉，甚至按干涉函数，也可以将倒易点绘成有一定形状的三维小区。对衍射实验中晶体绕某一轴线旋转的情况，在构绘倒易点阵时可标出各倒易点运动的轨迹。仿此，可构绘出与各个实验相对应的埃瓦尔德图，使对其衍射花样形成的理解和分析更为清晰。所以埃瓦尔德作图法也是干涉方程的一种直观的表达方式。

4.6 衍射实验方法

X 射线衍射实验方法就是利用 X 射线照射晶体，获得衍射花样的实验布置和操作。可以利用单色 X 射线，也可以利用连续(多色)X 射线进行衍射实验，在满足布拉格方程(和结构因数)的前提下，人们根据实验目的的不同设计出多种衍射方法并制成了相应的仪器或仪器附件。这些方法分属四种衍射方式。

4.6.1 单色 X 射线束照射单晶体

由于单晶体对应着固定倒易点阵，而单色的 X 射线波长固定，以线束的方式照射时其衍射现象可以用图 4.23 进行解释。只有在晶体的某一倒易点正好转动至与反射球相交时，该倒易点所对应的晶面才能发生衍射。在单色 X 射线束的照射下，当晶体转动到某一(HKL)面与入射线所成掠射角恰为 θ_{HKL} 时，晶体发生衍射。衍射线被记录器(诸如照相胶片、各种计数器及其组合件等)所记录。如将晶体安置在一个可实现任意转动的试样架上，则所有可能反射的原子面网均有机会反射，反射线被记录器逐一记录。被记录下来的衍射线痕迹的全貌称为衍射花样或衍射图像，图 4.24 是这一实验布置的示意图。

该衍射方式有以下几种用途：①由于该方式可以做到使衍射花样包括尽可能多的不同 HKL 衍射线的痕迹，而且是有规律的、无重叠的展布，故可用于试样的晶体结构测定；②当试样结构已知时，可用于结构微变异的分析；③当结构已知时，可用于晶体相对于试样外观的取向测定。

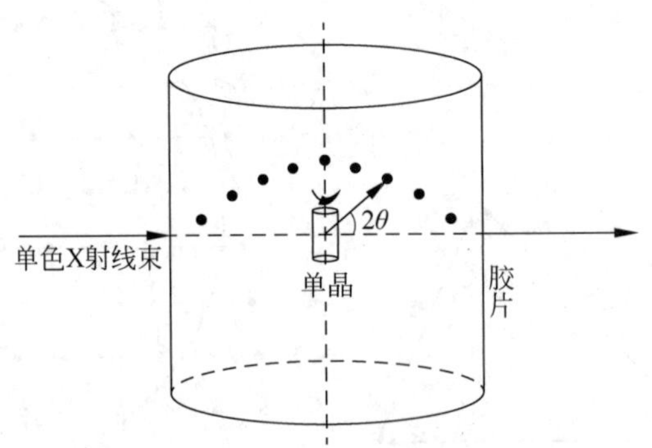

图 4.24 单色 X 射线束照射单晶体

4.6.2 多色 X 射线束照射单晶体(劳厄法)

该实验方法是采用连续 X 射线束照射不动的单晶体，如图 4.25 所示。采集衍射花样的胶片垂直于入射 X 射线束，可以将胶片放置于入射线和样品之间，采集反射的衍射花样；也可以将样品置于样品之后，采集透射的衍射花样。入射线与各个晶面的掠射角始终不变，由于入射的 X 射线是连续 X 射线，所以存在某一波长的 X 射线恰好满足该晶面的衍射条件，即满足布拉格方程而发生衍射。

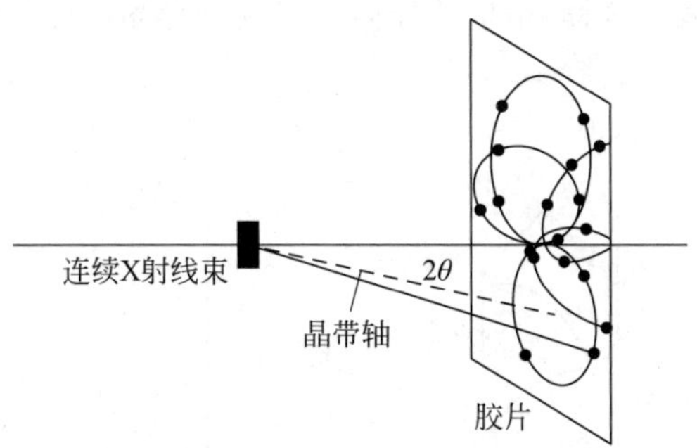

图 4.25　连续 X 射线束照射单晶体衍射的示意图

使用埃瓦尔德作图法可以方便地解释劳厄法的衍射花样。当入射 X 射线在某一波长范围内连续分布，即 $\lambda_{min}\sim\lambda_{max}$ 时，对应图 4.26 中的反射球 1 和反射球 2，其他波长的连续 X 射线的反射球处于反射球 1 和反射球 2 之间，所以总有一个波长的反射球与反射球 1 和反射球 2 之间的倒易点相交，所以图 4.26 中黑色圆点的倒易点均有机会发生衍射。

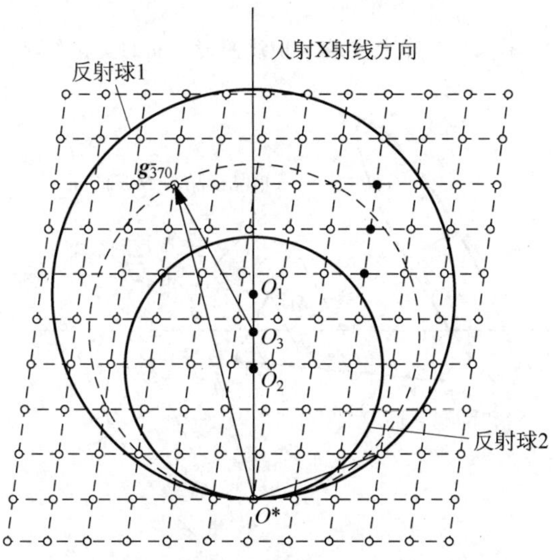

图 4.26　连续 X 射线衍射花样形成的原因

劳厄法衍射的透射花样是离散的斑点，斑点可以划分到不同的椭圆上，每个椭圆上的斑点为同一晶带轴的晶面。详细分析方法将在第 7 章详细介绍。

4.6.3　单色发散 X 射线照射单晶体

单色发散 X 射线衍射的实验布置如图 4.27 所示。由点 X 射线源发出单色 X 射线照射单晶薄片。记录衍射花样的照相胶片放在光源和样品的两侧。点源可位于试样以外(图 4.27)、试样表面，甚至试样片内。从点源向四周发出的单色 X 射线中总有部分射线与晶体的任一(HKL)面所成掠射角正好等于 θ_{HKL} 而被反射，这部分射线组成一个以点源为顶点，以 $\frac{\pi}{2}-\theta_{HKL}$ 为半顶角的圆锥面(图 4.28)。由于被(HKL)面反射，这个锥面穿透晶体后的强度当然比透射线强度还低，以致在胶片上形成一个比背底还淡的曲线，也构成一圆锥面，并在胶片上留下一暗的曲线。这样,衍射花样由一组规则分布的曲线组成,每一曲线对应于晶体的一(HKL)面。

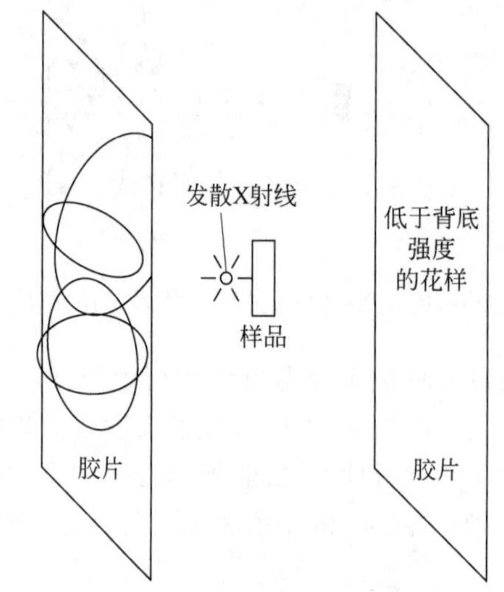

图 4.27　单色发散 X 射线照射单晶的实验布置

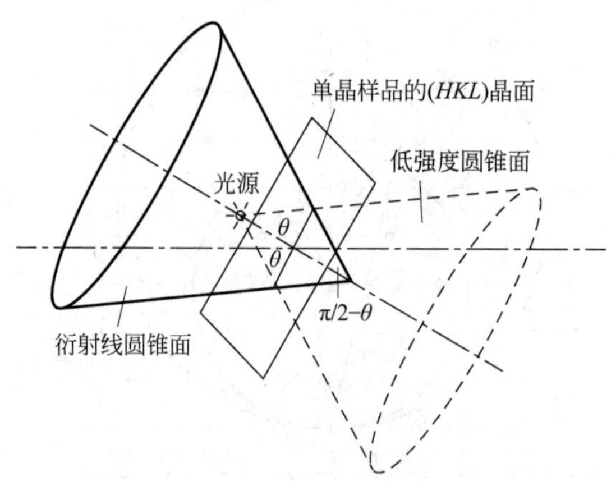

图 4.28　单色发散 X 射线照射单晶的衍射花样形成示意图

该衍射方式适用于单晶薄片应变状态的研究,也可用于晶体取向局域性结构畸变的测定。

4.6.4　单色 X 射线束照射多晶体

试样是由大量的取向各异的小晶粒组成的多晶聚合体。由于试样是多晶体,试样中总会有若干晶粒其($H_1K_1L_1$)面与入射线束的掠射角正好为 $\theta_{H_1K_1L_1}$,这些晶粒的 $H_1K_1L_1$ 衍射线均与入射线成 2θ,构成了以入射线为轴,$2\theta_{H_1K_1L_1}$ 为半顶角的圆锥面的一簇母线(图 4.29)。如参与 $H_1K_1L_1$ 衍射的晶粒很多,则各衍射线"融合"成圆锥面。同理,试样中取向适合于 $H_2K_2L_2$ 反射的那些晶粒发出的 $H_2K_2L_2$ 衍射线则形成一个以入射线为轴,$2\theta_{H_2K_2L_2}$ 为半顶角的圆锥面。因此,由试样发射出的全部衍射线组成一以入射线为轴,以试样为顶点的共轴圆锥面族。如以平板胶片垂直入射线放置，则记录到的衍射花样为一组同心圆。

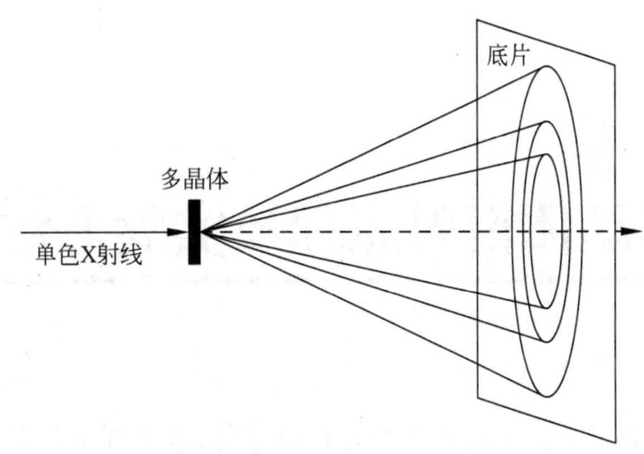

图 4.29　单色 X 射线照射多晶体的衍射实验布置及衍射花样

这种衍射方式用途为：①结构已知，用于晶体结构状态（诸如晶胞常数、固溶体类型、有序化）的分析；②多晶聚合体状态（诸如晶粒度、应力状态、晶粒取向分布）的分析；③物质的相分析；④晶体结构测定。

例题　设图 4.29 中入射线波长 $\lambda=0.1542$nm，试样为多晶铝细丝，用垂直入射线放置的平照相胶片记录衍射花样。已知铝为面心立方点阵的铜结构，$a_{\mathrm{Al}}=0.4049$nm，试样距胶片 30mm。试求距圆心最近的(100)、(110)和(111)面衍射环的指数和半径。

解：铝为面心立方铜结构，根据结构因数计算，干涉指数只能是全奇或全偶。按布拉格方程，面间距越大者掠射角相对越小，因而衍射环半径也越小。因此，(100)面衍射线的指数最小为 200，(110)面为 220，(111)面为 111。对立方系按 d 由大到小的排列只能是 111、200、220。

将 λ、a 和各 HKL 代入布拉格方程，则有 $\theta_{111}=19.26°$，$\theta_{200}=22.39°$，$\theta_{220}=32.59°$，按图 4.29 布置方式，HKL 环的半径为

$$R_{HKL}=30\tan(2\theta_{HKL})$$

故此三环的半径分别为 $R_{111}=23.88$mm，$R_{200}=29.77$mm，$R_{220}=64.87$mm。

多晶衍射方式在材料科学应用研究中使用最广泛，因而也是最重要的 X 射线衍射实验技术。

第5章

多晶体衍射原理及实验方法

当入射 X 射线束尺寸远大于晶体中的晶粒尺寸时，该条件下衍射现象为多晶体衍射。一般的多晶体衍射模式是采用单色 X 射线照射多晶体材料来获取多晶衍射谱。这种衍射模式可以开展晶体结构、相组成、晶体晶胞常数、固溶体类型、有序化等方面的分析研究，还可以确定晶粒度、应力状态、晶粒取向分布等。多晶体衍射方式在材料科学应用研究中使用最广泛，因而也是最重要的 X 射线衍射实验技术。

5.1 多晶体衍射花样的形成

多晶体材料是由大量晶粒构成的，各个晶粒具有不同的晶体学取向，尽管倒易点 (HKL) 在不同的晶粒里方向不同，但 $1/d_{HKL}$ 相同，因此在多晶体中，倒易点 (HKL) 到倒易原点的距离相同，当晶粒数足够多时，不同晶粒的倒易点 (HKL) 在倒易空间中形成了以倒易原点为球心的倒易球，倒易球的半径为 $1/d_{HKL}$，如图 5.1 所示。

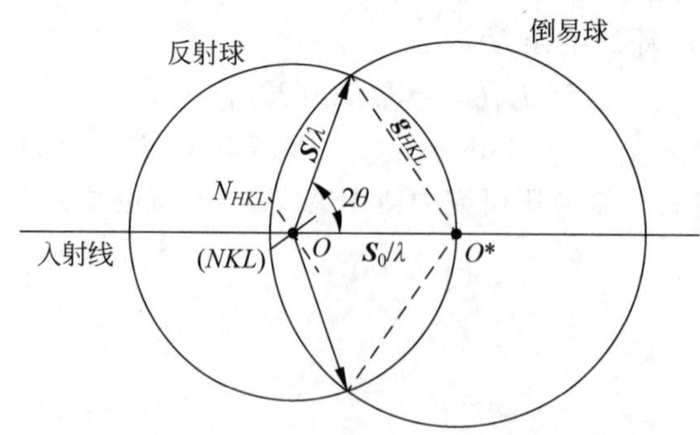

图 5.1 单色 X 射线照射多晶体的衍射花样形成机理

倒易球的形成是在多晶体的基础上，晶粒数目必须足够多，否则不能形成连续的倒易球。入射 X 射线波长固定，所以对应的反射球半径为定值 $1/\lambda$，这样就形成图 5.1 中倒易球与反射球相交的情况。按照埃瓦尔德作图法，反射球的球心与落在反射球上的倒易点连线，即衍射线的方向，多晶体的倒易球与反射球相交，不是一个点，而是形成了一个圆，所以衍射线就形成了以入射线为轴，以 $2\theta_{HKL}$ 为半顶角的圆锥面。

由于晶体中有很多不同面间距的晶面，会形成一系列以 $1/d_{HKL}$ 为半径的倒易球，如图 5.2 所示。当这些倒易球与反射球相交时，将产生与图 5.1 一样的衍射线。所以单色 X 射线照射多晶体的衍射花样形成了以入射线为轴，以不同的 $2\theta_{HKL}$ 为半顶角的衍射圆锥(图 5.3)，当衍射圆锥与垂直于入射线的底片相交时，形成了一组同心圆，背射的底片上同样也可以形成一组同心圆，也称为德拜环。

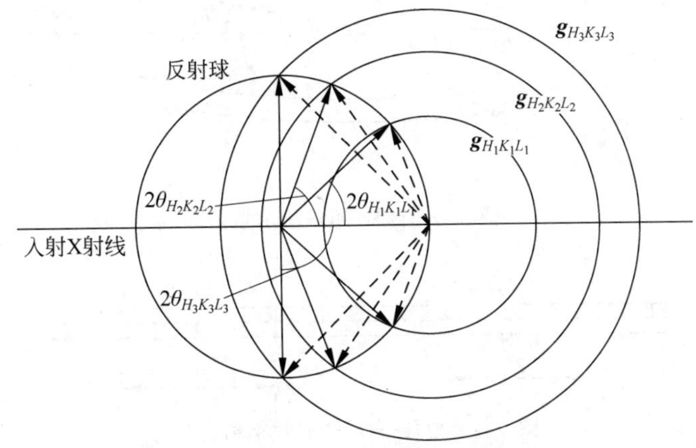

图 5.2 多晶体中不同晶面衍射的示意图

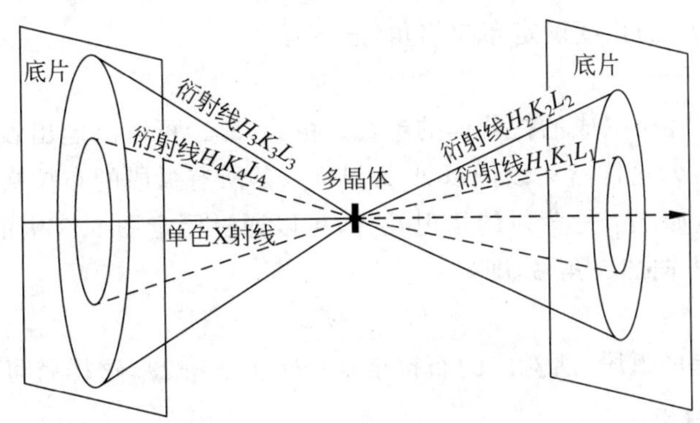

图 5.3 多晶体衍射的衍射线分布

5.2 粉末照相法

粉末照相法就是用单色 X 射线照射多晶试样，并用照相胶片记录衍射花样的一种衍射技术，简称粉末法。由于粉末衍射方式只是衍射强度随布拉格角的单一变量，所以粉末衍射数据可以用很简单的方式记录下来。粉末照相法曾经是应用最广并富有成果的 X 射线衍射技术，对材料科学、生物科学、冶金和化工等多学科的理论和实验的发展起过重大作用。

5.2.1 德拜-谢乐法

德拜-谢乐(Debye-Scherrer)法是应用最广泛的粉末照相法，实验中将底片裁成长条状，如图 5.4 所示，以样品的某一方向为轴线，将该条状底片围成圆柱面。当入射线照射粉末样品时，从试样发出的每一个衍射线圆锥均与胶片柱面相交成一对弧段。长条状底片得到的衍射花样如图 5.5 所示。

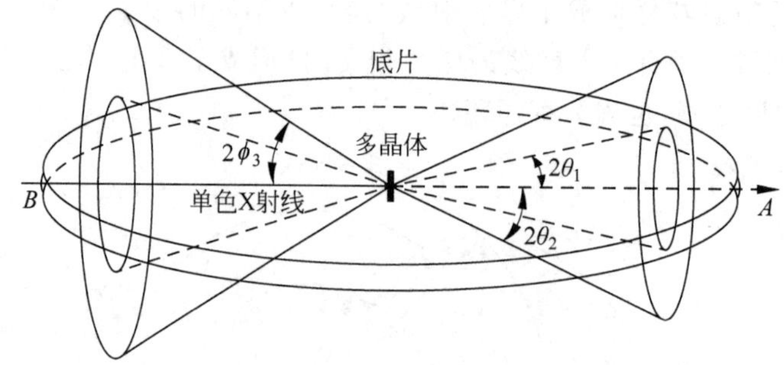

图 5.4 德拜-谢乐法示意图

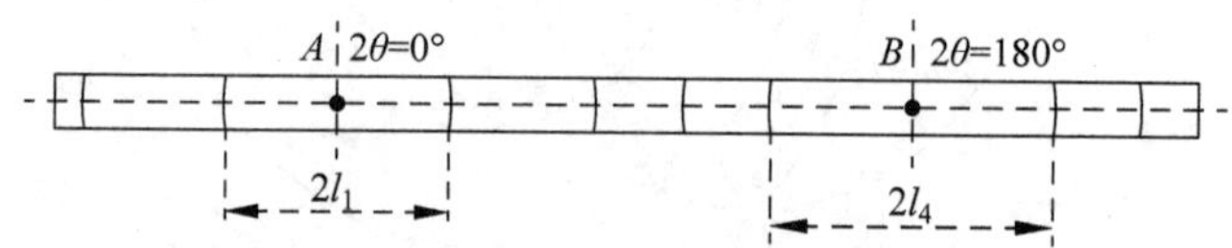

图 5.5 德拜-谢乐法底片衍射花样

图 5.5 中，以 A 为对称点的圆弧段 $2l_1$ 是具有相同面间距的衍射圆锥(图 5.3)中的一段，可以通过测定 $2l_1$ 的长度确定布拉格角，显然有

$$2l_1 = 4R\theta_1 \tag{5.1}$$

式中，R 是长条状底片所围成的柱状体的半径。由式(5.1)可以测定出弧段 $2l_1$ 所对应的衍射晶面的布拉格角 2θ，这样就可以把以 A 为对称点的所有弧段的布拉格角计算出来。而以 B 为对称点的弧段，如 $2l_4$ 是背射的衍射花样，可以通过测定图 5.5 中的 $2l_4$ 的长度，确定衍射线与入射线反方向的夹角 ϕ，即

$$2l_4 = 4R\phi_4 \tag{5.2}$$

显然，以 B 为对称点的弧段，所对应的布拉格角 $2\theta = 180° - 2\phi$，这样就可以得到底片上所有弧段所对应的布拉格角。

当我们将底片围成圆柱体，直径 $2R = 57.3\text{mm}$，弧段长度也以毫米为单位，这时可以将布拉格角由弧度单位直接转变为以角度为单位，见式(5.3)。这样设计的实验相机称为标准相机，应用起来比较方便。

$$\theta = \frac{2l}{4R} \cdot \frac{180}{\pi} = l \tag{5.3}$$

例题 用铬靶 K_α($\lambda_{K_\alpha} = 0.2291\text{nm}$)辐射在标准相机内摄取 α-Fe 固溶体粉末衍射花样。测得花样上有一组弧段的 $2l$ 为 156.2mm。试求其干涉指数和该固溶体的晶胞常数。

解：由于已知铬靶的 $\lambda_{K_\alpha} = 0.2291\text{nm}$，纯 α-Fe 的点阵参数 $a = 0.2866\text{nm}$，该弧段相对的布拉格角为

$$\theta = \frac{2l}{2} = \frac{156.2}{2} = 78.1°$$

α-Fe 为体心立方钨结构，$d_{HKL} = \dfrac{a}{\sqrt{H^2 + K^2 + L^2}}$，代入布拉格方程中，可以得到

$$H^2+K^2+L^2=4a^2\cdot\frac{\sin^2\theta}{\lambda^2}$$

用 α-Fe 的点阵参数代入固溶体中，可以得到

$$H^2+K^2+L^2=5.9937\approx 6$$

由于 H、K 和 L 必须是整数才能发生衍射，所以该衍射的干涉指数为 112，现将 112 再次代入布拉格方程中，求得固溶体的点阵参数为

$$a=\frac{\lambda\sqrt{H^2+K^2+L^2}}{2\sin\theta}=\frac{0.2291\sqrt{6}}{2\sin\theta}=0.2868\text{nm}$$

上述结果表明，由于其他元素的溶入，使晶体的晶胞常数变大了。

5.2.2 针孔法

使用平板照相胶片垂直于入射线放置，如图 5.6 所示，胶片在 A 处称为透射针孔法，胶片在 B 处称为背射针孔法。根据 5.1 节的分析，无论是透射还是背射底片都能获得同心圆。

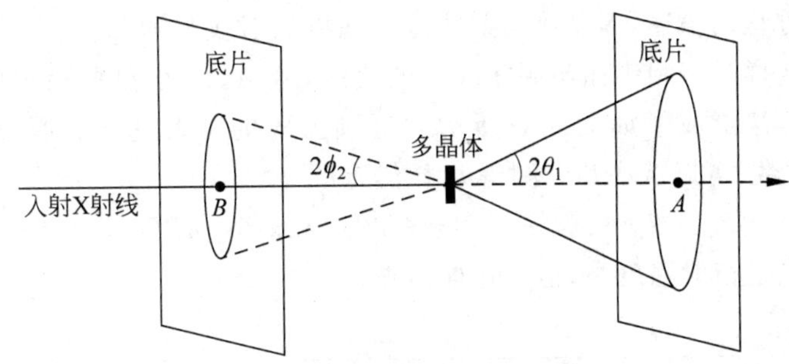

图 5.6 针孔法的实验布置示意图

假设在 A 胶片处的同心圆半径为 R_A，在背射处 B 胶片的同心圆半径用 R_B 表示，用 D_A 和 D_B 表示样品到透射胶片和背射胶片的距离，则有

$$R_A=D_A\tan(2\theta),\quad R_B=D_B\tan(2\phi)=D_B\tan(\pi-2\theta)\tag{5.4}$$

由图 5.6 可知，透射法可以测得小于 90°的低角度衍射线，而背射法可以测得高角度的衍射线。针孔法和德拜-谢乐法各有特点，针孔法的优势是可以采集完整的德拜环，对于织构、应力等方面的分析更加方便、准确。

5.2.3 聚焦法

聚焦法又称为塞曼-波林(Seemann-Bohlin)法，照摄示意如图 5.7 所示。圆筒状相机的狭缝光阑 S，多晶试样和底片 MQN 三者位于相机的同一个圆筒框架上。从光源 S 点照射到多晶试样 A 点时，由于是多晶体，存在任意取向的晶粒，所以总会有一个晶粒的(HKL)晶面处于布拉格角上而发生衍射，如图 5.7(a)所示，$\angle SAQ=\pi-2\theta$，对应的圆弧为 SQ，B 点和 C 点处的(HKL)晶面具有相同布拉格角，所以从 B、C 处的(HKL)晶面衍射后与 A 的(HKL)晶面衍射同时交于 Q 点。所以聚焦法的含义就是多晶体中不同位置的(HKL)晶面都聚焦于底片上的同一点。需要注意的是，虽然 A、B 和 C 点处(HKL)衍射聚焦于一

点，但它们是不同取向晶粒的衍射结果，如图 5.7(b)所示，在该三点(HKL)的取向不同。

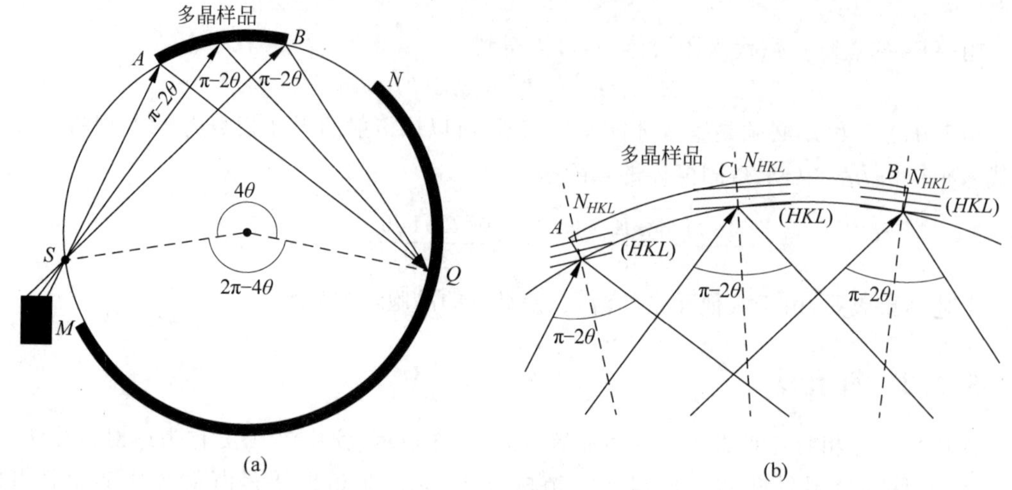

图 5.7　聚焦法的(a)实验布置和(b)衍射原理示意图

根据布拉格方程的描述，多晶体衍射线分布在以入射线为轴，2θ 为半顶角的圆锥面上，所以形成的衍射花样是该圆锥面与照相底片的交线，从 A、B、C 处的衍射线是均过 Q 点的圆锥面。所以聚焦法形成了如图 5.8 所示的近圆弧段的衍射花样。假设相机半径为 R，$SM=l_0$ 是实验常数，可以从底片上测得 l，显然有

$$l_0+l=R\cdot 2(\pi-2\theta)=2\pi R-4R\theta \tag{5.5}$$

聚焦法的优点是衍射强度高，衍射花样清晰。

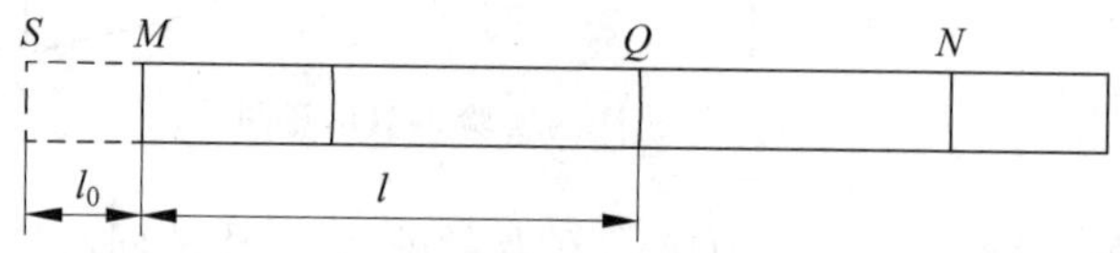

图 5.8　聚焦法衍射花样

5.3　多晶衍射强度分析

单色 X 射线照射多晶体的实验方法有德拜-谢乐法、针孔法和聚焦法等，衍射花样有一定的差别，但衍射花样均是形成了以入射线为轴，2θ 为半顶角的圆锥面上分布，因此多晶衍射中衍射强度是布拉格角的单一变量。例如，德拜-谢乐法可以得到如图 5.9 所示的衍射花样，照相底片记录从 A 点到 B 点衍射强度随 2θ(0°～180°)变化情况。

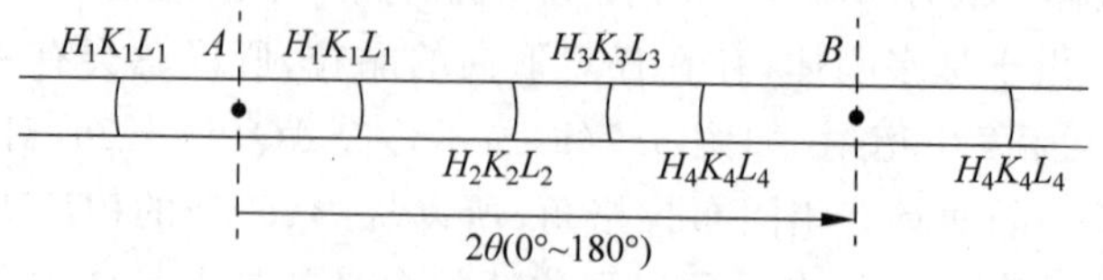

图 5.9　德拜-谢乐法衍射花样

各种照相法记录在底片上的多晶衍射花样均是由一组较黑且明锐的线环或线段组成的，再衬以比较浅的背底。X射线的照射强度越高，黑度越大，因此可以用线条的黑度估计衍射强度的大小。花样的背底主要来源于：①试样，如入射线激发试样的荧光X射线、试样的漫散射、结构不完整漫散射以及康普顿散射等；②实验条件，如由X射线管发出的射线中的连续辐射引起的试样衍射，X射线光路中空气、试样黏合剂以及其他的物品的散射，衍射仪探测器及后续电路中的“噪声”等。由于从背底中难以提取出可利用的信息，故除极精细的实验，一般工作均将其扣除不用。至于底片上衍射线条的测量，按多晶花样的形成，可以将图5.9的底片按照底片从左到右的黑度变化确定衍射强度随 2θ 的变化情况绘制成曲线，得到该物质的X射线衍射谱。

图5.10是根据图5.9的德拜-谢乐法衍射花样转换出来的X射线衍射谱，衍射谱是以 2θ 为横坐标，以黑度（也就是衍射强度）为纵坐标绘制而成的，显然图5.9中 $(H_1K_1L_1)$、$(H_2K_2L_2)$、$(H_3K_3L_3)$、$(H_4K_4L_4)$ 衍射环对应于图5.10的 A、B、C 和 D 四个衍射峰。这样表达更直观，也有利于对衍射强度进行定量化分析。

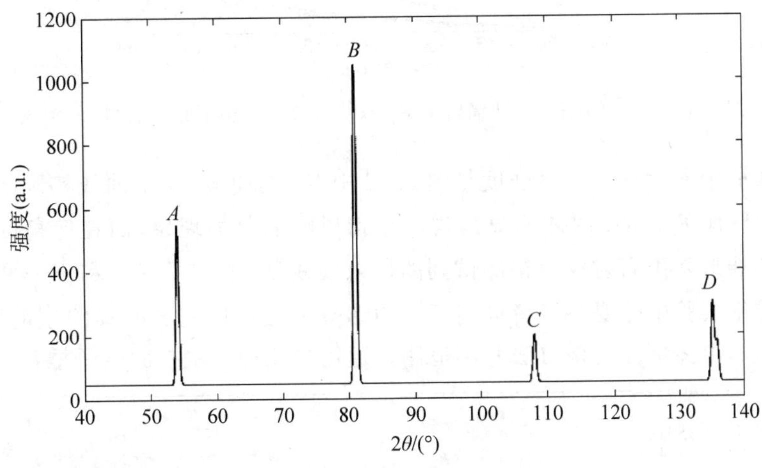

图5.10 X射线衍射谱

5.3.1 衍射峰峰位和峰形

实际测定的衍射峰并非理论上所给出的一条非常明锐的强线，通常的衍射峰具有一定的宽度，衍射峰的宽度主要是由于以下几种情况。①试样结构，例如晶块太小，晶体中有应力等。②实验条件，例如入射线束仍有水平和垂直方向的发散度，试样柱并非无限细；衍射仪的线焦斑亦非几何细线，板状试样只是准聚集；X射线会透入试样内部等。③实验条件也会引起衍射峰宽化，X射线管的特征X射线波长并非单一波长，我们通常使用的特征X射线是由特征波长中 $K_{\alpha1}$ 和 $K_{\alpha2}$ 组成的，因而当样品发生衍射时，任一(HKL)面都会出现2个衍射峰，由于 $K_{\alpha1}$ 和 $K_{\alpha2}$ 的波长很接近，所以在低角度衍射时，这种宽化效应不明显，但当衍射角大时，宽化效应就很明显，并且出现同一个衍射晶面的分化现象。我们假设 K_{α_1} 和 K_{α_2} 的波长差为 $\Delta\lambda$，(HKL)晶面的布拉格角为 θ_{HKL}，由波长差造成的 2θ 变化为 $\Delta 2\theta$，对布拉格方程进行微分可得

$$\Delta 2\theta = 2\,\frac{\Delta\lambda}{\lambda}\tan\theta_{HKL} \tag{5.6}$$

从图 5.11 可以看出，随着 2θ 的增加，分离角明显变大，尤其是短波长的 Mo 变化更加明显。在 3.1.3 节中介绍过特征 X 射线 K_{α_1} 和 K_{α_2} 的波长 $\lambda_{K\alpha_1} < \lambda_{K\alpha_2}$，强度关系为 $I_{K\alpha_1} = 2I_{K\alpha_2}$，所以($HKL$)晶面的 K_{α_1} 衍射线的强度是 K_{α_2} 的 2 倍，角度略低。如图 5.10 中，前 3 个衍射峰 A、B、C 由于衍射角度较低，虽然出现了衍射峰宽化现象，但没有分化成 2 个衍射峰，而衍射峰 D 却呈现了明显的分化现象。

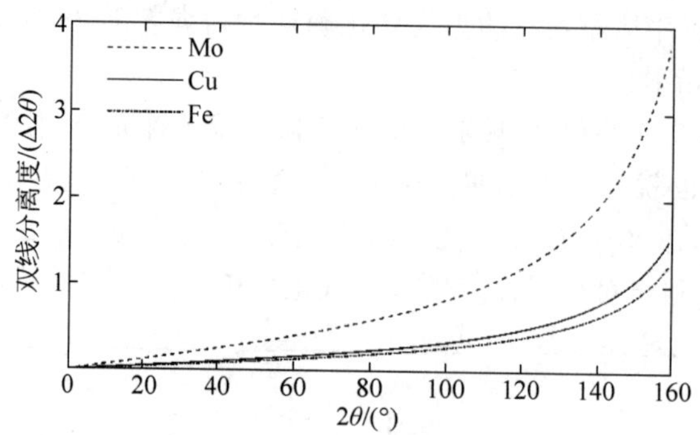

图 5.11　Mo、Cu、Fe 三种辐射中 K_α 双线分离度与衍射角 2θ 之间的关系

我们在实验中所测的衍射峰强度是图 5.12 中 K_α 的曲线，这个曲线实际上是由 K_{α_1} 和 K_{α_2} 合成的。只有在高角度时才明显出现两个衍射峰的叠加现象，而在低角度时看不到这一现象。实测线形是由衍射仪直接测试到的衍射线线型，包含了 K_{α_1} 和 K_{α_2} 两个波长的衍射结果。在精细实验中需要将二者分离开。图形分离法可以完成叠加线型的分离，但误差较大，随意性强，很多情况下该方法并不适用。通用的几种方法在此给予推荐。

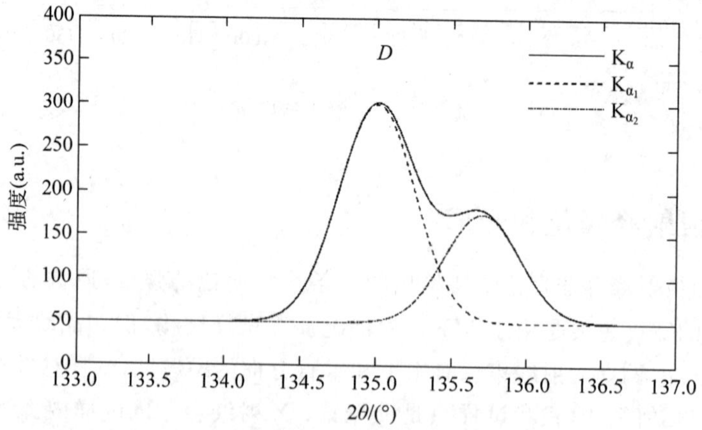

图 5.12　衍射峰的分离及 K_{α_1} 和 K_{α_2} 的合成

1) Rachinger 法

该方法是用一种递推的方法进行分离的。根据前面的分析，可以知道：

$$I(2\theta) = I_1(2\theta) + I_2(2\theta)$$

并且

$$I_2(2\theta)=\frac{1}{2}I_1(2\theta-\Delta 2\theta)$$

所以有

$$I(2\theta)=I_1(2\theta)+\frac{1}{2}I_1(2\theta-\Delta 2\theta) \tag{5.7}$$

如果我们将 $I(2\theta)$分成 n 等份，其中 $\Delta 2\theta$ 相当于 m 份，根据式(5.7)，第 i 份的 K_{α_1} 分量为

$$I_1^i=I^i-\frac{1}{2}I_1^{i-m}$$

如图 5.13(a)所示，根据实验条件确定 K_{α_1} 和 K_{α_2} 两个波长衍射的 2θ，并计算其角度差，如图所示将 $\Delta 2\theta$ 分成 4 等份，将衍射峰的范围分成 24 等份，并按照递推关系计算各点的强度：

$$I_1^1=I^1,\quad I_1^2=I^2,\quad I_1^3=I^3,\quad I_1^4=I^4,\quad I_1^5=I^5-\frac{1}{2}I_1^1,\quad \cdots$$

$$I_1^i=I^i-\frac{1}{2}I_1^{i-4},\quad \cdots,\quad I_1^{24}=I^{24}-\frac{1}{2}I_1^{20}$$

如图 5.13(b)所示，可以将 K_{α_1} 的衍射峰从中分离出来。

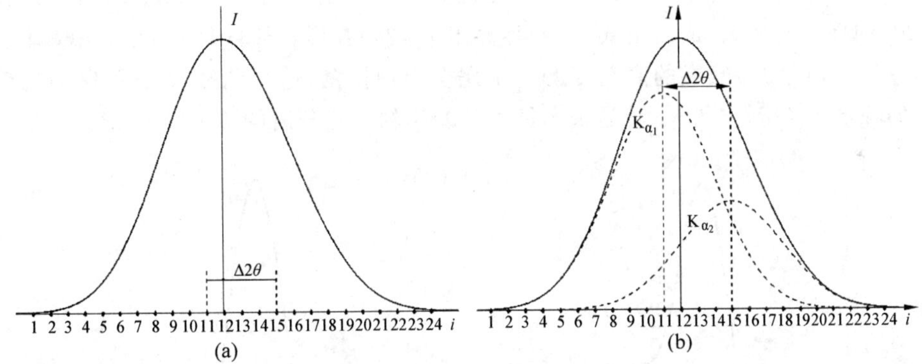

图 5.13 Rachinger 法双线分离

2) 傅里叶级数分离法

任何满足狄利克雷(Dirichlet)条件的函数都可以用傅里叶(Fourier)级数来表达，因此 K_α 双线的峰形 $I(2\theta)$可以展开为傅里叶级数：

$$I(2\theta)=\frac{A_0}{2}+\sum_{n=1}^{\infty}\left[A_n\cos\left(\frac{2\pi n}{2N}2\theta\right)+B_n\sin\left(\frac{2\pi n}{2N}2\theta\right)\right] \tag{5.8}$$

式中，$2N$ 为 $I(2\theta)$有值区间内的采数步数，A_0、A_n、B_n 都是函数 $I(2\theta)$的傅里叶系数，为

$$A_0=\frac{1}{N}\int_1^{2N+1}I(2\theta)\mathrm{d}(2\theta)$$

$$A_n=\frac{1}{N}\int_1^{2N+1}I(2\theta)\cos\left(\frac{2\pi n}{2N}2\theta\right)\mathrm{d}(2\theta)$$

$$B_n=\frac{1}{N}\int_1^{2N+1}I(2\theta)\sin\left(\frac{2\pi n}{2N}2\theta\right)\mathrm{d}(2\theta)$$

其中，$n=1,2,3,\cdots$为阶数。

同理,K_{α_1} 的峰形 $I_1(2\theta)$可以写成

$$I_1(2\theta)=\frac{a_0}{2}+\sum_{n=1}^{\infty}\left[a_n\cos\left(\frac{2\pi n}{2N}2\theta\right)+b_n\sin\left(\frac{2\pi n}{2N}2\theta\right)\right] \tag{5.9}$$

设 $K_{\alpha_2}/K_{\alpha_1}$ 的强度比为 R,$R\approx 1/2$,K_α 双线的分离度为 $\Delta(2\theta)$,并采用 Rachinger 法的假设:

$$I(2\theta)=I_1(2\theta)+RI_1(2\theta-\Delta 2\theta)$$

于是可以得到 $I_1(2\theta)$和 $I(2\theta)$的傅里叶系数 a_0,a_n,b_n 和 A_0,A_n,B_n 之间的关系有

$$a_0=A_0/(1+R)$$

$$a_n=\frac{A_n+R\left\{A_n\cos\left[\frac{2\pi n}{2N}\Delta(2\theta)\right]+B_n\sin\left[\frac{2\pi n}{2N}\Delta(2\theta)\right]\right\}}{1+\cos\left[\frac{2\pi n}{2N}\Delta(2\theta)\right]+R^2}$$

$$b_n=\frac{B_n+R\left\{B_n\cos\left[\frac{2\pi n}{2N}\Delta(2\theta)\right]-A_n\sin\left[\frac{2\pi n}{2N}\Delta(2\theta)\right]\right\}}{1+\cos\left[\frac{2\pi n}{2N}\Delta(2\theta)\right]+R^2}$$

因此,可以根据实测的峰形 $I(2\theta)$,首先计算出其傅里叶系数 A_0、A_n、B_n,再计算出峰形 $I_1(2\theta)$的傅里叶系数,最后由式(5.9)计算出 $I_1(2\theta)$峰形。计算时 R 可以先取值为 0.5,R 值不适当时,$I_1(2\theta)$峰形的高角度侧的拖尾会出现振荡,适当调整 R 值可以得到满意的纯 K_{α_1} 的峰形 $I_1(2\theta)$。图 5.14 是采用傅里叶变换的方式分离的 $I_1(2\theta)$峰形。

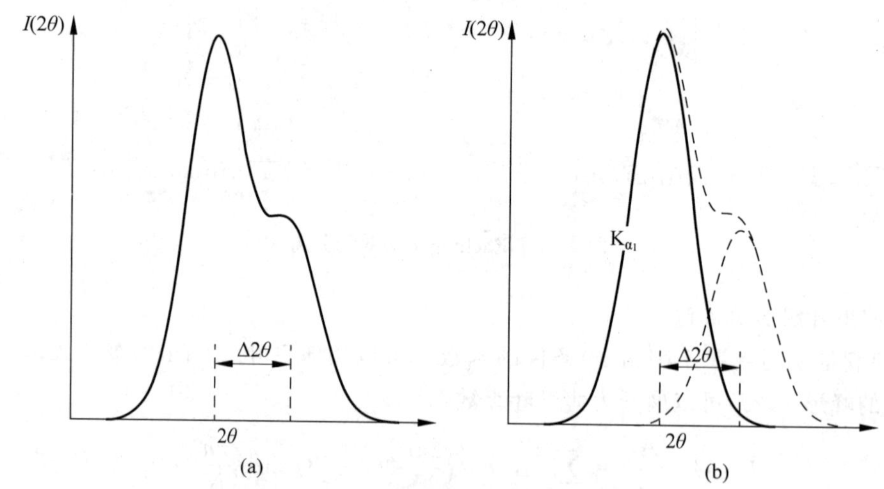

图 5.14 傅里叶变换分离 K_{α_1} 的衍射峰

衍射峰峰位对应的 2θ 是 HKL 衍射线的真正 $2\theta_{HKL}$,是最重要的实测数据。对不要求高精细的实验,可直接以衍射峰峰顶,即强度最大的位置作为对应的 $2\theta_{HKL}$,如图 5.15 的 P_0 点。当衍射峰宽化比较严重时,可以考虑采用下面办法:采用自背底到峰顶的半高处平行背底作一弦,以弦的中点 $P_{1/2}$ 处对应的 $2\theta_{HKL}$ 作为(HKL)晶面的布拉格角,如图 5.15 的 P_1 点。也可在顶部左右沿横坐标取等距三点,过此三点作一抛物线函数,而以函数顶点的 2θ 作为衍射峰峰位。在衍射理论研究中还常以峰下面积重心的 2θ 当作 $2\theta_{HKL}$。

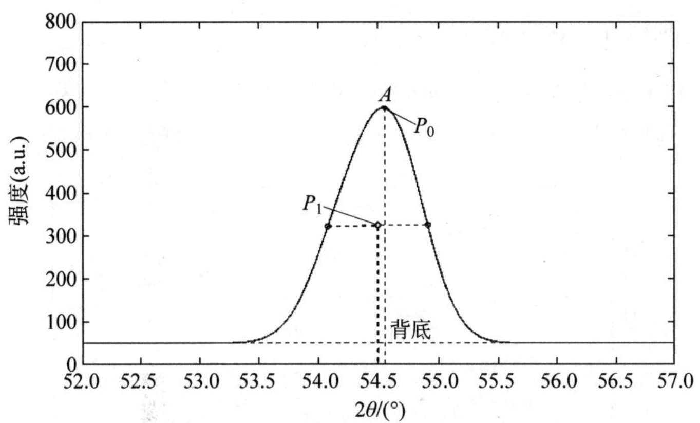

图 5.15　衍射峰峰位的确定

5.3.2　衍射峰面积

在多晶试样的 I-2θ 曲线上，任一(HKL)衍射均以 2θ 为峰位宽化成一衍射峰。因而任一(HKL)的衍射强度就不应只以峰位高度充任，而应以峰下面积代表，称为该(HKL)的累积强度，用 I_{HKL} 表示。

衍射理论证明：

$$I_{HKL}=N^2F_{HKL}^2\cdot\left(I_0\frac{e^4}{R^2m^2c^4}\cdot\frac{1+\cos^2(2\theta)}{2}\right)\cdot \mathrm{e}^{-2M}\cdot \left(\frac{\cos\theta}{2}\cdot V\right)\cdot\left(\frac{\lambda^3R^2}{\sin(2\theta)}\right)\cdot A(\theta)\cdot m_{HKL}\cdot\frac{\Delta L}{2\pi R\sin(2\theta)} \tag{5.10}$$

我们将式(5.10)分几项来讨论。

(1) $N(=1/Va)$为单位试样体积的晶胞数(Va 为晶胞体积)；F 为结构因数；$I_0\frac{e^4}{R^2m^2c^4}\cdot\frac{1+\cos^2(2\theta)}{2}$为距试样 R 处一个电子散射 X 射线的强度。前三项的乘积为单位试样体积的 HKL 反射线的强度。

(2) e^{-2M} 为温度因子，也称为德拜-沃勒(Debye-Waller)因子。如果用 f_0 和 I_0 分别表示不考虑温度影响时的原子散射因素和强度，用 f 和 I 分别表示考虑温度影响时的原子散射因素和强度，则有

$$\frac{f}{f_0}=\mathrm{e}^{-M},\quad \frac{I}{I_0}=\mathrm{e}^{-2M} \tag{5.11}$$

式中，e^{-2M} 为温度因子，$2M$ 与其他物理量的关系为

$$M=\frac{6h^2}{mk\Theta}\left[\frac{\varphi(\Theta/T)}{\Theta/T}+\frac{1}{4}\right]\left(\frac{\sin\theta}{\lambda}\right)^2 \tag{5.12}$$

式中，h 为普朗克常量，m 为原子的质量，k 为玻尔兹曼常量，Θ 为德拜温度，T 为热力学温度，θ 为布拉格角，λ 为所用 X 射线的波长，$\varphi(x)$为德拜函数。

$$\varphi(x)=\frac{1}{x}\int_0^x\frac{y\,\mathrm{d}y}{\mathrm{e}^y-1} \tag{5.13}$$

式中，$y=\dfrac{h\nu}{kT}$，γ 为固体弹性振动的频率。

从图 5.16 可以看出，反射晶面的面间距越小，试样的 θ 角越大，衍射峰的强度下降越多。温度越高，原子振幅越大，原子散射因素减小，也会引起强度降低。

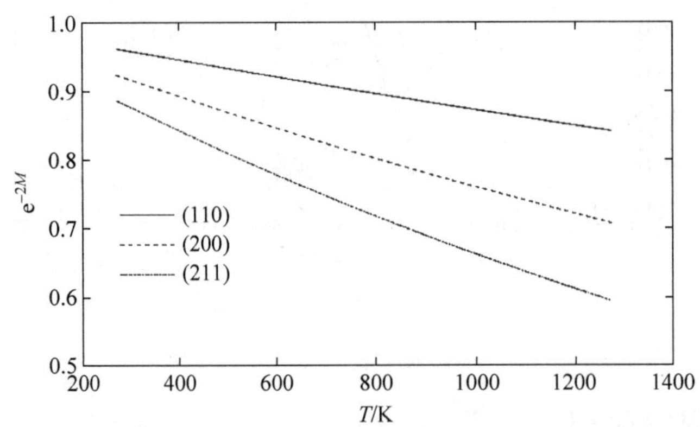

图 5.16　Co 靶 K_α 照射铁素体不同晶面的温度因子变化情况

(3) 体积因数：如果试样被照射的体积为 V，其中 ΔV 为试样中能够参加(HKL)晶面衍射的体积，假设样品的晶粒足够小且晶粒取向呈统计分布，则可以推出衍射角及参与衍射晶粒的体积分数。如图 5.17(a)所示，如果晶体的(HKL)晶面布拉格角为 2θ，德拜相机的底片水平呈圆形放置，入射线为 AB 方向，按照多晶体衍射的理论，衍射线形成了以 AB 为轴，2θ 为半顶角的衍射圆锥。该衍射圆锥与底片相交形成了德拜-谢乐衍射花样，显然与底片相交的只是整个衍射圆锥很小的一部分，所以德拜-谢乐法衍射花样收集的只是衍射花样的部分信息。按照干涉方程的要求，所有参与衍射晶粒的(HKL)晶面都应该满足 $\boldsymbol{g}=\dfrac{\boldsymbol{S}-\boldsymbol{S}_0}{\lambda}$，所以衍射晶面的面法线处在与入射线反向成 $\left(\dfrac{\pi}{2}-\theta\right)$ 的方向上，如图 5.17(b)所示。由于衍射线呈衍射圆锥分布，那么对应衍射圆锥上的各个参与衍射的晶粒(HKL)晶面的面法线也处在一个以入射线为轴，以与入射线反向成 $\left(\dfrac{\pi}{2}-\theta\right)$ 为半顶角的圆锥上。如果晶粒的取向呈统计分布，该圆锥面上的(HKL)的面法线应该是均匀分布的。由于所有晶粒的(HKL)晶面的面法线在参考球面上均有极点，所以可以用(HKL)晶面反射晶面法线圆面积占球体总面积的分数来确定处于参与衍射的晶粒的体积分数，可以写成

$$\frac{\Delta V}{V}=\frac{2\pi r\sin(90-\theta)}{4\pi r^2}\cdot r\cdot\Delta\theta=\frac{\cos\theta}{2}\Delta\theta \tag{5.14}$$

按照式(5.14)所给出的结论，衍射体积 $\Delta V\propto\dfrac{\cos\theta}{2}V$，所以衍射体积随布拉格角是一个变量。在 ΔV 中，只有少部分是严格布拉格反射，偏离布拉格反射的位置越远，对强度的贡献越小；因而除了乘以代表 ΔV 的因子，还要乘上一个因子 $\left(\dfrac{\lambda^3R^2}{\sin2\theta}\right)$，此处 R 为距试样的距离，也是相机的半径。因此形成衍射强度公式表示的 $\left(\dfrac{\cos\theta}{2}\cdot V\right)\cdot\left(\dfrac{\lambda^3R^2}{\sin(2\theta)}\right)$ 项。

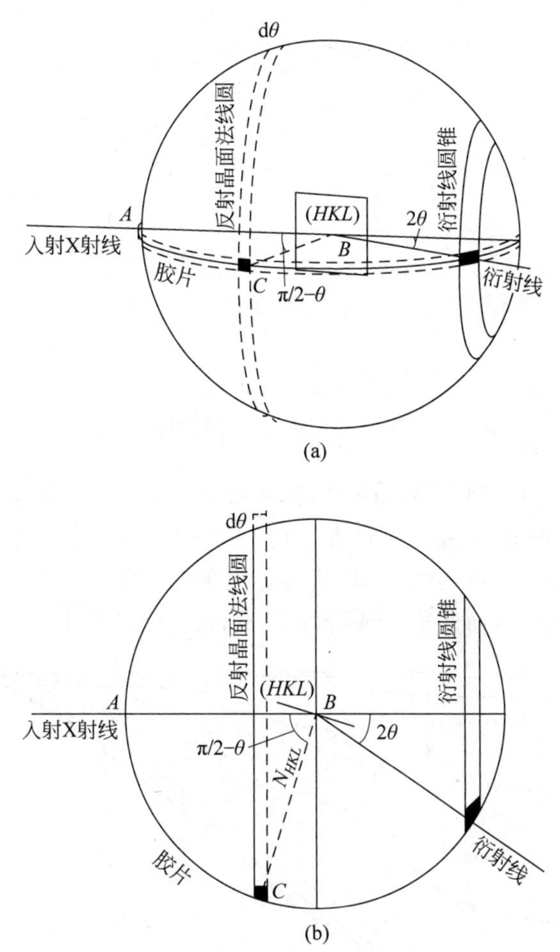

图 5.17　参与(HKL)晶面衍射的试样体积与衍射角的几何关系

(a) 空间衍射几何；(b) 衍射几何在水平面的投影

(4) 吸收因数 $A(\theta)$：$A(\theta)$是 X 射线在材料穿行过程中被材料吸收的情况，如果用 I' 和 I 分别表示吸收和不吸收对衍射强度的影响，则可将 $A(\theta)$用式(5.15)表达：

$$A(\theta)=\frac{I'}{I} \tag{5.15}$$

从图 5.18 可以看出，当入射 X 射线照射多晶体的圆柱形样品时，X 射线在样品中的穿行距离是可以计算的。如果用 Q 表示单位晶体体积的积分衍射能力，μ 为材料的线吸收系数，则

$$I'=\int_v I_0 Q\exp[-\mu(p+q)]\mathrm{d}v \tag{5.16}$$

显然，如果不考虑吸收的影响时，$I=I_0QV$。

所以吸收因数可以表达成

$$A(\theta)=\frac{1}{v}\int\exp[-\mu(p+q)]\mathrm{d}v \tag{5.17}$$

式(5.17)适合于任何形状的材料。如果材料为圆柱形，可以将问题简化，图 5.18 中的

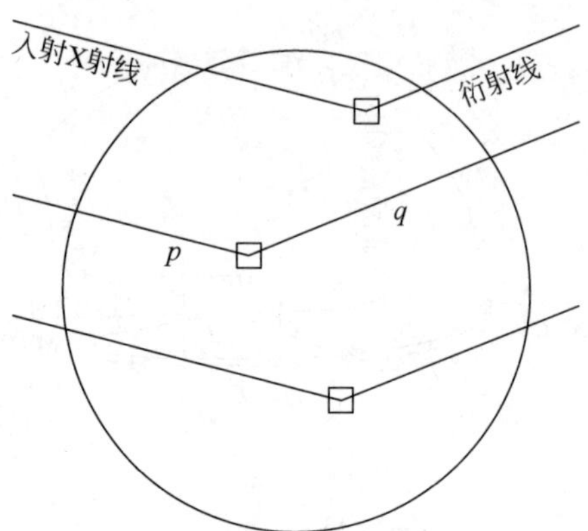

图 5.18　X 射线在材料中穿行距离示意图

p 和 q 都可以计算出来，并对圆形截面做积分，吸收因子 $A(\theta)$ 与试样半径 r 和线吸收系数 μ 以及掠射角 θ 有关。图 5.19 是经过计算，当 $\mu r=0.2,0.4,0.6,0.8,1,\cdots$ 时，吸收因数的变化情况。当 μr 较小时，吸收因数 $A(\theta)$ 随 θ 角的变化不大；但当 μr 较大时，只有 θ 较大时，衍射线的强度才比较高，而低角度时，吸收严重，衍射强度很小。

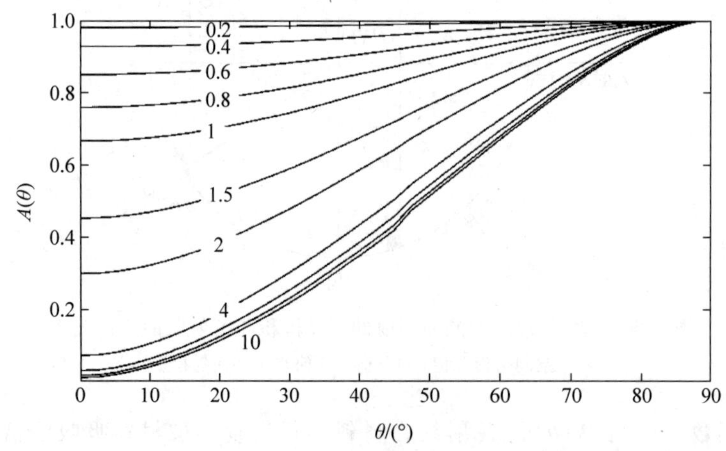

图 5.19　吸收因数 $A(\theta)$ 随 θ 的变化

平板试样的吸收因数也可以计算得到。如图 5.20 所示，入射 X 射线的截面积为 S_0，X 射线以掠射角 α 入射，衍射线与试样表面成 β 角，试样的厚度为 t，衍射的体积元为 $\mathrm{d}v$，在样品无限厚时参与衍射的体积为一常数 v_c，可以将式(5.16)中的 p 和 q 求出。

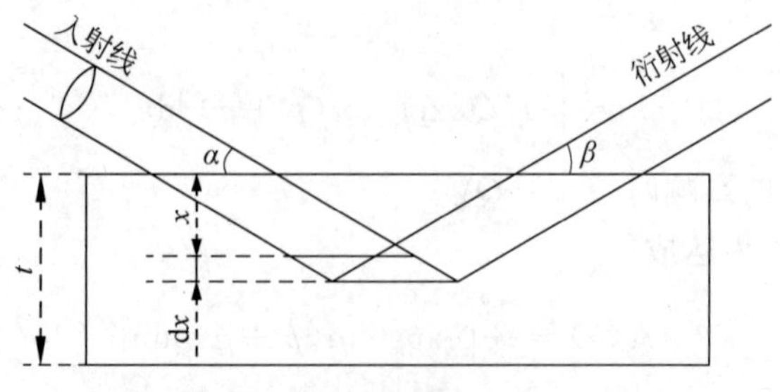

图 5.20　平板试样吸收因数的计算

$p=\dfrac{x}{\sin\alpha},q=\dfrac{x}{\sin\beta},\mathrm{d}v=\dfrac{S_0}{\sin\alpha}\mathrm{d}x$，因此式(5.17)可以写成

$$A(\theta)=\frac{1}{v_c}\int_0^t \exp\left[-\mu\left(\frac{x}{\sin\alpha}+\frac{x}{\sin\beta}\right)\right]\frac{S_0}{\sin\alpha}\mathrm{d}x \tag{5.18}$$

当试样厚度 $t\to\infty$ 时，将式(5.18)积分可得

$$A(\theta)=\frac{1}{\mu}\frac{\sin\beta}{\sin\alpha+\sin\beta}$$

在正常实验条件下，$\alpha=\beta$，所以上式可以写成

$$A(\theta)\propto\frac{1}{2\mu} \tag{5.19}$$

式(5.19)说明，平板试样的吸收因数与布拉格角无关，只与线吸收系数有关，所以对于同一试样的不同晶面的衍射，不用考虑测试过程中吸收因数的变化。

(5) $\dfrac{\Delta l}{2\pi R\sin(2\theta)}$因数：在多晶体衍射中，衍射线在整个衍射圆锥上分布，该衍射圆锥与照相底片相交时的衍射圆锥半径为 R，衍射圆锥的长度为 $2\pi R\sin(2\theta)$，而我们照相底片只能收集其中高度为 Δl 的部分，也对应衍射仪测试时的狭缝高度，所以出现了$\dfrac{\Delta l}{2\pi R\sin(2\theta)}$因数。

(6) 多重性因数 m_{HKL}：也就是同一晶面族$\{hkl\}$中的各个面都以相同的概率参加衍射。例如立方晶系中，与(100)晶面结构相同的晶面有(100)、(010)、(001)、$(\bar{1}00)$、$(0\bar{1}0)$和$(00\bar{1})$6 个等效晶面，形成了$\{100\}$晶面族，此时多重性因数为 6。由于这些晶面的面间距相同，d 相等，所以在多晶体衍射时它们的衍射圆锥重合在一起，因而衍射线强度增加了 m 倍。表 5.1 为七个晶系的 m_{HKL}。

表 5.1 七个晶系的 m_{HKL}

晶系	晶面族									
	$H00$	$0K0$	$00L$	HHH	$HH0$	$HK0$	$0KL$	$H0L$	HHL	HKL
立方	6			8	12	24*			24	48*
菱形、六方	6		2		6	12*	12		12*	24*
正方	4		2		4	8*	8		8	16*
正交	2	2	2			4	4	4		8
单斜	2	2	2			4	4	2		4
三斜	2	2	2			2	2	2		2

注：* 表示该晶系某些晶体的这类指数的晶面并非属于一个面族，而是面间距相同、面指数相似，但结构因数不同的几个面族。带 * 数字为这类晶面数之和。

以上将影响衍射强度的几个因素做了分析，为了更方便地运用式(5.10)，可以将所有与布拉格角相关的量组合在一起，将式(5.10)改写成

$$I_{HKL}=I_0\frac{\lambda^3\Delta l}{32\pi R}\frac{e^4}{m^2c^2}\frac{V}{V_\alpha^2}\frac{1+\cos^2(2\theta)}{\sin^2\theta\cos\theta}m_{HKL}F_{HKL}^2\mathrm{e}^{-2M}A(\theta) \tag{5.20}$$

式中前三项是与物理常数和实验条件相关的参数，如入射线强度 I_0、入射线波长 λ、狭缝条件 Δl 和测角仪的半径 R 等，当实验条件确定后，前三项就是常数，我们用 C 来表示。式(5.20)

可以写成

$$I_{HKL}=C\frac{V}{V_{\alpha}^{2}}\frac{1+\cos^{2}(2\theta)}{\sin^{2}\theta\cos\theta}m_{HKL}F_{HKL}^{2}\mathrm{e}^{-2M}A(\theta) \tag{5.21}$$

我们将式(5.21)中的$\frac{1+\cos^{2}(2\theta)}{\sin^{2}\theta\cos\theta}$称为角因子。图5.21给出了角因子随布拉格角的变化情况，由图可见，角因子随布拉格角的变化很大，所以同一个试样在测试过程中其衍射强度的变化很大程度上与布拉格角有关，在高角度和低角度时的角因子都比较大，而在40°～50°时，角因子最小。

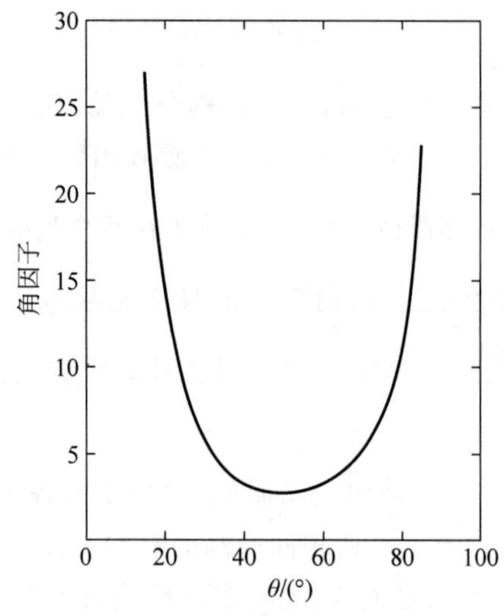

图5.21　角因子与布拉格角之间的关系

式(5.21)可以方便地表达影响衍射强度的几个主要影响因数，也是我们进行强度分析的依据。

当镶嵌块的尺寸过大或单位体积的积分衍射能力Q值又较大时，在衍射强度讨论中还应考虑原消光。如图5.22所示，当入射线照射到较大尺寸的镶嵌块时，一次衍射线再次衍射形成二次衍射线，二次衍射线的方向与入射线方向相同，相位差正好为π，所以二次衍射线与入射线相互作用，使得入射线强度减弱。这种由镶嵌块尺寸过大或晶体完整性好而引起的入射X射线强度明显减弱的现象称为原消光。

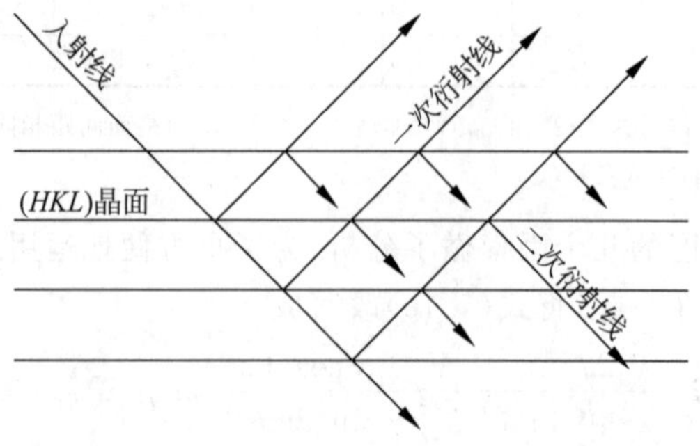

图5.22　原消光示意图

如取向相同的二晶体上下放置(图 5.23),则入射线经上晶体的(HKL)衍射后再射到下晶体的强度已减弱,因而两个晶体的(HKL)晶面的衍射强度之和就必然小于二晶体平行放置(互不屏蔽)的总强度,这就是次消光。如果晶粒为理想镶嵌结构情况下得到的,即晶粒尺寸不是很大,晶粒之间有一定的取向差,就不用考虑原消光和次消光的问题。但晶粒尺寸很大,则需要考虑原消光;当材料具有很强的织构时,尽管晶粒不大,也需要考虑次消光现象。

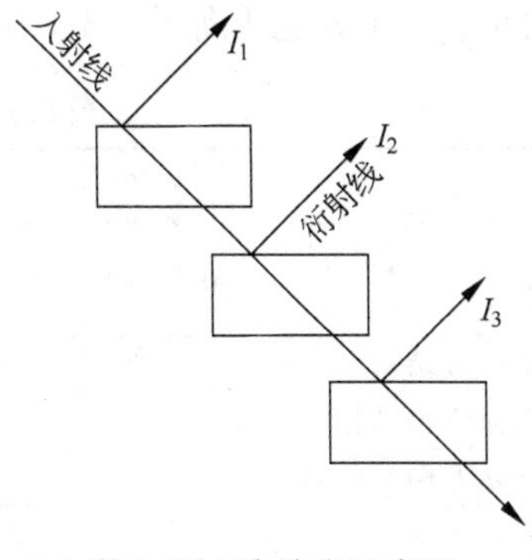

图 5.23　次消光示意图

5.4　多晶衍射花样指数化

多晶材料的衍射花样为一组衍射圆锥,通过德拜-谢乐法可以获得一组圆弧,我们需要将照相底片上各个弧段所对应的衍射晶面指数标定出来,这个过程就是指数化。由于各衍射线的指数化因试样状态而难易悬殊。如试样为复相物质,则各相均形成自己的花样,故应尽量利用所含各相的情况(如晶粒大小、应力状态、元素组成、含量等)区分开各衍射线的归属,然后对各相的衍射线逐一指数化。如结构完全已知,则从量得的各线的 θ 算出相应各面间距 d 后,利用 d 与晶胞常数和干涉指数的关系,在晶胞常数已知的情况下尝试算出各线的干涉指数,因为干涉指数毕竟都是简单整数。如对试样结构不全知或全不知,则指数化会很困难,而且试样所属晶系的对称性越低,难度越大。指数化,不论手工操作还是计算机自动完成均属尝试法。原理是:衍射线的 θ 越小,其指数越低;通过对一组 θ 的比较,根据晶系对称,定出各线的指数。

5.4.1　立方晶系指数化

设立方晶系的点阵参数为 a,则(HKL)晶面的面间距为

$$d_{HKL}=\frac{a}{\sqrt{H^2+K^2+L^2}}$$

将上式代入布拉格方程,

$$\sin^2\theta_{HKL}=\frac{\lambda^2}{4a^2}(H^2+K^2+L^2) \tag{5.22}$$

令 $M=H^2+K^2+L^2$,由于 H、K、L 均为整数,所以 M 为整数,式(5.22)可以写成

$$\sin^2\theta_{HKL}=\frac{\lambda^2}{4a^2}M \tag{5.23}$$

将花样中所有衍射线的掠射角的正弦平方进行连比,得到

$$\sin^2\theta_1:\sin^2\theta_2:\sin^2\theta_3:\cdots:\sin^2\theta_n=M_1:M_2:M_3:\cdots:M_n \tag{5.24}$$

式(5.24)为一组自小而大的简单整数比。根据衍射和消光规律,只有 $F_{HKL}^2\neq0$ 才能产生衍射。对立方晶系各点阵样品,衍射线的干涉指数序列见表 5.2,如果测得某物质的衍射线

掠射角正弦平方连比满足表 5.2 中任一系列，则其对应指数即试样各衍射线的干涉指数。

表 5.2　立方晶系各点阵的干涉指数序列

M	1	2	3	4	5	6	7	8	9	10	11	12	13	14
HKL	100	110	111	200	210	211		220	300 221	310	311	222	320	321
简单立方结构	1	2	3	4	5	6		8	9	10	11	12	13	14
体心立方钨结构		2		4		6		8		10		12		14
面心立方铜型结构			3	4				8			11	12		
金刚石结构			3					8			11			

表 5.2 给出了立方晶系不同结构的衍射线的 M 值，但需要注意以下几点。①尽管理论上存在以上一系列的衍射线，但有些衍射线的强度很低，可能会湮没在背底之中，而出现断缺现象。②对于体心立方钨结构和简单立方结构很难用 M 的比值确定，二者的比例均是 1∶2∶3∶4∶5∶6，体心立方钨结构存在比值为 7 的 M，而简单立方结构不存在，但实际上很难从 M 的比值区分，一般从衍射强度区分，简单立方结构的 M_1 和 M_2 分别是 {100} 和 {110} 晶面，而 I_{100} 小于 I_{110}，所以简单立方结构的第二条衍射线比第一条衍射线强度高；体心立方钨结构的 M_1 和 M_2 分别是 {110} 和 {200} 晶面，而 I_{110} 大于 I_{200}，所以体心立方钨结构的第一条衍射线比第二条衍射线强度高。③面心立方铜型结构的 M 比值为 3∶4∶8∶…，与体心立方钨结构和简单立方结构有明显的区别。④金刚石结构由于微观对称的存在，前 3 条衍射线的 M 比值为 3∶8∶11，这样可以将面心立方铜结构与金刚石结构区分开。

5.4.2　六方晶系指数化

六方晶系（含三方晶系）和正方晶系的面间距关系中均有 2 个晶胞常数，或 1 个晶胞常数和 1 个轴比（c/a），因而它们的指数化思路相同。至于三方晶系，由于可按六方晶系指数化，故不另立。在此两晶系的手工指数化方法中列线图法最常用。下面即讨论六方晶系的列线图法。六方晶系的面间距公式为

$$d_{hkl}=\frac{1}{\sqrt{\frac{4}{3}\frac{h^2+hk+k^2}{a^2}+\frac{l^2}{c^2}}} \tag{5.25}$$

将面间距取对数：$\lg d_{hkl}=\lg a-\frac{1}{2}\lg\left[\frac{4}{3}(h^2+hk+k^2)+\left(\frac{a}{c}\right)^2 l^2\right]$。

任意两个晶面的面间距对数差为

$$\begin{aligned}\Delta mn &= \lg d_m-\lg d_n\\ &=\frac{1}{2}\lg\left[\frac{4}{3}(h_n^2+h_nk_n+k_n^2)+\left(\frac{a}{c}\right)^2 l_n^2\right]-\frac{1}{2}\lg\left[\frac{4}{3}(h_m^2+h_mk_m+k_m^2)+\left(\frac{a}{c}\right)^2 l_m^2\right]\end{aligned} \tag{5.26}$$

式(5.26)表明，Δmn 只由干涉指数和轴比决定，而与 a 本身无关。这样，令式(5.25)中 a 为任一值，比如 100nm，以 $\lg d_{hkl}$ 为横坐标，以 c/a 为纵坐标，对各 HKL 均绘出 $\lg d_{hkl}$-c/a

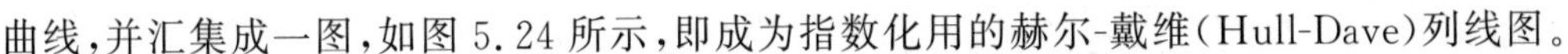

曲线，并汇集成一图，如图 5.24 所示，即成为指数化用的赫尔-戴维(Hull-Dave)列线图。

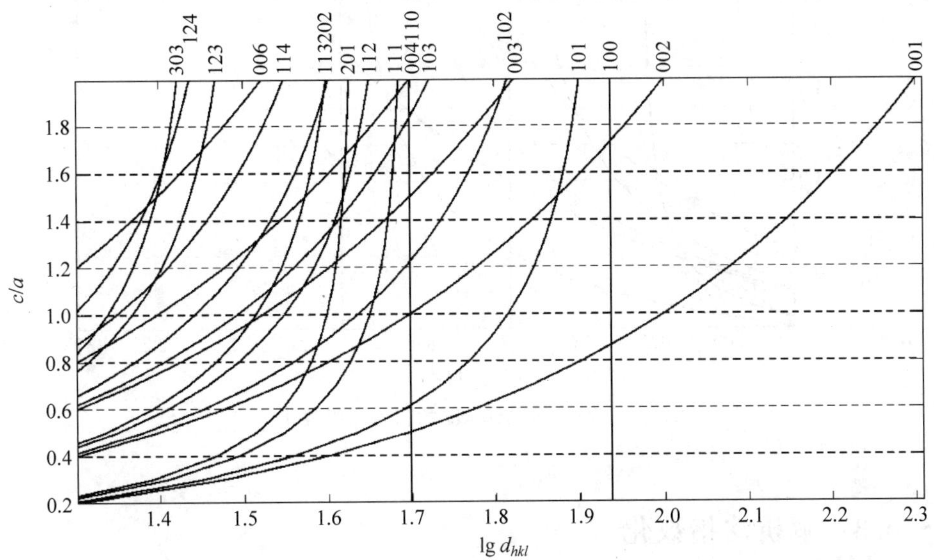

图 5.24　六方晶系赫尔-戴维列线图

例题　现采用照相法，利用 Cu 靶 K_α 辐射，测得多晶 Mg 的衍射花样，测定的衍射线 2θ 为 32.193°，34.398°，36.619°，47.828°，57.373°，63.056°，68.631°，96.817°，利用赫尔-戴维图确定 Mg 的轴比 c/a 并标定花样的指数。

解：根据给定的布拉格角得到各衍射晶面面间距的对数：0.4438，0.4158，0.3895，0.2788，0.2054，0.1682，0.1356，0.0128。由于赫尔-戴维图的绘制只与干涉指数和轴比有关，所以各个晶面面间距的绝对值并不重要，我们可以依据面间距的对数差进行指数化。可以计算出面间距的对数差为 0.4310，0.4030，0.3767，0.2660，0.1926，0.1554，0.1228。我们将对数差值使用与图 5.24 的赫尔-戴维图同样的长度单位在直线上画出 8 个点，将此直线上的点放置在图 5.25 的赫尔-戴维图上，上下移动。当 8 个点均能对应到某一干涉指数上时，可以认为此时该直线所对应的纵坐标为该物质的轴比，直线上的点落在某条干涉指数线上，就可确定该衍射线所对应的干涉指数。通过上述方法可以确定所测试的 Mg 的衍射线指数分别为(100)，(002)，(101)，(102)，(110)，(103)，(112)，(211)，轴比为 1.62。

图 5.24 的赫尔-戴维图中高晶面指数的曲线十分靠近，几乎重叠在一起，布恩(Bunn)采用另外一种图表进行表征。对于四方晶系，其纵坐标取

$$\lg d = -\frac{1}{2}\lg\left[(h^2+k^2-l^2)+l^2\left(1+\frac{a^2}{c^2}\right)\right] \tag{5.27}$$

对六方晶系取

$$\lg d = -\frac{1}{2}\lg\left[\frac{4}{3}(h^2+hk+k^2-l^2)+l^2\left(\frac{4}{3}+\frac{a^2}{c^2}\right)\right] \tag{5.28}$$

在布恩图中，以轴比 c/a 为横坐标，以面间距的对数为纵坐标，这就要求将上面例题中所画的标示晶面对数差的直线竖直使用。

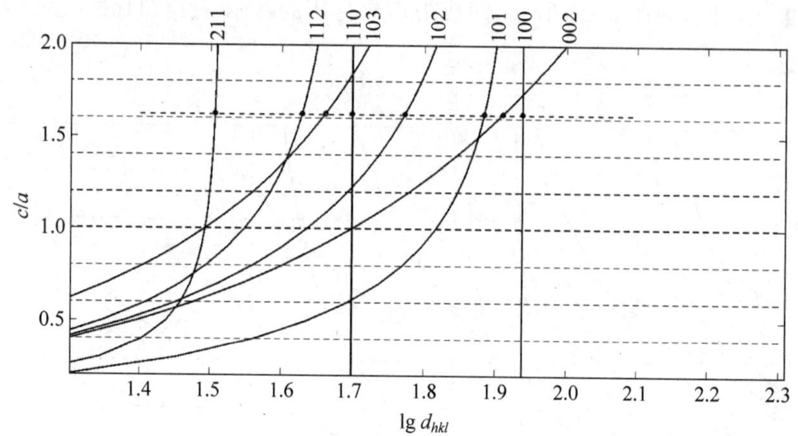

图 5.25　多晶体 Mg 的衍射线指数化

5.4.3　解析法指数化

对于有三个以上参数的低级晶系，用图解法进行指数化标定十分困难，通常采用解析法。

1）赫西-利普森(Hesse-Lipson)法

该方法可以方便地用于双参数(四方晶系或六方晶系)和三个参数的正交晶系粉末试样的衍射花样指数化。其原理是：找出各条衍射线之间$\sin^2\theta$的差值，并确定差值之间所存在的整数比关系，通过$\Delta\sin^2\theta_{ij}$出现的频度较高且出现频度较高的差值之间互相又是整数关系，则基本可以确定相应的面指数是$(h00)$、$(0k0)$或$(00l)$。

根据布拉格方程可知

$$\sin^2\theta=\frac{\lambda^2}{4d^2} \tag{5.29}$$

已知正交晶系的面间距为

$$d_{hkl}=\frac{1}{\sqrt{\left(\frac{h}{a}\right)^2+\left(\frac{k}{b}\right)^2+\left(\frac{l}{c}\right)^2}} \tag{5.30}$$

将式(5.30)代入式(5.29)中可得

$$\sin^2\theta_{hkl}=\frac{\lambda^2}{4a^2}h^2+\frac{\lambda^2}{4b^2}k^2+\frac{\lambda^2}{4c^2}l^2 \tag{5.31}$$

所以有

$$\sin^2\theta_{hkl}=\sin^2\theta_{h00}+\sin^2\theta_{0k0}+\sin^2\theta_{00l} \tag{5.32}$$

$$\begin{cases}\sin^2\theta_{1kl}-\sin^2\theta_{0kl}=\sin^2\theta_{100}\\ \sin^2\theta_{2kl}-\sin^2\theta_{0kl}=4\sin^2\theta_{100}\\ \sin^2\theta_{3kl}-\sin^2\theta_{0kl}=9\sin^2\theta_{100}\end{cases} \tag{5.33}$$

$$\begin{cases}\sin^2\theta_{h1l}-\sin^2\theta_{h0l}=\sin^2\theta_{010}\\ \sin^2\theta_{h2l}-\sin^2\theta_{h0l}=4\sin^2\theta_{010}\\ \sin^2\theta_{h3l}-\sin^2\theta_{h0l}=9\sin^2\theta_{010}\end{cases} \tag{5.34}$$

$$\begin{cases}\sin^2\theta_{hk1}-\sin^2\theta_{hk0}=\sin^2\theta_{001}\\ \sin^2\theta_{hk2}-\sin^2\theta_{hk0}=4\sin^2\theta_{001}\\ \sin^2\theta_{hk3}-\sin^2\theta_{hk0}=9\sin^2\theta_{001}\end{cases} \tag{5.35}$$

可以总结$\sin^2\theta$差值的规律，挑选出比例为1∶4∶9的值，根据衍射线的数目估计晶胞的大小，然后通过式(5.32)～式(5.34)分别确定a、b和c。

2）伊藤(Ito)解析法

粉末衍射的每一条衍射线对应于倒易空间中的一个矢量，三个非共面矢量可作为组成基本单胞的棱边，附加三个矢量确定它们的轴间角，即伊藤解析法用合适的六条粉末衍射确定相应的单胞，而后标定全部衍射线。如果倒易点阵参数为a^*、b^*、c^*、α^*、β^*、γ^*，令Q_{hkl}为$|g_{hkl}|^2$，则式(2.14)为

$$Q_{hkl}=\frac{1}{d_{hkl}^2}=|g_{hkl}|^2=h^2a^{*2}+k^2b^{*2}+l^2c^{*2}+ 2hka^*b^*\cos\gamma^*+2klb^*c^*\cos\alpha^*+2hla^*c^*\cos\beta^* \tag{5.36}$$

由任意三个不共面矢量所确定的单胞必须是初基的，因此矢量越短，所确定的单胞属初基的可能性越大，通常选定三个最小的Q，假定它们的面指数分别为(100)、(010)和(001)，所以有

$$Q_{100}=a^{*2},\quad Q_{010}=b^{*2},\quad Q_{001}=c^{*2} \tag{5.37}$$

倒易晶胞的轴间角可以从成对的$(0kl)$和$(0k\bar{l})$，$(h0l)$和$(h0\bar{l})$，$(hk0)$和$(h\bar{k}0)$，求得α^*、β^*、γ^*。我们可以根据式(5.37)计算出Q_{h0l}和$Q_{h0\bar{l}}$，分别为

$$Q_{h0l}=h^2a^{*2}+l^2c^{*2}+2hla^*c^*\cos\beta^* \tag{5.38}$$

$$Q_{h0\bar{l}}=h^2a^{*2}+l^2c^{*2}-2hla^*c^*\cos\beta^* \tag{5.39}$$

将式(5.38)和式(5.39)相减，可得

$$\cos\beta^*=\frac{Q_{hol}-Q_{h0\bar{l}}}{4hla^*c^*} \tag{5.40}$$

将式(5.38)和式(5.39)相加，可得

$$Q'_{h0l}=\frac{Q_{h0l}+Q_{h0\bar{l}}}{2}=h^2a^{*2}+l^2c^{*2} \tag{5.41}$$

由式(5.37)确定的a^*、b^*、c^*代入式(5.41)，根据式(5.38)和式(5.39)，可知Q_{h0l}和$Q_{h0\bar{l}}$两条衍射线必然对称分布于Q'_{h0l}两侧，因此可以在Q值中寻找关于Q'_{h0l}对称的Q_{h0l}和$Q_{h0\bar{l}}$值，由于有些衍射线出现消光或强度太低，难以找到成对的衍射线，需要反复尝试。当找到成对的Q_{h0l}和$Q_{h0\bar{l}}$后，将h、l代入式(5.40)就可以计算出β^*。同理，可以求出α^*、γ^*，从而确定倒易点阵参数，并标定出衍射线的指数。当然，开始选择的三个不共面的基矢并不一定对应Q_{100}、Q_{010}、Q_{001}的一级衍射，应该假设成$(h00)$、$(0k0)$和$(00l)$，再重复

上面的过程。

伊藤解析法在实际应用中主要遇到两个困难：①由于系统消光、偶然消光，以及衍射强度很弱，在衍射照相中不是所有的衍射线都出现，这给挑选单胞的基矢带来其他困难；②实验测得 Q 值需要较高的准确性，一般要求优于 0.0005，但是低角度的衍射线通常受试样的偏心和吸收误差的影响比较大，因此必须用标准样品进行仔细校正。

3）计算机程序指数化

常见的使用计算机求解面指数的方法有很多种，其中晶面指数尝试法、晶带分析法和二分法是主要的方法。这三种方法都是使用计算机进行大量计算，反复尝试来求解。

晶面指数尝试法被沃纳（Werner）、陶宾（Taupin）和科尔巴克（Kohlbeck）等用来进行指数化标定。其原理就是以低角度的衍射线为基础，求解式(5.23)的各个参数，然后进行指数化，这个过程需要对此重复以确定最合理的解。由于三斜晶系有 6 个参数需要确定，并且衍射线密集、重叠严重，即使采用该方法也很难得到准确的解。现以单斜晶系为例，单斜晶系有四个待定的参数，a^*、b^*、c^*、β^*，则第 i 个衍射线所对应的 Q_i 为

$$Q_i=\frac{1}{d_i^2}=h_i^2a^{*2}+k_i^2b^{*2}+l_i^2c^{*2}+2h_il_ia^*c^*\cos\beta^* \tag{5.42}$$

为了求解式(5.42)，我们可以采用四条低角度的衍射线作为基础进行尝试，但所使用的四条低角度线需要满足以下条件：①两条倒易矢量不能在相同的方向上；②四条线的倒易矢量不能在同一点阵平面上；③三个倒易矢量不能在同一直角点阵的平面，否则使用这四条低角度线所构成的方程组不是独立的，无法求解。由于是低角度线，一般情况我们尝试 h、k 和 l 的最大值为 3。可以根据第五条线进行参数的精确修正，然后可以对其他的衍射线进行指数化标定。

晶带分析法是在伊藤解析法的基础上建立起来的，通过寻找满足晶带关系的伊藤方程组来确定晶面指数；而二分法是以晶胞的边长和轴间角为变量，在有限区域内用二分法逐步缩小范围并求解的方法。

第6章

多晶体粉末衍射仪

衍射仪是X射线衍射实验中应用最广泛的装置，用各种辐射探测器（计数管）代替照相胶片，探测和记录X射线衍射花样。将衍射仪的测试系统与计算机相结合，使衍射仪从操作、测量到数据处理基本上实现了自动化。随着电子技术的发展，衍射仪使用方便、快速准确，已成为晶体衍射分析的最主要工具，是材料研究的必备设备。

衍射仪的种类也有很多种，如多晶材料使用的粉末衍射仪、单晶体测试的四圆衍射仪、特殊用途的双晶谱仪以及微区衍射仪等。近年来，衍射仪的功能也越来越强大，一体化的趋势明显，一台衍射仪通过附件的更换可以实现多种功能的测试。本书对使用最广泛的多晶体衍射仪（即多晶体粉末衍射仪）进行介绍。多晶体粉末衍射仪由X射线发生器、测角仪、辐射探测器、自动控制和记录单元等组成。

6.1 X射线发生器

X射线发生器主要由X射线管、高压发生器、管电压和管电流稳定电路以及各种保护电路等部分组成。

X射线管已在第3章做了详细介绍，在此不再介绍。衍射仪探测与记录衍射花样的方式与照相方法不同，是按时间顺序逐一进行的，为使测量结果能相互比较，特别是强度比较，要求衍射仪的综合稳定度优于1%。

X射线源的高稳定性，一方面要求X射线管本身真空度高，发射稳定；另一方面要求在外电源波动（例如±10%以下）时，管电压和电流稳定度应优于0.1%。目前高压发生器主要有两种类型。一种是传统的高压发生器，其通过高压硅堆及高压电容桥路整流，再经稳压稳流线路控制，在外电源电压波动±10%以下时，稳定度可达0.01%，甚至0.005%。这种高压发生器功率较大，但价格也较贵。近十年来人们又研制出一种利用中频变高压技术的高压发生器，稳定性也很好，可达0.05%。这种高压发生器具有体积小、质量轻、价格也较便宜，功率可达3kW。若采用高频高压技术，则稳定度可达0.02%，近年来国际上已将其应用于旋转阳极X射线发生器，功率达18kW。

6.2 测角仪

6.2.1 测角仪结构

测角仪是衍射仪的核心部件，是用来实现衍射、进行测量和记录各衍射线的布拉格角、强度、线形等的一种衍射测量装置。如图 6.1 所示，测角仪的中心放置样品，一般都具有可以绕试样面法线转动的功能。测试时要求试样的表面与测角仪中心重合，以减小离轴误差。X 射线从 F 发出，经狭缝系统照射到样品表面，发生衍射的 X 射线再经狭缝系统后进入探测器中，记录衍射强度。从光源 F 发出的 X 射线与样品表面所成的角度 θ 在测试过程中连续变化，并在聚焦点测试衍射强度，获得 I-2θ 衍射谱。

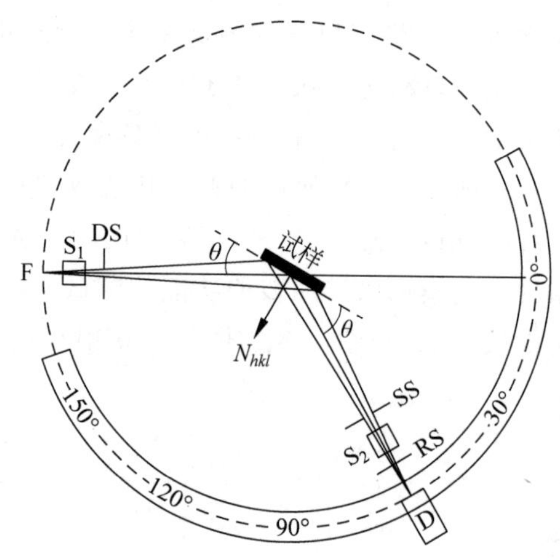

图 6.1　测角仪的结构示意图

6.2.2 测角仪原理

衍射仪在扫测 I-2θ 的衍射谱中有两种转动方式：一种为 θ-θ 转动，如图 6.2(a)所示，这种测角仪在测试中，样品不需要转动，所以适合于粉末样品的测试，光源(X 射线管)F 和探测器 D 需要同步转动，使入射线、衍射线与试样表面的夹角始终相等；另外一种转动方式为 θ-2θ 转动，如图 6.2(b)所示，这种转动方式中光源(X 射线管)F 始终不动，样品绕垂直于衍射仪圆的方向以角速度 ω_1 转动，而探测器 D 以角速度 ω_2 转动，并且 $\omega_2=2\omega_1$，这种转动关系可以保证入射线、衍射线与样品表面的夹角始终相等。两种转动方式的效果相同，这种衍射几何是按照布拉格-布伦塔诺(Bragg-Brentano)聚焦原理设计的，可以产生聚焦的效果。

测试过程中只有按照图 6.2(a)和(b)所示的转动方式才能满足布拉格-布伦塔诺聚焦原理。我们把以平板样品为圆心，过光源 F 和探测器 D 的圆称为衍射仪圆，衍射仪圆半径始终不变。与样品表面相切，且过光源 F、衍射线聚焦焦点的圆称为聚焦圆，聚焦圆的圆心始终在样品的面法线上，聚焦圆半径的大小随着入射线与表面的掠射角而发生变化。比较

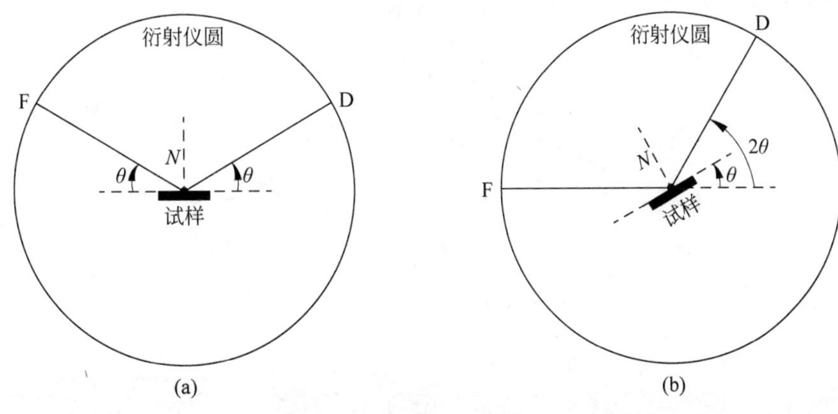

图 6.2　两种转动方式的测角仪

(a) θ-θ 测角仪；(b) θ-2θ 测角仪

图 6.3(a)和(b)可以看出，低角度入射的聚焦圆半径比高角度入射时大，但衍射线始终保持在聚焦圆与衍射仪圆的交点 D 处，这样可以保证测试强度比较高且准确。而当入射线、衍射线与样品表面的夹角不等时，此时衍射线不再聚焦于衍射仪圆上了，而是聚焦于图 6.3(c)中的 D 点。所以在常规实验中不宜采用如图 6.3(c)所示的衍射几何进行衍射实验，在这样衍射几何下，为了准确测定衍射强度需要调整探测器的接收位置。

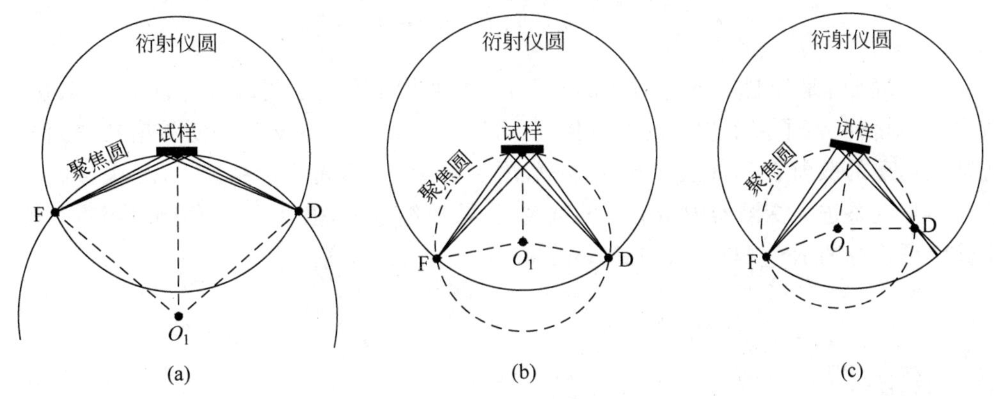

图 6.3　平板样品的聚焦几何

(a) 低角度入射；(b) 高角度入射；(c) 以一定倾角入射

6.2.3　测角仪的狭缝系统

图 6.4 是测角仪的狭缝系统组成示意图。这个系统是用来调整入射线及衍射线的水平和垂直发散度的，它对于测试的灵敏度和分辨率有很大影响。

从 X 射线管射出的 X 射线有一定的发散度，S_1 和 S_2 为索拉狭缝(图 6.5)，所谓的索拉狭缝是由平行的薄金属片组成的，用来控制垂直方向的发散度。如果相邻两片的片间距为 δ，薄片长度为 l，则 δ/l 称为测角仪的垂直发散度，该值越小，射线在垂直方向的发散度越小，但强度损失也越多，所以索拉狭缝的垂直发散度应该选择在一个合适的值。一般情况在测角仪系统中放置两个索拉狭缝，分别位于 X 射线的光源出口位置和接近探测器的窗口。

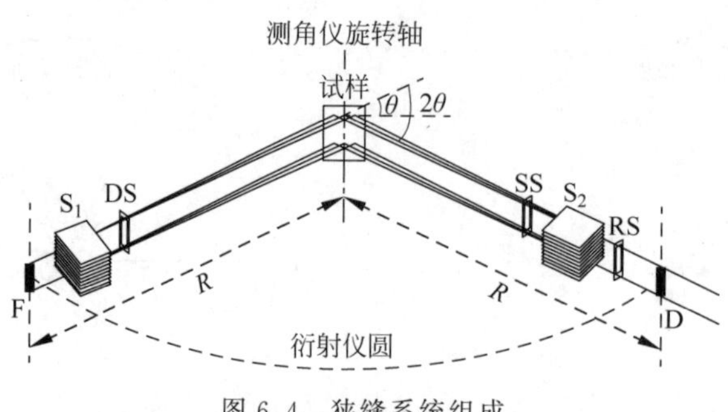

图 6.4　狭缝系统组成

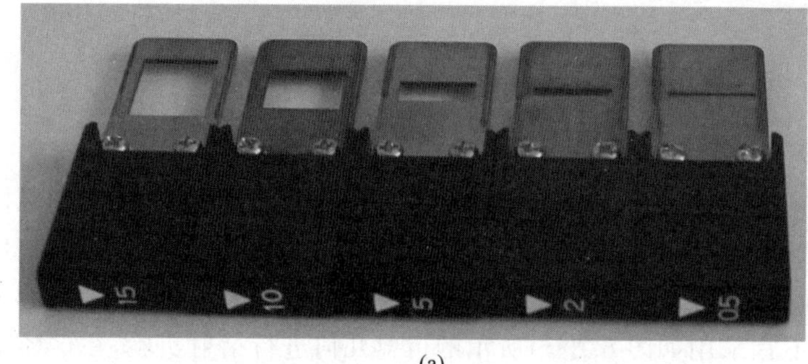

(a)　(b)

图 6.5　狭缝系统的实际照片

(a) 发散狭缝；(b) 索拉狭缝

发散狭缝 DS 是控制入射 X 射线的发散角，发散角小有利于测试精度的提高，但强度损失较大，衍射仪配置了多个规格的发散狭缝：2°、1°、0.5°等。SS 被称为防散射狭缝，作用是阻止其他物质的散射 X 射线进入探测器中，增加灵敏度，提高测试精度。RS 为接收狭缝，主要作用是调整进入探测器中衍射线的宽度，接收狭缝越大，强度越高，但角分辨率下降，一般实验中可选择的 RS 规格有 2mm、1mm、0.5mm、0.3mm 等。

6.3　探测器

探测器是用来替代照相底片记录衍射谱的部件，是衍射仪的重要组成部分。探测器的主要功能是有效地采集 X 射线光子并把它转化为电信号。与 X 射线胶片相比，现代探测器的效率相当高。探测器的线性度是正确测定 X 射线强度的关键(光子计数)。当线性相关时，光子通量和探测器每秒产生的信号速率(通常是电压脉冲数)之间是呈线性关系的。在任何探测器中，吸收一个光子，把它转换成电压脉冲，并记录脉冲，然后将探测器重置到初始状态，为下一个测量做好准备。这个过程需要一定的时间，在此期间探测器不再计数，被称为探测器的死时间。探测器的衡量指标是：①单位时间内能够可靠地计算的光子最大通量越高越好；②死时间越短越好；③在一定的高光子通量下线性损失的百分比越低越好。

目前在衍射仪上广为使用的辐射探测器(又称为计数管)有三种：正比计数器、闪烁计数器和硅漂移探测器。

6.3.1　正比计数器

正比计数器(proportional counter,PC)是由直径约为25mm的金属圆筒作阴极,圆筒轴心置一直径约为0.1mm的钨丝作阳极。铍窗口旁开(或开在一端),其结构如图6.6所示。计数器内充有气压约为0.1MPa的惰性气体及有机猝灭气体。正比计数器是利用X射线对气体的电离效应和气体放大原理设计成的。计数器两极加有900～1400V的稳定直流高压,当X射线光子从窗口射入撞击气体分子并使其电离时,产生的正离子和电子在电场作用下分别飞向阴极和阳极,高速飞行的电子会撞击其他气体分子,从而使电子和离子数量大增,形成局部"雪崩",在阳极丝上出现10^{-9}～10^{-7}A的电流脉冲和几毫伏的电压脉冲,脉冲幅值与X射线光子能量成正比。例如,一个Cr靶K_α辐射的光子产生电压脉冲幅值为2mV,而一个Cu靶K_α光子产生电压脉冲幅值则为2.96mV。猝灭气体的作用是约束"雪崩"范围并使其迅速消失,为记录下一个进来的光子恢复条件。正比计数器分辨时间很短,约为1μs。一般工作中,计数率不超过$10^5 s^{-1}$,不需作计数损失校正。

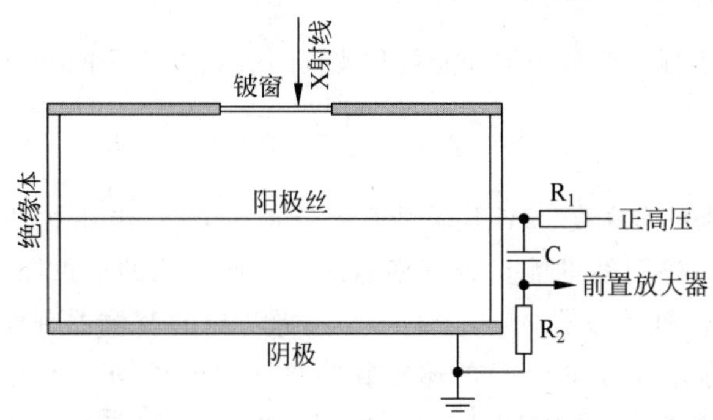

图6.6　正比计数器的结构示意图

6.3.2　闪烁计数器

闪烁计数器(scintillator crystal,SC)是由闪烁晶体和光电倍增管组成的。闪烁晶体是由0.5～1mm厚的NaI单晶体加入0.5%～1%的铊(Tl)活化元素制成的,通常用0.3～0.5mm厚铍箔包装,防止外界潮气和可见光照射,并与由锑铯中间化合物等光敏材料制的光电倍增管的光敏阴极紧密耦合在一起。光电倍增管内还有8～14个联极D_n和一个阳极A,管抽成真空,并与外界光线隔绝。

闪烁计数器是利用X射线的荧光效应设计而成的。计数器上加有800～1400V稳恒直流电压,当X射线光子从窗口透过铍箔打在NaI晶体上时,产生一种紫蓝色的可见光。这些可见光光子激发光电倍增管的光敏阴极而产生光电子,再经光电倍增管的放大而形成脉冲电流。脉冲电流在电容上产生脉冲电压,其幅值也与X射线光子能量成正比,一般为几毫伏,这种计数管的计数效率为90%～100%;分辨时间约为10^{-1}μs,在$10^5 s^{-1}$计数范围内不需作计数损失修正,因而被广泛应用于X射线衍射仪。

6.3.3　硅漂移探测器

硅漂移探测器(silicon drift detector,SDD)是用漂移法在高纯硅中渗入微量锂制成的,是特殊的PN结二极管,在P型与N型硅片间有一厚为3～5mm的锂漂移区I。在P-I-N

二极管的两面镀有厚约 20nm 的金膜，以利于电接触。在 X 射线入口处装有一厚 0.008～0.01mm 铍窗。当 X 射线透过窗口进入锂漂移硅晶体中，激发半导体产生电子-空穴对，产生的电子-空穴对数目与 X 射线光子的能量成正比，这种 P-I-N 二极管上加有 −1000V 反偏压，使电子移向 N 区，空穴移至 P 区，整个过程在不到 1μs 内完成。这些聚焦在探测器两端的电荷，由前置放大器积分成脉冲电压信号并经场效应晶体管初步放大。Si(Li)探测器(SDD)对工作环境要求很苛刻，通常需置于 1.33×10^{-4} Pa 真空室内，还要在液氮温度下保存和使用。近年来已有电冷却 Si(Li)探测器问世，不用液氮，体积小，质量轻，但还不够理想。北京同步辐射装置 1W2B 实验站装备了这种小型 SDD，并开发了相应采谱软件供用户使用。

SDD 固体探测器的主要优点是它在低温下的高分辨率。固体探测器可以过滤掉不希望的 K_β 和白色辐射，因而背景非常低，而 K_α 的强度没有明显损失。值得注意的是，即使是最高质量的单色仪，其特征 K_α 的强度也会降低 50%或更多。而使用固体探测器不再需要单色器。

6.3.4 三种探测器的比较

探测器的分辨率表征了其分辨不同能量和波长的 X 射线光子的能力。分辨率(R)定义为

$$R(\%)=\frac{\sqrt{\delta V}}{V}\times100\% \tag{6.1}$$

式中，V 是电压脉冲的平均高度；δV 是脉冲高度分布一半时，电压脉冲分布的全宽。显然，R 越小，探测器对入射 X 射线的能量分辨率越高。上面介绍的三种探测器能量分辨率大约为正比计数器，14%；闪烁计数器，45%；SDD，2%，所以 SDD 探测器有很高的能量分辨能力。

正比计数器、闪烁计数器和 SDD 的输出脉冲电压幅值虽均与入射光子的能量成正比，但这一对应是统计平均性的，即如用能量完全相同的光子(纯单色 X 射线)逐一射入，则有的脉冲比平均幅值略高，有的稍低，如图 6.7 所示。该图是以脉冲幅值为横坐标(图上折合成光子能量值标示)，而以出现的概率为纵坐标绘成的。由图可知，对同一能量的入射光子，闪烁计数器的幅值波动最宽，正比计数器其次，而 SDD 的则很窄。

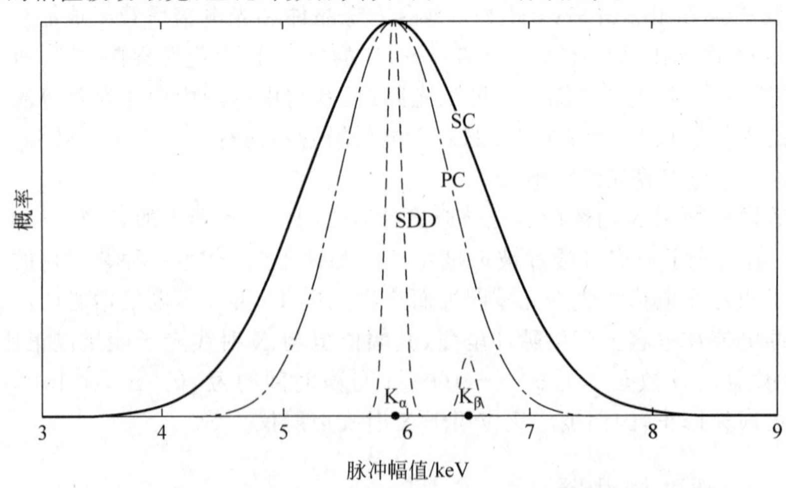

图 6.7 各种探测器脉冲幅值分布的示意图

入射光子为 Mn 的 K_α 辐射，一个光子的能量约为 5.9keV；为了体现分布范围还标出了 Mn 的 K_β 光子能量 6.5keV

6.4　数据处理系统

从辐射探测器出来的脉冲电压，幅值很小，一般为毫伏量级或更小，因而需预先经过前置放大器和线性放大器放大后再输入数据处理系统。系统包括脉冲高度分析器、定标器、脉冲速率计和记录输出设备。

1）脉冲高度分析器

即使同一能量的光子，其进入探测器中所产生的电压脉冲幅值也有波动，为了使数据处理系统尽可能只记录某一波长的 X 射线（即某一能量的光子），必须引入脉冲高度分析器。分析器由上限甄别器、下限甄别器及一个反复合电路组成，而且上、下限甄别器的阈值电压可调。当脉冲信号由线性放大器进入脉冲高度分析器时，高度低于下限值（基线）的信号将被下限甄别器滤掉，而高于上限值的信号也将被上限甄别器滤掉，只有位于上、下限之间，即窗口范围的信号才能通过。窗口范围的大小，称为窗口宽度，也称为道宽。参见图 6.8，分析器的道宽和基线高度由欲记录的 X 射线波长（即光子能量）确定。

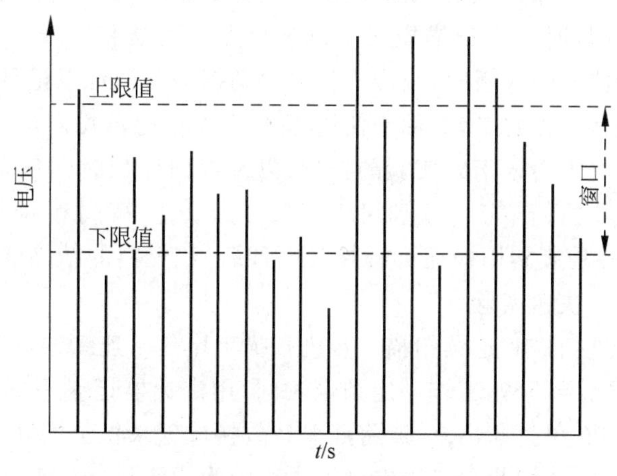

图 6.8　脉冲高度分析器示意图

在使用 SDD 的衍射实验中，由于它的脉冲高度与光子能量对应的波动很小而可以探知射入的各种能量光子的数目（能量色散分析）。这时需使用多道脉冲高度器，一般为 1024～8192 个通道。

2）定标器

定标器是用于计算由脉冲高度分析器出来的脉冲数目的电子仪器。计数方法有定时计数法和定数计时法两种。由于 X 射线强度（单位时间射来的光子数）和探测器中的物理过程均是统计性的，存在统计涨落。按误差分析理论，如一次记录的光子总计数为 N，则其相对标准偏差 δ 为

$$\delta(100\%)=\frac{1}{\sqrt{N}}\times 100\% \tag{6.2}$$

因此，如实验要求所有测值的 δ 均相同，或要求高精确的定量分析，则宜选定数计时法。但是，如欲得到 $\delta \leqslant 1\%$ 的精度，则 N 必须等于或大于 10000。对于强度很低的点，定数计时法将花费时间过多。为缩短实验时间，对精度要求不太高的实验均采用定时计数法。

计数率计（速率计）也是记录 X 射线强度的电子仪器，其特点是把脉冲高度分析器输出的脉冲，转换成单位时间内的平均脉冲数目，直接给出脉冲速率的读数，使人一目了然。其工作原理是将输入脉冲先整形成同一大小，再经二极管馈入 RC 积分电路，这样，它输出的直流电压就与输入脉冲的平均速率成正比。因此使用电压测量线路测定输出电压值，便可得知单位时间内脉冲平均速率。当测角仪扫描时，如将计数率计配备 X-Y 记录仪，则得到样品衍射花样曲线（I-2θ），从而形象直观地显示出各衍射线的峰位、衍射强度及线形。

馈入 RC 电路的输出电压相对于脉冲有一个时间滞后过程，滞后时间由 RC 乘积决定。RC 称为时间常数，当 R 为兆欧（MΩ）、C 为微法（μF）时，RC 单位为秒。若 RC 选择过大，则衍射花样曲线平滑，灵敏度下降；选择过小，则虽然灵敏度高了，但衍射花样曲线抖动过大，也给分析带来不便。正确选择是非常必要的。

在正确选择实验条件和参数后，获取高质量实验数据的下一步是选择扫描模式、扫描范围、数据采集步骤和计数时间。扫描模式可以选择点探测器和短线性或位置敏感探测器。当使用位置敏感探测器或图像板时，因为不需要移动探测器就可以记录整个衍射图案（或其大部分），扫描模式通常失去意义，类似于使用 X 射线胶片记录粉末衍射数据。数据采集中的大多数条件设置取决于粉末衍射实验的类型，以及根据计数时间从采集的数据中收集哪些信息。使用点探测器的粉末衍射实验可以大致分为快速、夜间和周末实验。根据入射光束的亮度（即 X 射线源是旋转阳极还是密封 X 射线管）和材料的结晶度，通常在几分钟到几小时的时间范围内进行快速实验。

扫描方式分为步进扫描和连续扫描。步进扫描工作是不连续的，试样每转动一定的 $\Delta\theta$ 就停止，此时后续电子仪器开始工作一定预定时间，用定标器记录下此时间内的总计数，并将此总计数与此时的 2θ 角打印出来，或将此总计数换成记录仪上的高度。然后试样再转动一定的 $\Delta\theta$，做重复地测量，如此一步步进行下去。因为用步进扫描时，可以在每个 $\Delta\theta$ 处延长停留时间，以得到较大的每步总计数，从而减小统计波动的影响。步进扫描的优点是没有滞后及平滑效应，在衍射线极弱或背底很高时特别有用，在两者共存时更是如此。如果后续工作由计算机联机处理则均采用步进扫描。步进扫描一般耗费时间较多，故需认真考虑其参数。选择步进宽度时需考虑两个因素：一是所用接收狭缝的宽度，步进宽度一般不应大于狭缝宽度；二是所测衍射线形的变化急剧程度，步进宽度过大则会降低分辨率甚至掩盖衍射线的细节。在不违反上述原则的情况下不应使步进宽度过小。在精度要求不太高时，可在待测衍射线的角度范围内做 2θ 联动模式下的慢速连续扫描，从而在记录仪上获得一个连续的线形。这时要认真考虑时间常数对线形的影响。还有一些特殊的扫描方式，例如 θ 或 2θ 可以独立运动，使 2θ 固定不动，或使 θ 在一定角度范围内摆动等，可以应用于薄膜取向度的测定等。

6.5　多晶衍射仪的进展

近年来，多功能 X 射线衍射仪得到了很大发展，功能越来越强大，从光源、光路、样品台到探测器都出现了重大变化，现在介绍一些主要的进展情况。

1）样品台

早期的样品台主要是承载样品，而现在的样品台除了在水平和垂直方向移动，还普遍具有旋转的功能，以适应薄膜、应力、织构等材料微观组织特征的分析。

图 6.9 的标准附件底座具有调节垂直高度的功能，以及与其他附件结合的功能。如图 6.9(b)所示，标准附件底座与 β 附件结合，可以在测试中使样品在水平面内转动；当标准附件底座与 ϕ 附件底座结合时，可以在微小角度内控制样品表面绕水平面内的轴进行转动。

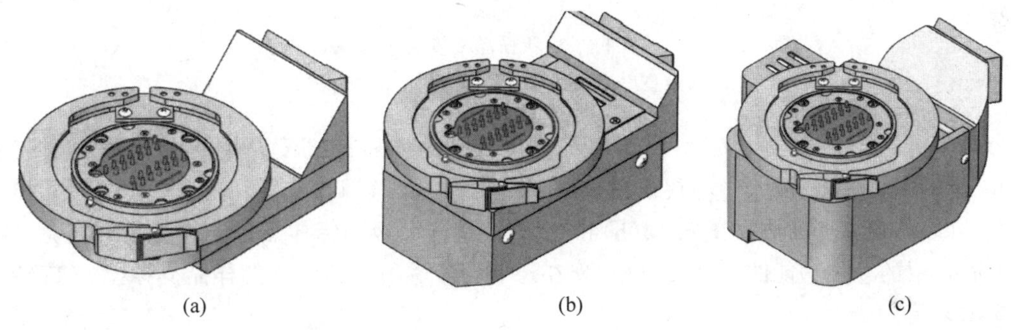

图 6.9　样品台的底座

(a) 标准附件底座；(b) β 附件底座；(c) ϕ 附件底座

在图 6.9 的底座上可以安装如图 6.10 所示的几种附件头。标准附件头不具有任何的旋转和移动功能，RxRy 附件头可以调节垂直的两个方向 Rx、Ry 的倾斜方向，XY-4 英寸(1 英寸=2.54cm)ϕ 附件头含有两个正交轴的移动方向的 x 轴和 y 轴，还具有绕垂直方向旋转的功能。除了上面的几个附件头，还有二维透射附件头，其可以通过二维探测器使用二维图像进行小角和广角 X 射线散射测试的附件头，可以进行薄膜和纤维样品的取向性评价。

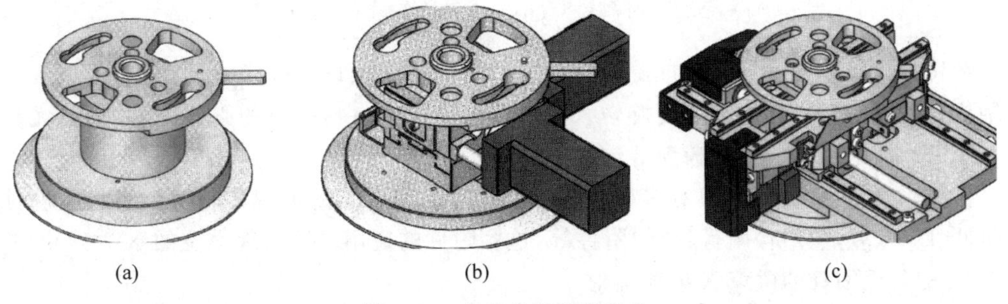

图 6.10　几种常用的附件头

(a) 标准附件头；(b) RxRy 附件头；(c) XY-4 英寸 ϕ 附件头

在进行块状样品衍射时，需要根据样品的高度在附件头上安装垫片，然后安装晶圆样品台，如图 6.11 所示。

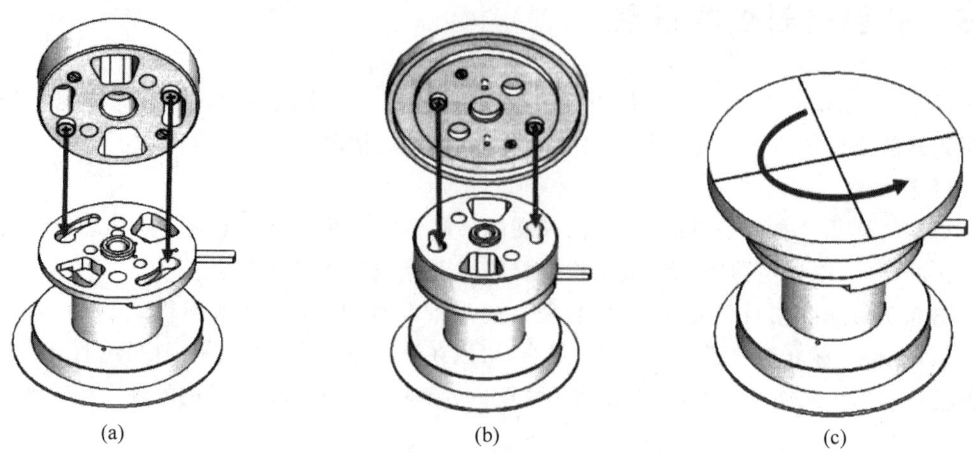

图 6.11　块状样品架安装过程

(a) 安装垫片；(b) 安装晶圆样品台；(c) 安装完成

对于粉末样品的衍射实验，需要将如图 6.12(a)所示的高度基准样品支撑台安装在图 6.10 的附件头上，插入中心狭缝和 Si 粉末基准样品进行调试，可以在垂直方向调整样品高度，可以将粉末样品放在图 6.12(b)和(c)的玻璃样品板和铝样品板上进行衍射实验。除了上面介绍的几种功能的样品支撑架，现在还有用于透射小角测试的样品支撑架、β 旋转样品支撑架等。

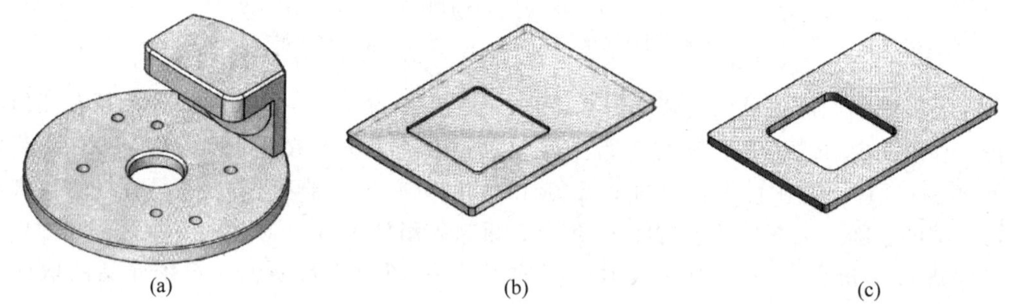

图 6.12　粉末样品架示意图

(a) 高度基准样品支撑台；(b) 玻璃样品板；(c) 铝样品板

尤拉环可以实现样品大角度旋转，图 6.13 给出了尤拉环结构示意图，样品可以在绕水平轴旋转的同时绕样品的面法线旋转。尤拉环已经成为材料衍射的必备附件，通过尤拉环可以测试材料的织构、应力、薄膜等信息。

目前，在衍射仪上配备具有多种功能的附件已受到大家的重视，如变温衍射、耐腐蚀高温附件、DSC(差热分析)附件、拉伸附件等，这些附件的应用可以实现原位的 X 射线衍射。

2) 配备毛细管的微束 X 射线衍射

提高光源亮度的通常办法是采用转靶，增大 X 射线管的功率。近年来，刘志国、孙天希等采用毛细管技术将普通的 X 射线亮度提高至 10^3 数量级。微束 X 射线通过整体毛细管 X 射线会聚透镜和整体毛细管 X 射线准直器将 X 射线转成微束准平行光。整体毛细管

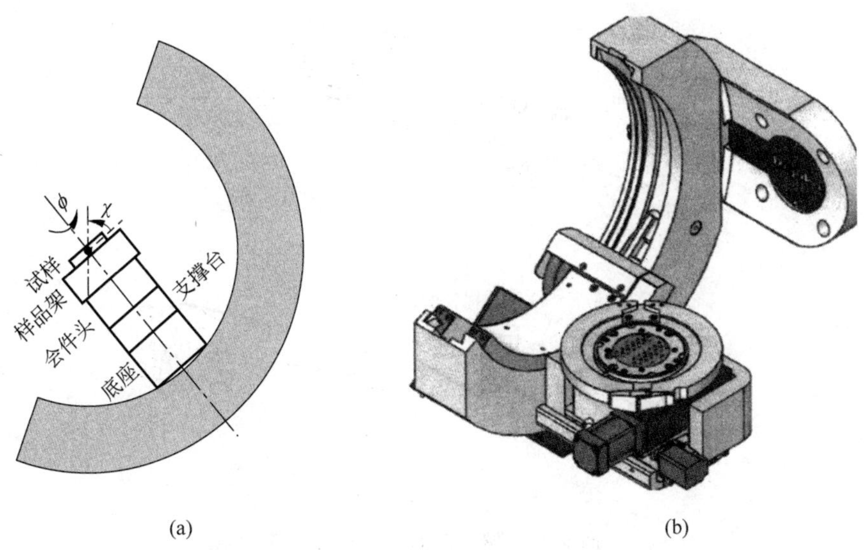

图 6.13　尤拉环示意图

X 射线会聚透镜是利用 X 射线全反射原理设计的 X 射线光学器件，X 射线在毛细管中利用全反射从导管的一端传输到另一端，在传输过程中 X 射线的方向发生改变。整体毛细管 X 射线会聚透镜是由几十万根内径为 3～15μm 单玻璃毛细管构成的。该会聚透镜可以对全波段 X 射线聚焦，并且具有制作工艺简单、种类齐全、造价低廉的优点。整体毛细管 X 射线会聚透镜可以在大角度范围内会聚发散的 X 射线，形成几十微米大小的微焦斑。整体毛细管 X 射线准直器也是由几十万根具有全反射功能的玻璃毛细管组成，将会聚的 X 射线转变成准平行光，其工作原理如图 6.14 所示。

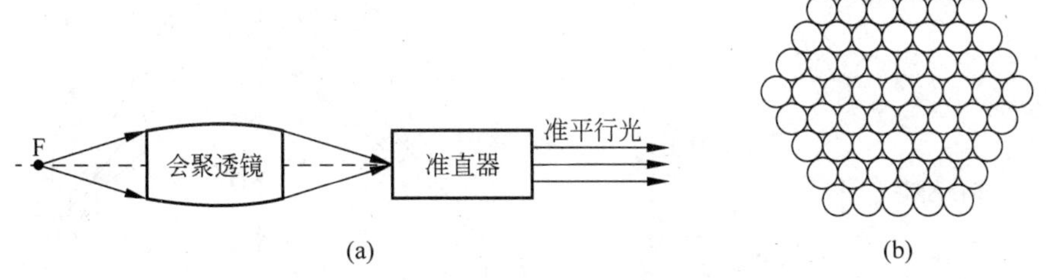

图 6.14　毛细管微束 X 射线管

(a) 微束 X 射线原理示意图；(b) 毛细管的组成

3）抛物面镜

使用抛物面镜可以将一定发散角内的入射光转变为平行光，既提高了光的利用率又增加了亮度。为了提高光在镜面的反射率，人们进一步使用了变层厚的多层膜做抛物面镜，使不同层膜上的反射线有相同位相，相互间相长干涉而进一步增加反射光的强度。图 6.15(a)为抛物面镜示意图(美国布鲁克(Bruker)公司最早推出，时称 Gobel 镜)。为了进一步改善光的平行性和单色性，帕纳科(Panalytical)公司使用了称为 hybrid 的组件，是抛物面镜和沟道切割双晶单色器的组合，发散度仅为 0.01°，如图 6.15(b)所示。

4）单色器

特征 X 射线的波长是由 K_α、K_β 不同波长的电磁波组成的，K_β 波长会严重影响衍射分

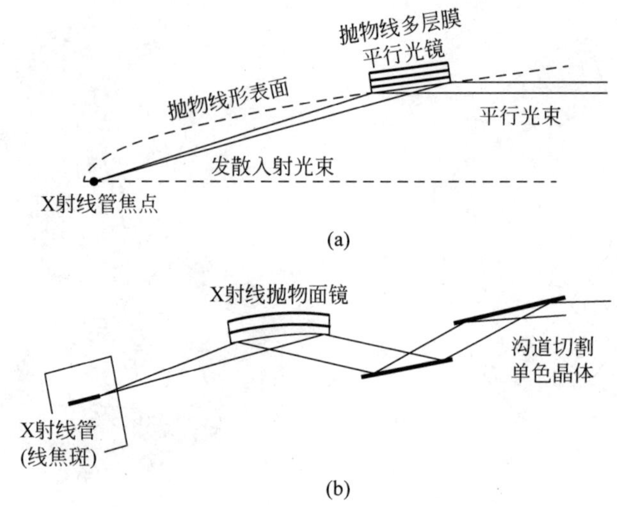

图 6.15 抛物面镜及 hybird 组件

析和判断。我们通常可以采用滤波片去掉 K_β 组分的 X 射线,但对于其他组分的 X 射线无法通过滤波片去掉,获得单一波长的 X 射线是获得高质量衍射结果的重要条件。平晶单色器通过选择一种反射本领强的大块单晶体,定向切割,使其表面与晶体内部某个原子密度大的面网平行,这一晶体即是平晶单色器。将单色器安放在 X 射线源与试样之间的某一特定位置,调整单色器与入射线的角度,如图 6.16(a)所示,使入射线中某一波长的 X 射线与单色器晶面恰好满足布拉格反射条件,这时单色器只能反射所选射线,其余波长由于不满足布拉格定律而不产生反射。

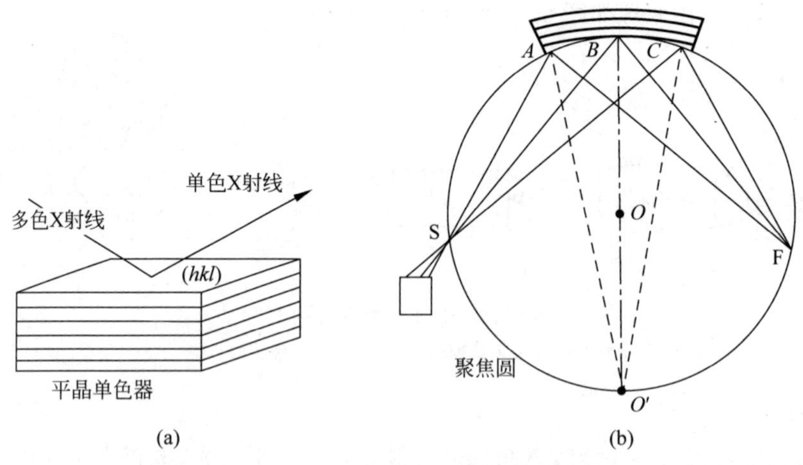

图 6.16 平晶单色器和弯晶单色器原理

(a) 平晶单色器;(b) 弯晶单色器

平晶单色器只能利用入射光束中平行光的一部分,所占份额不大,效率不高。如果能够将平晶单色器的衍射光进行聚焦可以大幅度提高单色器的效率,如图 6.16(b)所示。聚焦圆的曲率为 R,为了保证同一波长的 X 射线在弯晶单色器上 A、B、C 点都能在聚焦圆 F 点聚焦,必须将单晶片(反射晶面)的曲率半径做成 $2R$,这样可以保证同一波长的 X 射线同时衍射并且聚焦于 F 点。现在的衍射大多配备了不同靶材的弯晶单色器,可以很好地提高实验质量。

5）一维阵列探测器和二维阵列探测器

前面介绍的计数器如闪烁计数器、正比计数器、半导体计数器等都是零维的点探测器，也就是说在某个时间，只能测定一个方向的衍射强度，如果要测定不同方向的衍射线强度就要做扫描，逐点扫测，耗费时间较多。现在已经开发的一维和二维阵列探测器可以在同一时间进行多点的衍射强度测定，大大提高了效率。阵列探测器是由一层光电探测器和一层计数电路组装成的。图 6.17 是一种一维阵列探测器（也称为超能探测器）的扫描示意图，它由 100 个并排排列的像元构成，每个像元是一个独立的半导体探头，配有自己的技术系统，用此来代替常规的点探测器，做扫描记录。在扫描过程中，每个时间都可以得到 100 个位置的衍射数据，因此该阵列探测器测得的强度大约是单个探测器的 100 倍，灵敏度也提高了近 10 倍。二维阵列探测器是由集成技术在硅片上制成的规则排列的许多小尺寸（如 50μm）硅二极管构成的，各像元间无间隔，故探测面上无盲区。每一个硅二极管都与另一层上的一个计数电路联接，如图 6.18 所示。这种一定面积上的一一对应的探测和计数系统可以同时分别记录到达不同位置上的 X 射线的能量和数量，又能同时按位置输出到达的 X 射线的强度。它无盲区、像元尺寸小、分辨率高计数动力学范围大、实时传输、速度快，是当今性能最优的平面型或线型探测器。

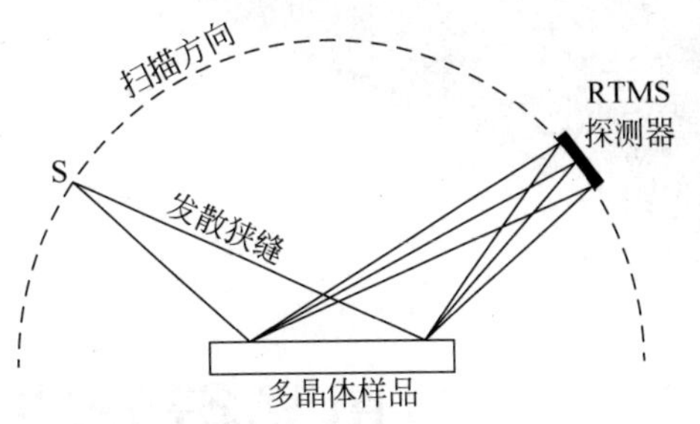

图 6.17　超能探测器的工作原理

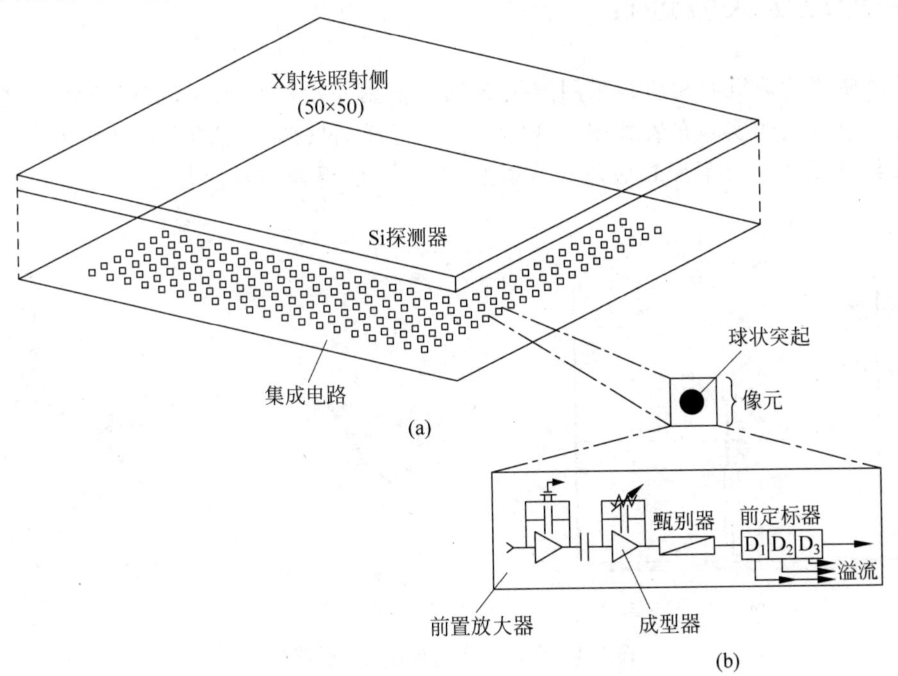

图 6.18　二维阵列探测器构造示意图

(a) 双层结构；(b) 计数电路的结构

本章对多晶 X 射线衍射仪的构造、工作原理以及最近的技术进展情况进行了介绍。衍射仪是材料研究中必不可少的重要设备，也是材料微观组织表征的重要手段。

第7章

单晶衍射技术——劳厄法

劳厄法是X射线衍射的重要实验，该方法采用连续X射线(白光)照射固定不动的单晶体，获得单晶体的晶体学取向与外观坐标系之间的对应关系，该方法可以准确快速地对单晶体进行定向，是其他实验方法不能取代的。近些年来，随着同步辐射技术的发展，可以提供高亮度的微束X射线光源，样品的微区取向和应力状态都可以采用单晶体衍射的方法进行分析。

7.1 劳厄法实验过程

最早使用的劳厄照相法是采用连续X射线照射不动的单晶体，衍射花样通过照相底片收集。该方法的实验布置如图7.1(a)所示，将样品按照一定的方向放置在样品台上，入射X射线垂直于透射照相底片和背射照相底片，使得样品与底片之间的距离处于合理范围。

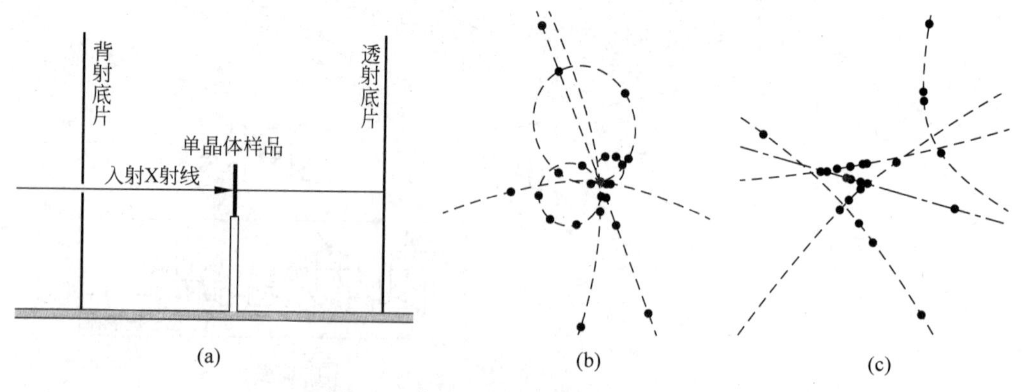

图7.1 劳厄法实验布置及衍射花样

(a) 劳厄法实验布置；(b) 透射底片；(c) 背射底片

透射劳厄法对试样要求较严，试样必须很薄，而且线吸收系数较小，使衍射线能穿过试样并有足够的强度。背射法则无这些要求。不论是透射，还是背射，底片上记录到的衍射花样均为有规律分布的斑点。这些斑点称为劳厄斑点或劳厄衍射斑。如图7.1(b)所示，透射法斑点分布在一组过入射斑的椭圆、抛物线或双曲线或直线上；如图 7.1(c)所示，背射法斑点则分布在一组顶点凸向中心的双曲线，或过中心的直线上。斑点的黑度不等，低指数晶面的强度较高，斑点的形状与试样的物理状态有关。如果试样中有残余应力，则斑点将呈放射状拉长，甚至模糊、碎化。

7.2 劳厄衍射斑点的形成及晶带曲线

7.2.1 劳厄衍射斑点的形成原因

由于入射 X 射线是连续谱，单晶体中所有的晶面都会按照布拉格方程的要求，对应不同波长的 X 射线进行衍射，所以不同的劳厄斑点对应着不同波长的 X 射线的衍射。干涉方程(4.39)给出了波长(λ)、面法线的倒易矢量 $\boldsymbol{g}_{HKL}$ 以及入射线($\boldsymbol{S}_0$)和衍射线($\boldsymbol{S}$)之间的关系，写成

$$\boldsymbol{g}_{HKL}=\frac{\boldsymbol{S}-\boldsymbol{S}_0}{\lambda} \tag{7.1}$$

只有满足上式的才能发生衍射。现有一组(hkl)晶面，L_{UVW} 为该组晶面的晶带轴，这组晶面的倒易矢量为 $\boldsymbol{g}_{HKL}$，则有

$$\boldsymbol{g}_{HKL}\cdot L_{UVW}=0 \tag{7.2}$$

根据式(7.1)可以得到

$$\boldsymbol{S}-\boldsymbol{S}_0=\lambda\boldsymbol{g}_{HKL} \tag{7.3}$$

再将式(7.3)两边点乘 $\boldsymbol{L}_{UVW}$ 可以得到

$$(\boldsymbol{S}-\boldsymbol{S}_0)\cdot\boldsymbol{L}_{UVW}=\lambda\boldsymbol{g}_{HKL}\cdot\boldsymbol{L}_{UVW}=0 \tag{7.4}$$

所以有

$$\boldsymbol{S}\cdot\boldsymbol{L}_{UVW}=\boldsymbol{S}_0\cdot\boldsymbol{L}_{UVW} \tag{7.5}$$

在相干散射时，显然有 $|S|=|S_0|$，将式(7.5)变成标量方程有

$$|S||L_{UVW}|\cos\alpha=|S_0||L_{UVW}|\cos\alpha'$$

有 $\cos\alpha=\cos\alpha'$，即 $\alpha=\alpha'$。因此，如图 7.2 所示，属于同一晶带的各晶面的衍射线与晶带轴 OZ 的夹角都等于入射线与晶带轴的夹角 α。也就是说，同一晶带各晶面的衍射线分布在一个以试样为顶点、晶带轴为轴线、半顶角等于入射线与晶带轴的夹角 α 的圆锥面上，且入射线的延长线也落在这个圆锥上。

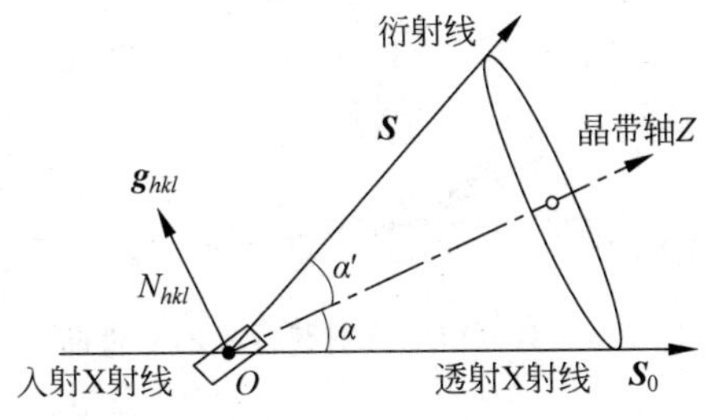

图 7.2 晶带轴及其晶面的衍射线分布

7.2.2 劳厄法的晶带曲线

由 7.2.1 节分析可知,劳厄法的衍射规律是,同一晶带上的晶面衍射分布在以晶带轴与入射线夹角为半顶角的圆锥面上。我们将圆锥面和底片相交形成的曲线叫作晶带曲线。根据劳厄法实验的布置特点,将晶带曲线分别在透射底片和背射底片上分别加以讨论。图 7.3 是透射劳厄底片,从图 7.3 中可以发现,晶带曲线与 α 角有关,当晶带轴与入射线夹角小于 45°时,晶带曲线为椭圆;当晶带轴与入射线夹角等于 45°时,晶带曲线为抛物线;当晶带轴与入射线夹角大于 45°时,晶带曲线为双曲线;当晶带轴与入射线夹角等于 90°时,晶带曲线为直线。图 7.1(b)给出了几种晶带曲线的可能出现形式。

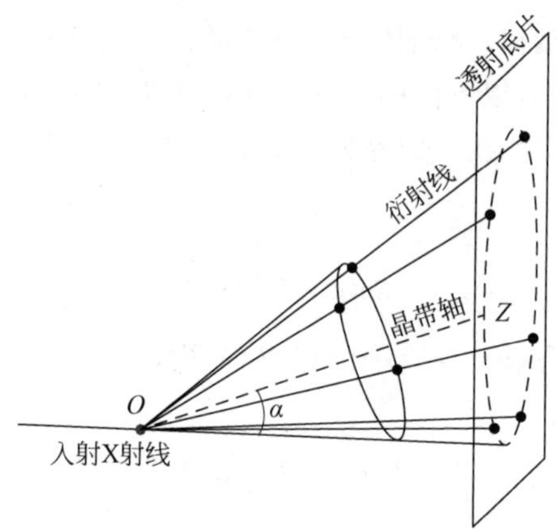

图 7.3　劳厄衍射透射花样上的晶带曲线

图 7.4 是背射劳厄底片上的晶带曲线花样,显然当晶带轴与入射线夹角小于或等于 45°时,衍射圆锥与背射底片没有交点,因此不会产生晶带曲线;当晶带轴与入射线夹角大于 45°时,晶带曲线为双曲线,此双曲线不过入射 X 射线与底片的交点,α 角越大,双曲线的凸点距离入射 X 射线与底片的交点越近;当晶带轴与入射线夹角等于 90°时,晶带曲线为直线且过入射 X 射线与底片的交点。图 7.1(c)给出在背射劳厄底片中可能出现的几种晶带曲线分布形态。

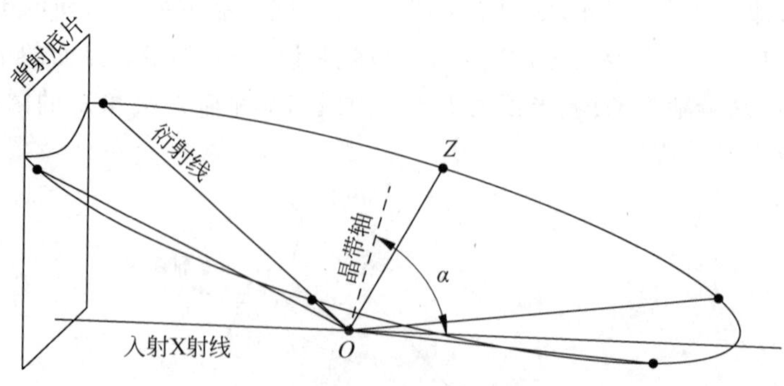

图 7.4　劳厄衍射背射花样上的晶带曲线

需要注意的是,一个晶带中适合布拉格衍射条件的面数有限,因此衍射花样上不会得到连续的晶带曲线,而只是一系列的斑点。通过这些斑点可以连成上述的各种曲线。

7.3 劳厄法的晶带曲线分析

晶带曲线的分析包括以下几个内容：①确定花样中各晶带轴和晶面在试样中的取向；②对各晶带轴和晶面指数化；③定出试样外观的某一选定方向在晶体学空间的取向。在诠释的手工操作中，极射赤面投影图作业使用者最多。由于材料学中涉及取向测定的课题多用板状或块状试样，常采用背射法实验，故这里只讨论背射花样的诠释。至于透射花样，诠释思路与背射相同，读者可仿此操作。

7.3.1 晶面取向的确定

为从底片定出试样中各晶带轴和晶面的取向，必须以试样外表的某些特定方向为参照坐标，定好底片与试样的相对关系后，再从底片的衍射花样确定各晶带轴和晶面的取向。如试样为板状，则常以板面法线和一个边棱为参照。实验时板面与胶片平行相对，参照边竖直放置以与底片上印痕 L 的长边一致。为便于操作，记录用极射赤面投影图面也平行底片构绘，投影图的竖直方向与底片上印痕长边平行。投射点与 X 射线源位于底片的两侧，即从 X 射线源方面“阅读”底片(图 7.5)。这时，试样板面法线的极点位于投影图中心，参照边棱迹点与投影图的 N 极重合。

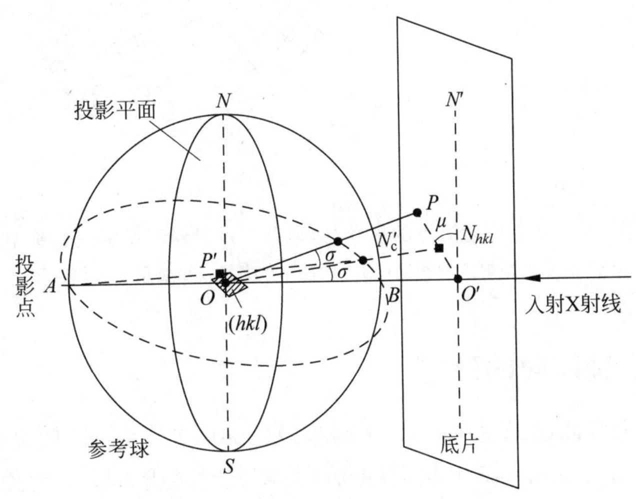

图 7.5　劳厄衍射斑点与极射赤面投影间的关系

图 7.5 中当连续 X 射线照射到单晶体的某一晶面(hkl)时，衍射线与底片交于 P 点，则衍射晶面(hkl)的面法线 N_{hkl} 一定位于由入射线 OO' 和衍射线 OP 所组成的平面上，且平分角$\angle O'OP$，平面 $O'OP$ 垂直于底片和投影平面，如果以外观方向 ON 在底片上的投影 ON' 为参考方向，则$\angle PO'N'$为晶面法线所在平面的辐角，即(hkl)晶面法线极射赤面投影的辐角 μ。从图 7.5 可以看出，晶面法线 N_{hkl} 的极角为 σ，而入射线与衍射线的夹角$\angle O'OP$ 为 2σ，显然有

$$\tan(2\sigma)=\frac{O'P}{OO'} \tag{7.6}$$

由于 OO' 为实验常数，我们可以在底片上量取 $O'P$ 的长度，根据式(7.6)计算出晶面(hkl)的极角。在确定晶面(hkl)的极角和辐角以后，可以将该晶面的极点标注在极射赤面投影图上。这一过程可以使用极式网或乌尔夫网进行。

首先在底片上标定出特征外观方向，如图7.6(a)中的 ON' 方向，然后测定底片上各个衍射斑点的位置，O 点为入射线与底片的交点，测定 ON' 与 OP 的夹角 μ，测定 OP 的长度，利用式(7.6)计算辐角 σ，这样就获得了衍射点 P 的极角和辐角。可以采用同样方法将底片上所有衍射点的极角和辐角都计算出来，再逐一将各个衍射点在极射赤面投影图中标出。如使用乌尔夫网完成这一过程的话，需要作一个大小与乌尔夫网相同的圆，在圆上标定出 N' 的位置，乌尔夫网的赤道圆投影与 ON' 重合，然后将乌尔夫网旋转 μ 后，从乌尔夫网的中心沿赤道量出 σ 的角度，就得到 P 点在极射赤面投影图上的投影点 P'。这样可以将所有的衍射斑点的极射赤面投影作出来。

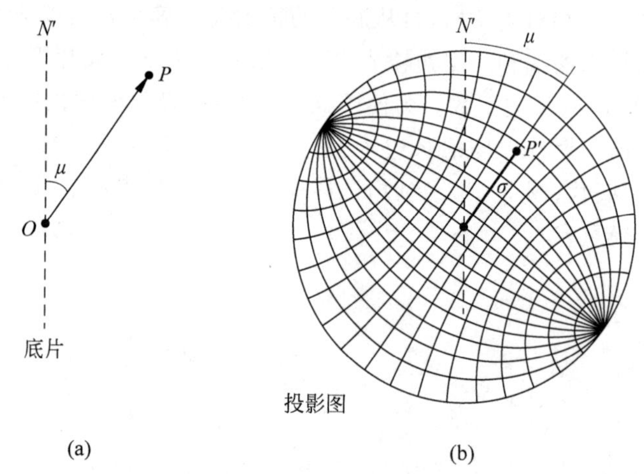

图7.6 劳厄衍射斑点的极角、辐角及其极射赤面投影点的确定

(a) 底片上衍射点的测定；(b) 利用乌尔夫网获得极射赤面投影图

7.3.2 晶带轴取向的确定

背射劳厄花样为双曲线或过中心点 O' 的直线。如图7.7所示，假设有一个晶带轴 OZ 与入射X射线的夹角为 α($\alpha>45°$)，衍射线与底片相交时形成了以 F 为顶点的双曲线，尽管晶带曲线上的衍射斑点不是连续的，但我们可以假定在顶点 F 处对应着(hkl)晶面的衍射，该(hkl)晶面属于以 OZ 为晶带轴上的一个晶面，N_{hkl} 为(hkl)晶面的面法线。OZ 与底片相交于 Z' 点。为了方便分析这几个参数之间的关系，我们将图7.7作两个方向的投影，如图7.8所示。

从图7.8(a)可以看出，晶带轴的投影与底片上 OF 重合，底片中心点 O' 与双曲线顶点 F 的连线 $O'F$ 即晶带轴 OZ 在底片上的投影，可以量取 $O'F$ 与 ON' 的夹角即 F 点的辐角。显然 $O'F$ 与入射X射线及 F 点所对应的晶面法线 N_{hkl} 共面。图7.8(b)显示，面法线 N_{hkl} 平分 $\angle O'OF$，且垂直于晶带轴 ZZ'。可根据式(7.6)计算出(hkl)晶面的极角 φ，由于 α 和 φ

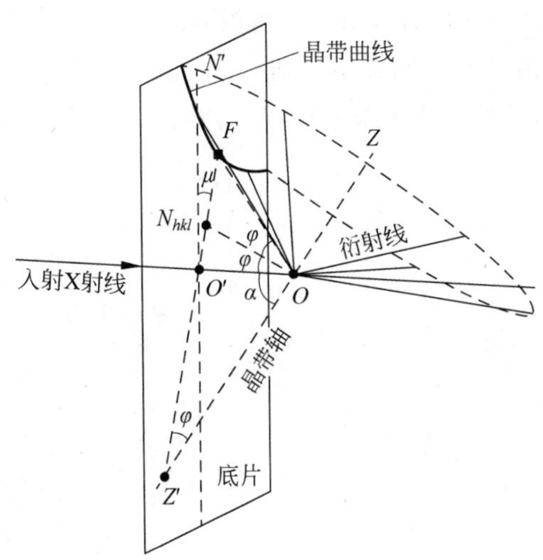

图 7.7　背射劳厄法晶带轴与晶带曲线的投影关系

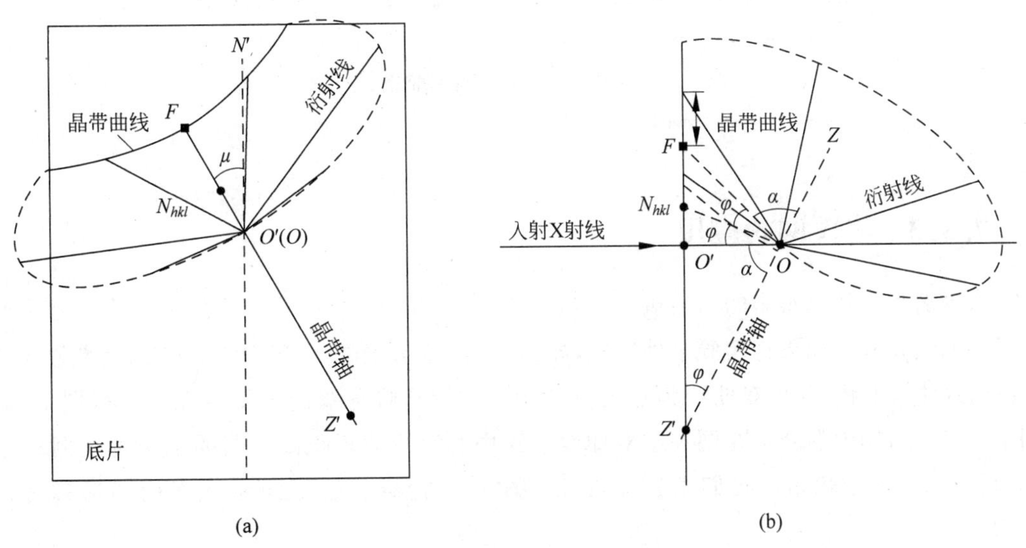

图 7.8　劳厄法投影关系示意图

(a) 沿 X 射线入射方向的投影；(b) 沿垂直于 X 射线入射方向投影

互余，所以可以确定晶带轴 ZZ' 与入射 X 射线的夹角 α。所以在根据晶带曲线确定晶带轴取向时，首先要找到晶带曲线的顶点 F，根据底片上 F 点到 O' 的距离求出极角 φ，然后量取 $O'F$ 与 ON' 的夹角得到辐角 μ。由于晶带轴的极角与 φ 互余，考虑晶带轴与晶面(hkl)面法线的反向投影关系，所以晶带轴的辐角为 $180°+\mu$。这样，在底片上同一条双曲线所对应的晶带轴极角和辐角都可以求得。

晶带轴的极射赤面投影需要极式网或乌尔夫网帮助。首先按照如图 7.9(a)所示，找到双曲线的顶点 F，并确定 F 的极角 σ 和辐角 μ。可以仿照晶面极射赤面投影的方法将晶带轴投影，但需要注意的是，由于从图 7.9(a)得到的是对应 F 点晶面的极角和辐角，由于投影关系的制约，晶带轴需要变换极角为 $90°-\varphi$，辐角为 $180°+\mu$。这样在利用乌尔夫网操作时，需要按照如图 7.9(b)所示的过程进行，首先乌尔夫网的赤道与 ON' 重合，O' 点与乌尔夫网中心重合，然后旋转 μ，至 1 的位置，由于辐角需要加上 180°，转到 1′点，以 1′点作为起点，沿赤道向中心 O'量取 φ（由于互余的关系），到达 A 点，A 点即该晶带轴的极射赤面投影点，这样可以将所有测得的晶带轴都作极射赤面投影，获得完整的投影图。

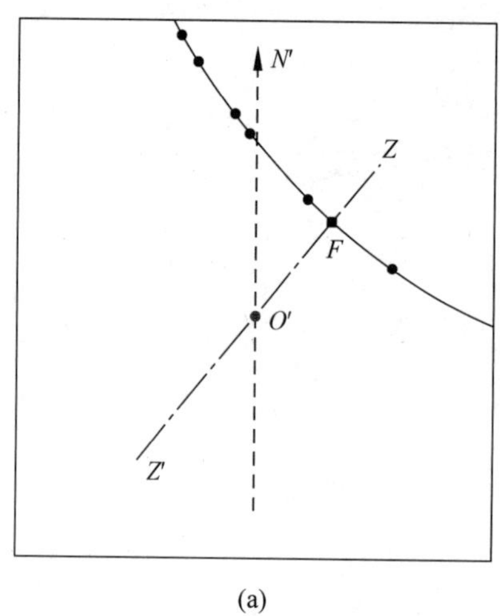

(a)

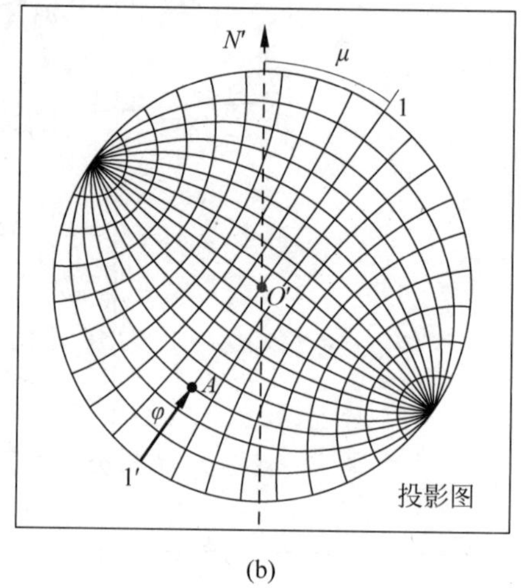

(b)

图 7.9 从照片底片绘制晶带轴的投影图

(a) 找到晶带曲线（双曲线）的顶点；(b) 利用乌尔夫网投影

7.3.3 格氏网的应用

背射劳厄底片上很多的衍射斑点，需要尽可能按照晶带曲线进行分类，确定各个斑点所在的双曲线位置。如果将实验条件固定，如固定底片至试样的距离 $D=30$mm，计算出各个 φ 值的双曲线形状，并按双曲线顶点至胶片中心的距离将各双曲线组绘在同一张图上，如图 7.10 所示，图中的 δ 是在同一条双曲线上距中心直线的角距离。图的下半部还附一个量角器，用来测量辐角。我们把这个在 $D=30$mm 时绘制的不同 φ 和 δ 的图形称为格氏网。

对于 $D=30$mm 的实验底片，可以使用格氏网方便地进行分析。如图 7.11 所示，将底片中心与格氏网中心重合，转动底片，找到属于同一条双曲线上的衍射斑点，在格氏网上读出此双曲线的 φ 和 μ。这样，可以很方便地将底片上的斑点进行分类并测量出各条双曲线的极角和辐角。

使用格氏网也可以测定原子面的极角和辐角。与确定晶带轴取向相似，如图 7.12 所示，将底片的中心与格氏网中心重合，转动底片，使要测量的斑点 P 转到格氏网的中心线上（即 $\delta=0$ 的直线），此时原子面可以理解为晶带轴投影点所对应的原子面，所以可以在格氏网上直接得到极角，辐角为 $\delta=0$ 的直线与外观方向 ON'的夹角 μ，这样可确定原子面的极角和辐角，并将其绘制到极射赤面投影图上。

需要注意的是，原子面和晶带在绘制极射赤面投影图时需要考虑它们投影关系的差别。因此在标准实验条件下可以很方便地使用格氏网进行晶面和晶带曲线取向的测量。

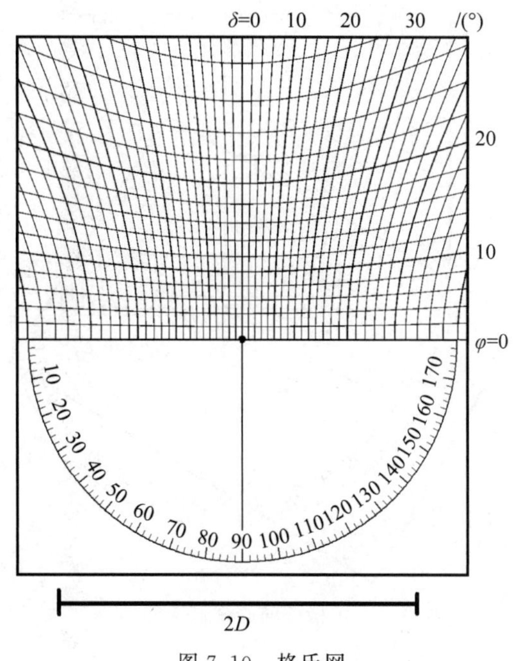

图 7.10　格氏网

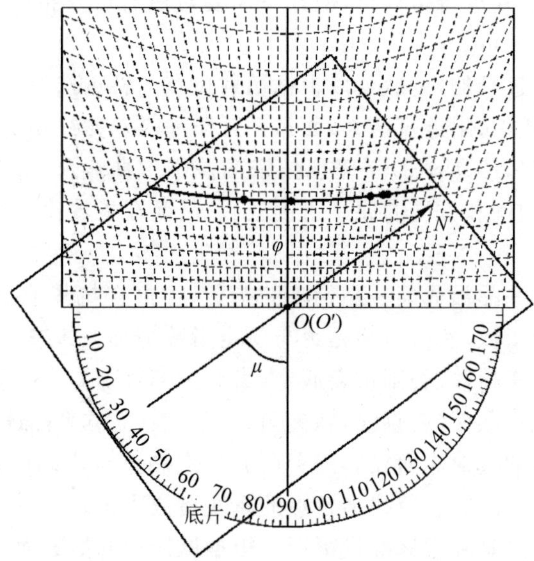

图 7.11　用格氏网确定晶带曲线的极角和辐角

7.3.4　衍射花样的指数化和晶体取向确定

将底片上的衍射斑点指数化，并确定晶体外观特征方向与晶体学方向之间的关系，这是一份重要的工作。一般情况下，在样品测定时我们已经确定外观特征方向相对于底片和入射线的取向，比如，通常情况下我们将板材的面法线与入射 X 射线方向重合，使板材的长轴与水平方向重合等放置方法，这样有利于将外观方向简洁地在极射赤面投影图上投影。当

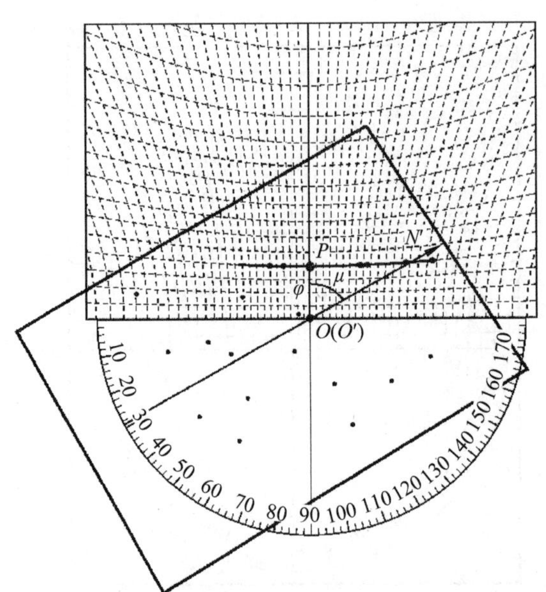

图 7.12 用格氏网确定原子面的取向

我们确定了某个晶体学方向与外观方向的投影一致时，也就确定了晶体的取向。为了完成晶体定向，需要对照相底片进行指数化，但并不需要对所有斑点指数化，只要能确切地定出几个(一般不少于 6 个)即可。

指数化是用尝试法进行的，一般可以根据衍射斑点的特点选择低指数晶面进行指数化。一般来说，底片上强度较大，附近盲区大，而且是几条晶带双曲线相交处的斑点，其对应的原子面网的指数也较低($H,K,L\leqslant 3$)。斑点较密的晶带双曲线所对应的晶带轴指数也一定较低。这是因为，这些面网和方向的原子密度较大，因而在指数化工作中应注意并选用这些斑点和晶带双曲线。

尝试法是先假定某一晶面或某一晶带轴的指数，根据它与其他晶面和晶带轴的夹角定出那些晶面和晶带轴的指数，然后检验是否与所定指数符合。如果全部符合，则假定的指数就是各晶面和晶带的真实指数，否则重新假定，直至全部符合为止。具体操作之一是：根据试样晶体结构算出各低指数面(或直线)间夹角并列成表(立方系晶体的夹角表已算成)。用乌尔夫网测量被测试样的极射赤面投影图上所有极点和迹点之间的夹角，然后从某一低指数点开始，假定指数进行尝试，直至找出各点的真实指数为止。

另一广泛应用的方法是利用标准投影图。根据试样的低指数面(或直线)夹角表构绘出一组以低指数极(或迹)点为中心的、与图等大的标准投影图(立方系的标准投影图已绘成)。再假定被测的极射赤面投影图中某一点(极点或迹点)为低指数点，用乌尔夫网将其转至图心；其余各点(极点或迹点)当然也均在各自所在纬线上朝着同一方向转过同样角度。然后将转后的投影图与标准投影图逐一对心叠置，旋转对比，直至转后投影图上的各点均与某一标准投影图上相应点完全重合为止。标准投影图上各点的指数就是被测投影图上相应各点的指数。

利用标准投影图指数化的同时就可定出晶体(试样)的取向，即在将某一假定低指数点转到投影图中心时，将位于投影图中心的试样表面极点和位于原 N 点的参照边棱迹点均在各自纬线上转过相同角度。将投影图各晶面的极点指数标定后，再标出 3 个晶轴的迹点，则试样表面法线和边棱在晶体学空间的取向即已确定。用乌尔夫网可量出它们各自与三晶轴的夹角。如果将转后投影图和三晶轴迹点逆转回原投影图位置，则原投影图显示出三晶轴相对于试样参照坐标系的取向，用极式网(或用乌尔夫网)可量出它们的极角和辐角。如将转后投影图转到三晶轴为标准位置，则此图形象地给出试样表面和边棱在晶体学空间的取向，它们的极角、辐角亦易量得。

我们以立方晶系模拟的背射劳厄衍射花样底片为例进行分析(图 7.13)，设定参数 $D=30$mm，为了明确外观方向与晶体学方向的相互关联性，假设样品是具有三个特征外观方向的轧制板材，使得 $O'N'$ 与样品的轧制方向相同，板材的轧面法线垂直于底片方向，用背射劳厄法测试立方晶系材料的衍射花样。

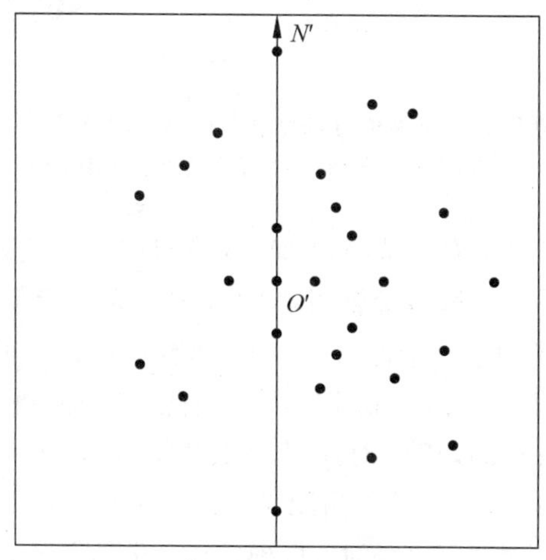

图 7.13　模拟的背射劳厄衍射花样

我们需要对图 7.13 的衍射斑点进行处理，由于模拟采用 $D=30$mm 的标准实验条件，所以可以使用图 7.10 的格氏网在划分双曲线的同时按照图 7.11 的方式直接将各条双曲线所对应的极角和辐角测出，可以划分出多条双曲线，如图 7.14 所示。选取其中的 A、B、C、D、E、F 六条双曲线为分析对象，其中 A、B、C 为过中心点的直线，说明 A、B、C 晶带轴垂直于入射 X 射线。同时，我们还可以看到 A、D 和 E 三条双曲线同时相交于 a 点，所以可以确定 a 点对应某一个低指数晶面的衍射，其极角和辐角的确定方法按照图 7.12 的方法进行。同时，将测得的极角和辐角汇总在表 7.1 中。

表 7.1　根据衍射花样测得的数据

衍射斑点	$\sigma/(°)$	$\mu/(°)$	HKL		
a	19.5	90	−1	1	1
晶带轴	$\varphi/(°)$	$\mu/(°)$	U	V	W
A	0	0	1	1	0
B	0	309.2	0	2	−1
C	0	90	−1	1	−1
D	16.8	121.5	0	−1	1
E	16.8	58.5	1	0	1
F	24.1	320.8	0	1	0

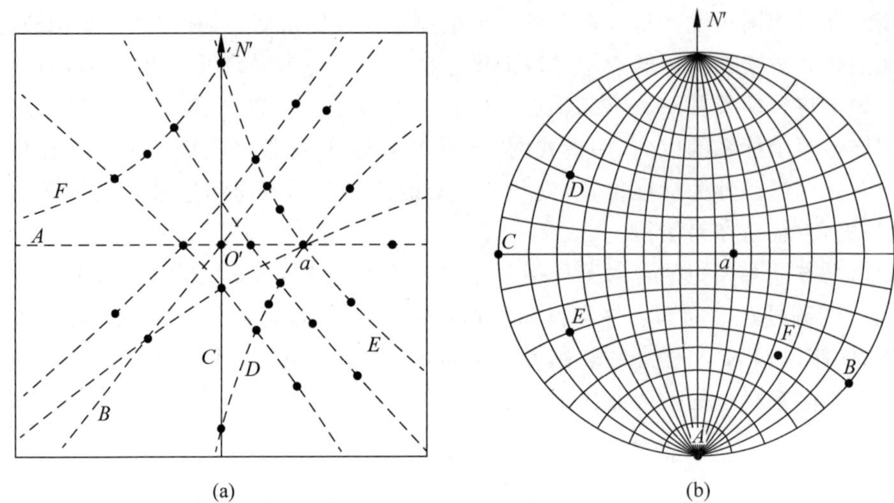

(a) (b)

图 7.14 根据衍射斑点划分出双曲线及其投影

(a) 划分出的双曲线即原子面；(b) 晶带轴及原子面的极射赤面投影

根据表 7.1 的数据，将原子面 a，晶带轴 A、B、C、D、E 和 F 进行极射赤面投影，可以得到图 7.14(b)，需要注意原子面和晶带轴投影的区别。为了将衍射花样指数化，我们根据图 7.14(a)可以确定 a 原子面为一个低指数晶面，这样可以将原子面 a 转至投影中心，记录转动角度 α，转动方法可参照图 2.10 和图 2.11，所有晶带轴需要沿各自的纬度线转动同样的角度 α，可以得到图 7.15(a)，该图对应某一低指数晶面的标准投影图，所以尝试使用(hkl)标准投影与图 7.15(a)进行比较。当图 7.15(a)所有的点晶带轴投影点均在(hkl)单晶体标准投影图上有相应的投影点时，则可以确定这几个晶带轴的指数。如图 7.15(b)所示，使用($\bar{1}$11)单晶体标准投影图可以将 A～F 几个晶带轴全部对应上，此时原子面 a 就是所使用的标准投影图指数，所对应的晶带轴指数已在表 7.1 中给出。在完成晶带轴指数化的同时，

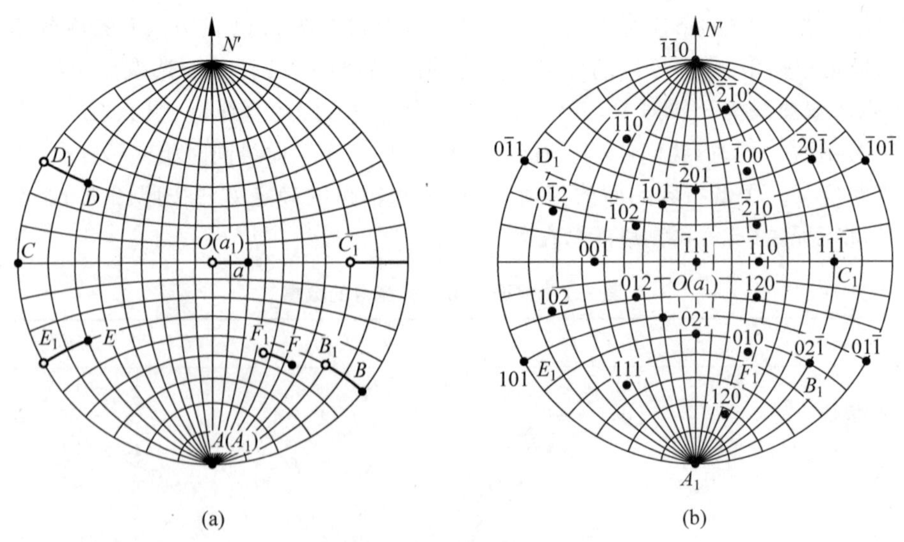

(a) (b)

图 7.15 晶带轴的指数化

(a) 将原子面 a 转至投影中心；(b) 选取($\bar{1}$11)标准投影

可以在图 7.15(b)中将[100]、[010]、[001]几个晶体学方向标记出来。下一步的工作是将原子面 a 转回原来的位置，对图 7.15(a)反向操作，将所有的点转动至原来的位置，[100]、[010]、[001]也同样转动，这样就得到[100]、[010]、[001]三个晶体学方向在宏观坐标下的极射赤面投影点，也就完成了晶体的定向。图 7.16(a)是转回原来位置的极射赤面投影图，我们可以看出来，原来样品的面法线方向为[$\bar{1}12$]，ON'方向对应[$\bar{1}\bar{1}0$]晶体学方向，水平方向为[$\bar{1}1\bar{1}$]。当然，面法线为[$\bar{1}12$]特殊情况，很有可能投影中心对应的是高指数晶面，无法用整数指数表达，这种情况可以根据[100]、[010]、[001]三个晶体学方向在宏观坐标下的极射赤面投影对晶体定向。

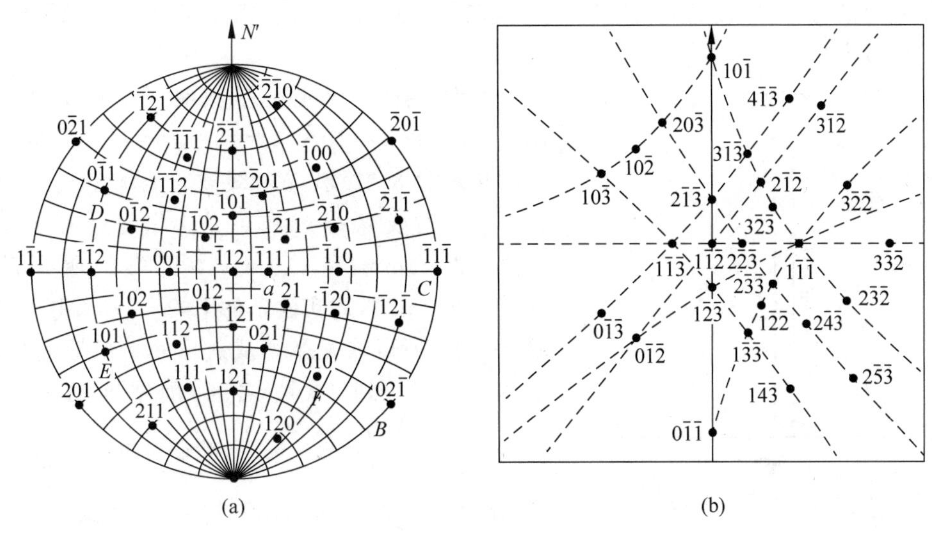

图 7.16　衍射花样的指数化

(a) 晶体转回原来的位置；(b) 照相底片衍射斑点的指数化

照相底片上的衍射斑点也可以测定每个斑点的极角和辐角，作出所有衍射斑点的极射赤面投影图，利用($\bar{1}12$)单晶体标准投影图把衍射斑点指数化，图 7.16(b)为底片斑点的指数化结果。

7.4　劳厄法的应用

7.4.1　劳厄法和同步辐射

同步辐射是很强大的 X 射线源，并且产生的 X 射线波长分布区域宽广，适于劳厄法的应用。由于劳厄法实验中，相对于入射 X 射线晶体取向是固定的，所以入射线相对于某一晶面(hkl)的掠射角也是一定的，当掠射角为 θ 时，为了满足布拉格的衍射条件，只有某一波长的 X 射线发生衍射。因此，劳厄法的衍射花样受到干涉指数和波长 λ 的影响。

当入射 X 射线相对于晶体的某一晶面(hkl)的掠射角为 θ 时，波长 λ 需要满足布拉格方程，可以通过式(7.7)表示：

$$\lambda(hkl)_\theta = 2d(hkl)\sin\theta \tag{7.7}$$

对于晶面$(2h,2k,2l)$，其衍射的波长为

$$\lambda(2h,2k,2l)_\theta=2d(2h,2k,2l)\sin\theta=\frac{2d(hkl)\sin\theta}{2}=\frac{\lambda(hkl)_\theta}{2} \tag{7.8}$$

可以很容易拓展出

$$\lambda(nh,nk,nl)_\theta=\frac{\lambda(hkl)_\theta}{n} \tag{7.9}$$

由于晶面(hkl)，$(2h,2k,2l)$，…，(nh,nk,nl)的掠射角均为θ，所以这些晶面的衍射都叠加在底片上。叠加的程度与入射X射线的波长范围有关。但(hkl)晶面多阶衍射的存在以及相对应的每个(hkl)晶面衍射的X射线波长不同，衍射强度需要对原子散射因子f及λ进行综合考虑。

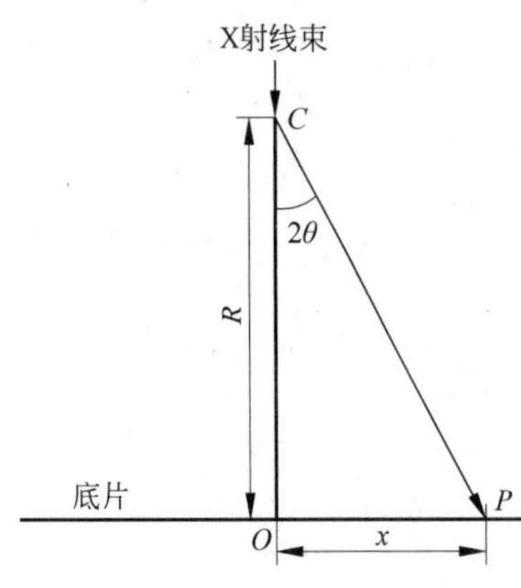

图 7.17 入射线垂直于底片的衍射几何

考虑这样一个问题，假设有一个正交晶系的晶体，点阵参数$a=10\text{Å}$，$b=15\text{Å}$，$c=10\text{Å}$，c轴垂直于纸面和入射X射线，入射线波长为1.0～1.5Å。基矢$\boldsymbol{b}$与入射线成$\phi=30°$，底片上衍射点P的横纵坐标分别为x(mm)和y(mm)，如图7.17所示，底片距离样品R(mm)，此实验条件下的$y=0$。由于入射线波长可变，所以埃瓦尔德反射球的半径是可变的，介于$1/1.5\text{Å}^{-1}$到1Å^{-1}之间，倒空间的三个基矢$a^*=\frac{1}{a}$，$b^*=\frac{1}{b}$和$c^*=\frac{1}{c}$，我们可以a^*和b^*为基，绘制出倒易平面，如图7.18所示。连续变化的入射线所形成的反射球半径分别为1Å^{-1}和$1/1.5\text{Å}^{-1}$，球心位于O_1和O_2。在两个反射球之间的所有倒易点，原则上均可以和不同波长的反射球相交形成衍射，但由于受到分辨率d^*的限制，在围绕倒易原点周围一定范围内的倒易点可以形成衍射。如图中的350和470等($y=0$对应的衍射均为$l=0$)。

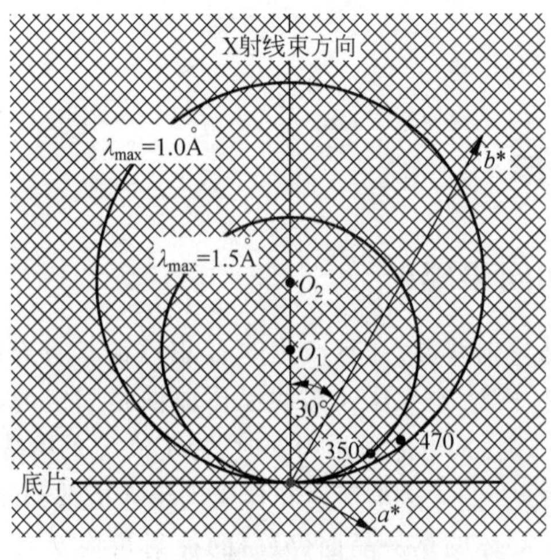

图 7.18 正交晶系的a^*和b^*倒易空间网格结构及入射线波长变化范围之间的关系

如图 7.17 所示，显然有

$$\tan(2\theta)=\frac{x}{R} \tag{7.10}$$

式中，x 是 P 点到原点的水平距离；R 是样品到底片的距离。如图 7.18 所示，在波长为 1.0～1.5Å 范围内，可以得到一系列的衍射斑点：350，470，480，490 等。我们可以通过计算得到这些晶面衍射的波长。

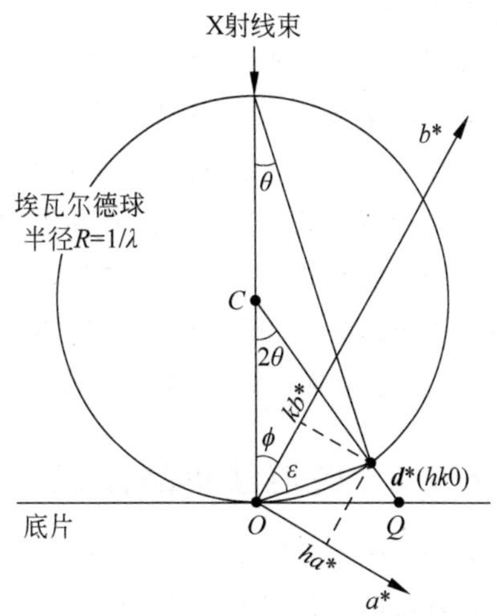

图 7.19　(hk0)晶面的衍射及其波长选择

如图 7.19 所示，对应晶面($hk0$)的倒易阵点矢量 $\boldsymbol{d}^*(hk0)$ 产生衍射时对应的入射线波长由图中的反射球半径决定，ϕ 与晶体取向相关，O 为倒易点阵的原点，CQ 为衍射束的方向。从图中可以看出，倒易阵点矢量 $\boldsymbol{d}^*(hk0)$ 相对于倒易点阵基矢的方向角 ε 为

$$\tan\varepsilon=ha^*/kb^*=hb/ka \tag{7.11}$$

并且

$$\theta(hkl)=[90-(\phi+\varepsilon)] \tag{7.12}$$

因此

$$\begin{cases}\lambda(hk0)_\theta=2d(hk0)\sin\theta(hk0)=2d(hk0)\sin[90-(\phi+\varepsilon)]\\ \lambda(hk0)_\theta=2d(hk0)\cos(\phi+\varepsilon)\end{cases} \tag{7.13}$$

当 $\phi=30°$时：

(1) (350)晶面

$\tan\varepsilon=3\times15/(5\times10)=0.9$，　$\varepsilon=41.99°$

$d(350)=\left(\frac{9}{10^2}+\frac{25}{15^2}\right)^{-\frac{1}{2}}=2.2299$Å，　$\lambda(350)_\theta=2\times2.2299\cos(30+41.99)=1.3789$Å

$\theta(350)=90-(30+41.99)=18.01°$

如果 $R=60$mm，

$$x(350)=60\tan(2\times18.01)=43.62\text{mm}$$

(2) (470)晶面

$\tan\varepsilon=4\times\frac{15}{7\times10}=0.8571$，　$\varepsilon=40.60°$

$d(470)=\left(\frac{16}{10^2}+\frac{49}{15^2}\right)^{-\frac{1}{2}}=1.627$Å，　$\lambda(470)_\theta=2\times1.627\cos(30+40.6)=1.0809$Å

$\theta(470)=90-(30+40.6)=19.4°$

$x(470)=60\tan(2\times19.4)=48.24$mm

显然，晶体取向参数 ϕ 对结果有影响。很容易计算出当 $\phi=0°$时的结果：

(1) $\lambda(350)_\theta=3.3148$Å；

(2) $\lambda(470)_\theta=2.4707$Å。

当晶体取向处于 $\phi=0°$时能够发生衍射，所对应的波长不在入射线的范围内，所以此时不能得到衍射花样。

可以用黑度计对劳厄照片进行光学扫描，记录胶片上每个点的强度和位置；或者可以从记录在可重复使用的电荷耦合器件(CCD)平板上的衍射图案中获得该信息。这些数据然后由计算机使用强大的软件进行处理。由于底片上存在大量的衍射斑点，对于这些斑点的诠释需要计算机程序来完成，但晶体的取向信息是非常必要的，否则晶体相对于入射束的方向可能是随机放置的。由于晶体的高度对称性，可以在一张照片上记录大部分的三维衍射图样。在高强度同步辐射装置中，用CCD平板代替照相胶片，可以很快地记录劳厄数据(单位：s)。甚至前面提到的多阶性的问题也可以得到解决。

7.4.2 劳厄法单晶体定向切割

单晶体的电、磁、光等性质具有各向异性，在某些情况下我们需要了解某一方向的性能，这就需要对单晶体进行定向切割。从理论上讲，在已知晶体取向的情况下，可以通过多种转动方式将单晶体的某一晶面转至特定方向，但这种转动要受到单晶体定向仪转动方式的限制。图7.20是通用的三轴转动单晶体定向仪，其具有两个互相垂直的水平转动轴和一个竖直转动轴。因此，采用单晶体定向仪进行定向切割时要按照这样的转动方式操作。

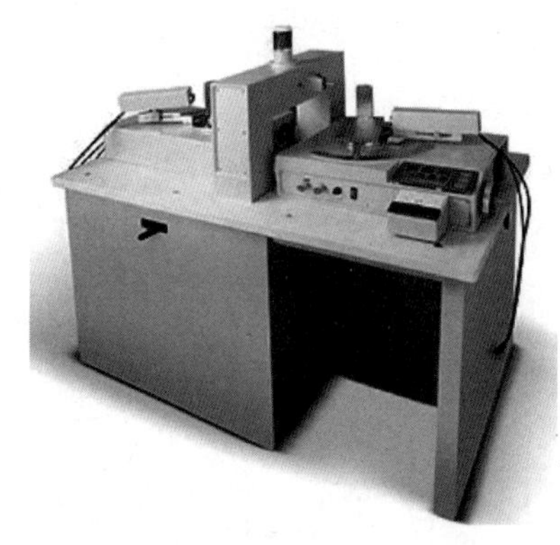

图7.20 三轴转动单晶体定向仪

在单晶体定向切割前，需要按照在定向仪所放置的方式进行定向，或者将晶体支架的三个刻度线均设置为零度，采用劳厄法测定单晶体的取向；然后利用单晶体标准投影图在乌尔夫网的帮助下将特定晶体学方向或晶面转动至要求的方位。现以立方晶系的单晶体为例，说明这一过程。图7.21(a)是单晶体的极射赤面投影图，竖直向上为N'方向，现在需要切割出该单晶体的(112)晶面且水平向右为$[\bar{1}10]$方向。为了使操作过程与定向仪的转动方式一致，首先通过(112)的单晶体标准投影图确定，当水平向右方向为$[\bar{1}10]$方向时，竖直向上的方向为$[\bar{1}\bar{1}1]$方向，所以将单晶体绕竖直轴逆时针旋转62°，此时N'转至如图7.21(b)所示的位置，$[\bar{1}\bar{1}1]$迹点在乌尔夫网的NS轴线上，这时的(112)极点和$[\bar{1}10]$迹点处在与$[\bar{1}\bar{1}1]$迹点成90°的大圆弧上。下一步需要将$[\bar{1}\bar{1}1]$迹点转动到竖直向上的方向，如图7.21(c)所示，绕一个水平轴转动9.8°将所有投影点由○转动至●位置，$[\bar{1}\bar{1}1]$迹点转动到竖直向上的方向，这时(112)极点和$[\bar{1}10]$迹点处在乌尔夫网的NS轴上。将图7.21(c)上的投影点绕另外一个水平轴转动12.6°，如图7.21(d)所示，将(112)极点转至投影中心，其他投影点在相应维度线上作同样的转动，这时$[\bar{1}10]$方向转至水平向右方向，符合要求。

转动完成后为了确保转动后的方向符合精度要求，需要再次采用劳厄法进行一次单晶体定向，如果合适即可进行切割。

7.4.3 滑移面和滑移方向的确定

位错滑移是晶体塑性变形的主要方式之一，采用劳厄法确定晶体滑移面是一个十分重

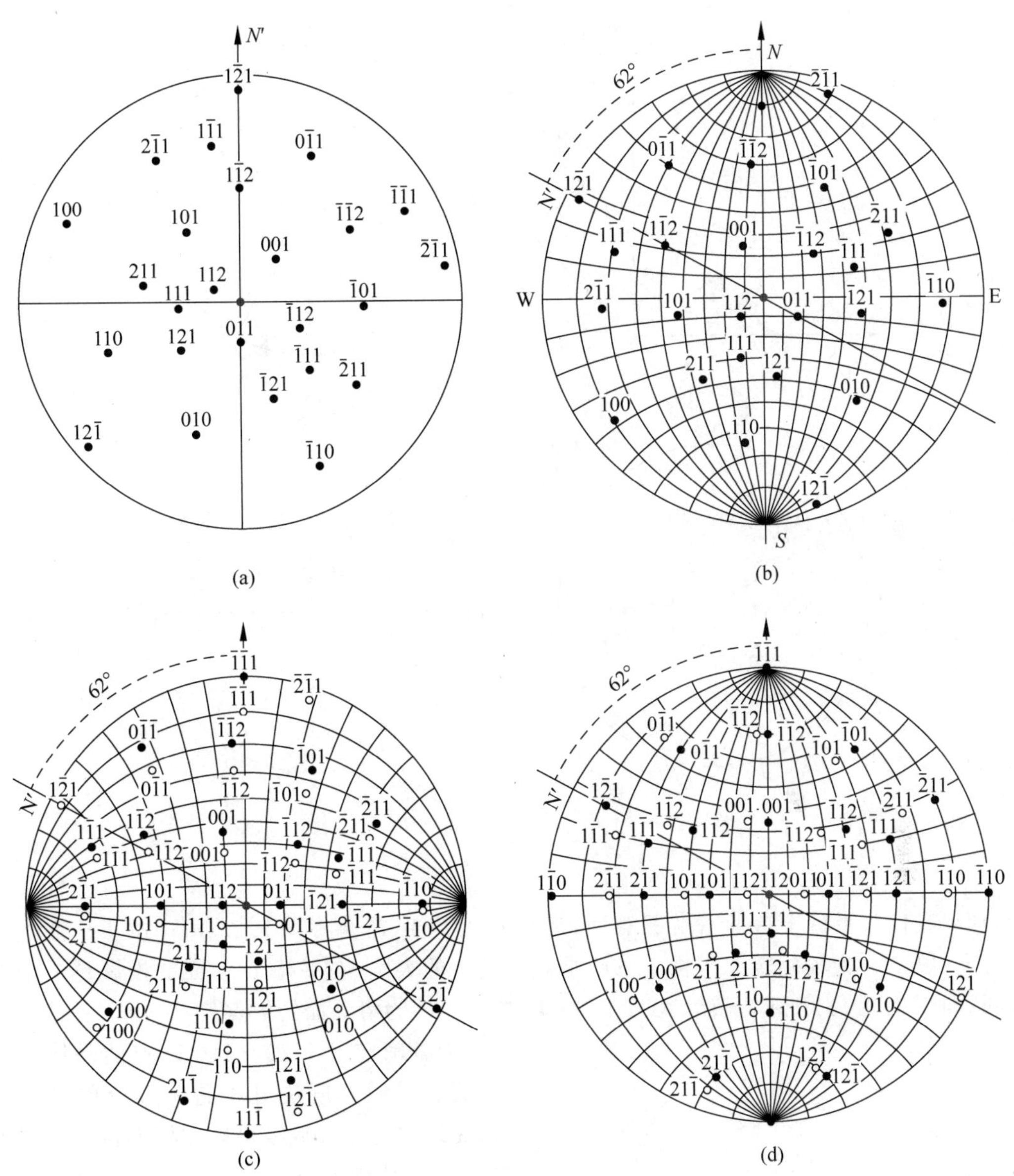

图 7.21　单晶体定向切割的旋转过程

(a) 单晶体的极射赤面投影；(b) 将[$\bar{1}\bar{1}1$]转动至乌尔夫网 NS 轴线；(c) 将[$\bar{1}\bar{1}1$]转动至顶点；(d) 将(112)转至投影中心

要且有意义的工作。双面法是将单晶体磨出两个互相垂直的表面，如图 7.22(a)所示，当晶体在外力作用下发生塑性变形后，会在 A、B 面上出现滑移线，如果 A、B 面的交线为 NS，滑移线在 A、B 面上的痕迹与 NS 的夹角分别为 α、β，我们可以据此标定出滑移面的取向。

如图 7.22(b)所示，在 A 面上，滑移线 A 与 NS 所成角度为 α，可以在极射赤面投影图中画出滑移线 A 的投影，那么滑移面的法线一定在 CD 大圆上。同样道理，由滑移线 B 的投影也可以确定滑移面的面法线在图 7.22(c)的 EF 大圆上。但滑移线 A(图 7.22(b))和滑移线 B(图 7.22(c))相对于不同的坐标系，需要将两个滑移线的投影合并在一个坐标系

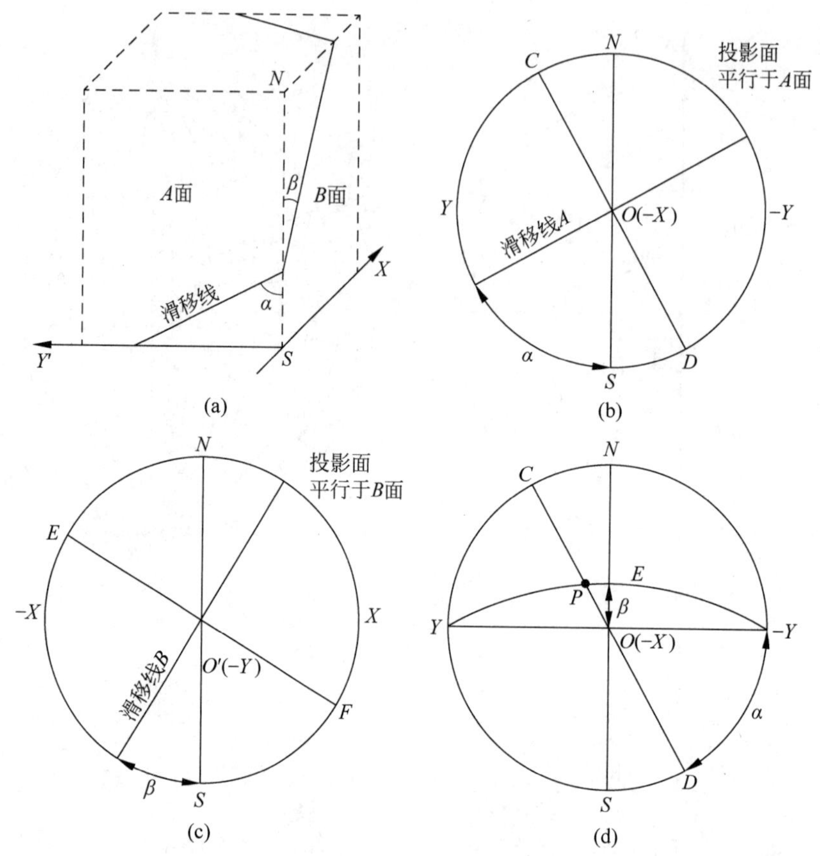

图 7.22　双面法测定滑移面

中，如果我们以平行于 A 面作为投影面，那么 CD 不变，需要将图 7.22(c)中的 EF 变换投影方向，以 NS 为轴旋转 90°，由于 EF 是倾斜角 β 的大圆，在平行于 A 面的投影是一个大圆弧，如图 7.22(d)所示，显然，大圆弧与 CD 的交点即为滑移面的极点。

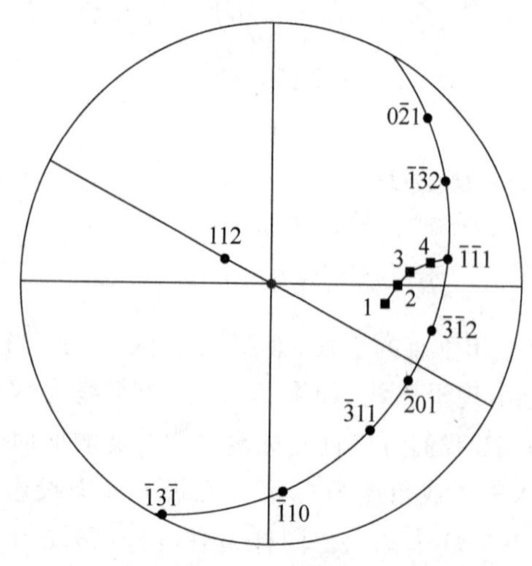

图 7.23　立方晶系滑移方向的确定

为了确定图 7.22(d)中 P 点的晶体学方向，需要采用劳厄法对该晶体进行单晶体定向，晶体定向完成后就可以在标准投影图中确定 P 的晶体学方向。

滑移方向可以根据两个条件来确定。首先，滑移方向一定在滑移画上。反映到极射投影上，滑移方向的迹点必然位于与滑移面极点成 90°的大圆上。图 7.23 表示了立方系晶体的滑移面为(112)时滑移方向所在的大圆。其次，晶体拉伸形变时，滑移方向会逐渐转向拉伸轴。图 7.23 中，极点 1，2，3，4，…表示拉伸程度逐渐增加时的拉伸取向变化动向。从变化趋势看，是指向上大圆上的[$\bar{1}\,\bar{1}1$]方向。由此得出结论，[$\bar{1}\,\bar{1}1$]即滑移方向。

第8章

晶体尺寸与微观应力分析

晶体材料的微观组织特征如晶粒尺寸、材料中应力状态，对材料的性能影响十分显著。由于X射线衍射数据与材料的原子排布（试样的物理因素）和衍射的实验布置（实验的几何因素）关系密切，所以我们可以采用X射线衍射研究材料中的微观组织特征。X射线衍射数据可以敏感地反映出晶体结构及其完整性、晶体的尺寸及应力状态、晶体的取向及取向分布等信息。

本章讨论的两个主要问题是：①晶粒尺寸细化引起的衍射峰宽化效应；②材料由于受到外力的作用，存在各个晶粒之间或晶粒内部的微区应力。由于这两个微观组织特征均会导致衍射峰宽度的变化，因此在本章对衍射峰的峰形，以及分离上述两种宽化效应的方法进行了分析和介绍。

8.1 晶粒尺寸与衍射峰的宽化

8.1.1 谢乐公式的由来

对具有细小晶粒尺寸的材料进行X射线衍射时，衍射峰会出现宽化现象。我们在4.3.2节中讨论了干涉函数，晶体的衍射强度由式(4.46)给出：

$$I_P = I_e |F(K)|^2 L(K)$$

该式表明，衍射强度 I_P 与干涉函数 $L(K)$ 成正比。而干涉函数 $L(K)$ 在式(4.35)中已给出，干涉函数由 L_a、L_b 和 L_c 三个相似项相乘组成，每一项（如 L_a）都具有如图4.12的特点，即 L_a 只在 $K \cdot a$ 为0,1,2,…整数时有极值且等于 M^2，M 为沿基矢 $\boldsymbol{a}$ 方向上的原子数。M 越大，L_a 的主峰强度值越高，主峰宽度越狭窄，副峰的值越小；同理，N 越大，T 越大，对应 L_b 和 L_c 也越高，分布范围也越狭窄。相反，如果晶粒小，相对应的 M、N 或 T 小，干涉函数的主峰变得低矮，峰宽加大，衍射会从标准的布拉格角位置向两边漫散，反映出的衍射峰出现宽化现象。因而通过谱线宽化的分析即可求出晶块的尺寸。需要说明，这里的晶块实际是一个相干散射区，它可能是直径小于200nm的细晶材料的晶粒，也可能是尺寸较大的晶粒中的亚晶、镶嵌块。

设晶块由 N 层相同的(hkl)原子面网堆垛而成，面间距为 d_{hkl}（图8.1）。现在不考虑水平方向上的晶粒尺度，假设在此二维平面上有足够多的原子排列，我们以该二维平面的面网为散射单位，取 f_{hkl}^F 为面网散射因数(即在相同散射条件下以1个电子的散射波振幅为单位表示的单一面网的散射波振幅)，则 N 层面网在空间任一点 P 的衍射振幅 E_P，仿式(4.34)可以写出：

$$E_P = \sum_{n=0}^{N-1} f_{hkl}^F \mathrm{e}^{\mathrm{i}2\pi \boldsymbol{K}(-n\boldsymbol{d}_{hkl})} = f_{hkl}^F \frac{\mathrm{e}^{-\mathrm{i}2N\pi \boldsymbol{K}\cdot\boldsymbol{d}_{hkl}} - 1}{\mathrm{e}^{-\mathrm{i}2\pi \boldsymbol{K}\cdot\boldsymbol{d}_{hkl}} - 1} \tag{8.1}$$

按照式(4.33)的处理方式，I_P 与 $E_P \cdot E_P^*$ 成正比，所以有

$$I = \frac{I_0 \sin^2(N\pi \boldsymbol{K}\cdot\boldsymbol{d}_{hkl})}{\sin^2(\pi \boldsymbol{K}\cdot\boldsymbol{d}_{hkl})} \tag{8.2}$$

式中，I_0 为单一面网在点 P 的散射强度。

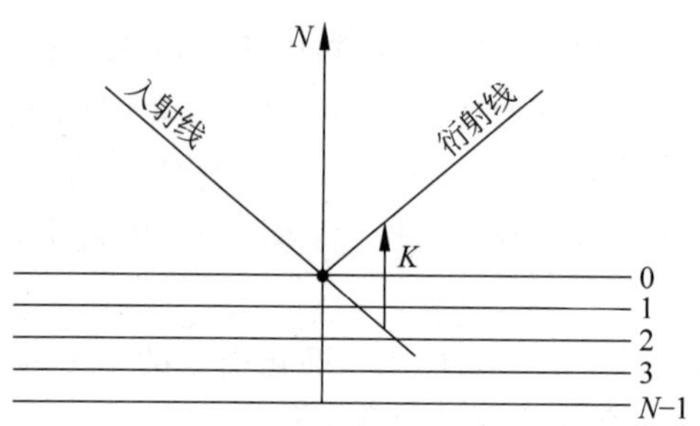

图 8.1 N 层面网的散射

由于 $\boldsymbol{K}/\!/\boldsymbol{d}_{hkl}$，有 $\boldsymbol{K}\cdot\boldsymbol{d}_{hkl} = 2d_{hkl}\sin\theta/\lambda$，现在考虑 θ 自 θ_{hkl} 偏离时衍射强度 I 的变化。为此，令 $\theta = \theta_{hkl} + \Delta\theta$，则

$$\boldsymbol{K}\cdot\boldsymbol{d}_{hkl} = 2d_{hkl}\sin(\theta_{hkl} + \Delta\theta)/\lambda = 2d_{hkl}(\sin\theta\cos\Delta\theta + \cos\theta_{hkl}\sin\Delta\theta)/\lambda \tag{8.3}$$

考虑到 $\Delta\theta$ 甚小，有 $\cos\Delta\theta \approx 1$，$\sin\Delta\theta \approx \Delta\theta$，因而

$$\boldsymbol{K}\cdot\boldsymbol{d}_{hkl} = 2d_{hkl}\sin(\theta_{hkl} + \Delta\theta)/\lambda = 1 + 2d_{hkl}\cos\theta_{hkl}\Delta\theta/\lambda \tag{8.4}$$

将式(8.4)代入式(8.2)，可以得到

$$\begin{cases} I = \dfrac{I_0\sin^2(2\pi N d_{hkl}\cos\theta_{hkl}\Delta\theta/\lambda)}{\sin^2(2\pi d_{hkl}\cos\theta_{hkl}\Delta\theta/\lambda)} \\ I \approx N^2\dfrac{I_0\sin^2(2\pi N d_{hkl}\cos\theta_{hkl}\Delta\theta/\lambda)}{(2\pi N d_{hkl}\cos\theta_{hkl}\Delta\theta/\lambda)^2} \end{cases} \tag{8.5}$$

按式(8.5)，当 $\theta = \theta_{hkl}$ 时，即 $\Delta\theta = 0$ 时，I 值为 $N^2 I_0$ 达最大。随着 $\Delta\theta$ 的增大，I 迅速降低，构成了衍射谱线的细晶宽化效应。

为了便于描述宽化现象，引进半高宽的概念。半高宽是在衍射峰高度一半处所对应的峰宽，英文缩写为 FWHM(full width at half maximum)。如图 8.2 所示，有下面的关系：

$$\beta_{hkl} = 4\Delta\theta_{1/2} \tag{8.6}$$

当衍射峰的强度下降到最大值的一半时，即 $I = \frac{1}{2}NI_0$，也就是要求

$$\frac{\sin^2(2\pi N d_{hkl}\cos\theta_{hkl}\Delta\theta/\lambda)}{(2\pi N d_{hkl}\cos\theta_{hkl}\Delta\theta/\lambda)^2} = \frac{1}{2} \tag{8.7}$$

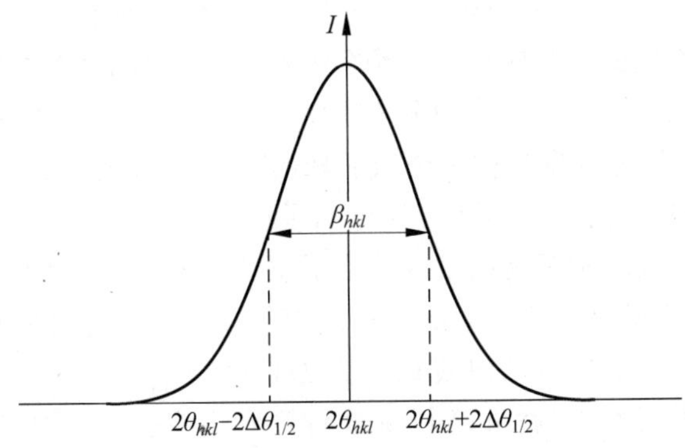

图 8.2　衍射峰的宽化及半高宽

此时，

$$2\pi N d_{hkl} \cos\theta_{hkl} \Delta\theta/\lambda = 1.4 \tag{8.8}$$

在式(8.8)中，晶粒尺寸 $D_{hkl}=Nd_{hkl}$，且 $\beta_{hkl}=4\Delta\theta_{1/2}$，因此式(8.8)可以写成

$$D_{hkl}=\frac{0.89\lambda}{\beta_{hkl}\cos\theta_{hkl}} \tag{8.9}$$

推导式(8.8)的假设是：所有晶块的尺寸均相同。考虑到晶块尺寸会呈某种分布，因而系数与 0.89 将有少许差异，也被称为平均晶粒的形状因子。晶粒形状、尺寸分布不同，系数亦不同。为此，人们常用 k 来表示这个系数。

$$D_{hkl}=\frac{k\lambda}{\beta_{hkl}\cos\theta_{hkl}} \tag{8.10}$$

式(8.10)中的 k 近于 1(由于差异很小，人们对具体取值并不看重)。该式也称为谢乐(Scherrer)公式。

8.1.2　谢乐公式的应用

谢乐公式的推导基于一些假设，因此在使用该公式时要注意以下问题。

(1) 谢乐公式主要用于估计晶粒对于指定晶面方向上的平均厚度，所以用 D_{hkl} 表示该方向上晶粒的尺寸。

(2) 晶体在衍射晶面法线方向的厚度 D 和衍射峰半高宽是 $1/\cos\theta$ 的正比例函数，也就是说，晶粒尺寸引起的宽化效应随着 θ 的增加，更加明显。

(3) 谢乐公式的适用范围为 D 在 30～2000Å，晶粒平均大小在 300Å 左右时，谢乐公式的计算结果较为准确，当晶粒尺寸大于 2000Å 以后，宽化现象不明显，不能用来测定晶粒尺寸。

(4) 只有当样品中所有微晶粒内(亦即“相干散射区域”内)的晶格可以认为是完善的，而其他任何形式缺陷的效应都可以忽略时，谢乐公式中的 β 才等于实测峰的真实峰宽。否则，“晶粒过细”只是致使实测衍射峰宽化的因素之一，不能直接用衍射峰的真实峰宽代入谢乐公式来计算晶粒大小。

(5) 谢乐公式讨论的是“晶粒”的平均大小，而非“颗粒”的大小，故得到的“尺寸”数据与光学显微镜和电镜观察到的有时不一。光学显微镜和电镜观察到的是观察对象中微细颗粒的外观并可以测量其大小，而这些颗粒每颗可能是一粒微小的单晶粒，但也可能每颗都是由许多微小的晶粒集结而成的多晶颗粒。谢乐公式测算得到的是“晶粒”的平均大小。谢乐公式适用的晶粒尺寸范围是光学显微镜的分辨率所不及的。

（6）晶粒的形状特征是依据晶粒多个衍射峰的宽化，当不存在晶粒畸变时，由谢乐公式不仅能够获得微晶的厚度，而且还能估计其基本形状的特点并可进一步估计其比表面。

一般微晶粒在其长成时常常是以某些特定晶面方向自由生长的，不同的方向生长速率是不同的，从而长成具有某种对称特征的几何多面体。由谢乐公式知道，晶粒任意两个方向（设为(h_1,k_1,l_1)和(h_2,k_2,l_2)）的厚度比应为$D1/D2=(\beta_2/\cos\theta_2)/(\beta_1/\cos\theta_1)$。所以只要测量几条特殊指数的衍射线，就可以判断微晶粒形状特点。例如，对于轴线为 **b** 方向的针状晶体，其 $h0l$ 反射增宽，$0k0$ 反射线尖锐，而 hkl 衍射峰则按照指数的相对大小，其宽度是中等的。对于板条状晶体，如图 8.3(a)所示，它的最长、中等和最薄方向的尺度依次是 **b**、**a**、**c**，则其 $00L$ 衍射峰最宽，$h00$ 衍射峰宽度中等，$0k0$ 衍射峰最尖锐；又如某六方晶系的样品，由其 002 衍射峰宽求得的晶粒尺寸约为 40Å，而由 $hk0$ 衍射峰求出的尺寸约为 200Å，这表明其外形特点应该是扁片状的，底面 **a**、**b** 的尺寸大，而 **c** 方向的尺寸较小，如图 8.3(b)所示。当然，晶粒尺度是在可产生峰宽增宽的范围之内，且晶粒是主要的衍射峰增宽因素。

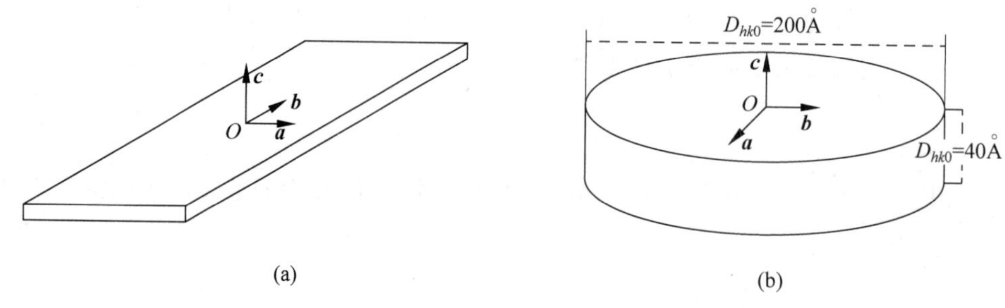

图 8.3 微晶粒的形状特征

8.2 微观应力与衍射峰的宽化

多晶材料在其形成、加工或处理过程中，由于相邻晶粒的干扰和制约，致使材料制备后往往仍处于一种特殊应力状态。这种残留应力状态的特征是：在相邻晶粒中以及同一个晶粒的不同部位，应力的大小、方向甚至符号均不同，但在宏观上却无应力显示，故这种应力称为微观应力。微观应力包括第二类应力与第三类应力。第二类应力存在于微米范围（多个晶粒或多相微区尺度），包括晶间应力（intergranular stress）与相间应力（interphase stress），从起源上划分，包括热应力、塑形形变应力、相变应力；第三类应力由晶粒内部分布的位错或其他点/线/面晶体缺陷引起，作用尺度范围从微米跨越至纳米，一般起源于塑形形变或相变。在微观应力与外力的联合作用下，易使工件在远小于屈服应力下产生裂纹并导致断裂。本节主要讨论第二类应力产生的衍射峰宽化。

微观应力状态使材料中的不同晶粒，以及同一个晶粒的不同部位的同一(hkl)面的面间距不再相等，因而也常称为微畸变。微畸变导致相应的 θ_{hkl} 亦不全同，这时多晶衍射花样的 hkl 谱线其实是众多个布拉格角与无畸变的 θ_{hkl} 有不同程度微小偏离的衍射峰叠合而成的宽峰（图 8.4）。

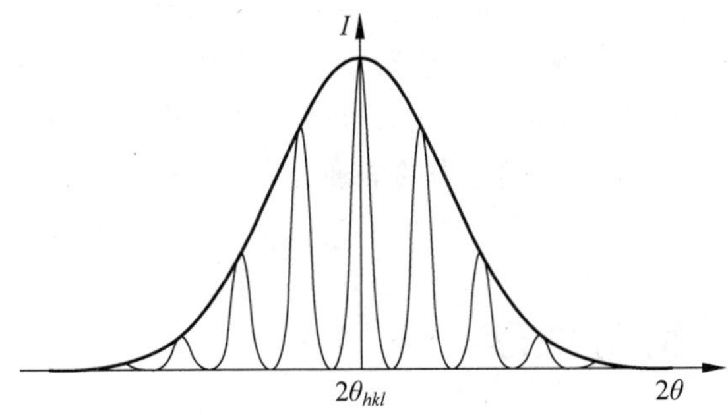

图 8.4　微观应力与衍射线宽化

为探求微畸变引起的谱线宽化，设衍射实验在理想条件下进行，此时图 8.4 中不同晶粒的（hkl）衍射峰均退化成极窄的竖条（不考虑细晶宽化），这些竖条合并成的峰形即该材料的（纯）微变衍射峰。固定 λ 并对布拉格方程微分：

$$2\Delta d\sin\theta + 2d\cos\theta\Delta\theta = 0$$

可得

$$\frac{\Delta d}{d} = -\cot\theta\Delta\theta \tag{8.11}$$

为测量方便，以微畸变线形的半高宽 β_{hkl} 作为微畸变宽化效应的表征，相应的微畸变为

$$\varepsilon_{平} = \left|\frac{\Delta d}{d}\right|_{平} \tag{8.12}$$

定义为该多晶材料的平均微畸变。代入式(8.12)，有

$$\varepsilon_{平} = \frac{\beta_{hkl}}{4}\cot\theta_{hkl} \tag{8.13}$$

式中，β_{hkl} 以弧度计量。将 $\varepsilon_{平}$ 乘以弹性模量即该材料的平均微观应力。

应该指出，基于衍射技术的第二类应力测量与分析技术进展也非常快。多方向不同{hkl}点阵应变准确测量，并与微观力学模拟结合，可以获取不同晶粒取向相关的或不同相组成的微观应力。微观力学模拟包括考虑晶体弹塑性形变行为的自洽(self-consistent，SC)模型或有限元方法(finite element method，FEM)等。另一种方法是基于中子衍射测量获得的点阵应变极图(strain pole figure)，利用应力球谐级数法获取应力取向分布函数(stress orientation distribution function，SODF)，直接获取第二类应力。该方法是将织构定量分析的球谐级数法移用于应力分析，思路是：①定义一个与晶粒取向相关的应力分布函数，即应力取向分布函数，采用低阶广义球谐级数展开式予以描述；②利用三维弹塑性模型给出的约束条件，从不同{hkl}实测点阵应变分布求解一组带约束条件的由应变分布与级数系数相关联的非线性方程，由之确定 SODF 的低阶球谐级数的系数。SODF 分析术的优点是：与晶粒取向相关的第二类应力被直接表达成函数分布的形式，克服了单值测算的困难；其从实测点阵应变分布获得的应力分布，更有效地反映了材料的真实应力状况；变形中原位确定的 SODF 可以作为应力边界条件引入织构的定量模拟，克服目前织构模拟中边界条件的

不确定性问题；借助于 SODF 分析术，不仅可以给出双相材料的平均相间应力，而且可以得到与晶体取向相关的相间匹配应力的定量信息。

而针对第三类应力测量，根据$\{hkl\}$衍射半高宽分析可以获得如平均位错密度等具有统计意义的定性或半定量信息。这种分析方法，一方面受到倒空间应变分辨率与真实空间分辨率的限制；另一方面由于各种微观缺陷多种排列方式产生的半高宽效应的不唯一性，很难通过衍射峰宽度的平均测量准确定量描述。而通过与同步辐射微衍射(X-ray microdiffraction)技术配合，可以获得缺陷分布及第三类应力的准确信息，这方面研究仍在快速发展中。

8.3 卷积与真实衍射峰形

对于材料微观组织的研究需要去除与材料微观组织无关的因素，将有意义的实验数据提取出来是非常重要的分析过程。我们把实验直接观察到的衍射峰的峰形称为实测峰形，然而实测峰形不仅与样品中晶体的结构缺陷有关，还与实验方面的因素(物理因素和仪器因素，如特征波长的物理宽度、X 射线束的发散度、狭缝宽度等)有关。为了量化地研究材料中的晶粒细化、点阵畸变(微区应力)及层错等晶体缺陷，需要扣除这些实验因素的作用而提取出仅与样品中晶体的缺陷结构有关的峰形数据，这样得到的衍射峰称为“真实”峰形或“纯”峰形的数据。

8.3.1 实测峰形与真实峰形

我们使用衍射仪直接获得的衍射图上的衍射线峰形，是衍射线的实测峰形，而并非样品中实际晶体有缺陷的微观结构所给出的衍射线的“真实”峰形。实测峰形的特征不仅源于实际晶体中存在的晶格缺陷，还与实验因素有关。

我们用 $f(x)$表示样品中缺陷带来的宽化效应函数，也称为物理宽化函数，$g(x)$表示仪器(几何)宽化函数，主要来源于实验条件的设置，$h(x)$是通过衍射仪实测的峰形函数，这三者之间的关系并不是简单的加和关系，而是一种卷积关系。

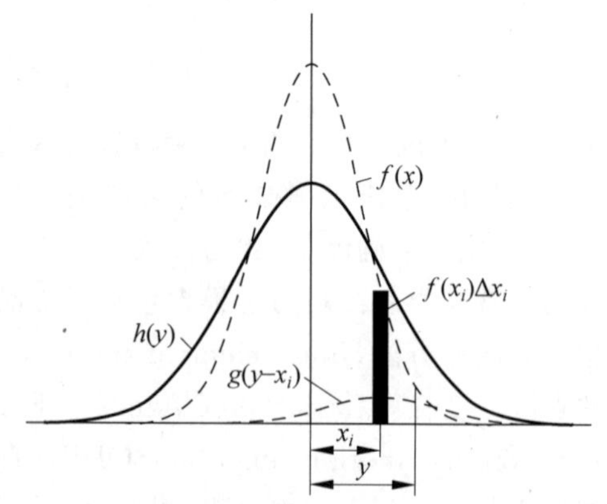

图 8.5 峰形的卷积合成

如图 8.5 所示，首先将物理宽化函数 $f(x)$离散化处理，每份长度为 Δx，那么范围在第 i 份的物理宽化函数的面积为 $f(x_i)\Delta x_i$，此值作为物理宽化的权重，如果仪器宽化函数为 $g(x)$，那么在 x_i 处的物理宽化强度会按照仪器宽化函数再次分配衍射强度，在 y 处的衍射强度可以表示成 $f(x_i)g(y-x_i)\Delta x_i$，显然在 y 处的值是由所有微区经仪器宽化后在 y 处的和，这一过程可以表示为

$$h(y)=\sum_i f(x_i)g(y-x_i)\Delta x=\int_{-\infty}^{\infty} f(x)g(y-x)\mathrm{d}x \tag{8.14}$$

式(8.14)给出了实测峰形函数、物理宽化函数和仪器宽化函数三者之间的关系，这一关

系在数学上称之为卷积。在已知函数分布情况下，可以根据实测线形采用傅里叶变换求解出物理宽化函数。

8.3.2　近似函数法

为了求解式(8.14)中的物理宽化函数，我们通常用近似函数来求解。首先引入一个概念积分宽度(B)，积分宽度与衍射峰的最大强度的乘积等于该衍射峰的面积，用公式可以写成

$$积分宽度=峰的面积/峰高$$

衍射峰形是钟罩函数，通常使用的有

高斯(Gaussian)函数：　$y=e^{-k_1x^2}$，　$k_1=\pi/B^2$　(8.15)

柯西(Cauchy)函数：　$y=1/(1+k_2x^2)$，　$k_2=\pi^2/B^2$　(8.16)

柯西平方函数：　$y=1/(1+k_3x^2)^2$，　$k_3=\pi^2/(2B)^2$　(8.17)

上面各式都是归一的，即函数的最大值为1，且函数最大值处的 $x=0$。

高斯函数和柯西函数，在参数相同的情况下，半高宽以上部分两者的图形基本重合；但在半高宽以下部分，高斯函数的图形下降收缩较快，而柯西函数的图形则正好相反(图8.6)。实际上对于X射线衍射仪获得的衍射峰形，不论是高斯函数还是柯西函数都不能很好地近似，而且实际X射线衍射峰形还总是或多或少地是不对称的。如前所述，衍射仪记录得到的实测峰形曲线 $h(\theta)$ 是仪器宽化函数 $g(\theta)$ 与样品衍射峰物理宽化函数 $f(\theta)$ 的卷积。一般认为，前者与高斯函数比较近似，而后者与柯西函数更为接近。

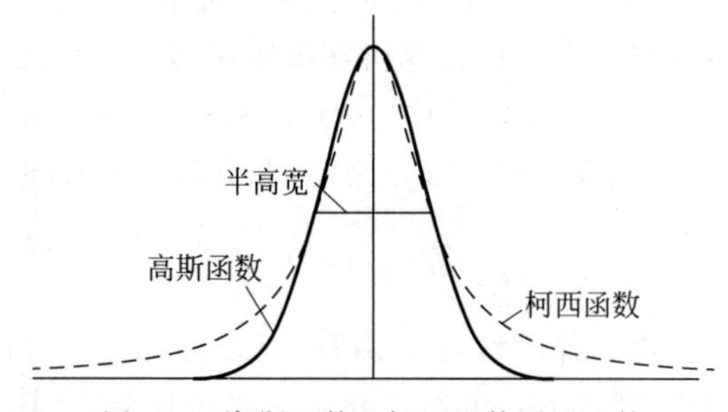

图8.6　高斯函数和柯西函数图形比较

用近似函数法进行峰形分析，选择峰形的近似函数类型是关键。下面列举几种选择的方法。

(1) 面积比较法：为比较与实测峰形的相似程度，亦可计算曲线下面的面积(S)，与实测峰形扣除背底后的面积(S_0)进行比较。在相同的 x 范围内，$(S-S_0)/S_0$ 越小，则该 S 所对应的近似函数与实测峰越近似。

(2) 图形直观比较：首先求出实测衍射峰的积分宽度 B，然后将 B 分别代入式(8.15)～式(8.17)中，比较计算出的强度分布图形与哪一个函数接近，从而确定近似函数。

(3) 回归直线法和均方差值比较法：二者的出发点都是与图形直观比较，但前者比后者客观，可以量化地表示选择的近似函数与实测函数符合的程度。

(4) 峰形的半高宽 W 与其积分宽度 B 之比(W/B)判定法：此法可以简称为半积比。令 W 代表线形的半高宽，计算实测线形的 W 与积分宽度 B 的比值 W/B，将此值与三种近

似函数的 W/B 相比较。表 8.1 列出了三种钟罩型函数的 W/B 比值。

表 8.1　三种钟罩型函数的 W/B 比值

函数类型	$e^{-k_1x^2}$	$1/(1+k_2x^2)$	$1/(1+k_3x^2)^2$
积分宽度 B	$B^2=\pi/k_1$	$B^2=\pi^2/k_2$	$B^2=\pi^2/4k_3$
W/B 表达式	$W/B=2\sqrt{\ln 2}\sqrt{\pi}$	$W/B=2\sqrt{\ln 2}\sqrt{\pi}$	$W/B=4\sqrt{2^{0.5}-1}/\pi$
W/B 比值	0.939	0.636	0.819

将实测线形的 W/B 比值和表中的 W/B 比值进行比较，与哪一个函数的 W/B 值最接近，即可选用此种近似函数。但有时实测峰形的 W/B 处于表中两个函数的 W/B 之间，就难以判定了。

(5) 真实峰形近似函数的选择：在式(8.18)中，B 为试样实测峰形分离 $K_{\alpha2}$ 双重线后的积分宽度；式中函数 $g(x)$ 可以应用标准试样测定，分离 $K_{\alpha2}$ 双重线后的积分宽度即 b($g(x)$所对应的积分宽度)，$f(x)$所对应的峰形积分宽度用 β 表示。这两者均可应用前述的方法为其选定适当的近似函数，但是试样的真实宽化峰形函数 $f(x)$ 却难以直接利用实测数据进行判定，往往是人为假定的。应用软件进行尝试计算，可以避免人为假定的主观性，其基本原理如下：

$$B=\frac{b\beta}{\int_{-\infty}^{\infty}f(x)g(x)\mathrm{d}x} \tag{8.18}$$

$$h(x)=\int_{-}^{+}f(y)g(x-y)\mathrm{d}y \tag{8.19}$$

用几种近似函数逐一表示 $f(y)$ 函数，$g(y)$ 函数用标准试样实测确定，上式为卷积函数 $h(x)$ 在无穷区间内的数值积分，现可用计算机在有限区域 $-n/2$ 至 $n/2$ 间隔(相当于谱线测量区)进行卷积计算，计算出 $h_j(x_i)$，其中 $j=1,2,3,\cdots$，分别对应一种近似函数，将每种近似函数计算的 $h_j(x_i)$ 与实测线形的 $h(x_i)$ 比较，求出偏离值的均方值，即

$$S_j^2=\sum_{-n/2}^{n/2}[h(x_i)-h_j(x_i)]^2 \tag{8.20}$$

显然，偏离值的均方值最小者所对应的函数，可以作为 $f(y)$ 的最佳近似函数，其与 $g(y)$ 的卷积能够最接近于实测线形。虽然加和运算比较复杂，计算工作量大，但这是避免人为假定线形的一个比较严谨的方法。

由于我们在做衍射峰分析时，常常用到半高宽，而不同近似函数的半高宽变化与积分宽度有表 8.1 的关系。通过对不同近似函数的分析，可以求解不同函数组合后积分宽度之间的关系，其中两种常见的组合见表 8.2。

表 8.2　近似函数的选取及其 B、b、β 之间的关系

$f(x)$	$g(x)$	B、b、β 之间的关系
高斯函数	高斯函数	$B^2=b^2+\beta^2$
柯西函数	柯西函数	$B=b+\beta$

当近似函数确定后，我们就可以确定 $h(x)$ 与 $f(x)$、$g(x)$ 三者积分宽度的关系，并转换成半高宽。

8.4　两种物理因素共同导致的衍射线宽化

多晶材料中晶块细化和微畸变往往共存，它们共同导致了衍射线的宽化。由于两个物理因素是彼此独立的，因而综合的宽化即两种宽化效应的叠加。晶粒细化、微观应力和物理宽化之间也是一种卷积关系，如同仪器几何宽化、物理宽化和实测峰宽化之间的关系（参见式（8.14）），即

$$f(y)=\int_{-\infty}^{\infty} f_{\mathrm{D}}(x) f_{\mathrm{s}}(y-x)\mathrm{d}x \tag{8.21}$$

式中，f 为物理宽化函数，f_{D} 为微畸变宽化函数，f_{s} 为晶粒细化宽化函数。

当材料中同时存在两种宽化效应，就需要将 f_{D} 和 f_{s} 分开，以求解各自的物理量。其中，衍射峰半高宽的确定和近似函数的选择是将两种物理宽化效应分开的关键。从实测的衍射峰中，既可以通过标准样品法，也可以通过其他方法确定几何宽化的积分宽度，再选择合适的近似函数，从实测峰中将物理宽化的积分宽度求出，然后确定两种物理因素宽化的近似函数，列出方程组解出微观应力和晶粒尺寸。从现有的理论中，f_{D} 和 f_{s} 遵循的近似函数尚无定论。

从实测峰中分离出来的物理宽化 f，由 f_{D} 和 f_{s} 卷积构成，选取 f_{D} 和 f_{s} 的近似函数，确定积分宽度之间的关系，列出方程组求解。

例题　用 Co 靶 K_{α} 辐射测定一经过强烈冷加工的合金钢的晶粒尺寸和微畸变。已知 Co 的 $\lambda_{\mathrm{K}_{\alpha}}=0.1789\mathrm{nm}$，扫测了(110)和(220)衍射峰，测得 $\theta_{110}=26.11°$，$\theta_{220}=61.67°$，它们的 $\beta_{1/2}$ 分别为 0.52°和 1.8°，假定该钢的近似函数 f_{s} 和 f_{D} 均符合柯西函数形式，求晶粒尺寸和微畸变。

解：如果需要同时确定材料中的两个物理宽化效应，应当选择(hkl)晶面和($2h2k2l$)两个晶面，即(hkl)的二级衍射，因为只有这样才能保证 ε 和 D 在两个方程中相同，才可以求解。所以本题中给出的(110)和(220)两个衍射峰的半高宽，是去掉了几何宽化的因数。考虑到题中给出的近似函数 f_{s} 和 f_{D} 均符合柯西函数形式，所以有 $\beta=\beta_{\mathrm{S}}+\beta_{\mathrm{D}}$。这里给出的是积分宽度之间的关系，按照表 8.1 乘以同一个系数就转换成半高宽，所以半高宽之间也有这种加和的关系，因此可以列出下面的方程组：

$$\begin{cases}\beta_{hkl}=\dfrac{k\lambda}{D_{hkl}\cos\theta_{hkl}}+\dfrac{4\varepsilon}{\cot\theta_{hkl}}\\[2ex]\beta_{2h2k2l}=\dfrac{k\lambda}{D_{2h2k2l}\cos\theta_{2h2k2l}}+\dfrac{4\varepsilon}{\cot\theta_{2h2k2l}}\end{cases} \tag{8.22}$$

将题中所给出的数据代入式(8.22)中，可以解出 $D_{110}=114\mathrm{nm}$，$\varepsilon=0.0038$。

第9章

晶胞常数的测定

晶体物质的晶胞常数随其成分、温度和受力状态的变化而有微小改变，X射线衍射技术测得的晶胞常数的精确度完全可以确切反映出这种改变，因而晶胞常数的精确测定，尤其是采用多晶X射线衍射技术在材料学的测量和研究中是常用技术之一。例如，其在粉状或疏松物质真密度的测定、固溶体类型的测定、相图中固溶度线的测定、材料在某些转化过程中所含各相成分变化的测量等工作中均可使用。

9.1 晶胞常数精确测定原理

晶胞参数是一个间接测定量，由已知衍射指标的晶面间距来计算。而晶面间距需按布拉格(Bragg)方程由相关的衍射峰峰位与实验使用的X射线的波长计算。根据布拉格方程得

$$2d\sin\theta=\lambda$$

并且根据式(2.14)得

$$\frac{1}{d_{hkl}^{2}}=|g_{hkl}|^{2}=(h\boldsymbol{a}^{*}+k\boldsymbol{b}^{*}+l\boldsymbol{c}^{*})\cdot(h\boldsymbol{a}^{*}+k\boldsymbol{b}^{*}+l\boldsymbol{c}^{*})$$

不同晶系的 d 与 hkl 的对应关系不同，立方晶系只有一个参数 a，六方晶系和正交晶系由 a 和 c 两个参数决定，详见2.3.3节2。现用立方晶系来说，我们实验中可以测得多个衍射峰，分别对应不同的 2θ 和干涉指数(hkl)，根据每个 2θ 及其所对应的干涉指数均可以计算出一个晶胞常数，有 n 个衍射峰就可以计算出 n 个晶胞常数。如果测定 2θ 没有误差，则所计算的晶胞常数应该相同。但由于测定误差的存在，根据每个衍射峰所对应的 2θ 计算出的点阵参数是有差别的，我们需要对此进行分析。

对布拉格方程进行微分可得

$$\frac{\Delta d}{d}=-\Delta\theta\cot\theta \tag{9.1}$$

这是个很重要的关系式，它给出了 d 的相对测定误差和测定误差的关系。从式(9.1)可见，对于在较高角度下产生的衍射，同样大小的 $\Delta\theta$ 时，Δd 较小。$\Delta d/d$ 随 θ 的增大而加速下降。当 θ 趋近90°时，由 $\Delta\theta$ 产生的 Δd 趋于零。从表9.1可以看出，在 $\Delta\theta=0.01°$时，2θ 为

60°时的衍射峰 $\Delta d/d$ 比 160°时大 10 倍，所以在同样的角误差下，高角度的衍射线的面间距更准确。

表 9.1　当 $\Delta\theta=0.01°$时，$\Delta d/d$ 的误差

2θ	60°	80°	100°	120°	140°	160°
$\Delta d/d$	15.1×10^{-5}	10.4×10^{-5}	7.3×10^{-5}	5.0×10^{-5}	3.2×10^{-5}	1.5×10^{-5}

由于立方晶系的面间距为

$$d_{hkl}=\frac{a}{\sqrt{h^2+k^2+l^2}}$$

所以 $\Delta d/d=\Delta a/a$，因此

$$\frac{\Delta a}{a}=-\Delta\theta\cot\theta \tag{9.2}$$

根据式(9.2)，用高角度的衍射线确定的点阵参数误差小。当 θ 趋近于 90°时，由 $\Delta\theta$ 带来的 Δa 的误差趋近于 0。在实际测量中，$\theta=90°$的衍射线是得不到的。但是通过选用适当波长的入射线，可使材料某一晶面的衍射线尽可能接近 90°。

从实验上来看，确定衍射峰的峰位是减小误差的根本，一方面要通过精细的实验减小实验误差，也要根据 5.3.1 节的要求准确测定峰位，然后采用高角度衍射线的 2θ 进行点阵参数的确定。

图 9.1 是利用铜的 K_α 辐射扫射多晶硅试样，从各晶面峰位算得的晶胞常数 a，由图可见，随着 θ 增大，a 测算值趋于降低，但降低趋势渐缓，且测算值波动减小。据此可以设想，如能将 a 变化的趋势线确切地延到 $\theta=90°$处，则所得数值将很接近于该物质准确的晶胞常数值。

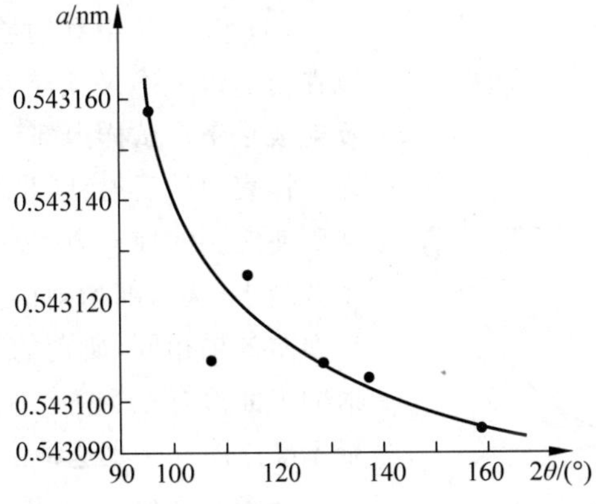

图 9.1　多晶硅的晶胞常数测算值 a 与所测衍射峰位(2θ)的关系

9.2　实验误差的来源

实验误差是指衍射峰的峰位误差，主要来源于两个方面：实验样品的状态和衍射仪的系统误差。

9.2.1 实验样品的状态

样品的本质特征，如晶粒大小、应力情况、织构等因数都可能影响到衍射峰位置的准确确定，我们分以下几种情况讨论。

(1) 试样的晶粒如果太小，则导致衍射峰宽化，使峰位不易测量准确。如晶粒过大，则参与衍射的晶粒较少，衍射峰形不再光滑，甚至出现畸形，使峰位也难以准确测量。因此，如实验条件允许，试样的晶粒度宜在 0.5～5μm，且粒度均匀。

(2) 试样中的微观应力使得衍射峰宽化，宏观应力则使峰位偏离。因此在试样制备中务必清除其内应力。

(3) 试样如含多种化学元素，则必须保证被测相的成分均匀，否则测得的晶胞常数值只是该相不均匀成分晶胞常数值的平均，而非该成分相的真值。

(4) 固体的热膨胀系数多在 4×10^{-6}～70×10^{-6}/K^{-1}，因此在晶胞常数精确测定过程中试样温度需保持恒定。尤其是在精确度要求在 10^{-5} 以上的高精确实验中，温度波动需控制在 0.1K 以内，甚至 0.01K 以内。给出晶胞常数时必须注明测试温度。

(5) 物质对 X 射线的折射系数 $n=1-\delta$，其中 δ 因物质而异，大约为 10^{-5}。由于 n 小于 1，X 射线从空气射入晶体中，经原子面网 (hkl) 反射出来后被测到的射角要比真值大一些，考虑到 δ，布拉格方程定律应该写成

$$\lambda=2d_{hkl}\sin\theta_{hkl}\left(1-\frac{\delta}{\sin^2\theta_{hkl}}\right) \tag{9.3}$$

按式(9.3)求出的 d_{hkl} 是 (hkl) 面的真实面间距，据此算出的晶胞常数即经折射修正后的真值。对于立方系物质，修正和实测晶胞常数之间的关系更可近似为

$$a_{修正}=a_{测}(1+\delta) \tag{9.4}$$

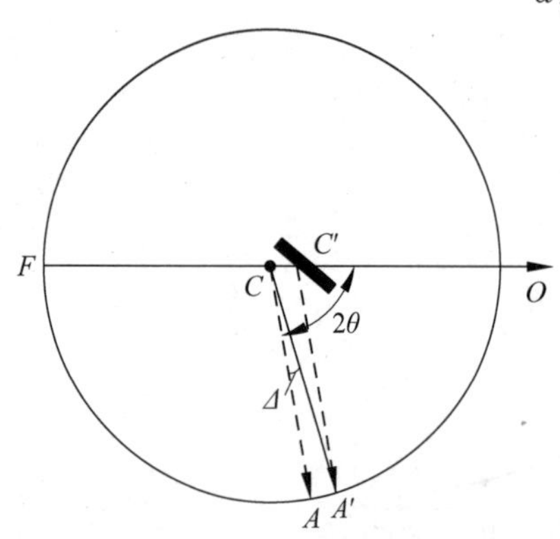

图 9.2 离轴误差示意图

(6) 由于 X 射线对物质有一定的穿透能力，所以在衍射仪上不仅试样表面反射 X 射线，还有部分反射线是来自试样内部。如果仍将衍射峰看成是来自试样表面的反射，则此表面与衍射仪轴有一偏离，从而使实测的掠射角(2θ)偏小。被照射物质的吸收系数越小，从内部衍射的组分越多。这种现象和离轴误差效果相同，所谓的离轴误差是指样品发生衍射的表面没有处于衍射仪圆的圆心，从而造成 2θ 测量不准。图 9.2 是这种误差的示意图。

从图 9.2 可以看出，如果样品放在圆心 C 时，则衍射线应该为 CA，A 点对应的是 2θ 的真值；当样品处于 C'时，衍射角还是 2θ，衍射线为 $C'A'$，与测角仪圆交于 A'点，显然 A'所对应的 2θ 小于真值；如果 C'处于衍射仪圆圆心的左侧，A'所对应的 2θ 大于真值。而从样品次表层衍射出来的衍射线相当于样品右移，2θ 偏小。

9.2.2 衍射仪的系统误差

衍射仪的测角系统调整及狭缝系统对衍射峰的测定精度有很重要的影响，本节对其中

的主要因数加以讨论。

1) 2θ、θ 对衍射峰位的影响

机械零点($2\theta=0°$)误差是测量点阵常数时误差的主要来源。现代衍射仪都带有自动调整功能,可以减小测角仪的机械零点误差。在测试之前需要将零点调到 0.001°以内,2θ 的 0°误差对于各衍射角都是恒定的。$\theta:2\theta$ 需要保持 1∶2 的转动关系,如果转动关系存在误差,对于零位校正精确的测角仪,由于入射线的方向可以准确确定,所以该偏差不会引起线的位移,但会引起宽化和峰高的显著下降(对积分强度的影响却没有规律,有增有减)。

2) 水平发散度对衍射峰位的影响

如 6.2.2 节所述,当入射的 X 射线发散度不大时,平板样品的衍射线会聚焦于衍射仪圆和聚焦圆的交点处,但当入射 X 射线的发散角较大时,如图 9.3 所示,在样品的两端不会和衍射圆圆心位置的衍射线聚焦于一点。根据布拉格方程,晶体样品中的任何一点,其(hkl)晶面的衍射角均相等,所以在 S 和 S' 处衍射线与入射至此处的入射线夹角也相等,这样 S 点的衍射线会交于衍射仪圆上 A'' 处,而 S' 点的衍射线交于衍射仪圆的 A' 处,真值交于衍射仪圆的 A 处。从这一情况看,S 和 S' 的衍射线均交于衍射仪圆比真值角度低的地方,所以发散度大的入射 X 射线会导致 2θ 偏小。如果入射线的发散角为 α,则平面样品的 θ 误差与 α^2 成正比,该误差也是 $\cot\theta$ 的函数,θ 增大则误差减小,当 $\theta=90°$ 时,误差趋于 0。一般情况下,入射线的发散度控制在 1°以内。

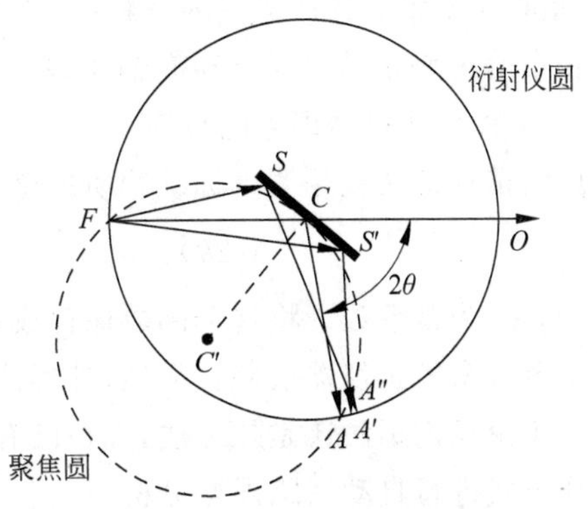

图 9.3　水平发散对衍射峰位的影响

3) 垂直发散度对衍射峰位的影响

多晶衍射仪中的索拉狭缝可以控制 X 射线在垂直方向的发散度,如果垂直方向的 X 射线发散,也会造成衍射峰位不准,加大测量误差。如图 9.4(a)所示,如果某一晶面的衍射角为 $2\theta<90°$,当入射线有一定垂直发散度时,沿 CO' 方向入射,则多晶体衍射时形成以 CO' 为轴线,2θ 为半顶角的衍射圆锥,该衍射圆锥与衍射仪圆的交点为 A'。从图中可以看出,A' 所对应的 2θ 小于真值 A,而当 $2\theta>90°$,如图 9.4(b)所示,A' 所测的 2θ 大于真值 A。在实验中需要使用索拉狭缝限制入射 X 射线的垂直发散度,但也能使入射的 X 射线损失过多。

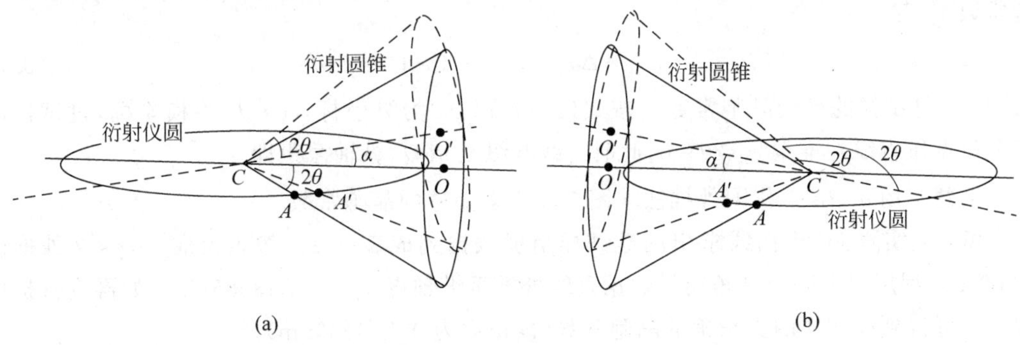

图 9.4　垂直发散的 X 射线引起的误差

9.2.3 仪器误差的校正

采用标准样品可以进行仪器误差的校正，分为内标法和外标法。

1）内标法仪器误差的校正

内标法就是将标准物质直接加入被测样品中，可以直接消除仪器零点误差和样品离轴误差。因此内标法主要用于：①需要特别精确计算点阵常数；②待测样品的衍射线条少而且不与标准物质的衍射线条重叠；③单峰校正。其缺点是当样品存在多种物相或者样品本身的衍射峰较多时，再加入标准物质就必然增加谱线重叠，准确分峰存在困难。例如，可以将标准 Si 粉添加到被测试的材料中，有 Si 粉的衍射数据已得到普遍认可，所以可以用 Si 粉的衍射峰去修正零点误差和离轴误差等。

2）外标法仪器误差的校正

所谓外标法就是测量标准物质的全谱，通过这个全谱建立起一个函数：

$$\Delta(2\theta)_{2\theta}=\sum A_i\times(2\theta)^i,\quad i=0,1,2,\cdots,N \tag{9.5}$$

式中，A_i 为常系数。将这个函数保存成参数文件，在读入一个样品的测量谱图时，可以使用这个函数来校正仪器误差。显然，外标法是为零点误差和 $\theta/2\theta$ 匹配误差而做的校正。

不论是内标法还是外标法，现在已有成熟的软件系统供大家使用，可以按照软件要求的操作方式进行自动消除误差分析。

9.2.4 改善精度的方法

1）直线外推法

9.2.3 节所述误差中的衍射几何误差（试样透明误差、轴向发散误差、原始 2θ 的 0°误差）都有这样的特点，即当 2θ 趋近 180°时，它们造成的点阵参数误差趋近于零。因此，可以利用这一规律进行数据处理以消除其影响。以立方晶系为例，上述误差一般可选用 $\cos^2\theta$ 外推法，并使用布拉格角在 60°以上的衍射峰，有

$$\frac{\Delta d}{d}\approx C\cos^2\theta \tag{9.6}$$

式中，C 为比例系数。对于立方晶系，有 $\Delta a/a=\Delta d/d$，则由任一高角衍射峰 i 测算得的晶胞常数 a_i 有

$$a_i=a_0+\Delta a_i\approx a_0+(a_0C)\cos^2\theta_i \tag{9.7}$$

式中，a_0 是试样的精确晶胞常数。按式(9.7)，以 a_i 为纵坐标，$\cos^2\theta_i$ 为横坐标，过试样的各测值点作直线外推至 $\cos2\theta=0$，此时直线与纵轴相截，纵轴截距即 a_0。

例题 用 a-$\cos^2\theta$ 作图外推法求图 9.5 中多晶硅的晶胞常数。

解：从实测 $I(2\theta)$ 曲线求出的硅试样衍射数据列成表 9.2。按表绘成 a-$\cos^2\theta$ 外推图（图 9.5），利用图中四个高角衍射数据直线外推至纵轴得 $a_0=0.543085\text{nm}$。如再进行折射修正就可得到硅试样的更精确的晶胞常数（修正后为 0.543086nm）。

表 9.2　多晶硅晶胞常数测算

衍射峰	$h^2+k^2+l^2$	2θ	a/nm	$\cos^2\theta$
511,333	27	94.9380	0.543158	0.45696
440	32	106.6953	0.543109	0.35636
531	35	114.0823	0.543125	0.29598
620	40	127.5388	0.543108	0.19535
533	43	136.8866	0.543107	0.13500
444	48	158.6310	0.543095	0.03437

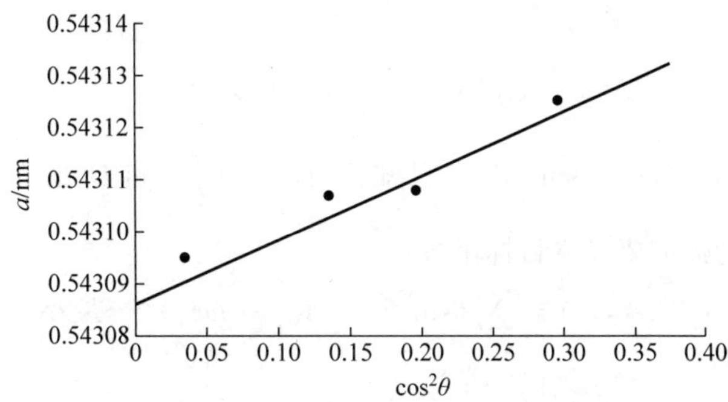

图 9.5　多晶硅的 a-$\cos^2\theta$ 外推图

图 9.5 中的回归直线可以通过最小二乘法计算。设回归直线的方程为 $y=a_0+b_0x$，回归直线的斜率可以表达为

$$b_0=\frac{n\sum_{i=1}^{n}x_iy_i-\left(\sum_{i=1}^{n}x_i\right)\left(\sum_{i=1}^{n}y_i\right)}{n\sum_{i=1}^{n}x_i^2-\left(\sum_{i=1}^{n}x_i\right)^2} \tag{9.8}$$

回归直线的截距为

$$a_0=\frac{\sum y_i-b_0\sum x_i}{n} \tag{9.9}$$

2）数据外推-解析法

在外推线型（式(9.7)）已知的情况下还可通过最小二乘法从实测数据算出 a_0（和 a_0C），但这样做需先由各衍射峰算出相应的 a_i，然后执行最小二乘法。此法对非立方晶系，计算将更烦琐。因而发展出从实测数据直接求算 a_0 的解析法。柯亨于 1935 年提出最小二乘法，直接利用测得的 θ_i 进行计算，其方法如下。首先将布拉格方程平方，可得

$$\sin^2\theta=\frac{\lambda^2}{4d^2}$$

取对数可得

$$\ln\sin^2\theta=\ln\left(\frac{\lambda^2}{4}\right)-2\ln d \tag{9.10}$$

对 $\sin^2\theta$ 微分可得

$$\Delta\sin^2\theta=2\sin^2\theta\cdot\Delta d/d \tag{9.11}$$

将式(9.6)代入式(9.11)，经化简得

$$\Delta\sin^2\theta = C\sin^2 2\theta$$

式中，C 为常数。对于立方系的真实值可以表达成

$$\sin^2\theta_{\text{真值}} = (\lambda^2/4)(h^2 + k^2 + l^2) \tag{9.12}$$

$$\Delta\sin^2\theta = \sin^2\theta_{\text{测量}} - \sin^2\theta_{\text{真值}} \tag{9.13}$$

我们用 θ_i 表示第 i 个衍射峰的测量值，θ_{0i} 表示第 i 个衍射峰的真值，由上面两式可得

$$\sin^2\theta_i - \frac{\lambda^2}{4a_0^2}(h_i^2 + k_i^2 + l_i^2) - C'\sin^2 2\theta_i = 0 \tag{9.14}$$

式(9.14)可以写成

$$\sin^2\theta_i - A\alpha_i - D\delta_i = 0 \tag{9.15}$$

式中，$\alpha_i = h_i^2 + k_i^2 + l_i^2$ 和 $\delta_i = \sin^2 2\theta_i$ 是已知值，而 $A = \frac{\lambda^2}{4a_0^2}$ 和 D 是待求值，可以采用最小二乘法求 A 和 D，为此需要设定目标函数：

$$T(A, D) = \sum_i (\sin^2\theta_i - A\alpha_i - D\delta_i)^2 = \text{最小} \tag{9.16}$$

因而有

$$\frac{\partial T(A, D)}{\partial A} = \frac{\partial T(A, D)}{\partial D} = 0 \tag{9.17}$$

从而构成联立方程：

$$\begin{cases} A\sum_i \alpha_i^2 + D\sum_i \alpha_i\delta_i = \sum_i \sin^2\theta_i\alpha_i \\ A\sum_i \alpha_i\delta_i + D\sum_i \delta_i^2 = \sum_i \sin^2\theta_i\delta_i \end{cases} \tag{9.18}$$

将各个衍射峰的 θ_i、α_i、δ_i 代入式(9.18)，解出 A 和 D 后即得 a_0。为使 A 解更精确，α_i 和 δ_i 不宜悬殊，通常取 $\delta_i = 10\sin^2(2\theta_i)$，$D = C'/10$。

第10章

材料中的织构

多晶体在形成过程中受到外界的力、热、电、磁等各种不同条件的影响，晶粒的晶体学向在某些方向上聚集排列，在这些方向上取向概率增大的现象，叫作择优取向。具有择优取向的组织称为织构。织构在晶体材料中普遍存在。单晶体在不同晶体学向上的力学、电磁、光学、磁学甚至核物理等方面的性能会表现出显著的差异，这种现象称为各向异性。多晶体材料中出现织构后必然导致材料的宏观各向异性。

10.1 织构的分类

织构常常产生于物理冶金的各种过程中。在实际生产中很难找到没有织构的非粉末材料。研究表明，即使是粉末材料，在其烧结过程中也会产生某种织构。按材料制备方式划分，有几种典型的材料织构类型。①铸造织构：在金属的凝固过程中，随着温度的降低，结晶核不断长大。热量散失的方向性使晶核长大也具有方向性(如柱状晶区)，晶体结晶生长速度的各向异性造成选择生长现象，使得只有快速生长方向平行于散热方向(即柱状晶轴方向)的那些晶核能够长大，从而使整个(柱状)晶区各晶粒的某一晶向(能快速生长方向)互相平行，这就形成了铸造织构。统计和研究表明，体心立方金属(如铁-硅、β黄铜、钠等)和面心立方金属(如铝、铜、银、金、铅等)的快速生长方向和枝晶晶轴方向都是〈100〉方向。②形变织构：金属材料进行塑性变形(轧制、挤压、锻造、拉伸等)时晶粒发生转动，结果大多数晶体聚集到某些取向上来，形成织构。在加热过程中发生再结晶，晶体取向不断变化，因此热变形织构往往比较复杂，它随热变形条件而变。但金属冷轧之后的织构比较确定。面心立方金属冷轧后，一般会形成铜型织构{112}〈111〉，S型织构{123}〈634〉，黄铜型织构{001}〈211〉，以及高斯织构{011}〈100〉等。层错能较高时(如低锌黄铜、铝、铜)，铜型和S型织构成分要多一些，层错能低时(如高锌黄铜、银、铁-镍合金)，黄铜型织构成分要多一些。体心立方金属冷轧后的织构一般是旋转立方织构{001}〈110〉，以及{112}〈110〉，{111}〈110〉，{111}〈112〉等。③再结晶织构：形变后的金属在加热过程中会发生再结晶。根据加热工艺的不同可以发生回复、再结晶及二次再结晶等现象。再结晶是一个形核和核长大的过程。而核在什么地方形成以及哪些核能长大，很大程度上受到变形晶粒取向的影响，因此再结晶后的材料内会有再结晶织构。一般面心立方金属的再结晶织构有立方织构{001}〈100〉，

R 型织构{124}⟨211⟩，以及黄铜 R 型织构{236}⟨385⟩等。体心立方金属的再结晶织构通常是{111}⟨110⟩，{111}⟨112⟩织构，以及高斯织构{011}⟨100⟩和立方织构{001}⟨100⟩等。④相变织构：金属在加热与冷却过程中如果发生相变，会出现变体择优选择，导致相变织构。一般认为，相变织构既与母相织构有关，也与相变过程中宏观应力与微观应力场导致的变体择优选择密切相关。

材料经历的加工过程不同，产生的织构类型也会不同。按材料制备成型导致晶体取向的宏观对称性可分为两种典型特征的织构类型，即丝织构和板织构。

(1) 丝织构

如图 10.1 所示，晶粒的某一晶体学方向⟨uvw⟩倾向于与材料的特征外观方向平行，这种现象一般在轴向对称变形，如拉拔变形，这种只在一个外观方向变形时形成丝织构，经冷轧后再结晶时也容易形成丝织构，如冷拉拔金属铝材时通常形成⟨111⟩平行于拉拔轴的织构，而拉拔纯铁丝时会形成⟨110⟩平行于拉拔轴的丝织构，而无间隙原子钢(interstitial-free steel，IF 钢)经冷轧后再结晶时会形成 γ 织构，即⟨111⟩平行于轧面法线方向。

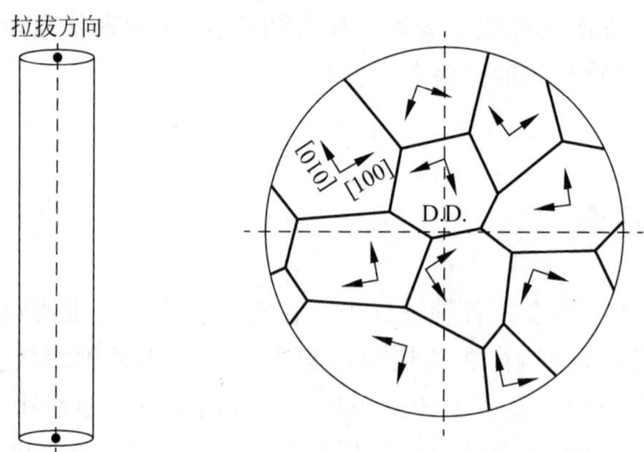

图 10.1 [001]丝织构的晶粒取向分布

(2) 板织构

如图 10.2 所示，晶粒不仅以某一⟨uvw⟩倾向于平行该材料的一个特征外观方向，同时还以一个{hkl}晶面倾向平行材料的另外一个特征外观平面，通常表示成{hkl}⟨uvw⟩，经过冷轧的金属通常具有板织构，如体心立方金属冷轧后形成旋转立方织构{001}⟨110⟩，面心立方形成铜型织构{112}⟨111⟩等。

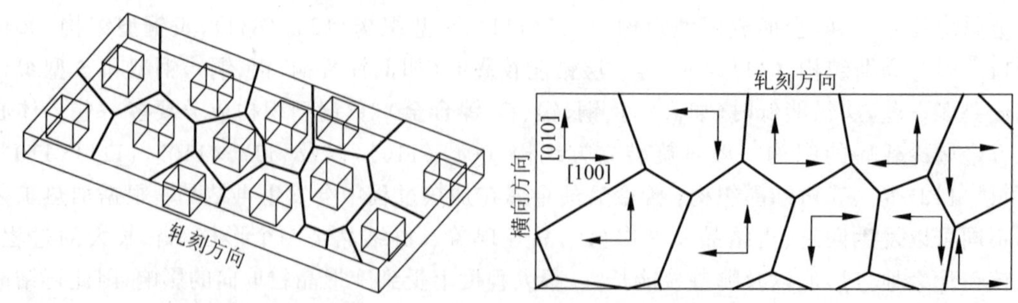

图 10.2 (100)[001]板织构的晶粒取向分布

某些锻压、压缩多晶材料中，晶体往往以某一晶面法线平行于压缩力轴向，此类择优取向称为面织构，常以{HKL}表示。由于面织构和丝织构含义相同，没有将面织构作为一种独立的织构类型给出。

材料中有时会同时出现几种织构类型，冷拔金丝中一部分晶粒倾向于以〈111〉平行于丝轴，另一部分晶粒以〈100〉平行于丝轴；冷轧铜板中较多晶粒倾向于以{112}〈111〉同时平行轧面和轧向，其余晶粒则倾向于以{110}〈112〉或{123}〈634〉同时平行于轧面和轧向。

10.2　织构的表示方法

择优取向是多晶体在空间中集聚的现象，为了直观地表示择优取向的程度，必须把这种微观的空间聚集取向的位置、角度、密度分布与材料的宏观外观坐标系（拉丝及纤维的轴向，轧板的轧向、横向、板面法向）联系起来。通过材料外观坐标系与微观取向的联系，就可直观地了解多晶体微观的择优取向。晶体X射线学中，织构表示方法有多种，如晶体学指数表示法、直接极图表示法、反极图表示法、取向分布函数表示法等。

10.2.1　晶体学指数表示法

在纤维材料或者丝材中形成的纤维织构，通常是以一个或几个晶体学方向〈UVW〉平行或近似平行于纤维或丝的外观方向的轴向，这种〈UVW〉晶向称为织构轴。通过这种表示法，人们了解到在这种纤维或丝材中，多晶体材料中的大多数晶粒是以〈UVW〉晶向平行或近似平行于纤维轴而择优取向的，我们说这种纤维材料或丝材具有〈UVW〉纤维织构（或丝织构）。

对于板织构，由于轧制变形包含有压缩变形及拉伸变形，晶体在压力作用下，常以某一个或某几个晶面{HKL}平行于轧板板面，而同时在拉伸力作用下又常以〈UVW〉方向平行于轧制方向，因而这种择优取向就表示为{HKL}〈UVW〉。如果轧向与晶体学方向〈UVW〉有偏离，则常在它后面加上偏离的度数，如偏离$\pm10°$，则可表示为{HKL}〈UVW〉$\pm10°$。

晶体学指数表示法表示晶体空间择优取向既形象又具体，文字书写时简洁明了，是最常用的表示法之一。缺点是它只表示出晶体取向的理想位置，未表示出织构的强弱及漫散程度。

10.2.2　极图表示法

采用极图表示法表示材料织构时，首先要确定外观坐标系，比如说轧制板材由轧面法向(ND)、轧制方向(RD)以及横向(TD)构成一个外观直角坐标系，将材料中所有晶粒的(hkl)晶面的面法线在外观直角坐标系作极射赤面投影，得到的就是极图。一个样品可以对应多张极图。图10.3给出极图和外观坐标系的投影关系，晶面(hkl)的面法线，相对于外观坐标系的极角χ和辐角η已知后可以将其作极射赤面投影。由于材料中有很多晶粒，因此需要将每个晶粒的(hkl)晶面均作极射赤面投影。

显然，极射赤面投影图中极点分布的均匀程度代表了择优取向的程度。图10.4(a)是某材料的(110)极图，从极图看，样品的(110)极点均匀分布于整个极图上，说明(110)晶面的

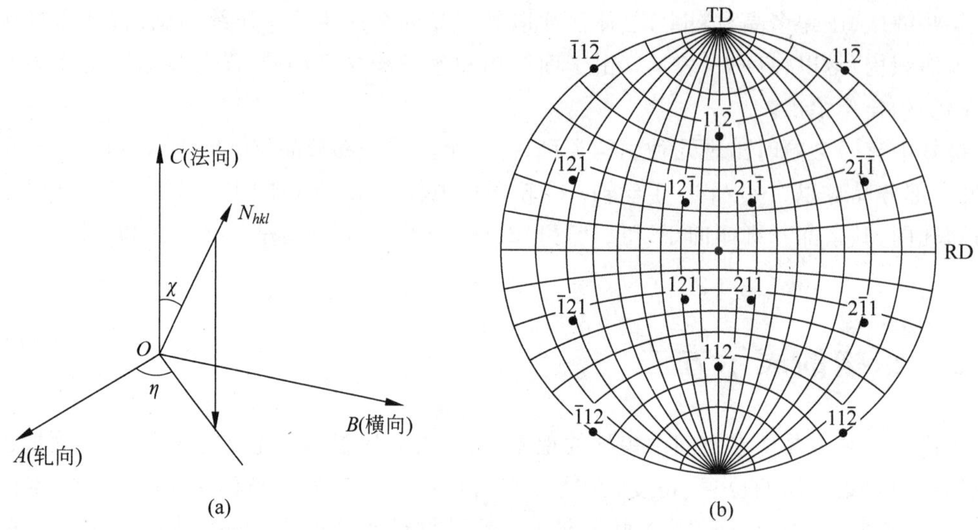

图 10.3　晶面法线的极射赤面投影

(a) 某个晶粒的(hkl)晶面法线及其与外观坐标系的关系；(b) 以 AOB 为投影面的立方晶系某一晶粒的{112}晶面族的极射赤面投影

取向是完全随机分布的。而在图 10.4(b)中可以看出，样品的(110)极点强烈聚集于拉拔(drawing divection，DD)方向上，说明该材料有明显的织构存在。

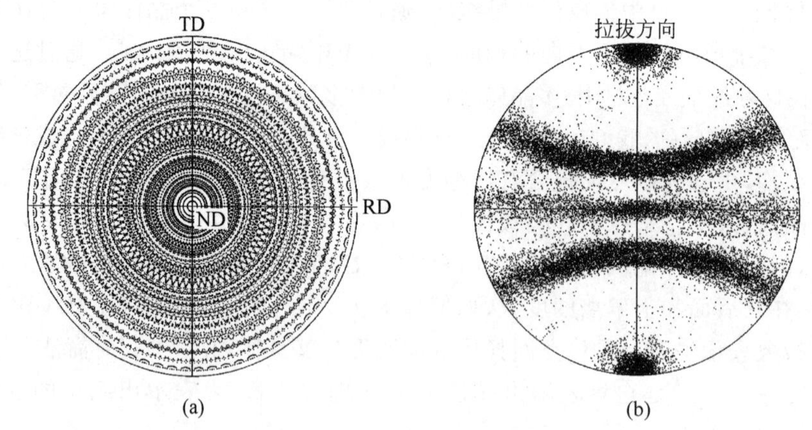

图 10.4　两个材料的(110)极图

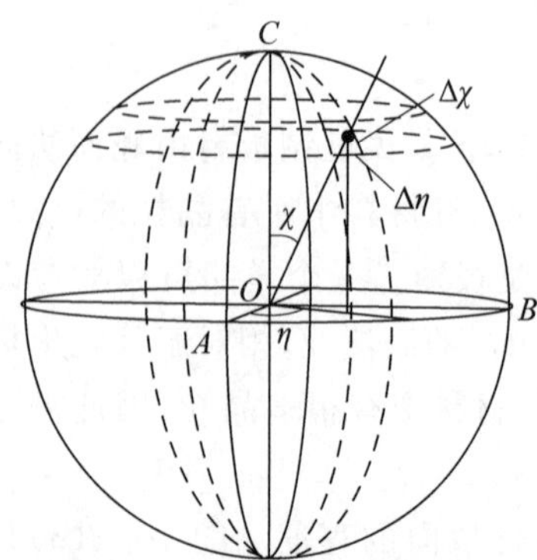

图 10.5　取向元所对应的面积

为了准确表征晶面极点在取向空间的分布情况，人们采用极密度的概念，就是在单位面积内某一晶面极点的多少，用 $q_{hkl}(\chi,\eta)$表示。如图 10.5 所示，在参考球上某一方向(χ,η)所包含的取向元面积与 χ 有关，为 $\sin\chi\Delta\chi\Delta\eta$，因此极密度定义为

$$q_{hkl}(\chi,\eta)=K_q\ \frac{\Delta V/V}{\sin\chi\Delta\chi\Delta\eta} \tag{10.1a}$$

式中，$\Delta V/V$ 为(hkl)面法线落在方向元的晶粒体积与试样的总体积之比，K_q 为比例系数。我们通常以随机取向分布的极密度为 1 作为度量，这样可求得 $K_q=4\pi$。当极

图上极密度大于1时，就说明晶面在此方向上聚集。我们通常将极密度相等的点连接成线，形成等值线图形，这种类似等高线的极图可以直观反映出极密度的分布情况。

10.2.3 反极图表示法

反极图最初出现在丝织构的研究中，它表现的是试样中各晶粒的丝轴方向在晶体学空间的分布。由于反极图可以方便地表达特征外观方向在晶体学空间的分布情况，也将其用于轧制等形变织构研究中。

反极图是以晶体学方向为参照坐标系，特别是以晶体的重要低指数晶向为坐标系的三个坐标轴，而将多晶材料中各晶粒平行于材料的特征外观方向的晶向均标示出来，因而表现出该特征外观方向在晶体空间中的分布。将这种空间分布以垂直晶体主要晶轴的平面作投影平面，作极射赤面投影，即成为多晶体材料的该特征方向的反极图。

对于轴向对称的拉拔、压缩等形变方式，只有一个特征外观方向，所以一张反极图足以；而轧制中有轧面法向、轧向和横向三个特征外观方向，所以对于轧制板材的反极图表示需要三张反极图。

如图10.6(a)所示，经拉拔后某立方系晶粒的 $a[100]$，$b[010]$，$c[001]$ 三个晶体学方向构成了直角坐标系，由于材料中的每个晶粒取向不同，拉拔方向相对于每个晶粒的晶体学坐标系也不相同，如果我们以 a、b 所组成的平面作为投影平面，将拉拔方向在每个晶粒的晶体学坐标系进行极射赤面投影就得到了如图10.6(b)所示的拉拔反极图。从图2.15可以看出，(001)的单晶体标准投影图可以划分出由100-011-111组成的24个等效区域，每个区域均为一个无对称子空间的取向三角形，如图10.6(c)就是其中一个取向三角形，因此反极图只需要将特征外观方向在其中一个无对称子空间的取向三角形区域画出即可。

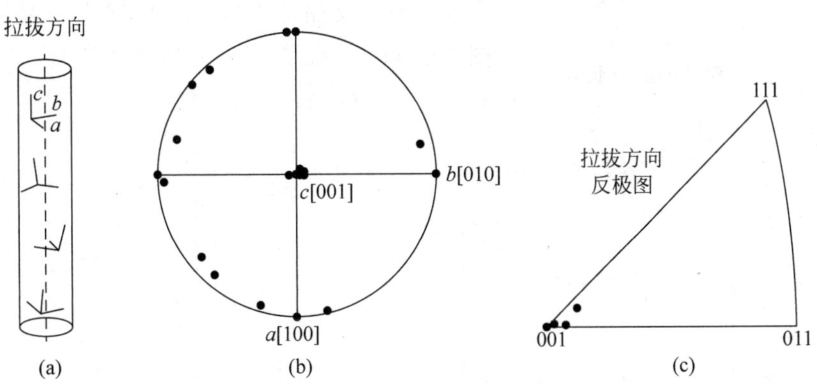

图10.6 丝织构的反极图表示法

与极图相仿，对于具有很多晶粒材料，反极图使用轴密度 $t(\chi_c, \eta_c)$ 来表示织构状况。轴密度的定义与极密度的相似，有

$$t(\chi_c, \eta_c) = K_t \frac{\Delta V}{V} / (\sin\chi_c \Delta\chi_c \Delta\eta_c) \tag{10.1b}$$

式中，χ_c 和 η_c 分别为晶体学空间里任一方向相对于晶轴坐标架的极角和辐角，$\frac{\Delta V}{V}$ 为试样

的选定特征外观方向落在方向元 $\sin\chi_c\Delta\chi_c\Delta\eta_c$ 的试样体积分数，K_t 为比例系数。轴密度 $t(\chi_c,\eta_c)$，也即试样的特征外观方向位于晶体学空间方向(χ_c,η_c)处的概率，将 $t(\chi_c,\eta_c)$沿整个晶体学空间的积分必等于 1。由此得出 $K_t=1$。但在构绘反极图时，人们也总是采用以无织构的轴密度等于 1 来定度的相对轴密度，此时 $K_t=4\pi$。

10.2.4 取向分布函数表示法

晶粒的任一晶面在被测材料中的取向可用其相对于参照坐标架 $OABC$(外观坐标架)的极角 χ 和辐角 η 来表示。至于晶粒自身的取向，则除 χ 和 η 外，还需再给出，比如晶粒绕法线转过的角度(图 10.7)，即一个晶粒的取向必须用三个独立参数表示。因此，描述被测材料中晶粒取向的分布也必须是三个参数的函数。极图和反极图皆是两个参数的函数，它们只能是材料中晶粒取向分布的某种“投影”而不是分布的全部描述。这就是极图和反极图对复杂织构会出现失判或误判的根源。由 Bunge 和 Roe 各自独立提出的现代织构分析技术——材料织构的晶粒取向分布函数(ODF)表示法，亦称为织构的三维取向分析术，可以很好地解决这个问题。

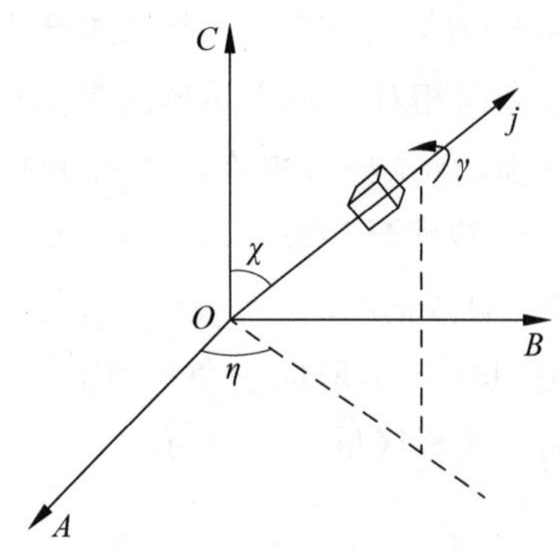

图 10.7 三个参数的晶粒取向

在织构的三维取向分析术中，晶粒取向的一种表示法中，晶粒取向按以下规定表示：①参照坐标架 $OABC$ 的选取与极图表示法中相同；②在每一晶粒上设置一个直角坐标架 $OXYZ$；③以 $OXYZ$ 相对于 $OABC$ 的欧拉角作为该晶粒的取向。这里为避免任意性和便于计算，$OXYZ$ 的安置应体现出该晶体所属晶系的对称性；比如，如图 10.8(a)所示，对立方晶系等具有正交晶轴的晶体，$OXYZ$ 与三晶轴重合；如图 10.8(b)所示，对于六方晶系，OZ 与 c 轴一致，OX 和 OY 分别取$[10\bar{1}0]$和$[\bar{1}2\bar{1}0]$。

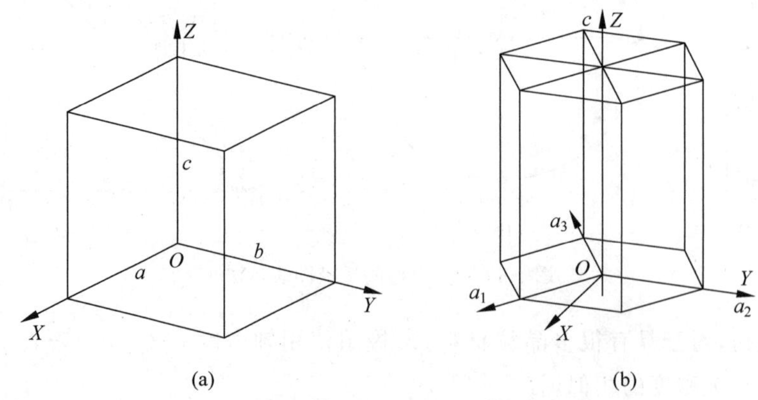

图 10.8 立方晶系和六方晶系晶体学坐标架的选择

晶粒的任一取向均可通过 $OXYZ$ 的三次转动来实现。为此，①以 $OXYZ$ 与 $OABC$ 重合为初始(图 10.9(a))；②$OXYZ$ 绕 OZ 转过 ψ(转至 $OX_1Y_1Z_1$)(图 10.9(b))；③再绕 OY_1 转过

θ(至 $OX_2Y_1Z_2$)(图 10.9(c))；④又绕 OZ_2 转 φ 至最终的 $OX_3Y_3Z_2$(图 10.9(d))。晶粒取向即以$\{\psi,\theta,\varphi\}$表示。此三角名为欧拉(Euler)角，其中 ψ 和 φ 的转动角范围为 $0\sim2\pi$，θ 为 $0\sim\pi$。按此定义，晶粒 $OXYZ$ 的 OZ(即 OZ_2)与 OC 的夹角即 θ，OZ 在 AOB 面的投影(即 OX_1)与 OA 的夹角即 ψ，而 AOB 面与 XOY(即 X_3OY_3)面的交线(即 OY_1)与 OY(即 OY_3)的夹角则是 φ。

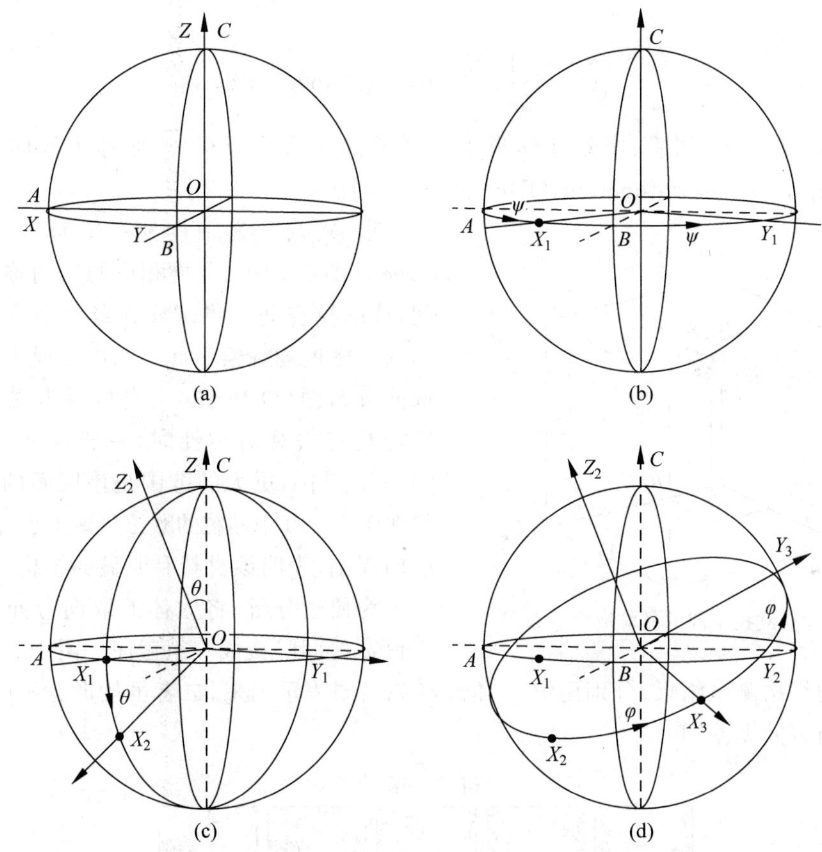

图 10.9　欧拉角的旋转过程

如果试样中含有 N 个晶粒，则每个晶粒的取向为$\{\psi_i,\theta_i,\varphi_i\}$，如果晶粒很多，则我们引入取向密度，空间任一方向 OZ 是以其相对参照坐标系 $OABC$ 的极角 θ 和辐角 ψ 来表示的。如将全部空间方向划分成若干小区，即方向元，则包含 OZ 的方向元范围为 $\sin\theta\Delta\theta\Delta\psi$。其中方向元沿 θ 的跨度为 $\Delta\theta$，沿 ψ 的为 $\sin\theta\Delta\psi$。现在回到三维晶体的取向$\{\psi,\theta,\varphi\}$，如将全部晶体取向划分成若干小取向元，则包含取向$\{\psi,\theta,\varphi\}$的取向元的范围 $\sin\theta\Delta\theta\Delta\psi\Delta\varphi$ 中 $\sin\theta\Delta\theta\Delta\psi$ 为晶体 $OXYZ$ 的 OZ 的容纳范围，$\Delta\varphi$ 是 $OXYZ$ 绕 OZ 转角的容纳跨度。据此，材料中$\{\psi,\theta,\varphi\}$取向处的取向密度 $\omega(\theta,\psi,\varphi)$定义为：取向落在包含$\{\psi,\theta,\varphi\}$的取向元内的晶粒的体积 ΔV 所占材料体积分数 $\Delta V/V$ 与该取向元范围之比，即

$$\omega(\theta,\psi,\varphi)=K_\omega\frac{\Delta V/V}{\sin\theta\Delta\theta\Delta\psi\Delta\varphi} \tag{10.2}$$

式中，K_{ω} 为比率系数。如材料无织构，则它所有取向的取向密度 $\omega_{无}(\theta,\psi,\varphi)$ 均相同，通常规定为 1；代入式(10.2)并在全部取向范围积分，有

$$\int_0^{2\pi}\int_0^{2\pi}\int_0^{\pi}\omega_{无}(\theta,\psi,\varphi)\sin\theta\mathrm{d}\theta\mathrm{d}\psi\mathrm{d}\varphi=\frac{8\pi^2}{V}\int\mathrm{d}V=8\pi^2 \tag{10.3}$$

即 K_{ω} 等于 $8\pi^2$。按此规定，织构材料中凡 $\omega(\theta,\psi,\varphi)$ 大于 1 的那些取向，晶粒具有该取向的总体较无织构时为多；反之，则较少。利用 $\omega(\theta,\psi,\varphi)$ 还可计算任一取向范围 S 中的试样体积分数

$$\frac{V(S)}{V}=\frac{1}{8\pi^2}\iiint_S\omega(\theta,\psi,\varphi)\sin\theta\mathrm{d}\theta\mathrm{d}\psi\mathrm{d}\varphi \tag{10.4}$$

由于 $\omega(\theta,\psi,\varphi)$ 明确、定量地体现了试样的晶粒取向分布，故亦称为取向分布函数(orientation distribution function，ODF)。

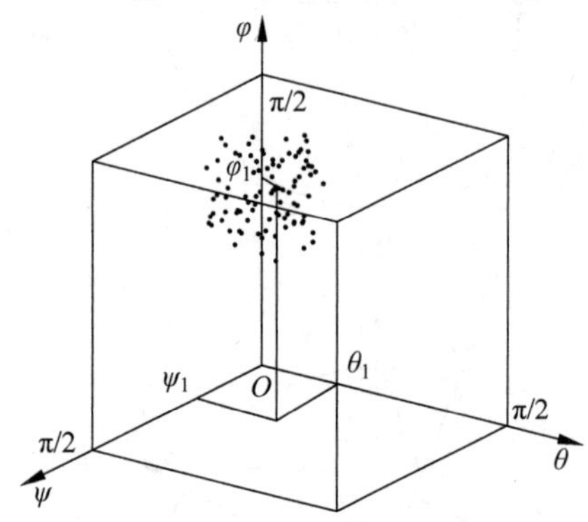

图 10.10　欧拉空间的晶粒取向分布图

以 ψ、θ、φ 为轴构建一立体直角坐标架 $O\psi\theta\varphi$，(图 10.10)，与此相应的空间称为取向空间，或欧拉空间。将试样在各个取向 $\{\psi,\theta,\varphi\}$ 的取向密度均标绘于此空间内即成为该试样的取向分布图(ODF 图)。当材料为立方晶系且织构具有宏观对称性时，一般取 ψ、θ、φ 均在 $[0,\pi/2]$ 范围，更大的范围是该区间的对称。显然在图 10.10 中晶粒的欧拉角聚集于 $\{\psi_1,\theta_1,\varphi_1\}$ 取向周围，表明该材料有明显的织构。

为便于分析，将立体的取向分布图按恒 ψ 或恒 φ 等间隔截成一组截面。图 10.11 为冷轧低碳钢板的织构测试结果，分别用恒 ψ 和恒 φ 截面图表示出来，二者虽然形态不同，但所体现的织构内容并无差别。

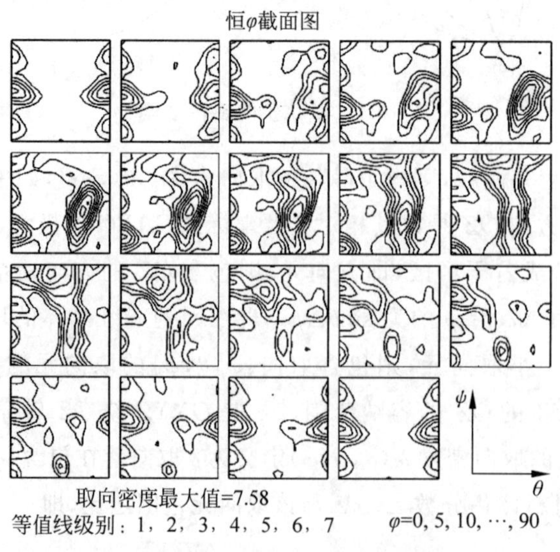

图 10.11　冷轧 IF 钢板的 ODF 图

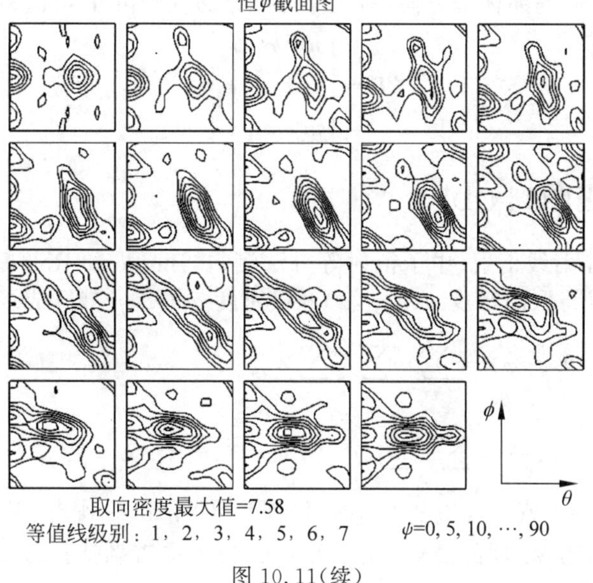

图 10.11(续)

10.3 织构表示方法之间的关系

无论是极图、反极图及 ODF,均可以表示材料中的织构,但极图和反极图均是采用投影方式表达,结果局限于二维空间,而 ODF 以两个直角坐标架之间的转动关系表示,有三个独立的旋转角度,故可以表达三维空间的转动关系。

10.3.1 坐标架的转动

式(1.9)给出了平面上两个坐标架转动时的坐标变换,如果在三维空间同理可以推导出

$$\begin{cases} x_3 \\ y_3 \\ z_3 \end{cases} = \boldsymbol{T} \begin{cases} x \\ y \\ z \end{cases} \tag{10.5}$$

其中,

$$\boldsymbol{T} = \begin{pmatrix} \cos\psi\cos\theta\cos\phi - \sin\psi\sin\phi & \sin\psi\cos\theta\cos\phi + \cos\psi\sin\phi & -\sin\theta\cos\phi \\ -\cos\psi\cos\theta\sin\phi - \sin\psi\cos\phi & -\sin\psi\cos\theta\sin\phi + \cos\psi\cos\phi & \sin\theta\sin\phi \\ \cos\psi\sin\theta & \sin\psi\sin\theta & \cos\theta \end{pmatrix} \tag{10.6}$$

$\boldsymbol{T}$ 为转换矩阵。由此,我们很容易推出立方晶系的欧拉角与织构指数$\{hkl\}\langle uvw\rangle$之间的关系为

$$h:k:l = -\sin\theta\cos\varphi : \sin\theta\sin\varphi : \cos\theta \tag{10.7}$$

$$u:v:w = (\cos\theta\cos\psi\cos\varphi - \sin\psi\sin\varphi) : (-\cos\theta\cos\psi\sin\varphi - \sin\psi\cos\varphi) : \sin\theta\cos\psi \tag{10.8}$$

如果用 r、s、t 表示横向的晶体学方向，对于立方晶系转换矩阵 $\boldsymbol{T}$ 可以写成

$$\boldsymbol{T}=\begin{vmatrix} u & r & h \\ v & s & k \\ w & t & l \end{vmatrix} \tag{10.9}$$

10.3.2 从极图到 ODF

极图可以通过 X 射线衍射、中子衍射等方法测得，Bunge 和 Roe 提出的球谐级数法解决了这一问题。可以将取向密度 $\omega(\theta,\psi,\varphi)$ 和极密度 $q_j(\chi,\eta)$ 展开成级数形式：

$$\omega(\theta,\psi,\varphi)=\sum_{l=0}^{\infty}\sum_{m=-l}^{l}\sum_{n=-l}^{l}W_{lmn}Z_{lmn}(\cos\theta)\mathrm{e}^{-\mathrm{i}m\psi}\mathrm{e}^{-\mathrm{i}n\varphi} \tag{10.10}$$

$$q_j(\chi,\eta)=\sum_{l=0}^{\infty}\sum_{m=-l}^{l}Q_{lm}^{j}\mathrm{P}_l^m(\cos\chi)\mathrm{e}^{-\mathrm{i}m\eta} \tag{10.11}$$

式中，l 一般展开到 16 或 22，$Z_{lmn}(\cos\theta)$ 为增广雅可比多项式，W_{lmn} 为级数的系数；式(10.11)中，Q_{lm}^{j} 为第 lm 项的级数系数，$\mathrm{P}_l^m(\cos\chi)$ 为连带勒让德多项式。根据勒让德加法定理，可以得到

$$Q_{lm}^{j}=2\pi\left(\frac{2}{2l+1}\right)^{1/2}\sum_{n=-l}^{l}W_{lmn}\mathrm{P}_l^n(\cos\Theta_j)\mathrm{e}^{\mathrm{i}n\Phi_j} \tag{10.12}$$

式中，Θ_j 和 Φ_j 分别为第 j 张极图相对于晶体学坐标架的极角和辐角。为了求解由 W_{lmn} 构成的线性方程组，显然需要 $2n+1$ 张极图，但我们很难测得这么多张极图。实际上，由于 X 射线衍射规律、晶体的对称性和宏观织构的对称性约束，使得 w_{lmn} 的独立变量大幅度减少。对于立方晶系，只需要三张不完整极图(0°～70°)，对于六方晶系，也只需要四张不完整极图(0°～70°)即可解出 W_{lmn}。从不完整极图计算 ODF 时，采用最小二乘法构建一个函数：

$$T=\sum_{j=1}^{k}\int_0^{2\pi}\int_0^{\chi_\mathrm{F}}\left\{N_j q_j^M(\chi,\eta)-2\pi\sum_{l=0}^{\lambda}\left[\left(\frac{2}{2l+1}\right)^{\frac{1}{2}}\times\right.\right.$$
$$\left.\left.\sum_{m=-l}^{l}\mathrm{P}_l^m(\cos\chi)\mathrm{e}^{-\mathrm{i}m\eta}\sum_{n=-l}^{l}W_{lmn}\mathrm{P}_l^n(\cos\Theta_j)\mathrm{e}^{\mathrm{i}n\Phi_j}\right]\right\}^2\sin\chi\,\mathrm{d}\chi\,\mathrm{d}\eta \tag{10.13}$$

式中，χ_F 为测量极图的最大极角，$q_j^M(\chi,\eta)$ 为实测第 j 张极图的极密度，N_j 为第 j 张极图的归一化系数，k 为极图数目。为此，可以建立线性方程组如下：

$$\begin{cases}\dfrac{\partial T}{\partial W_{l'm'n'}}=0, & l'=1,2,\cdots,\lambda,m',n'=0,\pm1,\pm2,\cdots,\pm l' \\ \dfrac{\partial T}{\partial N_{j'}}=0, & j'=1,2,\cdots,k\end{cases} \tag{10.14}$$

式中，需要求解的 N_j 和 w_{lmn} 的独立系数个数相同，通过联立方程可求解，也可以先求解 N_j 然后分组求解 w_{lmn}。当 w_{lmn} 得到后，将其代入式(10.10)即可求得取向密度，得到 ODF。

10.3.3 从 ODF 到极图和反极图

从不完整极图求得级数系数 w_{lmn} 后，将其代入式(10.12)中求出 Q_{lm}^{j}，然后通过

式(10.11)求算出完整极图。

由于 $OXYZ$ 和 $OABC$ 之间的取向是相互的，所以不因参照坐标架的选择而异。这样，如 $OXYZ$ 相对于 $OABC$ 在取向$\{\psi,\theta,\varphi\}$处的概率为 $\omega(\theta,\psi,\varphi)$，则 $OABC$ 相对于 $OXYZ$ 在取向$\{-\varphi,-\theta,-\psi\}$处的概率亦是 $\omega(\theta,\psi,\varphi)$，即被测材料的 ODF 还给出了 $OABC$ 在晶体学空间的取向分布。前已指出，取向$\{-\varphi,-\theta,-\psi\}$中的 $-\theta$，$-\varphi$ 为 OC 相对于 $OXYZ$ 的极角和辐角，$-\psi$ 是确定 OA 和 OB 取向的参数。因此，固定 θ、φ，沿 ψ 对 $\omega(\theta,\psi,\varphi)$积分一周，即得 OC 在晶体学空间的$(-\theta,-\varphi)$取向上的概率 $t(-\theta,-\varphi)$，亦即 OC 在该取向上的轴密度：

$$t(-\theta,-\varphi)=\int_0^{2\pi}\omega(\theta,\psi,\varphi)\mathrm{d}\psi \tag{10.15}$$

对立方、六方等晶系，垂直 OX 轴均有对称面。取向$(-\theta,-\varphi)$与(θ,φ)等效，故有

$$t(\theta,\varphi)=t(-\theta,-\varphi)$$

为计算出轧面反极图上各点的轴密度值，将 $t(\theta,\varphi)$展成级数：

$$t(\theta,\varphi)=\sum_{l=0}^{\infty}\sum_{n=-l}^{l}T_{ln}\mathrm{P}_l^n(\cos\theta)\mathrm{e}^{-\mathrm{i}n\varphi} \tag{10.16}$$

式中，T_{ln} 为级数的第 ln 项系数。式(10.15)的右侧为

$$\int_0^{2\pi}\omega(\theta,\psi,\varphi)\mathrm{d}\psi=\sum_{l=0}^{\infty}\sum_{n=-l}^{l}2\pi W_{l0n}Z_{l0n}(\cos\theta)\mathrm{e}^{-\mathrm{i}n\varphi} \tag{10.17}$$

比较式(10.15)～式(10.17)，可得

$$T_{ln}=(-1)^n 2\pi W_{l0n} \tag{10.18}$$

即 $t(\theta,\varphi)$的级数系数可直接从被测材料的 ODF 的 w_{lmn} 中得到。

对于任意方向的反极图，转动 $OABC$ 至 OC 平行轧向或平行任意反极图的方向，再从转动后的 ODF 级数的系数里选取各 T_{ln}，继而合成欲求反极图上各点轴密度的 $t(\theta,\varphi)$级数式。在此本书不做过多的推导，可以参见专门的织构分析书籍。

极图可以通过很多种方法测得，比如 X 射线衍射、中子衍射等，但通过 X 射线衍射不能测得完整极图，但我们可以通过 ODF 分析求得取向密度，回算出完整极图。而反极图很难通过实验的方法直接测得，通常是通过 ODF 推算出反极图。随着电子背散射衍射(electron backscattered diffraction，EBSD)技术的发展和普遍应用，可以直接测定材料中每个晶粒的欧拉角，直接得到 ODF，这种方式显然更加直接，并克服了级数展开时某些条件的限制，很方便就可以得到极图和反极图。但 EBSD 技术也受到材料的状态、宏观统计性等方面的限制，并不能取代 X 射线的织构分析。

10.4　织构分析方法

10.4.1　ODF 分析法

通过转换矩阵 $\boldsymbol{T}$，可以建立起 ODF 和指数$\{hkl\}\langle uvw\rangle$之间的关系。从图 10.11 的恒 ψ 截面图可以看到，在 $\theta=55°$，$\varphi=45°$附近，任一恒 ψ 的截面图上在此位置都有较强点，所以说明材料中有强烈的[111]//ND 面法线的丝织构。同时当 $\theta=0°$时，还有一个较强的织构组

分(此时对应的织构组分为(001)),在不同的恒 ψ 截面图上对应的 φ 不同,但 $\psi+\varphi=45°$,说明另外一组强织构组分是[001]//ND 面法线,[110]//RD 的织构组分。对于这种织构组分,通常采用恒 φ 截面图分析更为直观。如图 10.11 所示的恒 φ 截面图,我们将 $\varphi=45°$截面图单独取出。

对照图 10.12(a)和(b)可以很清楚地看出材料中存在[$\bar{1}$11]//ND 的丝织构组分,也可以看出[$\bar{1}\,\bar{1}$0]//*RD* 的两个织构组分,该两个组分为冷轧体心立方金属常常出现的织构组分,分别被称为 γ 织构([$\bar{1}$11]//ND)和 α 织构([$\bar{1}\,\bar{1}$0]//RD)。

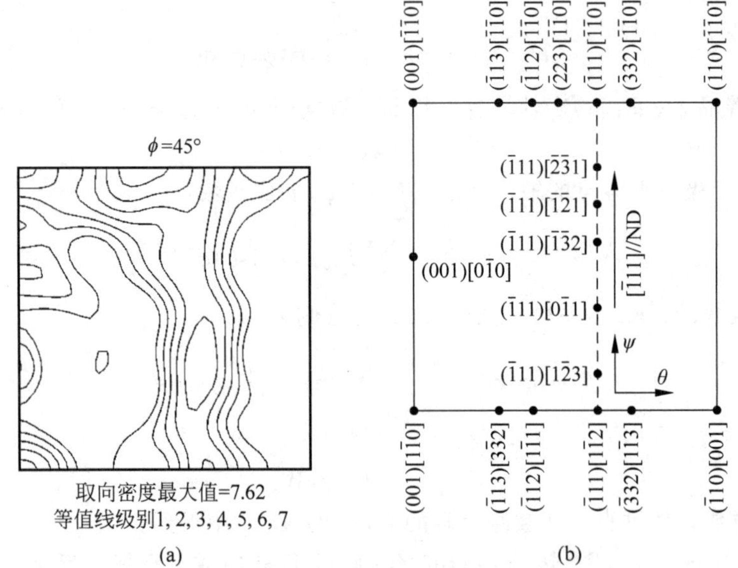

图 10.12 冷轧 IF 钢板恒 $\varphi=45°$(a)截面图及(b)截面图相关取向

对于不同织构特征的分析,需要正确使用不同的截面图方式,如高斯织构、立方织构等,如果选取合适的截面图,可很方便地将该材料的织构分析清楚、透彻。

10.4.2 极图分析法

根据极图确定材料的织构组分,需要借助单晶体标准投影图。图 10.13 为某体心立方金属的三张回算的完整极图,从三张极图可看出材料具有强织构,(110)极图、(200)极图和(112)极图均显示这些晶面的面法线呈现聚集分布。我们将这三张极图与(001)标准投影图(图 2.15)进行比较,会发现当投影面为(001),RD 方向对应到[0$\bar{1}$0]时,(110)极图的强点均落在(001)标准投影图的〈110〉位置上,同时(200)极图的强点均落在(001)标准投影图的〈100〉位置上,(112)极图的强点均落在(001)标准投影图的〈112〉位置上。据此可以确定该材料的织构组分为(001) [0$\bar{1}$0]立方织构。

图 10.14 为某立方晶系的三张完整极图,我们可以选择(011)的单晶体标准投影图 10.15 进行比较,(110)、(200)和(112)极图的强点均与(011)的单晶体标准投影图中相应〈110〉、〈110〉和〈112〉位置吻合得很好,所以可以确定该材料的织构组分为(110)[001](即高斯织构)。

材料中也可能有多种织构组分共存,如图 10.16 所示为冷轧 FCC 材料的三张完整极

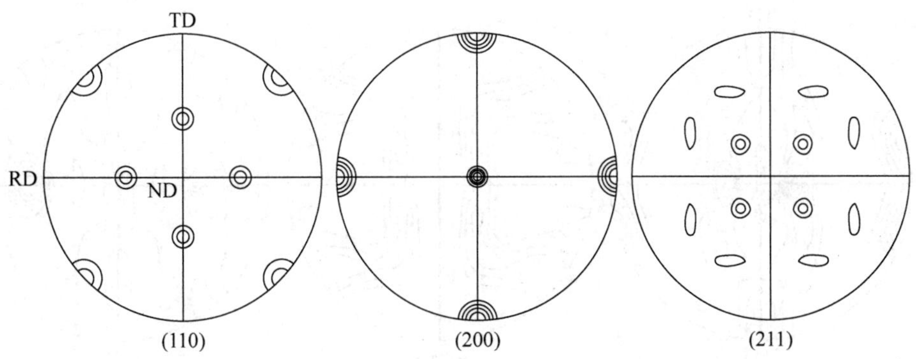

图 10.13　体心立方金属的立方织构极图

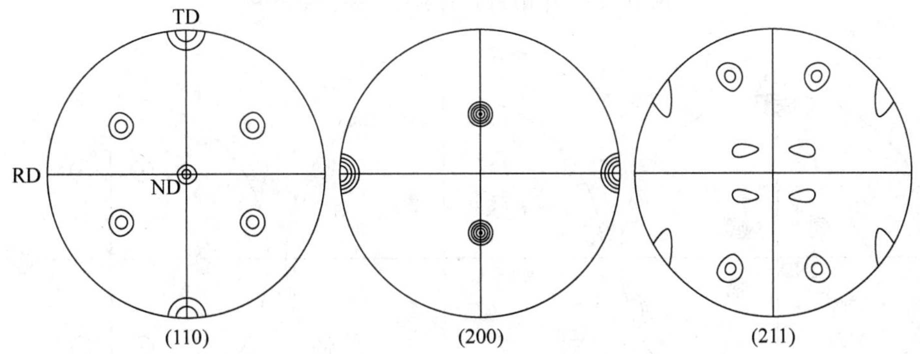

图 10.14　体心立方金属的高斯织构极图

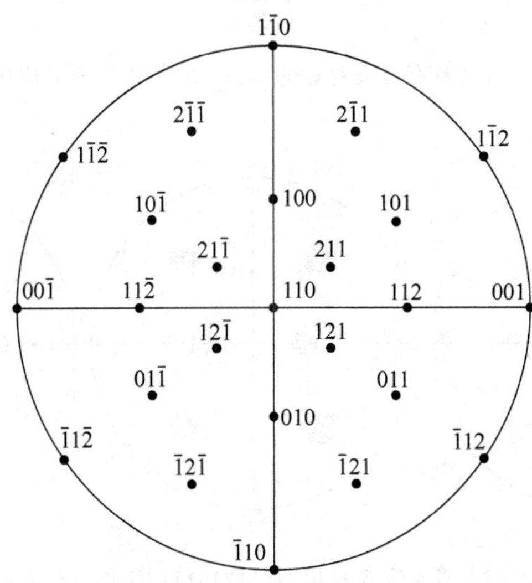

图 10.15　立方晶系的(110)单晶体标准投影图

图。从图 10.16 可以看出该材料中的织构组分不是单一织构类型，我们选取具有宏观对称的(011)$[21\bar{1}]$织构(图 10.17)和具有宏观对称的(112)$[11\bar{1}]$织构(图 10.18)所对应的极图，可以看出实测极图的强点位置与图 10.17 和图 10.18 均符合得很好，所以可以推断材料中的织构主要是由这两种织构组分构成的。

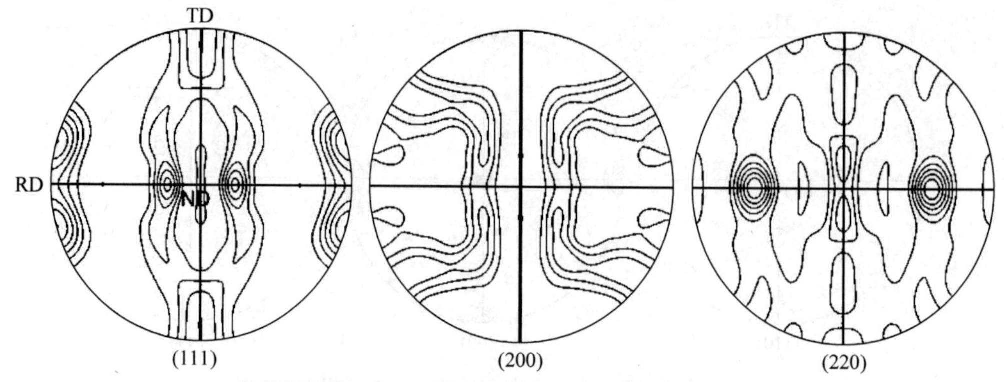

等值线级别：0.74, 1.47, 2.21, 2.95, 3.69, 4.42, 5.16

图 10.16　冷轧 FCC 材料的三张完整极图

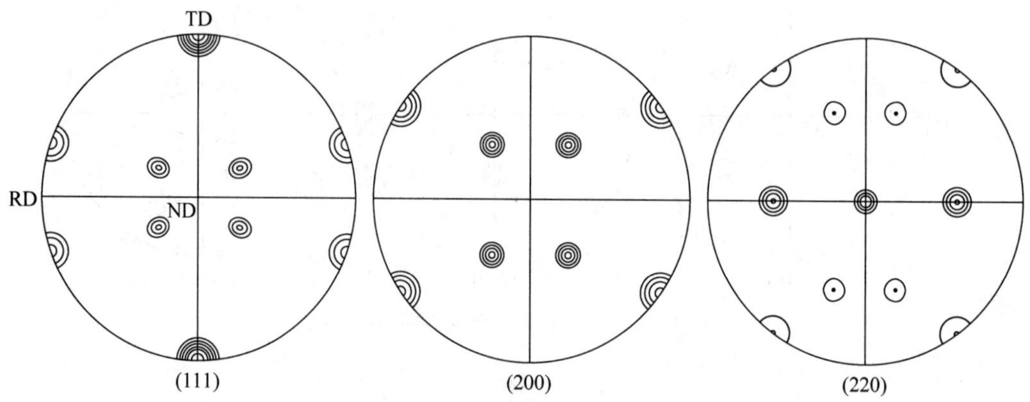

图 10.17　具有宏观对称的(011)$[21\bar{1}]$织构所对应极图

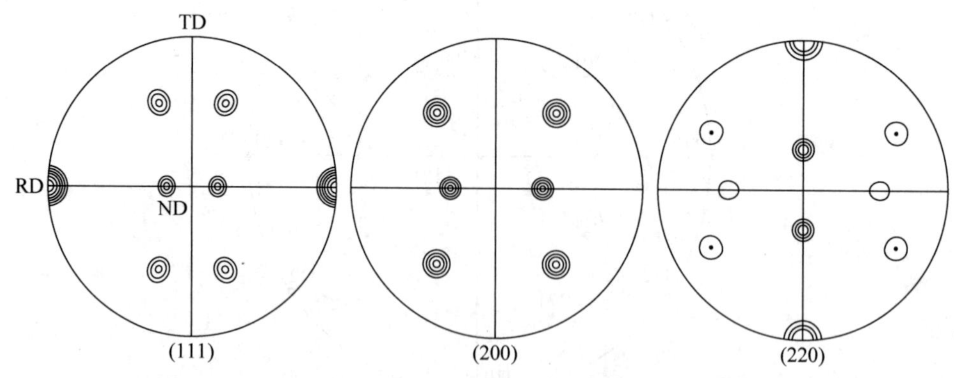

图 10.18　具有宏观对称的(112)$[11\bar{1}]$织构所对应极图

丝织构的极图特征是存在一个以投影中心为圆心的小圆或者小圆弧(与测试平面的选取有关)，这是由于丝织构中只有某一晶体学方向$[uvw]$与外观方向平行，相当于可以将单晶体的标准投影图围绕中心旋转一周。图 10.19 是实测的拉拔 Al 线材的实测极图，从(111)极图可以看出[111]方向平行于拉拔方向，参见图 10.20(a)可以看到还有一组与投影中心成 70°左右的$[11\bar{1}]$、$[1\bar{1}1]$和$[\bar{1}11]$，因此形成图 10.19 中(111)极图。而[200]分布在与

[111]成大约 55°的小圆上，[220]分布在与[111]成大约 35°和 90°的圆弧上，可以与(200)和(220)极图相对应。图 10.20(b)是{110}〈111〉、{112}〈111〉和{123}〈111〉织构的(111)极图，可以看出当形成〈111〉丝织构时，这几个织构组分的〈111〉方向几种分布在与拉拔方向成 70°左右的弧线上，这与实测的极图一致。

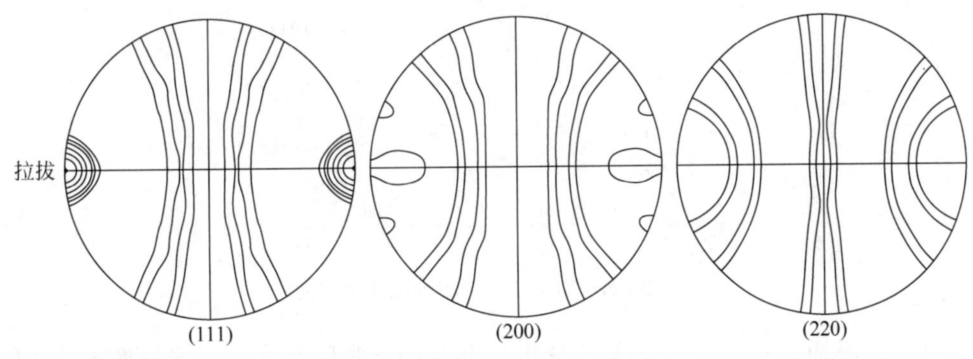

图 10.19　拉拔 Al 线材的实测极图

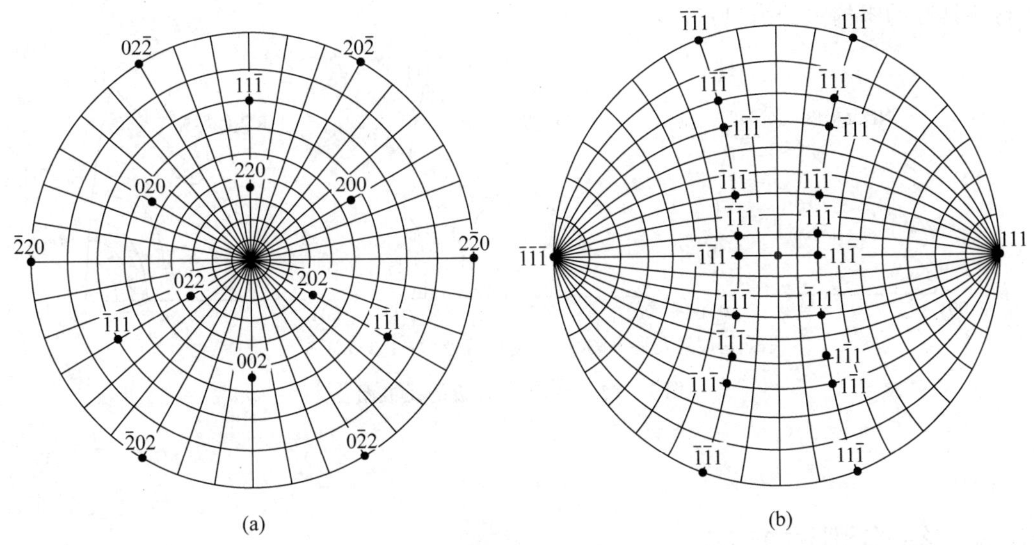

图 10.20　(111)单晶体标准投影图及{110}〈111〉、{112}〈111〉和{123}〈111〉织构的[111]极图

10.4.3　反极图分析法

反极图是以晶体学坐标架为基准，将特征外观方向在此坐标系作极射赤面投影得到的，所以使用反极图进行织构分析相对容易。由于立方晶系具有高度的对称性，我们只需要其中一个由 100-101-111(图 10.6(c))构成的取向三角形就可以表示出织构。某特征外观方向的反极图均应注明，比如在轧制板材中需要注明轧面法线反极图-ND 反极图、轧向反极图-RD 反极图以及横向反极图-TD，而拉拔等有轴向对称的形变材料只有一个特征外观方向，一张拉拔方向反极图就可以了。根据这些特征外观方向的反极图与图 10.21 的取向三角形相比较，可以很容易确定特征外观方向所对应的晶体学方向。

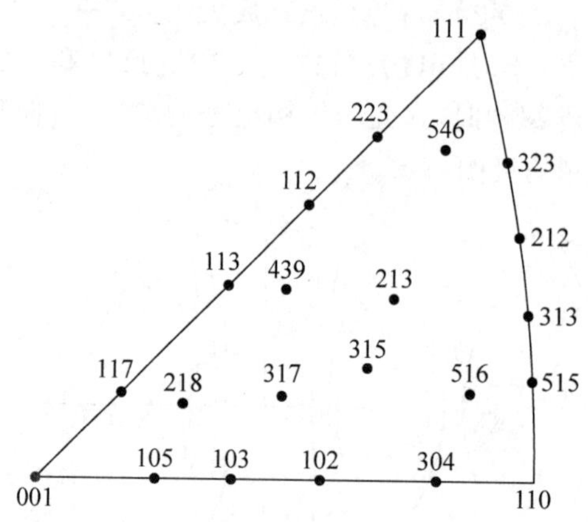

图 10.21　取向三角形中的晶体学方向

图 10.22 是通过 ODF 分析回算的冷轧 IF 钢板的三张反极图，从三张反极图可以看出，轧面法向集中分布于[111]方向，轧制方向平行于[011]方向，所以从反极图可以很容易判断该材料具有的织构组分为{111}〈110〉。

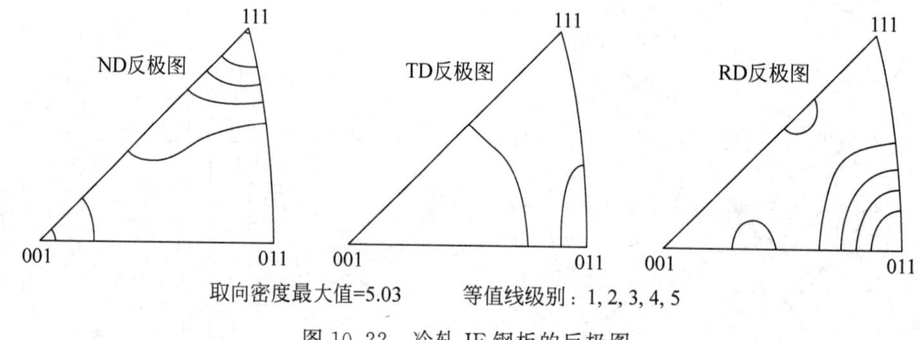

图 10.22　冷轧 IF 钢板的反极图

10.5　织构测试方法

织构测试方法很多，同步辐射、中子衍射等方法可以测定材料的通体织构，统计性好，但应用最方便、在普通实验室最容易实现的方法还是 X 射线法，该方法是在测定材料的不完整极图后，求算 ODF 然后进行织构分析。目前实验室使用的两种主要方法是透射法和反射法，两种方法各有优缺点，需要根据实际需求进行选择。

10.5.1　透射法

根据式(5.10)可知，在其他条件不变的情况下，多晶体衍射的强度与 $\Delta V/V$ 成正比，ΔV 为样品中能够参与(hkl)衍射的体积，对一个晶粒取向分布均匀的样品，各晶粒的(hkl)面法线是均匀分布的，如果样品中有织构，则会出现集聚分布，V 是被照射试样的体积。所以我们可以根据样品中(hkl)晶面在不同方位的衍射强度来确定该方向上的(hkl)晶面的极密度。

透射法由 Decker、Asp 和 Harker 最先提出，可在织构测角台进行测试，图 10.23 是透射法测定板材织构的示意图，样品放置在测角台的专用试样架上。试样表面与衍射仪轴贴合。试样能绕衍射仪轴和绕试样自身表面法线转动。前者称为试样的 α 转动，规定逆时针为正；后者为 β 转动，顺时针为正。在透射法中各晶粒的 hkl 反射线不能聚焦。因此，入射线束的发散度要调至尽可能小一些；探测器前窗口则开到能容纳整个反射线进入的程度就可以。

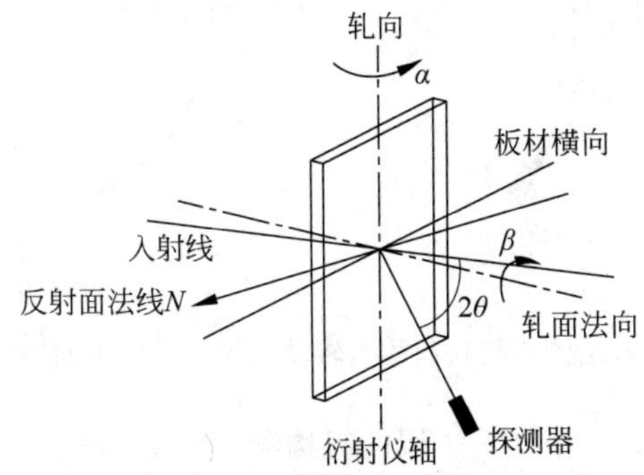

图 10.23　透射法测定板材织构的实验布置

习惯上将试样的初始位置设定在轧向(ND)与衍射仪轴重合，轧面横向(TD)平分入射线和反射线的中分线上(图 10.24(a))。此时反射面法线方向(ND)与试样的横向重合，此时测得 TD 方向衍射强度即极密度，如图 10.24(b)中的 TD 位置。由于样品可以绕试样的面法线旋转，当样品顺时针旋转时，相当于反射面法线相对于横向逆时针旋转。当样品转动一周，就相当于将极图的最外一圈的衍射强度测试完毕。

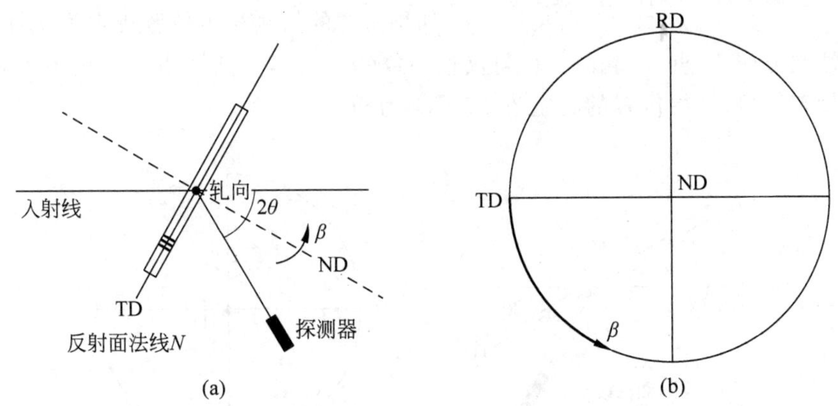

图 10.24　透射法测定板材织构当 $\alpha=0°$时平面图(a)和极图(b)

当样品绕轧向转动 α 后，至图 10.25(a)的位置，此时 TD 与反射面法线 N 方向成 α，所以测定的是极图上 A 点的衍射强度，当样品绕 ND 旋转一周后，相当于绕与 ND 成 $90°-\alpha$ 的小圆旋转一周，如图 10.25(b)所示从 A 点开始经 B 点旋转一周的强度。这样就可以测定极图上各点的衍射强度，以便转化成极密度。

10.5.2　反射法

反射法测试织构是由 Schulz 提出的，目前在实验中应用最广。该法使用板状试样在专

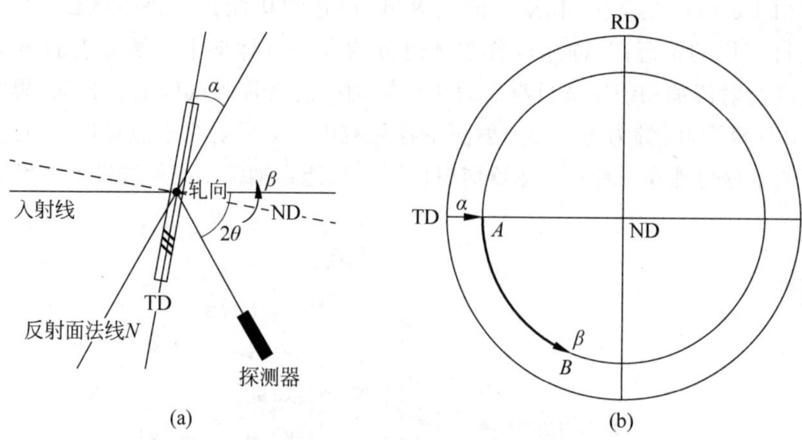

图 10.25 透射法测定板材织构当转动角为 α 时的平面图(a)和极图(b)

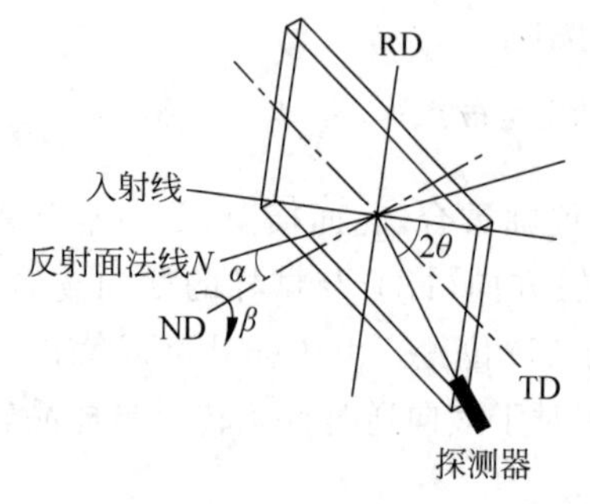

图 10.26 反射法测定板材织构示意图

用的织构测角台上扫测。实验布置如图 10.26 所示,试样表面法线位于入射线和反射线的中分线。试样可绕自身表面的法线和绕样品表面与入射线和反射线所成平面的交线,即图 10.26 中的 ND 和 TD 转动。

为与透射法中的规定一致,试样绕 TD 转动为 α 转动,绕 ND 转动为 β 转动,均以顺时针为正。板状样品在反射法中各晶粒的衍射线可以聚焦,故入射线的狭缝可以开得大一些,以保证足够的强度。

如果试样的扫测初始位置规定为试样表面法线与反射面法线方向 N 重合,轧向与衍射仪轴一致(图 10.27),所测点位于极图中心,则为与透射法的规定衔接,初始位置的 α 定为 $-90°$,β 为 $90°$。

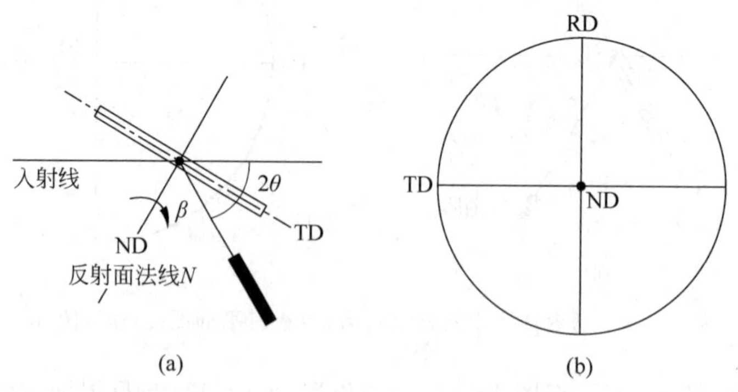

图 10.27 反射法测定板材织构示意图

试样绕 TD 顺时针转过 α 则相当于从图 10.28(b)的 A 点起始位置测量,在极图上按逆时针方向转动 β,这样就可以测定极图中心成 α 角的衍射强度。

10.5.3 透射法和反射法比较

从反射法和透射法的实验布置可以看出,二者不管是测试的条件还是测试结果均有区

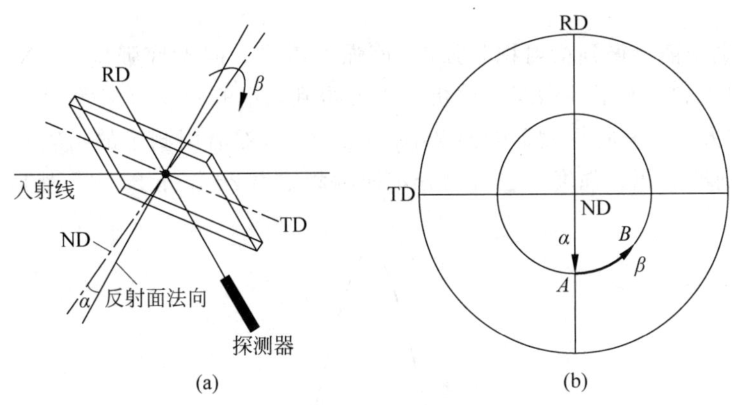

图 10.28　反射法测定板材织构示意图

别。首先看测试样品的要求：透射法需要样品薄而均匀，能够获得足够高的衍射 X 射线的强度，而反射法只要求样品表面有较好的平整度，不是特别薄的样品也可。所以从样品准备来看，反射法简单易行，现在广泛使用。不论是透射法还是反射法，均需要制备一个与被测材料同一材质且没有择优取向的粉末标准样品。

透射法在测试过程中，随 α 角转动增大，X 射线在样品中穿行距离变长，所以透射法只能够测定极图外圈 20°～30°范围(图 10.25(b))。反射法从极图中心开始测定，所能测定的范围从中心至极角 70°～80°的范围。反射法中如果倾斜角过大，则衍射线不能聚焦，引起衍射强度下降，产生散焦现象，实际上当倾角达到 50°以后就出现散焦现象，但散焦因素可以通过标准样品进行补正。反射法在 α、β 旋转过程中，尽管照射到样品的表面积增加到 $l/\cos\alpha$，但同时 X 射线贯穿到样品中的深度变为 $t\cos\alpha$(图 10.29)，所以衍射体积始终不变，这就是说，在反射法测定织构时不用考虑衍射体积的修正。

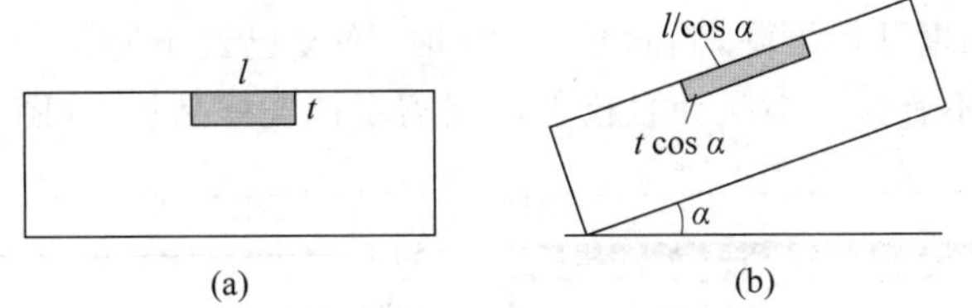

图 10.29　样品旋转时衍射体积不变

不管是反射法还是透射法均需要点光源，最好使用平行光。由于反射法有聚焦能力，宜采用较大 DS 狭缝和 RS 狭缝，而透射法可采用 DS 狭缝较小，RS 狭缝较大。α、β 以每步 5°间隔记录数据为宜，为确保数据质量，应保证每步足够停留时间。

尽管反射法只能测定不完整极图，但根据 ODF 分析，可以由不完整极图回算出完整极图和反极图，因此目前普遍采用方便易行的反射法测定材料织构。

10.5.4　标准样品的作用

标准样品是指与被测材料的材质相同且无织构的样品，一般使用被测材料的粉末制成。标准样品的主要作用是定标和补正散焦。标准样品的测试条件需要和样品的测试条件完全相同。

在织构测试中需要得到衍射积分强度，该强度需要扣除背底强度，在 X 射线衍射中都存在背底，如图 10.30 所示。做织构分析时需要得到衍射峰的积分强度，需要将背底强度去掉，一个方便的方法就是将探测器偏离 $2\theta_{hkl}$ 角 2°～3°，然后用测定的衍射强度减去背底强度就得到了衍射峰的积分强度。也可以分别向两侧偏离 $2\theta_{hkl}$ 角 2°～3°，然后求平均值。

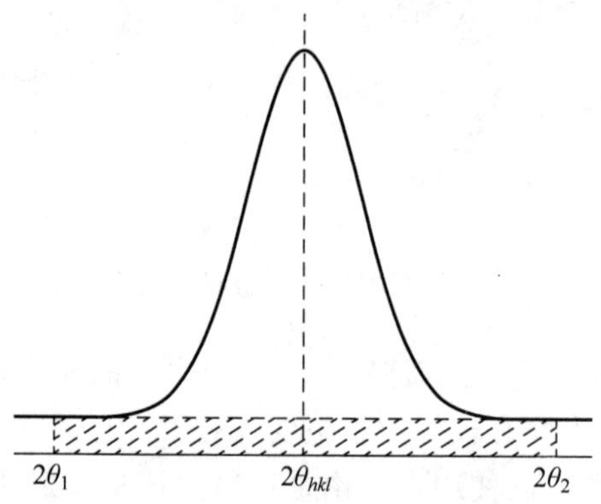

图 10.30　衍射峰的积分强度和背底强度

衍射峰的积分强度大小与该取向上极密度成正比，我们将无织构的样品极密度定义为 1，所以我们使用标准样品的衍射积分强度为标准，衡量样品中极密度的高低，即

$$q(\alpha,\beta)=K(\alpha)\cdot I_{hkl}(\alpha,\beta) \tag{10.19}$$

其中，$K(\alpha)$由标样得到：$K(\alpha)=1/I_{hkl标样}(\alpha,\beta)$。

采用标准样品的另外一个作用是进行补正散焦。如果在样品测试过程中没有散焦，$I_{hkl标样}(\alpha,\beta)$应该是一个恒定值，但事实上我们看到的标准样品的衍射强度随 α（为了方便，此处的 α 角为倾斜角）会发生变化。当倾斜角小于 50°时，衍射强度基本为定值，但当倾斜角大于 50°后，衍射强度开始下降，倾斜角到 70°时，强度已经下降了一半，所以采用反射法测定极图时，倾斜角不宜大于 70°，而且衍射数据需要标准样品补正（图 10.31）。

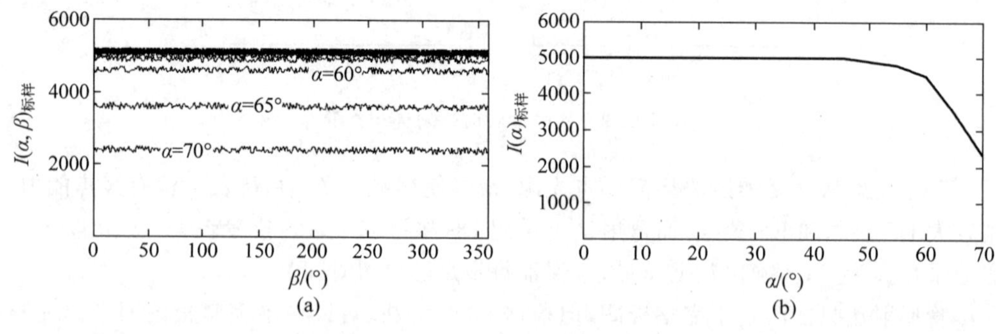

图 10.31　标准样品的散焦现象

10.5.5　极图的构建

无论是反射法还是透射法，我们得到的都是衍射强度在外观坐标架的分布图，为了将其转化为极图，需要扣除背底，以标准样品的积分强度为标准定标之后得到极图。

图 10.32 是 Fe 基材料经形变后的衍射谱，同时也测定 Fe 粉的衍射谱，可以看出，二者的(110)、(200)、(211)三个衍射峰的强度均有明显差别，Fe 粉为一种无织构的样品，其衍射数据符合标准卡片的衍射强度分布，而试样(110)和(200)衍射峰的强度高于标准样品的强度，(211)衍射峰的强度明显低于标准强度。所以从材料的全谱上，根据各衍射峰强度情况，大致确定材料中是否有织构，以及可能的织构类型。

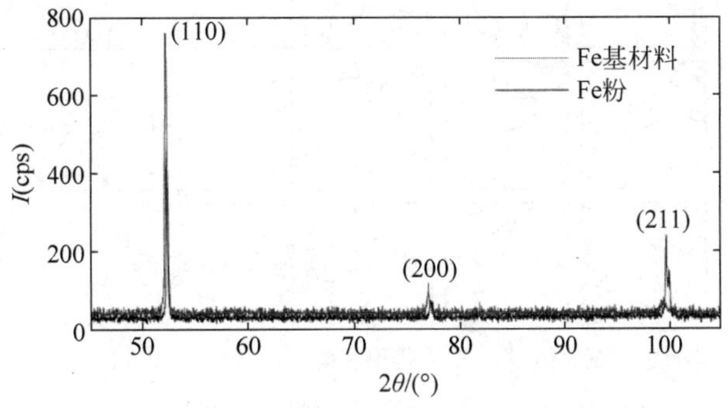

图 10.32　标准样品和有织构样品的衍射谱

图 10.33 是冷轧 90%的 IF 钢板织构测试的数据，可以看出通过反射法测定织构中，当倾斜角变化时，衍射的强度出现起伏，倾斜角约为 30°时起伏最大，这些现象表明材料中的织构很强。我们将织构测试每点强度 $I(\alpha,\beta)$扣掉相应的背底得到净积分强度，再与标准样品的衍射峰的净积分强度相比较(式(10.19))，然后转化到极射赤面投影图上，连成等值线，就得到极图。

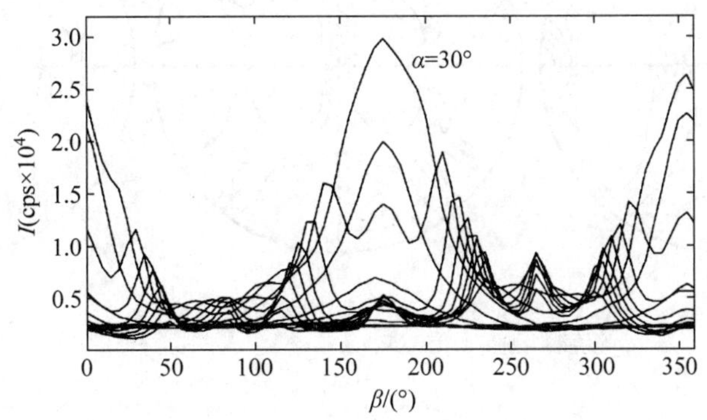

图 10.33　冷轧 IF 钢板织构测试中(110)晶面衍射强度的变化

10.6　实测织构分析

10.6.1　低碳钢板的冷变形织构

我们将图 10.33 的 IF 钢板数据采用 ODF 分析法，求解其 ODF，如图 10.34 所示。我们使用恒 $\varphi=45°$截面图分析，比较图 10.12(b)可以看出，该板材的织构主要为[110]//RD 的丝织构，同时也有比较弱的[111]//ND 的织构组分。这是冷轧 BCC 材料中最为常见的 α 和 γ 织构组分。

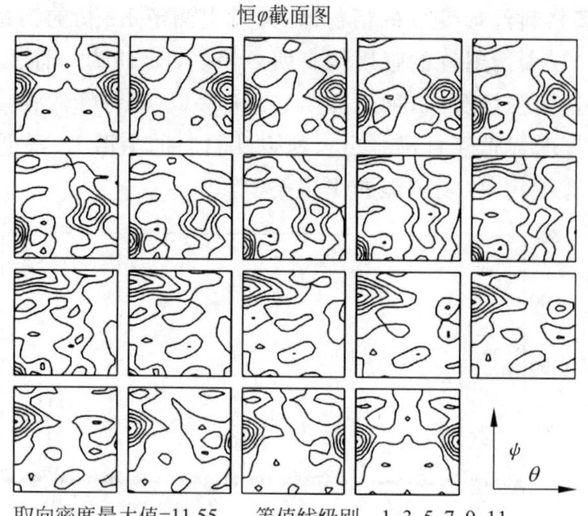

图 10.34　冷轧 IF 钢板的 ODF

从图 10.35 的回算极图也可以看出，材料中的织构组分为 α 丝织构和 γ 丝织构，图 10.35 中给出了这两种丝织构的理想极图，可以与实测的(110)极图进行比较。

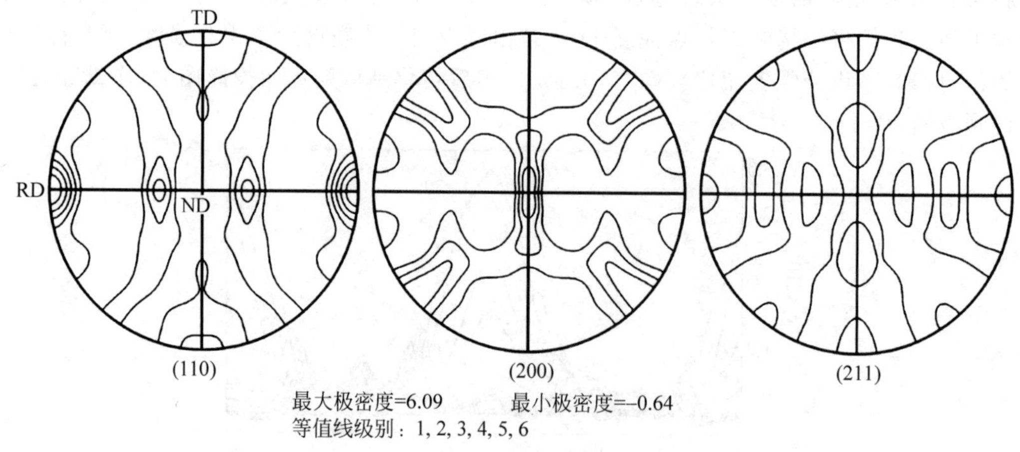

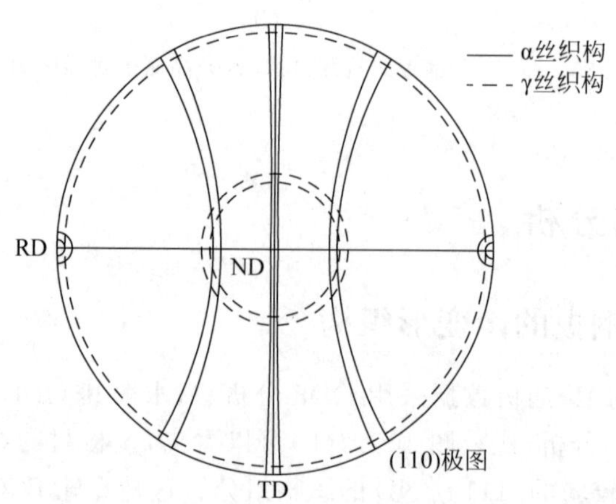

图 10.35　冷轧 IF 钢板的回算极图及 α 和 γ 组分对应的(110)极图

通过反极图可以很容易确定材料的织构组分,图 10.36 为 ND、RD 和 TD 的反极图,可以很清楚看出,RD 集中于⟨110⟩方向,ND 方向略微偏向⟨111⟩,这与极图和 ODF 图分析的结果相一致。

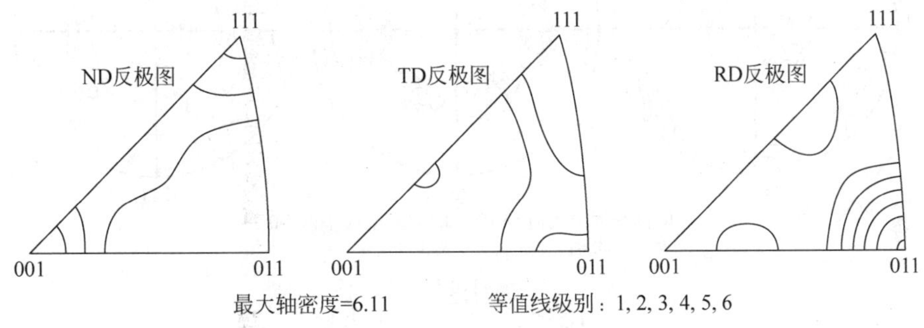

图 10.36 冷轧 IF 钢板的回算反极图

10.6.2 低碳钢板的再结晶织构

将冷轧 90%的 IF 钢板在 800℃退火,通过恒 $\varphi=45°$截面图与 10.12(b)比较,很容易确定该材料的织构组分为{111}⟨112⟩,这是一种典型 BCC 材料的再结晶织构。

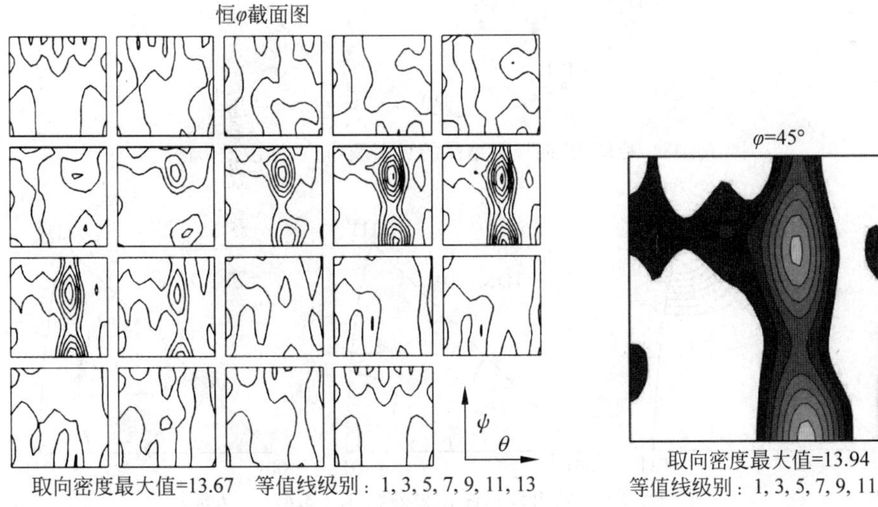

图 10.37 冷轧 IF 钢板再结晶的 ODF

将图 10.38 的(110)、(200)和(112)极图和(111)单晶体标准投影图相比较,可以看出,织构组分为{111}⟨112⟩。

从 10.39 的反极图也可以看出,材料的 ND 方向均集中在⟨111⟩方向,RD 方向偏聚于⟨112⟩方向。

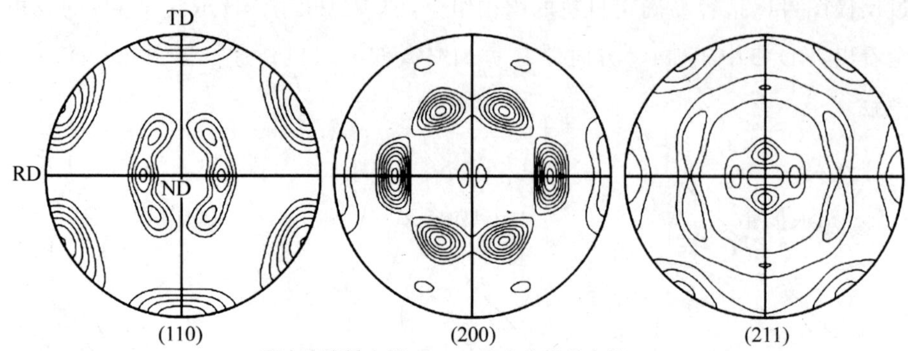

取向密度最大值=4.19　取向密度最小值=-0.23

等值线级别：1, 1.5, 2, 2.5, 3, 3.5, 4

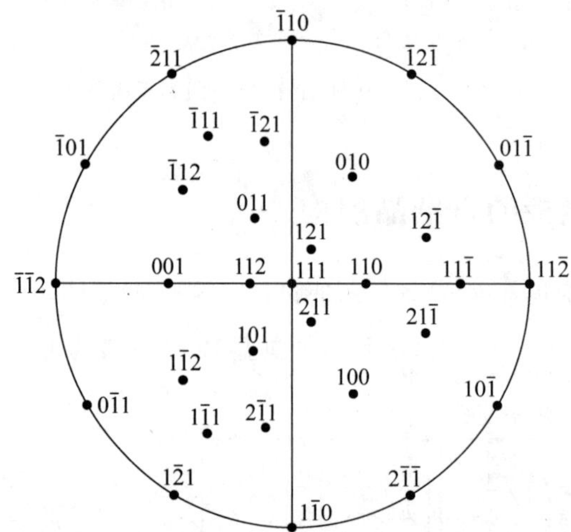

图 10.38　冷轧 IF 钢板再结晶的极图及(111)标准投影图

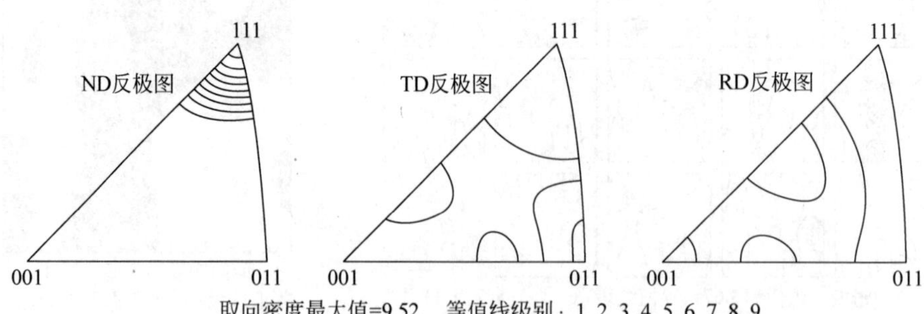

取向密度最大值=9.52　等值线级别：1, 2, 3, 4, 5, 6, 7, 8, 9

图 10.39　冷轧 IF 钢板再结晶的反极图

第11章

宏观应力测定与分析

内应力是指产生应力的各种因素(如外力、温度变化、加工过程、相变等)不复存在时,在物体内部存在并保持平衡的应力。传统上按内应力存在范围的大小,可将其分为以下三类。

第一类内应力:在较大范围内存在并保持平衡的应力,释放该应力时可使物体的体积或形状发生变化。由于其存在范围较大,应变均匀分布,这样方位相同的各晶粒中(HKL)面的晶面间距变化就相同,从而导致各衍射峰峰位向某一方向发生漂移,这也是X射线仪测量第一类应力的理论基础。

第二类内应力:在数个晶粒范围内存在并保持平衡的应力。释放此应力时,有时会引起宏观体积或形状的变化。由于其存在范围仅在数个晶粒范围,应变分布不均匀,不同晶粒中,同一(HKL)面的晶面间距有的增加,有的减小,导致衍射峰峰位向不同的方向位移,引起衍射峰漫散宽化。这是X射线测量第二类应力的理论基础。

第三类内应力:在若干个原子范围存在并平衡的应力,一般存在于位错、晶界和相界等缺陷附近。释放此应力时不会引起宏观体积和形状的改变。由于应力仅存在于数个原子范围,应变会使原子离开平衡位置,产生点阵畸变,衍射强度下降。近期的研究结果表明:第三类应力也可导致衍射峰宽化。

通常将第一类内应力称为宏观应力或残余应力,第二类内应力与第三类内应力称为微观应力。微观应力已经在第8章论述,这里主要讨论宏观应力测定。

宏观应力或残余应力的存在对工件的力学性能、物理性能以及尺寸的稳定性均会产生影响。当工件中存在的残余应力大于其屈服强度时会使工件变形,高于其抗拉强度时会引起工件开裂。然而有些情况下,残余应力的存在是有利的,如弹簧、曲轴等,经喷丸处理后在其表面产生残余压应力,有利于提高弹簧、曲轴的抗疲劳强度。

将金属片A焊于拉伸状态的板B上,如图11.1(a)所示,去除外力后B仍处于拉伸状态,A则为压力态,这种残留于物体中在较大范围内具有同号的应力状态就会形成宏观应力;图11.1(b)是将A轴打入套管B中,A轴受到压应力,而套管B受到拉应力的作用。

宏观应力是一种弹性应力。测定宏观应力的方法很多,一种是应力松弛法,即用钻孔、开槽或剥层等方法使应力松弛,用电阻应变片测量变形以计算残余应力,这是一种破坏性的测定;另一种是无损法,即利用应力敏感性的方法,如超声、磁性、中子衍射、X射线衍射等。其中X射线衍射法不仅是无损方法,还具有快速、准确可靠和能测量小区域应力的优点,又能区分和测出三种不同类别的应力,因而受到普遍的重视。衍射仪和专门的应力测定仪已普遍用于材料的应力研究。

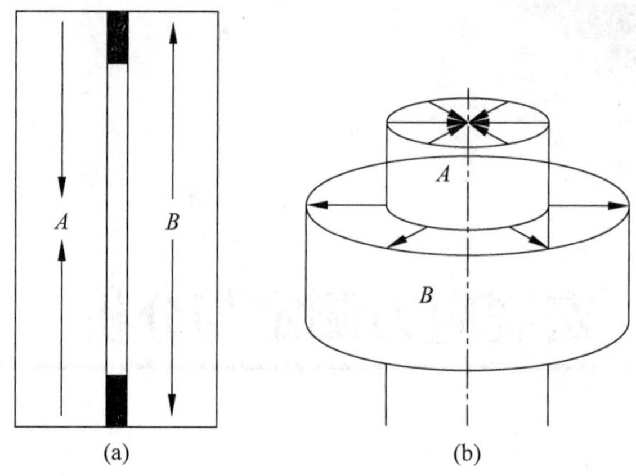

图 11.1 宏观应力的产生

11.1 宏观应力的测定原理

X 射线衍射是通过测量弹性应变求得应力值。对理想的多晶体(晶粒细小均匀、无择优取向),在无应力的状态下,不同方位的同族晶面其面间距是相等的,而当受到一定的宏观应力作用时,不同晶粒的同族晶面其面间距随晶面方位及应力的大小发生有规律的变化。如图 11.2 所示,样品中晶粒的(hkl)晶面法线与拉伸方向夹角越小,晶面间距 d_{hkl} 越大。材料的宏观应力测定就是测定不同方向上 d_{hkl} 的变化。

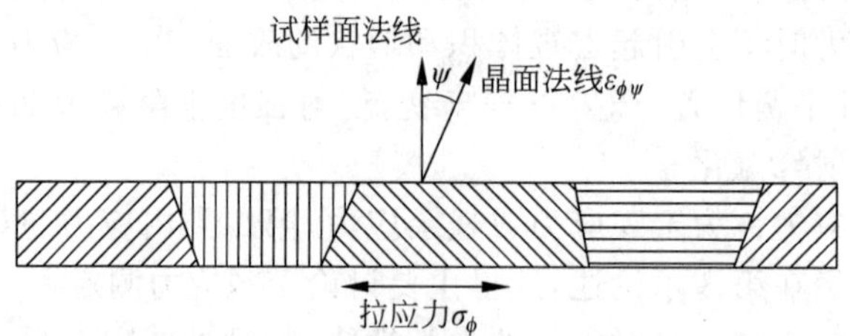

图 11.2 不同晶面取向下的面间距变化

11.1.1 平面应力状态

材料中的应力状态可以用二阶张量表示,然而当样品几何形状或受力状态比较特殊时,可以将三维空间问题简化到平面,这样弹性体中某一平面的应力、应变和位移只是二维坐标的函数,这就是弹性力学的平面问题。平面应力问题和平面应变问题是两个典型的平面问题。所谓的平面应力状态就是等厚板,其厚度方向远小于另外两个方向的尺寸,板所受载荷平行于板的对称中面,并沿厚度不变,板的侧面为自由表面,无面应力作用。

板材的自由表面有

$$\sigma_z = \tau_{zy} = \tau_{zx} = 0 \tag{11.1}$$

所以在板内任一点都有式(11.1)的关系。仅存在与 z 无关的 σ_x、σ_y 和 τ_{xy},就构成了平面

应力问题(图 11.3)。根据广义胡克(Hooke)定律,此时板内的应变分量为

$$\begin{cases}\varepsilon_x = \dfrac{1}{E}(\sigma_x - \nu\sigma_y) \\ \varepsilon_y = \dfrac{1}{E}(\sigma_y - \nu\sigma_x) \\ \varepsilon_z = -\dfrac{\nu}{E}(\sigma_x + \sigma_y) \\ \gamma_{xy} = \dfrac{1+\nu}{E}\tau_{xy}\end{cases} \tag{11.2}$$

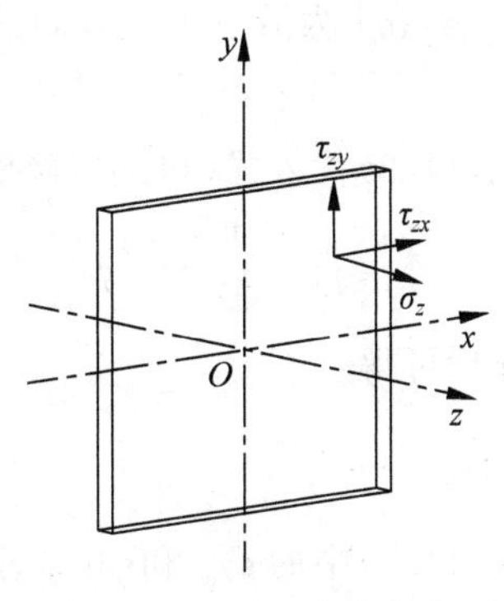

图 11.3　平面应力状态

式中,E 为弹性模量,ν 为泊松(Poisson)比。

在 X 射线衍射中,X 射线的穿透深度很薄,仅 10mm 左右,并且只能测试表面层,所以采用 X 射线测试的材料应力符合平面应力状态。采用 X 射线应力的分析是基于两个条件:①多晶材料是各向同性的;②任何应力状态均符合胡克定律。

11.1.2　应力与晶面间距的关系

根据弹性力学可知,过一点必存在这样相互垂直的截面,即截面上只有沿着截面外法线方向的正应力,而切应力为零。因此,我们定义过一点切应力为零的平面为主平面,主平面上的正应力称为主应力,主平面的外法线方向称为主方向。从图 11.4 可以看出,垂直板面的 σ_z 方向为一个主应力方向,在此记为 σ_3,在板面内存在另外两个相互垂直的主应力方向 σ_1 和 σ_2。

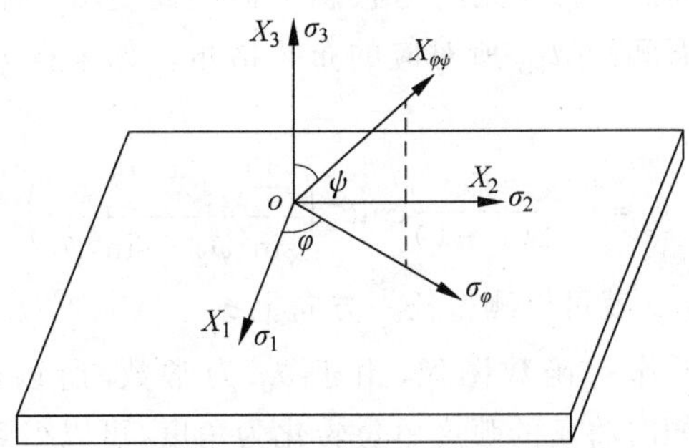

图 11.4　主应力与任一方向的正应力的关系

根据弹性力学理论,任一方向的正应力 $\sigma_{\varphi\psi}$ 可以表示成

$$\sigma_{\varphi\psi} = a_1^2\sigma_1 + a_2^2\sigma_2 + a_3^2\sigma_3 \tag{11.3}$$

式中 a_1、a_2、a_3 为正应力 $\sigma_{\varphi\psi}$ 相对于主方向的方向余弦,即

$$\begin{cases}a_1 = \sin\psi\cos\varphi \\ a_2 = \sin\psi\sin\varphi \\ a_3 = \cos\psi\end{cases} \tag{11.4}$$

平面应力状态时,

$$\sigma_\varphi = \sigma_1\cos^2\varphi + \sigma_2\sin^2\varphi \tag{11.5}$$

令 ε_1、ε_2、ε_3 为沿三个主方向的正弹性应变，即主应变，则方向(φ,ψ)的正应变为

$$\varepsilon_{\varphi\psi}=a_1^2\varepsilon_1+a_2^2\varepsilon_2+a_3^2\varepsilon_3 \tag{11.6}$$

将式(11.2)代入式(11.6)，经整理可以得到

$$\varepsilon_{\varphi\psi}=\frac{1}{E}\{\sin^2\psi[\sigma_\varphi+\nu\sigma_1(1-\sin^2\varphi)+\nu\sigma_2(1-\cos^2\varphi)]-\nu(\sigma_1+\sigma_2)\}$$

简化后可得

$$\varepsilon_{\varphi\psi}=\frac{1+\nu}{E}\sigma_\varphi\sin^2\psi-\frac{\nu}{E}(\sigma_1+\sigma_2) \tag{11.7}$$

对式(11.7)中的 $\varepsilon_{\varphi\psi}$ 和$\sin^2\psi$ 求偏导数，可得

$$\frac{\partial\varepsilon_{\varphi\psi}}{\partial\sin^2\psi}=\frac{1+\nu}{E}\sigma_\varphi \tag{11.8}$$

式(11.8)为待测应力 σ_φ 与 $\varepsilon_{\varphi\psi}$ 随方位 ψ 变化率之间的关系，是求测应力的基本关系式，同时表明，在平面应力状态下，$\varepsilon_{\varphi\psi}$ 随$\sin^2\psi$ 呈线性关系。

11.1.3 应变量与布拉格角的关系

式(11.8)中 σ_φ 是平面内在辐角为 φ 方向的应力，$\varepsilon_{\varphi\psi}$ 是方位(φ,ψ)的正应变，该值的大小是由该方位的晶面(hkl)的面间距增量决定的，即

$$\varepsilon_{\varphi\psi}=\frac{d_{\varphi\psi}-d_0}{d_0}=\left(\frac{\Delta d}{d}\right)_{\varphi\psi}=-\cot\theta_0(\theta_{\varphi\psi}-\theta_0) \tag{11.9}$$

式中，d_0 为无应力状态下被测材料中(hkl)晶面的面间距，$d_{\varphi\psi}$ 为有宏观应力的被测材料方位(φ,ψ)的(hkl)晶面间距，θ_0 为无应力状态下面间距为 d_0 时所对应的布拉格角，$\theta_{\varphi\psi}$ 为方位(φ,ψ)的(hkl)晶面间距 $d_{\varphi\psi}$ 所对应的布拉格角。如果在 φ 不变时改变 ψ 为 ψ_1 和 ψ_2，则

$$\sigma_\varphi=-\frac{E}{2(1+\nu)}\cot\theta_0\left(\frac{2\theta_{\varphi\psi_2}-2\theta_{\varphi\psi_1}}{\sin^2\psi_2-\sin^2\psi_1}\right) \tag{11.10}$$

通过式(11.10)，通过改变 ψ 就可以测得任一方向上σ_φ。

也可以以 $2\theta_{\varphi\psi}$-$\sin^2\psi$ 作一函数图像，由于 θ_0 为常数，所以该图像为一条直线。将式(11.9)代入式(11.7)，同时将角的弧度单位转化为角度，可以得到

$$\sigma_\varphi=-\frac{E}{2(1+\nu)}\cot\theta_0\,\frac{\pi}{180}\,\frac{\Delta 2\theta_{\varphi\psi}}{\Delta\sin^2\psi} \tag{11.11}$$

令式(11.11)中

$$K=-\frac{E}{2(1+\nu)}\cot\theta_0\,\frac{\pi}{180},\quad M=\frac{\Delta 2\theta_{\varphi\psi}}{\Delta\sin^2\psi} \tag{11.12}$$

即

$$\sigma_\varphi=KM \tag{11.13}$$

式中，K 被称为应力常数，它取决于材料的弹性性质(弹性模量 E、泊松比 ν)及所选衍射面的衍射角(亦即衍射面间距及光源的波长 λ)。当 $M>0$ 时，$\sigma_\varphi<0$，为压应力；当 $M<0$ 时，$\sigma_\varphi>0$，为拉应力。

这是一种理想平面应力状态的应力求算方法，如果材料中存在较强的织构，在板面法向方向存在较大应力梯度或非平面应力状态时，则 $2\theta_{\varphi\psi}$-$\sin^2\psi$ 就偏离了直线分布，需要特殊考虑。

11.1.4 主应力的确定

为了确定材料中的主应力 σ_1、σ_2，需要通过式(11.5)求解。为此，我们测定 3 个方向的应力状态，通常选择 σ_φ、$\sigma_{\varphi+\pi/4}$、$\sigma_{\varphi+\pi/2}$，将这几个方向的应力代入式(11.5)中，可联立如下方程组：

$$\begin{cases}\sigma_\varphi = \sigma_1\cos^2\varphi + \sigma_2\sin^2\varphi \\ \sigma_{\varphi+\pi/4} = \sigma_1\cos^2\left(\varphi+\dfrac{\pi}{4}\right) + \sigma_2\sin^2\left(\varphi+\dfrac{\pi}{4}\right) \\ \sigma_{\varphi+\pi/2} = \sigma_1\cos^2\left(\varphi+\dfrac{\pi}{2}\right) + \sigma_2\sin^2\left(\varphi+\dfrac{\pi}{2}\right)\end{cases} \tag{11.14}$$

从这个联立方程组可以解出

$$\tan 2\varphi = \frac{\sigma_\varphi + \sigma_{\varphi+\pi/2} - 2\sigma_{\varphi+\pi/4}}{\sigma_\varphi - \sigma_{\varphi+\pi/2}} \tag{11.15}$$

可以通过测定 3 个方向的应力值确定主应力的大小和方向。

11.2 宏观应力的测定方法

在实验室中，宏观应力的测定通常采用两种几何方式操作：同倾法和侧倾法。配备尤拉环的衍射仪可以很方便地实现这样的操作，所以我们将这两种方法的原理做一介绍。

11.2.1 同倾法

同倾法的衍射几何特点是测量方向平面和扫描平面重合，如图 11.5 所示。测量方向平面是指入射线、衍射面法线及衍射线所在平面，图中与 OA 垂直的平面。应力测定时，样品绕 OA 转动 ψ，以确定样品在平面内该方向的 σ_φ。

测量过程的几何关系如图 11.6 所示。按照式(11.10)，测定两个 ψ 下的 2θ 就可以确定该方向的 σ_φ，所以选取方位角的方式有两种。

(1) 0°-45°法(两点法)：ψ 可以选取 0°或 45°(或其他合适的角度)测定 2θ，由这两个点的数据求得 2θ-$\sin^2\psi$ 的直线斜率 M，代入式(11.13)中求得 σ_φ。

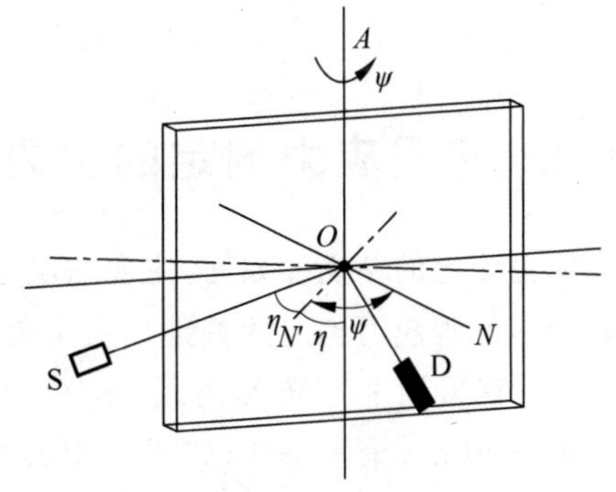

图 11.5　同倾法测定应力的实验示意图

(2) $\sin^2\psi$ 法：为了提高数据的准确性，可以取几个不同的 ψ，然后用最小二乘法求出直线的斜率，例如 ψ 可取 0°、15°、30°、45°，这样测试的结果会更加准确。

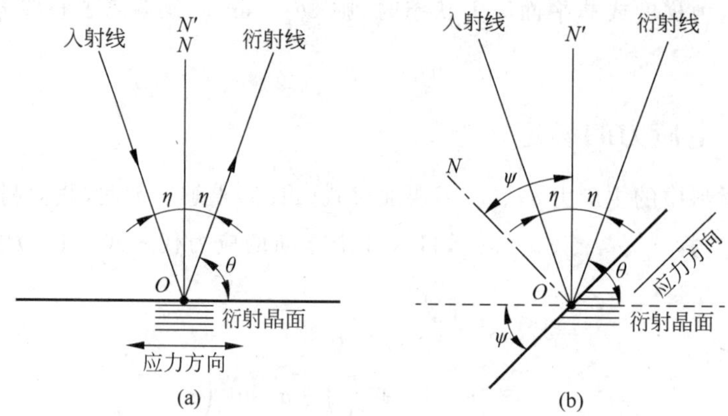

图 11.6　同倾法测定应力

(a) $\psi=0°$；(b) $\psi\neq0°$

11.2.2　侧倾法

侧倾法的特点是应力测量方向与扫描平面垂直，如图 11.7 所示。侧倾法中，计数管在垂直于测量方向平面的平面上扫描，ψ 的变化不受衍射角大小的限制而只决定于待测试件的形状空间，对表面较平的试件，ψ 可以旋转至 70°～80°。应力的计算和分析方法与同倾法相同。

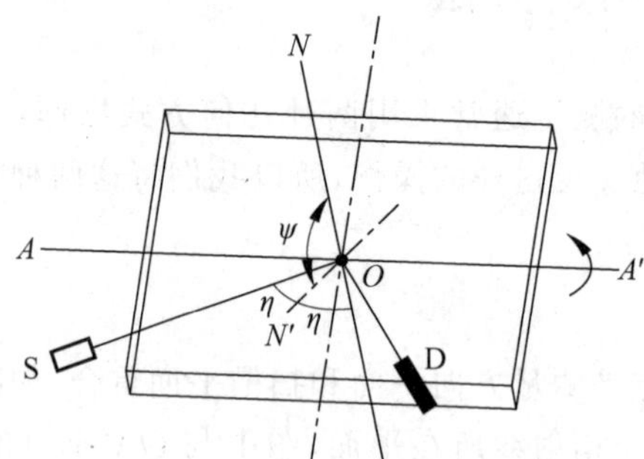

图 11.7　侧倾法应力测定示意图

11.3　宏观应力测定的主要问题

应力测定的精确度如何，主要取决于衍射峰峰位确定的精度，因此如何提高衍射峰峰位的精度是宏观应力测定的关键。从实验条件和分析方法上要注意以下几个问题。

(1) 宜采用平行光 X 射线，如图 11.5 所示，同倾法测试宏观应力时，测试条件不满足 Bragg-Brentano 聚焦条件，如图 6.3(c)所示，如果使用聚焦光测试的话，则衍射线不会聚焦在衍射仪圆上，导致误差增大。如果使用平行光测量就可以避免这一问题。

(2) 衍射面的选定：为了准确地测定应力，必须选择尽可能高的衍射角。式(11.12)

中，衍射角越大，K 的绝对值越小，在相同应力条件下，$\Delta 2\theta_{\varphi\psi}$ 的变化值就越大，由衍射角测量不准引起的应力误差则减小。所以在宏观应力测定中衍射面和光源阳极靶的选用原则是在高角区有强的衍射线。常规的X射线应力仪的测角器 2θ 范围是 $143°\sim163°$ 或 $110°\sim170°$。在同倾法测量时，衍射角足够大还可扩大 ψ 的变化范围。

(3) 试样状态的影响：试样表面状态对应力测定有很大的影响。待测表面应无油污、氧化皮和粗糙的加工痕迹。除非旨在测量表面涂层或加工影响层的应力，待测面都应用化学或电解抛光去除加工影响层得到光洁表面。粗糙表面的凸出处有应力释放，会使所测应力值不准。

(4) 材料的晶粒过大或具有较强织构时，应力测试的两个假设不成立，此时应力分析结果的可信度不高。

(5) 为了准确确定衍射峰峰位，应该按照5.3.1节所陈述的方法进行。

第12章

物相分析

我们将体系中具有相同物理与化学性质的，且与其他部分以界面分开的均匀部分称为物相。化学成分不同的物质可能是不同的物相，化学成分相同而晶体结构不同的也是不同的物相。物质的性质不仅与其化学成分有关，很大程度上也取决于其相组成。$\alpha\text{-}Al_2O_3$ 和 $\gamma\text{-}Al_2O_3$ 是化学组分相同而晶体结构与性能差异明显的两个物相；α-Fe 和 γ-Fe 都是由 Fe 元素构成的，一个是体心立方结构，另一个是面心立方结构，二者的力学性能存在显著的差异，自然界中还有很多这样的情况。X 射线衍射是一种可以将材料中的相组成测定出来的方法。

12.1 物相分析原理

晶体物质发生衍射时需要满足布拉格方程，同时结构因数不能为零。在入射 X 射线波长恒定已知的条件下，我们可以根据衍射谱测量出衍射峰峰位的 $2\theta_{hkl}$，从而确定 d_{hkl}，这样就可以得到一系列的晶体面间距数据。但需要注意，有些晶面的指数不同但它们具有相同的面间距，例如立方晶系的(333)和(511)晶面有着相同的面间距，所以这个衍射峰是这两个晶面衍射的叠加；立方晶系$\{hkl\}$晶面族具有相同的面间距，因此这些晶面的衍射峰具有相同的布拉格角。

衍射强度正比于结构因数 F_{hkl}^2，其取决于物质的结构，即晶胞中原子的种类、数目和排列方式。反过来说，具有特定原子种类、数目和排列方式的晶体物质，每个衍射峰的强度具有一定的规律。原子排列方式改变可能会导致某些晶面的衍射出现消光现象，衍射峰消失，或者导致某些晶面的衍射强度降低。这种缺失的衍射峰也是我们判断晶体结构和物相分析的依据之一。

任何一个物相都有一套 d-I 特征值，两种不同物相的结构稍有差异，其衍射谱中的 d-I 值将有区别。这就是应用 X 射线衍射分析和鉴定物相的依据。若被测样品中包含多种物相，则每个物相产生的衍射将独立存在，该样品衍射谱是各个单相衍射图谱的简单叠加。因此应用 X 射线衍射可以对多种物相共存的体系进行分析。

12.2 定性分析

在实验室中，物相定性分析就是通过材料的衍射谱比对粉末衍射(powder diffraction file，PDF)卡片，寻找出衍射数据与卡片上的数据吻合度最好的那种物质。其难点在于 PDF

卡片很多,到 2020 年 PDF4+已收集了超过 40 万套衍射数据,怎样快速、合理地找到与衍射数据匹配最好的 PDF 卡片,是物相分析的关键。

12.2.1 PDF 卡片

1938 年,J. D. Hanawalt 等以 d-I 数据组替代衍射花样,制备了 PDF 卡片。1942 年,美国材料与试验协会(ASTM)出版了约 1300 张衍射数据卡片,称为 ASTM 卡片。1969 年,粉末衍射标准联合委员会(JCPDS)成立,它是一个国际性组织,由它负责编辑和出版 PDF 卡片,制作的卡片称为 JCPDS 卡片。现在由美国的一个非营利性公司 ICDD(The International Centre for Diffraction Data)负责这项工作,制作的卡片称为 ICDD-PDF 卡片。现在虽然也印制纸质卡片,但使用最多的是以光盘形式发行的 PDFx,其中 x 表示数据库包含内容的多少。最常使用的是 PDF2 和 PDF4,PDF4 相对于 PDF2 有更多的物相信息,包括电子衍射图片、晶体结构图等。PDF4+是无机物相衍射数据库,同时包含物相结构数据、衍射数据,到 2020 年共收集了 412083 套衍射数据。

早期的 PDF 卡片号由 2 组数字组成: ** (卷号),- **** (卡片序号)。2009 年以后更正为 3 组数字的卡片号: ** (00-05)- *** (卷号)- **** (卡片序号),第一组数字是结构数据的来源,从 00 到 05,第二组和第三组数据和以前的规定相同。ICDD 要求在发表论文、专利时,标准的写法应注明所使用的 PDF 数据的出版年份,例如,PDF No. 01-071-4567(ICDD,2020)。

PDF4 的卡片包含很丰富的内容,图 12.1 是 Fe 的 PDF 卡片,由于数据的来源不同并且 Fe 也存在不同的晶体结构,所以在 PDF4+中寻找 Fe 对应的 PDF 卡片共有 125 张,如图 12.1 所示的 PDF 卡片是其中的一张,对应的卡片号为 00-006-0696,需要根据衍射条件进行选择,如 X 射线的波长,同步辐射还是中子衍射,可变狭缝还是固定狭缝等。图中给出了 2θ、面间距、衍射峰强度(以强度最大的衍射峰定义为 100,其他的衍射峰强度与之相比较)、衍射峰的晶面指数,同时也给出了 2θ-I 的衍射谱。

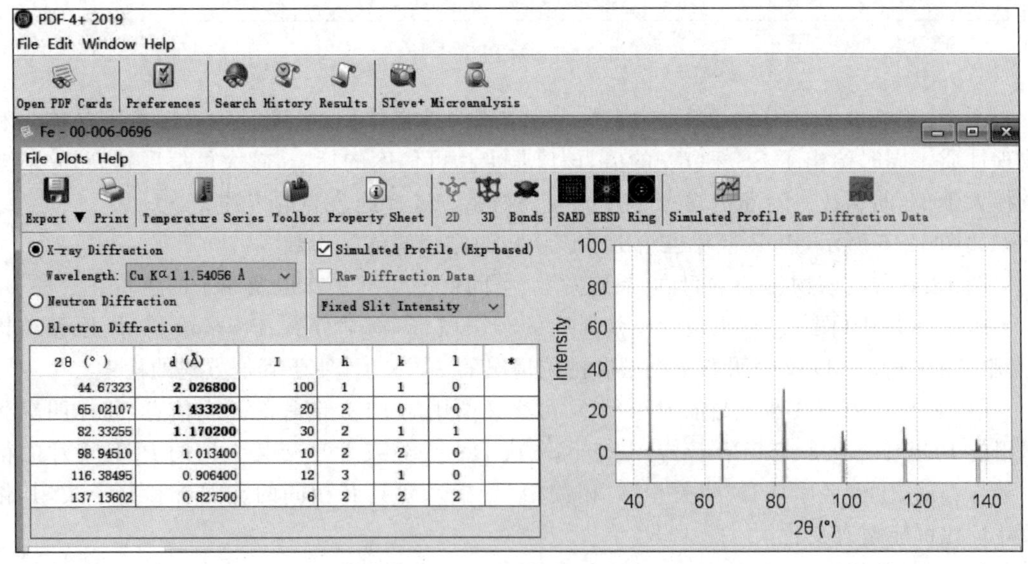

2θ (°)	d (Å)	I	h	k	l	*
44.67323	**2.026800**	100	1	1	0	
65.02107	**1.433200**	20	2	0	0	
82.33255	**1.170200**	30	2	1	1	
98.94510	1.013400	10	2	2	0	
116.38495	0.906400	12	3	1	0	
137.13602	0.827500	6	2	2	2	

图 12.1 Fe 的 PDF 卡片(1)

图 12.2 给出了该卡片的数据收集条件，如环境压力、温度等。该卡片为高度可信的星级卡片，给出该物质的物相、化学式、质量百分数和原子百分数、化合物名称、矿物学名称、别名、CAS 编号、收入日期及修改日期等。

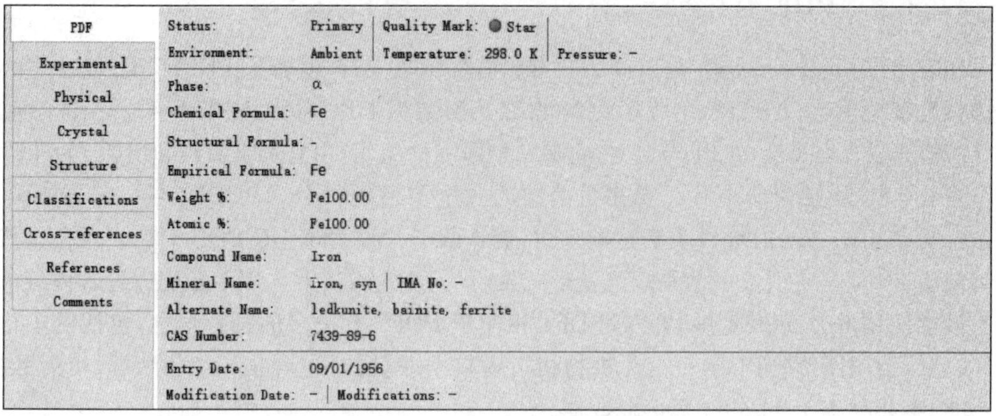

PDF | Experimental | Physical | Crystal | Structure | Classifications | Cross-references | References | Comments

Status: Primary | Quality Mark: Star
Environment: Ambient | Temperature: 298.0 K | Pressure: -
Phase: α
Chemical Formula: Fe
Structural Formula: -
Empirical Formula: Fe
Weight %: Fe100.00
Atomic %: Fe100.00
Compound Name: Iron
Mineral Name: Iron, syn | IMA No: -
Alternate Name: ledkunite, bainite, ferrite
CAS Number: 7439-89-6
Entry Date: 09/01/1956
Modification Date: - | Modifications: -

图 12.2 Fe 的 PDF 卡片(2)

图 12.3 给出了数据测试条件，如衍射线的波长、滤波片材料、相机参数、单色器的参数，以及用于物相定量分析的参比强度 I/I_c 等。

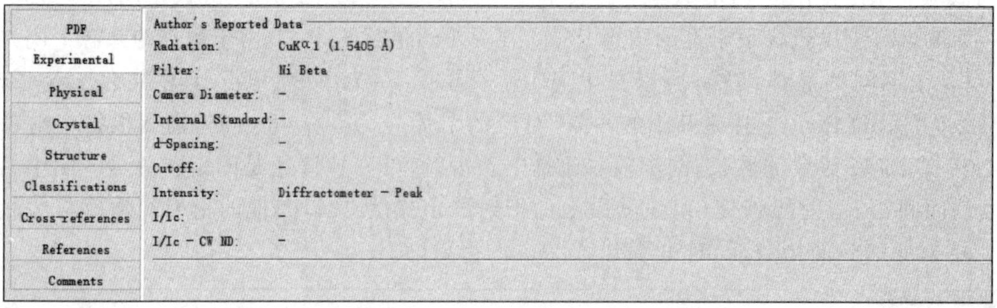

PDF | Experimental | Physical | Crystal | Structure | Classifications | Cross-references | References | Comments

Author's Reported Data
Radiation: CuKα1 (1.5405 Å)
Filter: Ni Beta
Camera Diameter: -
Internal Standard: -
d-Spacing: -
Cutoff: -
Intensity: Diffractometer - Peak
I/Ic: -
I/Ic - CW ND: -

图 12.3 Fe 的 PDF 卡片(3)

图 12.4 给出了材料的晶系、空间群、点阵参数、晶胞体积、密度、熔点、颜色等晶体学和物理性质。同时给出了 SS/FOM 的值，该值是卡片可信度的标志，越大可信度越高，一般要选择大于 15 的卡片。对于有多张卡片的同一物相应选择此值高的卡片。

如图 12.5 所示，PDF 卡片也给出了该物相的详细晶体学参数。

图 12.6 给出该物相的空间群、晶胞常数、空间群的对称操作以及原子的占位。

PDF 卡片中(图 12.7)也包含卡片所在的子领域、矿物学分类、Pearson 符号、原型结构(晶胞、轴比 c/a)，以及表明离子类型和占位情况的 ANX 值，便于其他方式的检索。

图 12.8 显示一系列与当前 PDF 卡片可交叉引用的 PDF 卡片的基本信息，并标明交叉引用的 PDF 卡片的状态(Primary，Alternate 或 Deleted)或者是交叉引用的 PDF 卡片的衍射谱与当前 PDF 卡片具有“相关相”，“相关相”是指二者具有相同的空间群和分子式，其化学计量比可能略有变化。

图 12.9 显示了当前 PDF 卡片所参考的文献信息，不同的 PDF 卡片参考的文献数量不同。

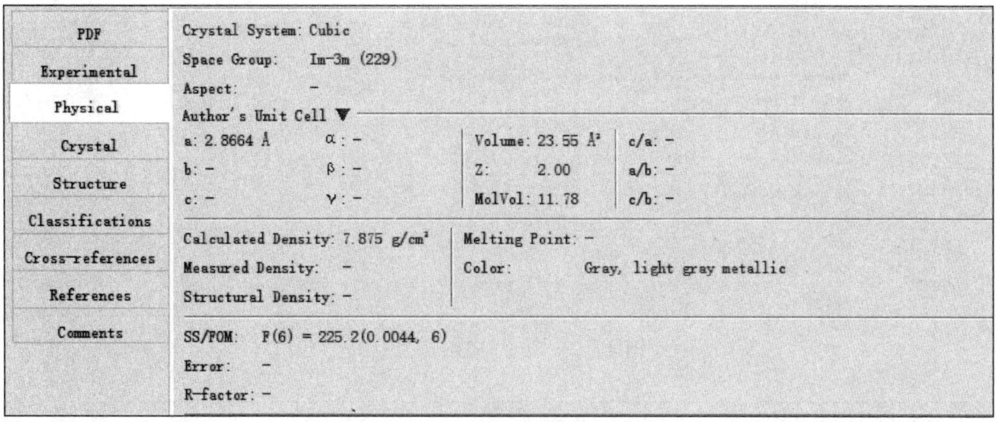

PDF
Experimental
Physical
Crystal
Structure
Classifications
Cross-references
References
Comments

Crystal System: Cubic
Space Group: Im-3m (229)
Aspect: -
Author's Unit Cell ▼
a: 2.8664 Å　α: -　Volume: 23.55 Å³　c/a: -
b: -　β: -　Z: 2.00　a/b: -
c: -　γ: -　MolVol: 11.78　c/b: -
Calculated Density: 7.875 g/cm³　Melting Point: -
Measured Density: -　Color: Gray, light gray metallic
Structural Density: -
SS/FOM: F(6) = 225.2(0.0044, 6)
Error: -
R-factor: -

图 12.4　Fe 的 PDF 卡片(4)

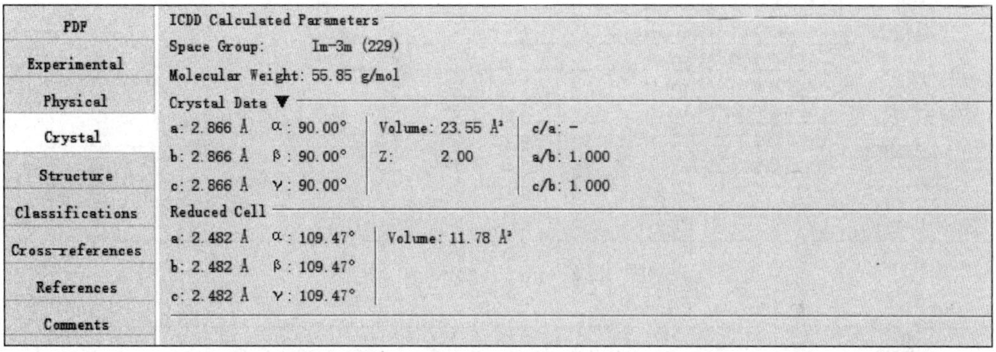

PDF
Experimental
Physical
Crystal
Structure
Classifications
Cross-references
References
Comments

ICDD Calculated Parameters
Space Group: Im-3m (229)
Molecular Weight: 55.85 g/mol
Crystal Data ▼
a: 2.866 Å　α: 90.00°　Volume: 23.55 Å³　c/a: -
b: 2.866 Å　β: 90.00°　Z: 2.00　a/b: 1.000
c: 2.866 Å　γ: 90.00°　c/b: 1.000
Reduced Cell
a: 2.482 Å　α: 109.47°　Volume: 11.78 Å³
b: 2.482 Å　β: 109.47°
c: 2.482 Å　γ: 109.47°

图 12.5　Fe 的 PDF 卡片(5)

PDF
Experimental
Physical
Crystal
Structure
Classifications
Cross-references
References
Comments

Atomic parameters are cross-referenced from PDF entry 04-007-9753
AC Space Group: Im-3m (229)
AC Unit Cell
a: 2.8652(1) Å　α: 90°
b: 2.8652(1) Å　β: 90°
c: 2.8652(1) Å　γ: 90°

Atomic Coordinates (1)　ADP Type: ○B ◉U　Origin: -

Atom	Num	Wyckoff	Symmetry	x	y	z	SOF	Uiso	AET
Fe	1	2a	m-3m	0.0	0.0	0.0	1.0	0.00507	14-b

Space Group Symmetry Operators (48)

Seq	Operator
1	x, y, z
2	-x, -y, -z
3	z, x, y
4	-z, -x, -y
5	y, z, x

Anisotropic Displacement Parameters (0)

Crystal (Symmetry Allowed): Centrosymmetric

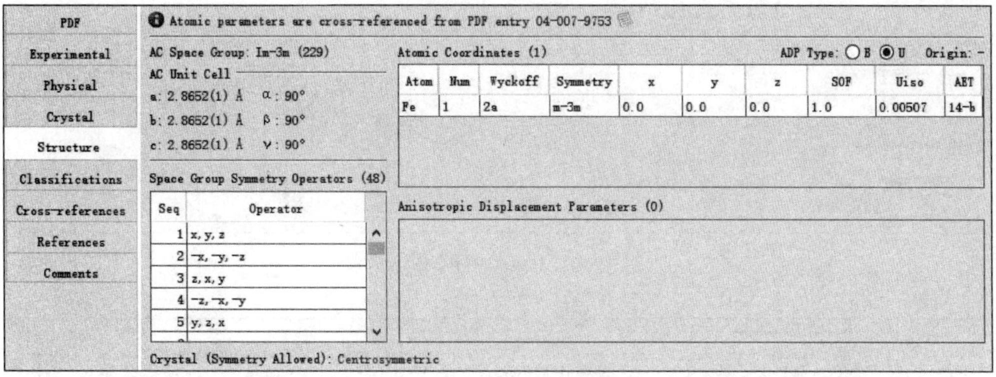

图 12.6　Fe 的 PDF 卡片(6)

如图 12.10 所示界面主要显示当前 PDF 卡片的评论，该评论来自卡片的贡献者或者 ICDD 编辑，一般包含样品合成方法、衍射收录条件等基本信息，如果当前 PDF 卡片的质量较差，编辑也会注明其原因。

图 12.11 是卡片给出的三维晶体结构示意图，某一晶带的选区电子衍射斑点，背散射电子衍射花样(EBSD)及德拜环。PDF 卡片给出十分详细的材料物理性质、化学性质、晶体学以及衍射信息等，对于材料物相分析十分重要。

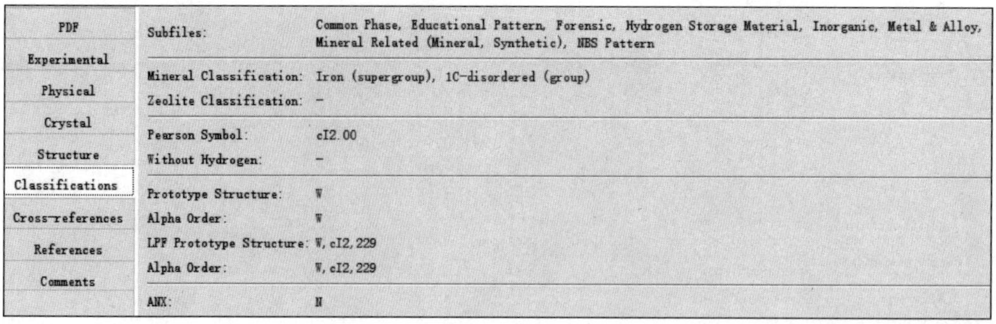

PDF | Experimental | Physical | Crystal | Structure | Classifications | Cross-references | References | Comments

Subfiles:	Common Phase, Educational Pattern, Forensic, Hydrogen Storage Material, Inorganic, Metal & Alloy, Mineral Related (Mineral, Synthetic), NBS Pattern
Mineral Classification:	Iron (supergroup), 1C-disordered (group)
Zeolite Classification:	-
Pearson Symbol:	cI2.00
Without Hydrogen:	-
Prototype Structure:	W
Alpha Order:	W
LPF Prototype Structure:	W, cI2, 229
Alpha Order:	W, cI2, 229
ANX:	N

图 12.7 Fe 的 PDF 卡片(7)

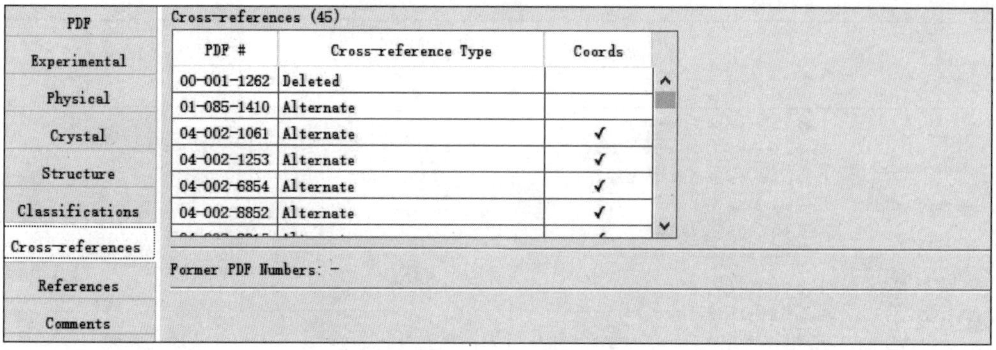

PDF | Experimental | Physical | Crystal | Structure | Classifications | Cross-references | References | Comments

Cross-references (45)

PDF #	Cross-reference Type	Coords
00-001-1262	Deleted	
01-085-1410	Alternate	
04-002-1061	Alternate	✓
04-002-1253	Alternate	✓
04-002-6854	Alternate	✓
04-002-8852	Alternate	✓

Former PDF Numbers: -

图 12.8 Fe 的 PDF 卡片(8)

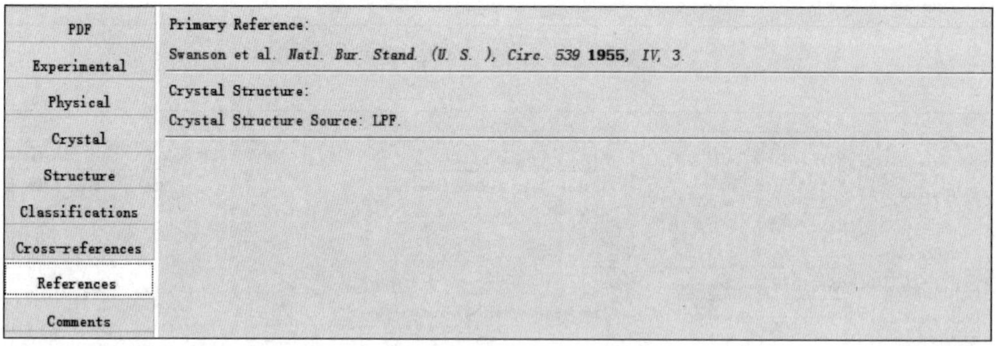

PDF | Experimental | Physical | Crystal | Structure | Classifications | Cross-references | References | Comments

Primary Reference:

Swanson et al. *Natl. Bur. Stand. (U. S.), Circ.* 539 **1955**, *IV*, 3.

Crystal Structure:

Crystal Structure Source: LPF.

图 12.9 Fe 的 PDF 卡片(9)

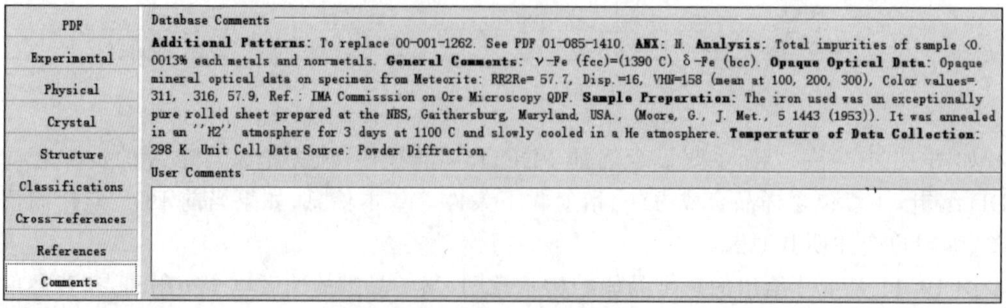

PDF | Experimental | Physical | Crystal | Structure | Classifications | Cross-references | References | Comments

Database Comments

Additional Patterns: To replace 00-001-1262. See PDF 01-085-1410. **ANX**: N. **Analysis**: Total impurities of sample <0.0013% each metals and non-metals. **General Comments**: γ-Fe (fcc)=(1390 C) δ-Fe (bcc). **Opaque Optical Data**: Opaque mineral optical data on specimen from Meteorite: RR2Re= 57.7, Disp.=16, VHN=158 (mean at 100, 200, 300), Color values=.311, .316, 57.9, Ref.: IMA Commisssion on Ore Microscopy QDF. **Sample Preparation**: The iron used was an exceptionally pure rolled sheet prepared at the NBS, Gaithersburg, Maryland, USA., (Moore, G., J. Met., 5 1443 (1953)). It was annealed in an ''H2'' atmosphere for 3 days at 1100 C and slowly cooled in a He atmosphere. **Temperature of Data Collection**: 298 K. Unit Cell Data Source: Powder Diffraction.

User Comments

图 12.10 Fe 的 PDF 卡片(10)

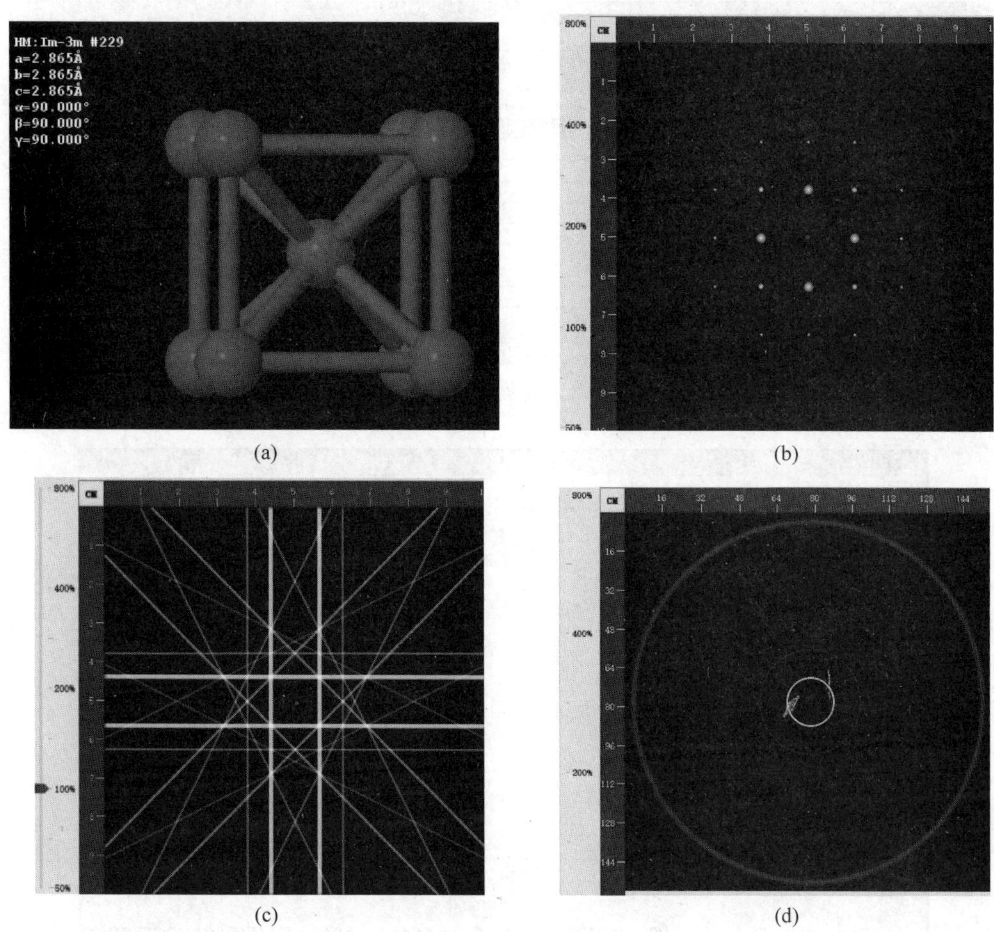

图 12.11　Fe 的 PDF 卡片(11)

(a) 晶体结构；(b) 选区电子衍射；(c) EBSD 花样；(d) 德拜环

12.2.2　PDF 数据库的应用

PDF 卡片给出的信息也可以方便地进行材料某些性能的系统分析，如可以得到点阵参数随温度的变化规律。例如，首先检索出所有仅含有 Fe 元素的 PDF 卡片，可以得到 125 张卡片，如图 12.12 所示，可以将不同温度下测得的晶胞常数自动提取出来，画成曲线，如图 12.13 所示。

我们也可以通过数据库对同素异形体进行分析，如对上面检索到的 125 个只含 Fe 元素的 PDF 卡片进行分析，以空间群的序号为横坐标，以该空间群出现的频次为纵坐标可以得到图 12.14。

从图 12.14 可以看出，Fe 有四种同素异形体：①空间群为 136 号的 σ 相，四方晶系，空间群为 $P4_2/mnm$；②空间群为 194 号的 ε 相，六方晶系，空间群为 $P6_3/mmc$；③空间群为 225 号的 γ 相，立方晶系，空间群为 $Fm\bar{3}m$；④空间群为 229 号的 α 相，立方晶系，空间群为 $Im\bar{3}m$。我们可以通过 PDF 卡片，快速地总结材料的基本性质。

Results - 125 of 412,083

File Fields Tools Help

Open PDF Card Simulated Profile

PDF #	QM	Chemical Formula	Compound Name	D1 (A)	D2 (A)
00-006-0696	S	Fe	Iron	2.026800	1.1702
00-034-0529	B	Fe	Iron	1.840000	1.9700
00-050-1275	C	Fe	Iron	1.842900	2.0270
01-080-3816	I	Fe	Iron	2.028690	1.1712
01-080-3817	I	Fe	Iron	2.041420	1.1786
01-080-3818	I	Fe	Iron	2.049900	1.1835
01-081-8766	I	Fe	Iron	2.060560	1.7845
01-081-8767	I	Fe	Iron	2.039780	1.7665
01-081-8768	I	Fe	Iron	2.017260	1.7470

Search　Results - 125 of 4...

图 12.12　只包含 Fe 的 PDF 卡片

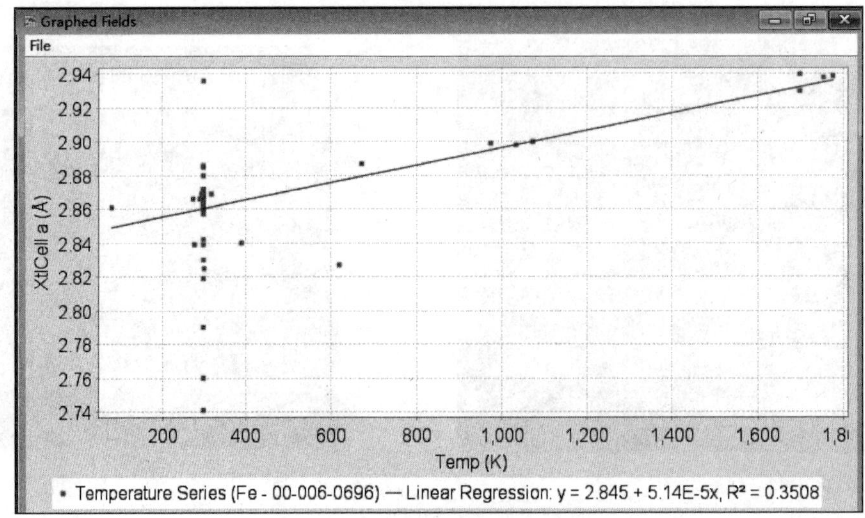

图 12.13　Fe 的点阵参数随温度变化曲线

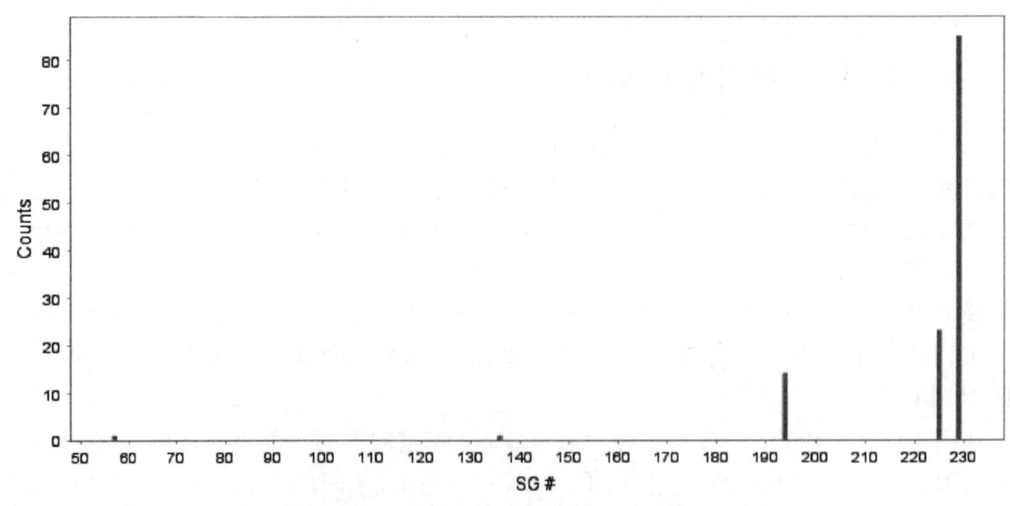

图 12.14　Fe 同素异形体所对应的空间群

12.2.3 物相检索方法

从几十万张卡片中找到与实测数据吻合得最好的卡片，需要使用索引的方式。不论是有机物还是无机物，每类的索引又可分为字母索引和数字索引两种。

(1) 字母索引

字母索引是按物质英文名称的第一个字母顺序排列而成，每一行包括以下几个主要部分：卡片的质量标志、物相名称、化学式、衍射花样中三强线对应的晶面间距、相对强度及卡片序号等。当样品的主要物相或化学元素已知时，可通过预先设定的方法获得一系列可能的物相，利用字母索引找到有关卡片，再与待定衍射花样对照，可比较方便地确定物相。如果知道样品元素组成，可测得样品的 X 射线衍射花样，确定这些元素可能形成的物相，通过字母索引找出这些物相的卡片与实测衍射谱进行比较。除了字母索引，还可以按照有机化合物的化学式中 C 原子递增顺序排列的化学式索引进行检索。

(2) 数字索引

在未知待测相的任何信息时，可以使用数字索引，数字索引主要有哈氏(Hanawalt)索引和芬克(Fink)索引两种方法。

哈氏索引。使用数据是衍射强度最高的八条强线，首先在 $2\theta<90°$ 的线中选三条最强线(d_1、d_2、d_3)。然后在这三条最强线之外，再选出五条最强线，按相对强度由大而小的顺序其对应的 d 值依次为 d_4, d_5, d_6, d_7, d_8，将八条线按如下三种方式排列：

$$d_1, d_2, d_3, d_4, d_5, d_6, d_7, d_8$$

$$d_2, d_3, d_1, d_4, d_5, d_6, d_7, d_8$$

$$d_3, d_1, d_2, d_4, d_5, d_6, d_7, d_8$$

即前三条轮番作循环置换，后五条线的 d 值的顺序始终不变。这样每种物相在索引中会出现三次以提高被检索的机会。

芬克索引：当试样包含有多物相组分时，由于各物相物质的衍射线互相重叠干扰，强度数据往往很不可靠，另外试样的吸收以及其中晶粒的择优取向，也会使相对强度发生很大变化，这时采用前述的索引寻找卡片就会产生很大困难。为克服这一困难，芬克索引中主要以八条强线的 d 值作为分析依据，而把强度数据作为次要的依据。每种物质在索引中至少出现四次。若设八条最强线的 d 值顺序为 $d_1, d_2, d_3, d_4, d_5, d_6, d_7, d_8$，而其中假定 d_2, d_4, d_5, d_7 为八条强线中强度比其他四条 d_1, d_3, d_6, d_8 强的话，那么在索引中四次的排列是这样的：

第 1 次 $d_2, d_3, d_4, d_5, d_6, d_7, d_8, d_1$

第 2 次 $d_4, d_5, d_6, d_7, d_8, d_1, d_2, d_3$

第 3 次 $d_5, d_6, d_7, d_8, d_1, d_2, d_3, d_4$

第 4 次 $d_7, d_8, d_1, d_2, d_3, d_4, d_5, d_6$

这种检索方式可以大幅度降低织构等因素带来的衍射强度变化，避免物相分析的误判。

近年来，检索方式也在不断地完善，增加了易于掌握的检索条件，同时降低了检索范围，可以更快速有效地进行物相分析。例如，PDF4＋中检索条件可以选择子领域，图 12.15 中，“Subfile”为 ICDD 编辑根据材料的所属类别及用户的研究领域而进行的相关分类，如电池材料、超导材料、热电材料、储氢材料、金属合金、药物、有机物、矿物及相关材料等，共约

41个“Subfile”，涵盖120多个研究领域。“Environment”表示收集衍射数据时的条件，“Ambient”表示常温常压下收集的衍射数据，“Non ambient”表示非常温或非常压下收集的衍射数据，包括温度、压力或高温高压等环境的衍射数据，以及卡片是否含有原子坐标位置的信息和原始纯相的衍射谱。“Status”下的“Primary”表示在室温下质量最好的衍射数据，“Alternate”表示很多张PDF卡片的一张，并不一定质量差，“Deleted”是PDF数据库删除掉的数据，一般情况会由质量更好的卡片代替。“Quality Mark”是卡片质量标记，卡片的质量标记表示卡片的可信度，可分为高度可信的“Star”卡片，可指数化的、低精度及计算数据等。“Database”是数据来源，“00”表示数据来源于ICDD粉末衍射实验谱，“01”表示数据来源于国际晶体结构数据库(ICSD)，“02”表示数据来源于剑桥结构数据库(CSD)，“03”表示数据来源于美国国家标准技术研究所(NIST)，“04”表示数据来源于莱纳斯鲍林文件(LPF)，“05”表示数据来源于ICDD单晶结构文件。检索方式还可以限定元素，在元素周期表中选择一定存在的元素，可能存在的元素等条件，也可按照化学式、矿物学名称等方式检索，这些检索条件的限定，可以有效缩小检索范围，提高检测效率和准确性。

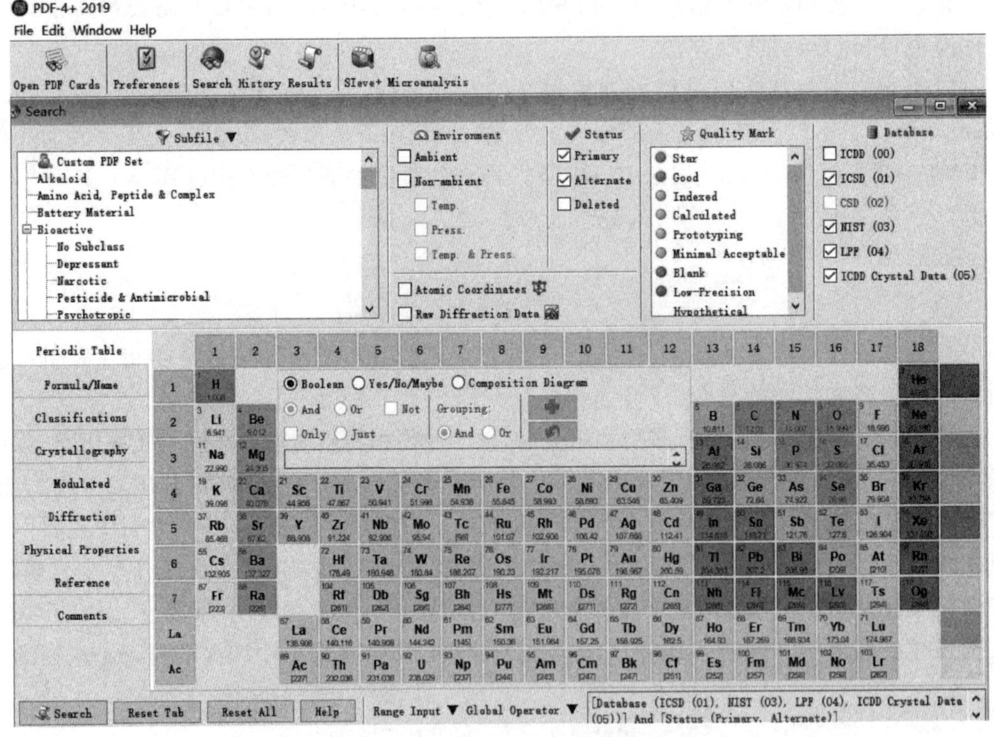

图 12.15 PDF检索的条件设置

12.2.4 物相定性分析实例

现有某种物质的粉末样品，经元素分析确定样品中含有Mg、Y和O三种元素，为了确定其物相构成进行了X射线衍射实验，实验采用Cu旋转阳极靶的K_{α}衍射，功率为9kW，配备单色器、聚焦光衍射、可变狭缝，从15°～110°连续扫描，扫描速度为2°/s，扫描衍射谱如图12.16所示。

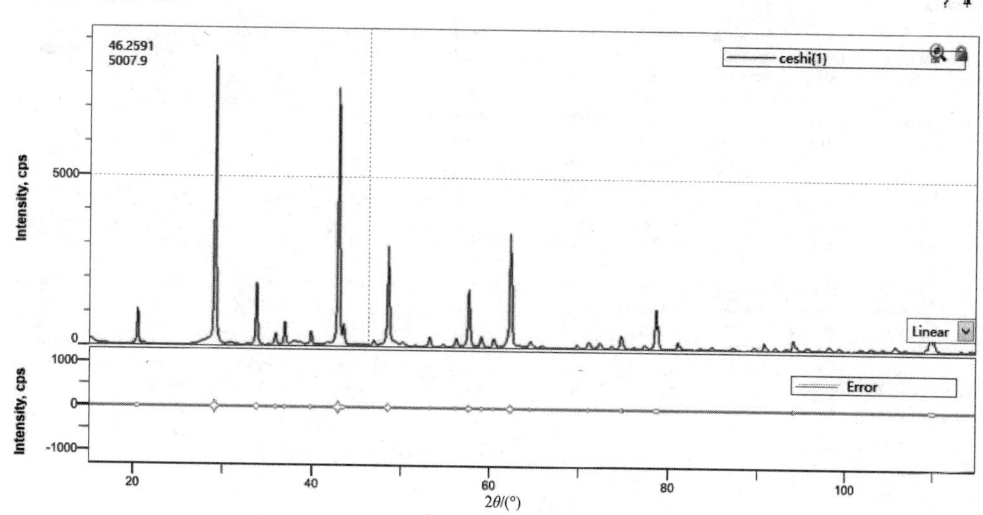

图 12.16 样品的 X 射线衍射谱

原始衍射经过平滑、扣除 $K_{\alpha2}$ 和背底操作后，可以得到如图 12.17 所示的图谱。

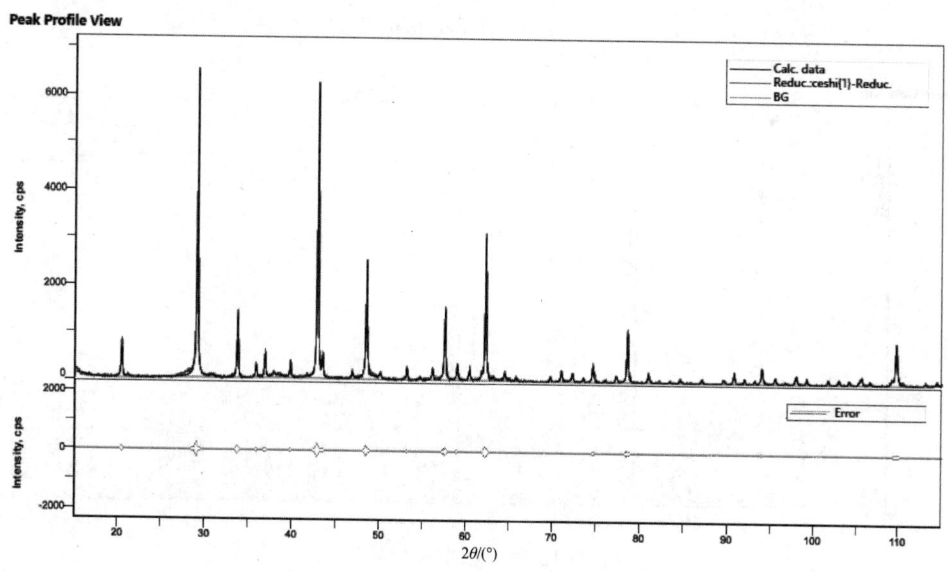

图 12.17 数据处理后的 X 射线衍射谱

现代的分析软件中均带有自动寻峰的功能，可以找出经数据处理后衍射谱的峰位。图 12.17 所示的图谱中可以寻找到 56 个衍射峰，图 12.18 给出寻找到的 56 个衍射峰的所有参数，如 2θ、面间距、峰高、半高宽、衍射峰的积分强度等。

可以在图 12.15 中对检索条件加以限制，如子领域、样品的元素构成，图 12.19 给出了检测结果，该样品的物相为 MgO 和 Y_2O_3。图 12.20 是将衍射峰指数化的结果。

12.2.5 物相分析需注意问题

物相分析时应注意下面几个问题。

Peak list

No.	2θ, °	d, Å	Height, cps	FWHM, °	Int. I., cps°	Int. W., °	Asymmetry	Decay(ηL/mL)	Decay(ηH/mH)	Size, Å
1	20.462(9)	4.3368(19)	827(92)	0.165(11)	210(5)	0.25(3)	1.2(3)	1.02(14)	0.89(18)	512(33)
2	21.14(2)	4.200(4)	48(12)	0.27(9)	28(4)	0.6(2)	0.5(6)	1.5(5)	1.5(3)	311(105)
3	29.117(5)	3.0644(5)	6496(260)	0.160(6)	1537(21)	0.237(13)	1.4(2)	0.86(7)	0.90(12)	537(19)
4	30.76(4)	2.905(4)	45(11)	0.64(12)	42(6)	0.9(4)	0.7(6)	1.5(3)	0.0(8)	135(26)
5	33.735(8)	2.6548(6)	1354(110)	0.183(7)	320(8)	0.24(2)	0.90(15)	0.78(11)	0.29(9)	473(18)
6	35.877(18)	2.5010(12)	256(44)	0.209(17)	64(4)	0.25(6)	1.7(8)	0.0(3)	0.7(4)	418(34)
7	36.908(5)	2.4335(3)	524(67)	0.173(9)	123(4)	0.23(4)	1.9(3)	0.37(11)	1.09(15)	507(26)
8	37.864(18)	2.3742(11)	104(20)	0.57(8)	118(7)	1.1(3)	0.5(2)	1.2(3)	1.55(14)	153(21)
9	39.824(13)	2.2618(7)	333(51)	0.173(12)	76(4)	0.23(5)	2.0(7)	0.60(19)	0.6(3)	510(37)
10	41.667(15)	2.1658(7)	67(16)	0.12(3)	15(2)	0.23(9)	1.0(4)	1.3(5)	1.5(3)	742(191)
………										
50	104.11(3)	0.9768(2)	78(19)	0.22(3)	22(2)	0.29(10)	0.6(4)	0.6(6)	0.7(5)	627(88)
51	105.698(9)	0.96644(6)	136(27)	0.392(17)	62(3)	0.45(11)	4.7(7)	0.00(14)	1.0(2)	351(15)
52	106.702(13)	0.96010(8)	61(22)	0.23(5)	22(3)	0.36(18)	2.5(14)	0.8(4)	1.3(9)	603(126)
53	109.29(4)	0.9445(2)	113(29)	0.59(9)	87(15)	0.8(3)	0.99(18)	0.10(18)	0.93(15)	243(38)
54	109.690(9)	0.94215(5)	815(75)	0.242(10)	259(17)	0.32(5)	0.99(18)	0.10(18)	0.93(15)	594(25)
55	113.09(6)	0.9233(3)	39(9)	0.29(6)	12(3)	0.30(15)	1.3(11)	0.0(11)	0.0(14)	525(103)
56	114.441(11)	0.91619(5)	56(12)	0.22(2)	13.7(14)	0.24(7)	3.8(11)	0.0(3)	0.7(6)	706(76)

图 12.18　衍射峰参数

Qualitative Analysis Results

Phase name	Formula	Figure of merit	Phase reg. detail	Space Group	DB Card Number
Periclase, syn	Mg O	0.190	S/M(PDF-4+ 2019 RDB)	225 : Fm-3m	04-010-4039
yttriaite-(Y), syn	Y2 O3	0.313	S/M(PDF-4+ 2019 RDB)	206 : Ia-3	04-005-5119

ceshi(1)-Evaluation(1) report (ceshi(1)-Evaluation(1))　　Page 8 of 17

图 12.19　样品的物相组成

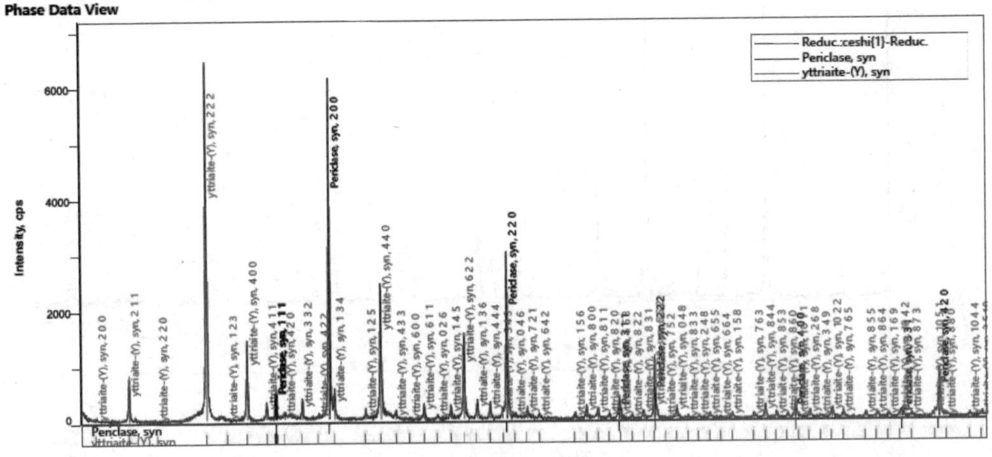

图 12.20　衍射峰指数化

(1) 晶面间距 d 的数据比 I/I_s 数据重要。即实验数据与标准数据两者的 d 必须很接近,一般要求其相对误差在±1%以内。而 I/I_s 容许有相当大的出入,即使是对强线来说,其容许误差也甚至可能达到50%以上。

(2) 低角度线的数据比高角度线的数据重要。这是因为对于不同晶体来说,低角度线的 d 一致的机会很少;但是对于高角度线(即 d 小的线),不同晶体间相互近似的机会就增多。

(3) 强线比弱线重要,特别要重视 d 大的强线。这是因为强线的出现情况是比较稳定的,同时也较易测得精确;而弱线则可能由于强度的减低而不再能被察觉。

(4) 应重视特征线。有些结构相似的物相,例如某些黏土矿物,以及许多多型晶体,它们的粉晶衍射数据相互间往往大同小异，只有当某几根线同时存在时，才能肯定它是某个物相。这些线就是所谓的特征线。对于这些物相的鉴定，必须充分重视特征线。

(5) 应尽可能地先利用其他分析、鉴定手段，初步确定样品可能是什么物相，将它局限于一定的范围内。从而即可直接查名称索引，找出有关的可能物相的卡片进行对比鉴定，而不一定要查数据索引。这样可以减少盲目性。同时，在最后作出鉴定时，还必须考虑到样品的其他特征，如形态、物理性质以及有关化学成分的分析数据等，以便作出正确的判断。

若多相混合物中各种物相的含量相差较大，就可按单相鉴定方法进行。因为物相的含量与其衍射强度成正比，这样占大量的那种物相的一组衍射线强度明显更强。那么，就可以根据三条强线定出量多的那种物相。并将属于该物相的数据从整个数据中剔除。然后从剩余的数据中，找出三条强线定出含量较大的第二相。其他依次进行。这样鉴定必须是各种相含量相差大，否则准确性也会有问题。

若多相混合物中各种物相的含量相近，可将样品进行一定的处理，将一个样品变成两个或两个以上的样品，可以通过磁选法、重力法、浮选以及酸、碱处理等方式，使每个样品中有一种物相含量大。把处理后的各个样品的 X 射线衍射分析。其分析的数据就可按单相分析。若多相混合物的衍射花样中存在一些常见物相且具有特征衍射线，应重视特征线，可根据这些特征性强线把某些物相定出，剩余的衍射线就相对简单了。同时要注意与其他方法如光学显微分析、电子显微分析、化学分析等配合。

如果不能将样品处理成近单相，则定性分析比较困难。如果是双相材料，需要从每个物相的三条强线考虑，从样品的衍射花样中选择 5 条相对强度最大的线，显然在这五条线中至少有三条肯定是属于同一个物相的。因此若在此五条线中取三条进行组合，则共可得出十组不同的组合。其中至少有一组，其三条线都是属于同一个物相的。当逐组地将每一组数据与哈氏索引中前三条线的数据进行对比，其中必可有一组数据与索引中的某一组数据基本相符。初步确定物相 A。找到物相 A 的相应衍射数据表，如果鉴定无误，则表中所列的数据必定可为实验数据所包含。至此，便已经鉴定出了一个物相。将这部分能核对上的数据，属于第一个物相的数据，从整个实验数据中扣除。剩余的衍射线与物相 B 的衍射数据进行对比，以确定物相 B。假若样品是三相混合物，那么开始时应选出七条最强线，并在此七条线中取三条进行组合，则其中总会存在这样一组数据，它的三条线都是属于同一物相的。对该物相作出鉴定后，把属于该物相的数据从整个实验数据中除开，其后的工作便变成为一个鉴定两相混合物的工作了。假如样品是更多相(n 相)的混合物时，鉴定方法与原理仍然不变，只是在最初需要选取更多的线($2n+1$)以供进行组合之用。在多相混合物的鉴定中一般用芬克索引更方便些。

12.3　物相定量分析

X 射线定量分析的任务是在定性分析的基础上，测定多相混合物中各相的含量。定量分析的基本原理是物质的衍射强度与参与衍射的该物质体积成正比。根据第 5 章的分析，可知衍射强度符合式(5.20)：

$$I_{HKL}=I_0\frac{\lambda^3\Delta L}{32\pi R}\frac{e^4}{m^2c^2}\frac{V}{V_\alpha^2}\frac{1+\cos^2(2\theta)}{\sin^2\theta\cos\theta}m_{HKL}F_{HKL}^2\mathrm{e}^{-2M}A(\theta)$$

在板状样品晶粒细小均匀、各相混合均匀且无择优取向的前提下，其吸收因子为 $1/2\mu_l$，所以复相物质衍射花样中 α 相的第 i 条衍射线的累积强度 $I_{i\alpha}$ 有

$$I_{i\alpha}=I_0\frac{\lambda^3\Delta L}{32\pi R}\frac{e^4}{m^2c^2}\frac{V_\alpha}{V_{0\alpha}^2}\frac{1+\cos^2(2\theta_{i\alpha})}{\sin^2\theta_{i\alpha}\cos\theta_{i\alpha}}m_{i\alpha}F_{i\alpha}^2\mathrm{e}^{-2M}\frac{1}{2\mu_l}\tag{12.1}$$

式中：V_α 是样品中 α 相被 X 射线照射的体积；$V_{0\alpha}$ 是 α 相的晶胞体积；μ_l 为被测材料的线吸收系数；在测试条件不变时，I_0、Δl、R、$V_{0\alpha}$ 及温度因子均为常数，将其合并用符号 C 来表示；而 $m_{i\alpha}$、$F_{i\alpha}^2$、$\theta_{i\alpha}$ 与 α 相的第 i 个衍射峰衍射情况有关，用符号 $R_{i\alpha}$ 表示。则式(12.1)可以写成

$$I_{i\alpha}=CR_{i\alpha}\frac{V_\alpha}{\mu_l}\tag{12.2}$$

用 ω_α 表示试样中 α 相的质量分数，ρ 和 ρ_α 分别为试样和 α 相的密度，μ_m 为试样的质量吸收系数，由于 $\omega_\alpha=\dfrac{V_\alpha\rho_\alpha}{\rho}$ 和 $\mu_m=\dfrac{\mu_l}{\rho}$，可将式(12.2)化为

$$I_{i\alpha}=CR_{i\alpha}\frac{\omega_\alpha}{\rho_\alpha\mu_m}\tag{12.3}$$

式(12.3)是物相分析中最基本的公式。

12.3.1 外标法

外标法就是用待测物相的纯物质作为标样进行标定。也就是说先行测定一个待测相的纯物质某条衍射线的强度，然后再测定混合物中该相的相应衍射峰的强度，并对二者进行对比，求出待测相在混合物中的含量。

某材料为 α 和 β 两相组成的混合物。对 α 相的纯物质而言，其某一衍射线的强度为

$$(I_\alpha)_0=\frac{K_\alpha}{\rho_\alpha\mu_{m\alpha}}\tag{12.4}$$

式中，$K_\alpha=CR_{i\alpha}$。则在混合物中该衍射峰的强度为

$$I_\alpha=\frac{K_\alpha\omega_\alpha}{\rho_\alpha[\omega_\alpha(\mu_{m\alpha}-\mu_{m\beta})+\mu_{m\beta}]}\tag{12.5}$$

将式(12.4)和式(12.5)相比可以得到

$$\frac{I_\alpha}{(I_\alpha)_0}=\frac{\omega_\alpha\mu_{m\alpha}}{\omega_\alpha(\mu_{m\alpha}-\mu_{m\beta})+\mu_{m\beta}}\tag{12.6}$$

$\dfrac{I_\alpha}{(I_\alpha)_0}$ 随 α 相含量的变化一般不是线性的。只有当两个相的质量吸收系数完全相同时(如二者为同质多相变体时)才具有线性关系。外标法对测量衍射线强度的实验条件，包括仪器和样品的制备方法等均要求严格相同，选择的衍射线应是该相的强线。外标法适合于特定两相混合物的定量分析，尤其是同质多相(同素异构体)混合物的定量分析。当混合物中两相的质量吸收系数不等时，可事先配制一系列不同质量分数的混合试样，制作定标曲线，应用时可直接将所测曲线与定标曲线对照得出定量结果。

12.3.2 内标法

如果待测材料由多个相组成，各相的质量吸收系数又不同，需要采用内标法进行定量分

析。内标法是在待测试样中掺入一定量试样中没有的纯物质作为标准进行定量分析。其目的是为了消除基体效应。如果在试样中掺入一定量的标准物质 S,则待测相 A 和标准物质 S 某一衍射峰的强度分别为

$$I_A = \frac{K_A \omega_A}{\rho_A \mu_m} \tag{12.7}$$

$$I_S = \frac{K_S \omega_S}{\rho_S \mu_m} \tag{12.8}$$

由于标准物质是掺入试样中,同在一个混合物中,式(12.7)和式(12.8)中的试样的质量吸收系数是相同的。两式相除,可得

$$\frac{I_A}{I_S} = \frac{\rho_S K_A \omega_A}{\rho_A K_S \omega_S} \tag{12.9}$$

式中消除了 μ_m,即排除了基体效应的影响。对两个确定的相来说,式中的密度和 K 均为固定值。内标法中每次加入标准物质的量是相同的。因此,ω_S 也是一个固定值。令

$$K = \frac{\rho_S K_A}{\rho_A K_S \omega_S} \tag{12.10}$$

$$\frac{I_A}{I_S} = K\omega_A \tag{12.11}$$

这是内标法的基本公式。I_A/I_S 与 ω_A 为线性关系。为了求得 K 也要制作标准曲线。需先配制一系列 A 相的质量分数 ω_A 已知的标准混合样,并在每个样品中加入相同质量的内标物质 S。然后测定每个样品中 A 相与 S 相某一对衍射线的强度 I_A 和 I_S。以 I_A/I_S 对应 ω_A 作图,画出标准曲线,标准曲线为一条具有一定斜率的直线。内标法最大的特点是通过加入内标来消除基体效应的影响,它的原理简单,容易理解。它最大的缺点是要作标准曲线,实践起来有一定的困难。

12.3.3 *K* 值法

K 值法又称为基体清洗法,K 值法是内标法的延伸。内标法我们知道,通过加入内标可消除基体效应的影响。K 值法同样要在样品中加入标准物质作为内标,人们经常也称之为清洗剂。但在内标法中,为求得 K 值,还必须作标准曲线。能否不作标准曲线而求得 K 值呢?

在式(12.11)中,K 实际上与样品中的其他相无关,而只与待测相和内标物质有关。我们可以用这两种纯物质来测定 K 值。我们将这两种纯物质以各占 50%的质量比例混合,制成一个混合样品来测定它们的 K 值。于是,

$$\frac{I_A}{I_S} = K_{AS}\frac{0.5}{0.5} \tag{12.12}$$

可以得到

$$K_{AS} = \frac{I_A}{I_S} \tag{12.13}$$

式(12.9)可以写成

$$\omega_A = \frac{\omega_S}{K_{AS}}\frac{I_i}{I_S} \tag{12.14}$$

式中，ω_S 为加入样品中的标准物质的数量。

K 值法具体的操作过程是：

(1) 找到待测相和标准相的纯物质，配二者质量比为 1∶1 的混合样品，并用实验测定二者某一对衍射线的强度，得到它们的强度比 K_{AS}；

(2) 在待测样品中掺入一定量 ω_S 的标准物质，并测定混合样品中两个相的同一对衍射线的强度 I_i/I_S；

(3) 代入上一式求出待测相 i 在混合样中的含量 ω_i；

(4) 求 i 相在原始样品中的含量 ω_i。

K 值法比内标法要简单得多，并且其对任何样品都适用。因此目前的 X 射线定量分析多用 K 值法。K 值法的困难之处在于要得到待测相的纯物质。

12.3.4 参比强度法

参比强度法是 K 值法的进一步简化。该方法是采用刚玉(Al_2O_3)作为统一的标准物质 S，某相 A 的 K_S^A 均可在 PDF 卡片上查到(需要注意，卡片上查到的值绝大多数情况下是 Cu 靶的 K_α 辐射下的数据)，无需再通过计算或实验测量，应用起来很方便。

当待测样品中仅有 α 和 β 两相存在时，有

$$\begin{cases} \omega_\alpha + \omega_\beta = 1 \\ \dfrac{I_1}{I_2} = K_2^1 \dfrac{\omega_1}{\omega_2} = \dfrac{K_S^1}{K_S^2} \dfrac{\omega_1}{\omega_2} \end{cases} \tag{12.15}$$

解此方程组就可以从衍射峰的强度计算出两相混合物的质量分数，该方法的优点在于只要测得衍射谱，通过 PDF 卡片给出的参比强度就可以进行定量分析，一般情况选择两相中积分强度最高的衍射峰进行定量分析，在没有织构的情况下，结果是比较准确的。

12.3.5 直接比较法

上述方法中都通过将待测相的纯物质与标准物质进行比较，以获得 K 值。但在一些情况下要得到纯物质是困难的，如在金属材料中。为此，人们采用了直接比较法。它是通过将待测相与试样中存在的另一个相的衍射峰进行对比，求得其含量的。

设试样中有 n 相，以其中的某一相 j 为标准相，分别测得各相衍射线的相对强度，根据式(12.3)可以列出方程组：

$$\begin{cases} \dfrac{I_1}{I_j} = K_j^1 \dfrac{\omega_1}{\omega_j} \\ \dfrac{I_2}{I_j} = K_j^2 \dfrac{\omega_2}{\omega_j} \\ \vdots \\ \dfrac{I_{n-1}}{I_j} = K_j^{n-1} \dfrac{\omega_{n-1}}{\omega_j} \\ \omega_1 + \omega_2 + \cdots + \omega_n = 1 \end{cases}$$

直接法的优点是它不需要纯物质作标准曲线。它适合于金属样品的定量测量，因为金

属晶体的结构比较简单，可以计算出 R 值，但对非金属材料，由于它的物相的晶体结构都比较复杂，常数的计算十分复杂，所以应用起来有一定的困难。

12.3.6　参比强度法定量分析实例

对图 12.16 的实测衍射谱进行定量分析。根据对图 12.16 的定性分析结果可以确定，该混合物中有两相，分别是 MgO 和 Y_2O_3，采用参比强度法进行定量分析，如图 12.21 所示，使用 MgO 的(200)衍射峰和 Y_2O_3 的(222)衍射峰进行定量，可以得到图 12.22 的定量结果，MgO 的质量分数为 73%，Y_2O_3 的质量分数为 27%。

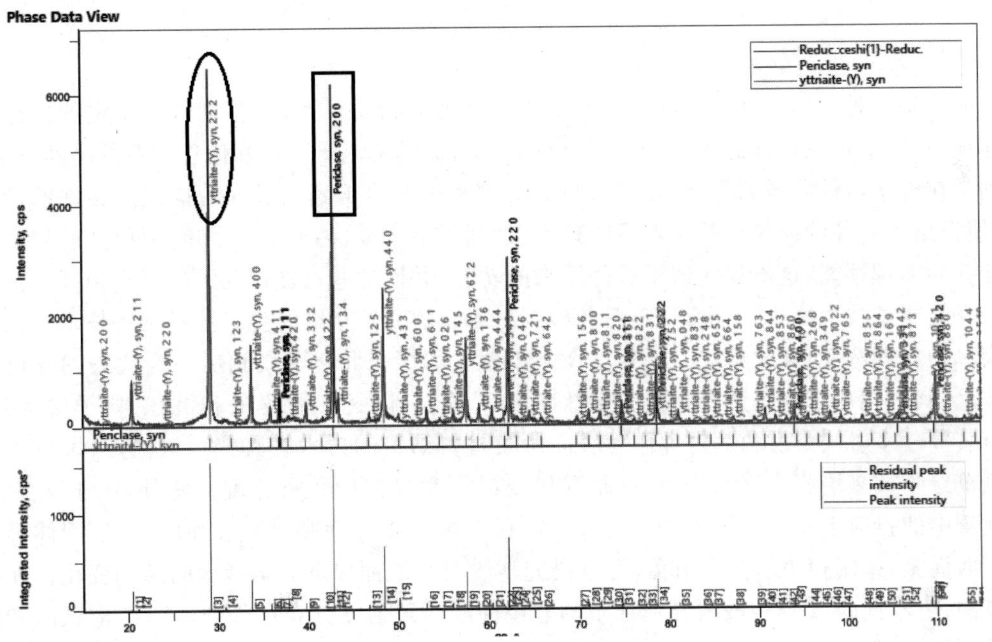

图 12.21　MgO 和 Y_2O_3 混合物定量结果

Table of results

Dataset / Weight Fraction, wt%	Value, Unit	Periclase, syn	yttriaite-(Y), syn
ceshi	0	73.1(3)	26.9(3)

Used peak list

Dataset	Phase name	Peak No.	2θ, °	Norm. I.	h k l
ceshi	Periclase, syn	11	42.867(3)	100.00	2 0 0
	yttriaite-(Y), syn	3	29.117(5)	100.00	2 2 2

图 12.22　MgO 和 Y_2O_3 混合物定量结果

第13章

薄膜材料的微结构表征

薄膜是一种一维线性尺度远小于其他二维尺度的物质形态，在厚度这一特定的方向上尺寸很小，一直可以延伸到单个分子层(或原子层)。随着电子工业和信息产业的高速发展，特别是在电子器件领域的发展，薄膜材料的研究和工业化得到了极大的推进。器件的微型化，使得用于器件的薄膜材料厚度不断减小，达到了纳米级，甚至出现了单层材料，获得了许多全新的物理性能，这不仅保留了器件原来的功能，并使这些功能得到了加强和拓展。薄膜的研究及制备技术源于 17 世纪，随后各种制备薄膜的方法相继诞生。薄膜制备技术也由最初简单的物理蒸发、化学反应发展到现今以物理气相沉积和化学气相沉积为代表的先进成膜技术，其中包括真空蒸镀、溅射、激光脉冲沉积、分子束外延、化学气相沉积、原子层沉积、自组装等。X 射线衍射和散射等作为表征薄膜材料结构的技术有其特别的优点，可以无损检测单层膜或多层膜内部结构、界面状况以及纵向和横向的共格程度。此外，由于 X 射线在物质中的折射率非常接近于 1(但小于 1)，利用 X 射线在薄膜材料表面的空气/固体界面的折射现象，采用很小的掠入射角，可以研究薄膜材料表面以下几纳米深的结构变化。在小角范围，由不同的 X 射线散射几何记录的非镜面漫散射强度分布可得到薄膜结构纵向和横向共格程度的信息。在大角范围，高分辨 X 射线衍射可探测薄膜中微小的应变或点阵失配。应用高度准直和单色的 X 射线，记录倒易空间中衬底某一布拉格峰附近衍射强度的二维分布，可以分离相干和非相干 X 射线散射，研究衬底与薄膜的晶格失配及弛豫。掠入射衍射几何采用高非对称衍射，可研究近薄膜表面的结构。

13.1 掠入射原理和配置

我们已知 X 射线在物质中的衰减系数 μ 为 $10^4 \sim 10^5\,\mathrm{m}^{-1}$。X 射线的穿透深度为 $1/\mu$，其值在 10～100μm 范围内。大多数薄膜材料的厚度是小于这个厚度的，这将导致在对称 $\theta/2\theta$ 测试中测量的衍射数据中很大一部分信息来自衬底。对于厚度在纳米或更小的薄膜，X 射线在薄膜中的穿行路径太短，无法获得可信的衍射数据，难以对薄膜结构进行分析。

采用 X 射线对薄膜材料进行结构分析时，通常使用掠入射 X 射线衍射，该方法是入射光束以很小的入射角进入样品，小的入射角使 X 射线在薄膜中的传播路径显著增加，衍射数据中包含的结构信息主要来源于薄膜，这种衍射方式称为掠入射 X 射线衍射(grazing incidence X-ray diffraction，GIXRD）。

在GIXRD实验中，由于入射线与样品的掠射角很小，不能使用传统聚焦光学系统，所以要求入射线必须具有很高的平行度。除了6.5节所介绍的布鲁克公司推出的Gobel镜以及帕纳科公司推出的hybrid组件，日本理学公司使用多层膜镜将入射线转化成平行光，为了得到平行度和单色化更好的光源，入射线还要经过Ge单晶后使用，如图13.1所示。也可以使用准直管（parallel plate collimator）获得平行光的衍射数据。

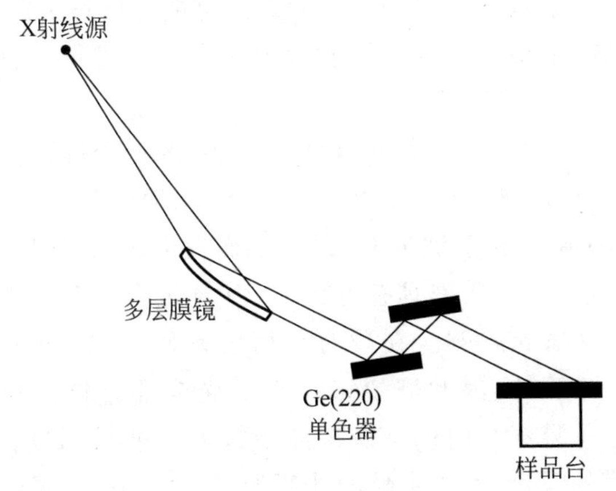

图13.1　日本理学公司smartlab衍射仪薄膜测试的光路系统

薄膜的掠入射X射线衍射一般采用两种衍射几何，即共面和非共面衍射几何。如图13.2(a)所示，共面衍射几何是指衍射面（即由入射波矢 K_i 和衍射波矢 K_f 构成的衍射面）垂直于薄膜表面，$\boldsymbol{Q}$ 为衍射矢量。非共面衍射几何如图13.2(b)所示，衍射面不垂直于薄膜表面，如果衍射面与表面的夹角 α 很小时，即非共面的GIXRD衍射几何。6.5节介绍的日本理学公司的样品台附件中RxRy附件头具有绕X、Y两个方向精准转动的功能，同时还可以绕垂直方向旋转，在GIXRD中需要配备一个类似功能的样品台。

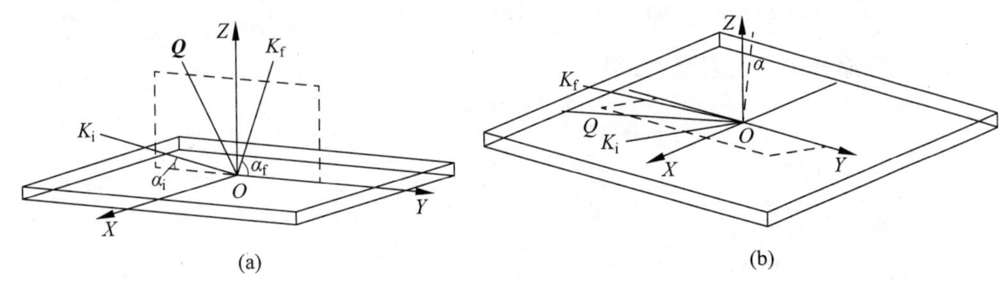

图13.2　掠入射的衍射几何

(a) 共面衍射几何；(b) 非共面衍射几何

在分析单晶性很好的薄膜或多层膜，如外延生长的半导体薄膜，特别是分析其中的应变与应力时，对衍射仪分辨率的要求较高。尤其是在记录衍射倒易空间图衍射强度分布时要求最高。通常外延薄膜或多层膜的取向已知，所以一般采用比较简单易行的共面衍射几何。虽然非共面掠入射衍射可用于直接分析平行于薄膜表面方向的应变与应变弛豫，但如果薄膜的厚度不是太小（>100～200Å），考虑到实验的易行性，一般首先考虑选用共面衍射几何方式。

13.2 掠入射条件对吸收因素的影响

GIXRD实验中的光学系统配置如图13.2(a)所示，入射光束和样品表面之间的夹角很小，只有几度甚至更小，并用 α 表示这一角度。X射线在薄膜内穿行的最大路径为 $l=t/\sin\alpha$，当入射角选择比较小时，X射线在薄膜中穿行的距离可能是厚度 t 的很多倍。当X射线在薄膜中的衰减系数为 μ 时，掠射角 α 可以根据穿透深度 $1/\mu$ 进行计算，$\alpha=\arcsin(\mu t)$，薄膜越薄，掠射角越小。

GIXRD实验中如图13.2(a)所示，由于入射角始终不变(α_i)，其衍射的几何不同于6.2.2节所介绍的B-B实验布置。在B-B实验条件下，衍射矢量 $\boldsymbol{Q}$ 始终垂直于样品表面，而掠入射条件下衍射矢量 $\boldsymbol{Q}$ 随着衍射波矢 K_f 的转动而发生转动，如果样品中没有择优取向，对称和不对称配置中得到的实验数据具有可比行，但当薄膜中存在明显择优取向时，就需要考虑择优取向对衍射数据的影响。在非对称衍射条件下，如图6.3(c)所示，聚焦光源衍射束不满足聚焦的几何条件，因此需要采用平行光或准直器调整光路，获得精准的衍射数据。由于X射线在薄膜穿行时的衰减按照指数规律进行，如图13.3所示，如果入射束与样品表面成 α，薄膜的厚度为 t，薄膜的线吸收系数为 μ，在深度为 z 处，薄膜的衍射强度为

$$\mathrm{d}P(z)=\frac{\mathrm{SCF}*I_0}{\sin\alpha}\exp\left[-\mu z\left(\frac{1}{\sin\alpha}+\frac{1}{\sin\,(2\theta-\alpha)}\right)\right]\mathrm{d}z \tag{13.1}$$

式中，SCF是一个包括积分强度项的常数。令

$$k_\alpha=\frac{1}{\sin\alpha}+\frac{1}{\sin(2\theta-\alpha)} \tag{13.2}$$

将式(13.1)进行积分可以得到

$$P=\frac{\mathrm{SCF}*I_0}{\sin\alpha}\int_0^t\exp(-\mu z k_\alpha)\mathrm{d}z=\frac{\mathrm{SCF}*I_0}{\mu}\,\frac{1-\exp(-\mu t k_\alpha)}{k_\alpha\sin\alpha} \tag{13.3}$$

用 P_∞ 表示无限厚样品的衍射强度，则有

$$P_\infty=\frac{\mathrm{SCF}*I_0}{\mu k_\alpha\sin\alpha} \tag{13.4}$$

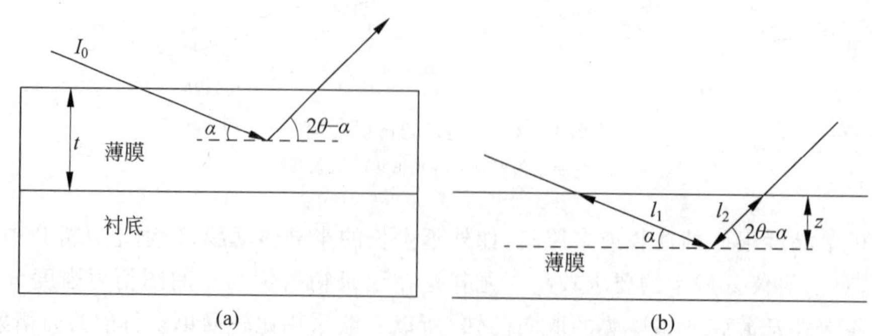

图13.3 GIXRD中照射深度与吸收系数的关系

在 GIXRD 中吸收因素 A_α 可以表示为

$$A_\alpha = \frac{P}{P_\infty} = 1 - \exp(-\mu t k_\alpha) \tag{13.5}$$

显然,在掠入射条件下吸收因素 A_α 与 α、2θ 以及薄膜材料的 μt 的积有关。由图 13.4 可以看出,2θ 在 20°～80°范围内,掠射角和 μt 不变时,A_α 基本保持恒定,这与对称布置的薄膜衍射时吸收因素的变化趋势不同。对于不同掠入射条件的衍射图谱需要根据实测数据考虑吸收因素加以修正。考虑到实验的易行性,一般首先考虑选用共面衍射几何方式。

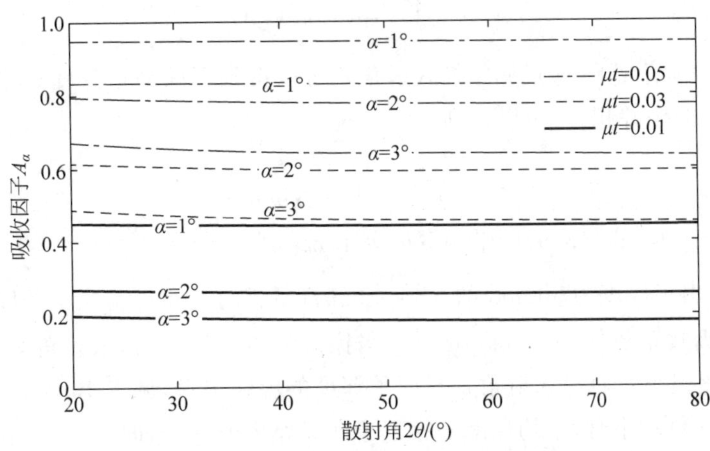

图 13.4 GIXRD 条件下不同掠射角 α 和 μt 对吸收因素 A_α 的影响

13.3 穿透深度和信息深度

薄膜的生长通常与厚度相关的演化过程有关。例如,可以观察到晶粒尺寸随着厚度的增加而增加,或者在临界厚度处晶体相组成连续地或突然地改变。GIXRD 可以通过改变入射角 α,并测量相应衍射花样 $I(\alpha, 2\theta)$,来提供与薄膜材料厚度梯度相关的实验数据。为了探究这一表征方法,我们首先需要了解 X 射线穿透深度 τ 的三个概念。

(1) 第一个强度衰减特征深度 $\tau_{1/e}$ 是用入射 X 射线强度衰减至原始强度 $1/e$ 时所对应的深度定义的:

$$\tau_{1/e} = \frac{\sin\alpha}{\mu} \tag{13.6}$$

根据上式,我们可以通过改变掠入射角 α 获得对应不同 $1/e$ 深度的衍射花样,特别是可以获得随深度变化的物相信息。

(2) 第二个穿透深度的方法是用 τ_{63} 来表示。τ_{63} 满足式(13.5)中指数项 $\mu\tau_{63}k_\alpha = 1$,也就是用无限厚的粉末样品衍射作参照,τ_{63} 深度所对应的衍射强度为 $1 - 1/e = 63\%$,把这个定义代入式(13.2),得到

$$\tau_{63} = \frac{1}{\mu k_\alpha} = \frac{\sin\alpha \sin(2\theta - \alpha)}{\mu[\sin\alpha + \sin(2\theta - \alpha)]} \tag{13.7}$$

与 $\tau_{1/e}$ 方法相比,这个概念与布拉格反射的积分强度有关,其明显优点是既包括入射光束

又包括衍射光束，这个定义更适合于描述探测器接收到的衍射光束的信息含量。

(3) 不论是 $\tau_{1/e}$ 还是 τ_{63} 均可能超过薄层厚度 t，在实际问题中应以薄膜厚度作为最大值，来研究不同层深的结构信息，因此我们引入平均信息深度 $\bar{\tau}$，平均信息深度是根据 X 射线在不同深度时所对应的衰减情况计算出来的，以权重函数 $\exp(-\mu z k)$ 从薄膜表面到与基底界面的所有深度积分为基本单位，平均信息深度定义的一般形式为

$$\bar{\tau}=\frac{\int_0^t z\exp(-\mu zk)\mathrm{d}z}{\int_0^t \exp(-\mu zk)\mathrm{d}z} \tag{13.8}$$

在 GIXRD 的情况下，通过调整掠入射角 α 可以得到不同平均深度 $\bar{\tau}$，将式(13.2)中的 K_α 代入式(13.8)中并积分，可以得到

$$\overline{\tau_\alpha}=\frac{1}{\mu k_\alpha}+\frac{t}{1-\exp(\mu t k_\alpha)} \tag{13.9}$$

显然当 $t\to\infty$ 时，式(13.9)的平均深度等于 τ_{63}，即 $\lim\limits_{t\to\infty}\bar{\tau}=\tau_{63}$。

表 13.1 给出了厚度为 500nm 的 TiO_2 金红石薄膜的 $\bar{\tau}$ 和 $t_{1/e}$，实验条件为 CuK_α 辐射，金红石的线性吸收系数 $\mu=0.0528\mu m^{-1}$。当掠入射角 α 较小时，散射角 2θ(在 22°～60°)，$\bar{\tau}$ 和 $\tau_{1/e}$ 的变化很小。而掠入射角 α 对两种深度的影响很大，见表 13.1。当掠入射角 α 增大或者线吸收系数较小时，平均深度 $\bar{\tau}$ 接近于薄膜厚度的一半，即

$$\lim_{\mu k\to 0}\bar{\tau}=\frac{t}{2} \tag{13.10}$$

表 13.1 掠入射角 α 对 $\bar{\tau}$ 和 $t_{1/e}$ 的影响

α/(°)	$\bar{\tau}$/nm	$\tau_{1/e}$/nm
0.9	180～182	298
1.8	212～214	595
2.7	224～226	892

如图 13.5 所示，该极限对应于入射 X 射线强度在整个厚度上几乎没有衰减的情况。在这种情况下，薄膜的每一层均参与衍射，测量的衍射信息相当于从薄膜的中间层产生。在大 α 下测量的衍射信息包含了所有深度的信息。

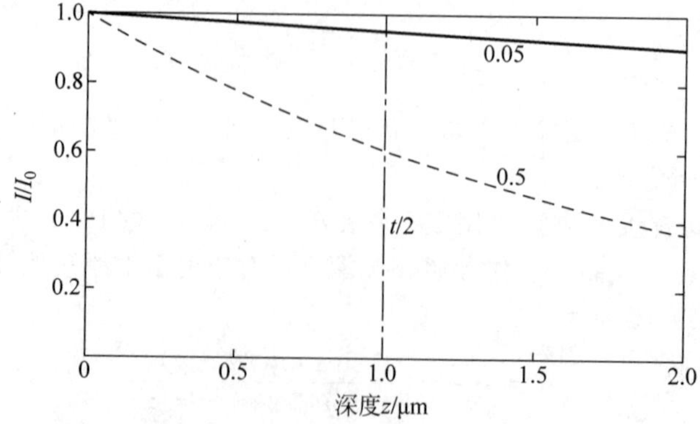

图 13.5 X 射线到达层深为 z 处的强度($tk=0.05$ 和 0.5)

表 13.1 也给出了 $\tau_{1/e}$ 随着 α 的变化情况，从表中可以看出，随着 α 增加，$\tau_{1/e}$ 显著增大。当 $\alpha>1.5°$ 时，穿透深度 $\tau_{1/e}$ 大于薄膜的厚度，此时的信息深度应使用平均深度 $\bar{\tau}$ 来定义。我们可以根据平均信息深度确定与层深相关的性质。例如，该性质可以是材料的相含量、非晶含量、微晶尺寸、微应变或宏观应变及任何其他性质。如果用 $P(z)$ 表示这个与深度相关的性质，我们可以通过 X 射线衍射结果，以 X 射线强度的衰减情况为权重，确定该性质的加权平均值 $\overline{P}=\langle P(z)\rangle$，因此可以采用前面定义的穿透深度 τ，通过式(13.11)导出深度平均性质：

$$\overline{P}=\frac{\int_0^t P(z)\exp(-z/\tau)\mathrm{d}z}{\int_0^t \exp(-z/\tau)\mathrm{d}z} \tag{13.11}$$

原则上，此公式可使用上面介绍的任何一种穿透深度，迄今为止大多数研究都使用 $\tau_{1/e}$。首先将式(13.11)的分母进行归一化，并简写成 N_τ($N_\tau=[1-\exp(-t/\tau)]$)，当我们以不同的折射角 α 入射到薄膜中时，可以测得不同的 $\overline{P_\alpha}$。式(13.11)可以通过拉普拉斯(Laplace)变换或精确的 Fredholm 积分方程在 $0\sim t$(t 为薄膜厚度)的范围内积分，则 $\overline{P_\alpha}$ 可以写成

$$\overline{P_\alpha}=\frac{1}{N_\tau}\mathcal{L}(P(z),1/\tau) \tag{13.12}$$

拉普拉斯变换符号 $\mathcal{L}$ 中，$P(z)$ 给出了将要进行变换的函数 τ 是变换函数的新坐标。为了求解出 $P(z)$，我们可以从一系列 $N_\tau\overline{P_\alpha}$ 值中，将式(13.12)求拉普拉斯逆变换 $\mathcal{L}^{-1}$，即

$$P(z)=\mathcal{L}^{-1}(N_\tau\overline{P_\alpha}(\tau),z) \tag{13.13}$$

我们可以通过不同掠入射角 α 时的 X 射线衍射结果，确定薄膜的特性曲线，其结果依赖于 $\overline{P_\alpha}$ 数据的可用性和可靠性。使用 GIXRD 的方法，在选择合适的 τ 间距条件下，可以准确地测得 $\overline{P_\alpha}$。虽然式(13.13)提供了一个推导梯度函数 $P(z)$ 的简单方法，但在实际操作中，拉普拉斯逆变换的过程可能会由于 τ 空间中的数据波动和不适当的数据间隔而变得复杂。这两种情况可能导致数值解不稳定。避开这些问题的一个可靠方法是用一个类似多项式的模型函数来逼近 $P(z)$，并将式(13.11)转换为模型函数。选择一组模型参数 P_0、P_1、P_2 作为 τ 空间中的拟合参数，由此在实空间中表达出性质函数。例如，考虑 $P(z)$ 在多项式中的展开式为

$$P(z)=P_0+P_1z+P_2z^2+\cdots \tag{13.14}$$

在式(13.11)中插入这个表达式可以很容易地解析求解。对分子和分母积分的求值，可以得到 τ 空间中梯度函数的结果为

$$\overline{P_\alpha}=P_0+P_1\left[\tau+\frac{t}{1+\exp(t/\tau)}\right]+P_2\left[2\tau^2+\frac{t(t+2\tau)}{1+\exp(t/\tau)}\right]+\cdots \tag{13.15}$$

可以根据所测量数据的 $\overline{P_\alpha}$ 拟合到这个模型函数中，并得到多项式系数 P_i，它反映了性质变化梯度在 z 空间中的分布。这一方法在薄膜残余应力分析领域中得到了比较广泛的应用。

13.4 X射线的折射率与全反射

X射线是一种电磁波,会在不同介质的界面发生折射。为描述这种折射,介质被当作均匀的,且不同介质之间有锐利边界和各自的折射率 n,根据定义,真空的折射率是1。众所周知,可见光在玻璃中的折射率 n 大于1,而且对不同种类的玻璃,n 可以从1.5～1.8变化(图13.6),因而人们可以利用透镜来聚光,得到放大的物像。对X射线而言,n 与1相差极小,其量级仅在 10^{-5} 左右。一般来说,X射线的折射率可被表达为

$$n = 1 - \delta + \mathrm{i}\beta \tag{13.16}$$

式中,δ 在固体中的量级为 10^{-5},而在空气中仅约为 10^{-8} 的量级,虚部 β 通常比 δ 还要小很多。

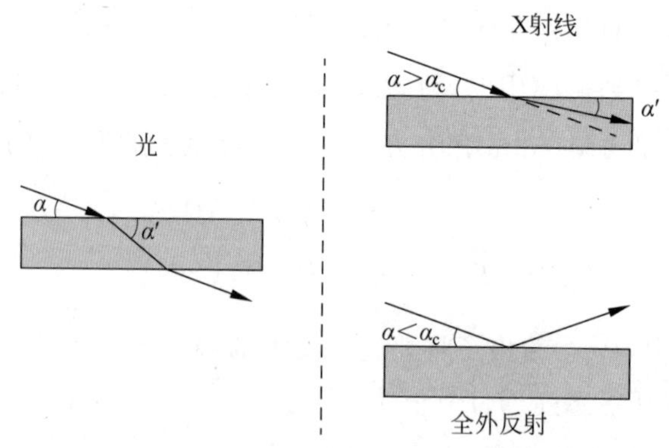

图13.6 光和X射线的折射和反射

X射线折射率 n 的实部比1小的原因是X射线的频率一般高于各种电子束态的共振频率,这意味着X射线在材料内的相速度 c/n 大于光速 c,这并不违反相对论,因为相对论只要求包含信息的信号不能超过光速传播。这些信号是以群速度不是相速度传播的,而群速度确实要小于 c。

如图13.6所示,斯涅耳(Snell)定律把入射角 α 和折射角 α' 用式(13.17)联系起来:

$$\cos\alpha = n\cos\alpha' \tag{13.17}$$

折射率意味着当入射角小于某个临界角 α_c 的时候,X射线会发生外部全反射。考虑 $\alpha=\alpha_c$,即 $\alpha'=0$ 时,展开式(13.17)中的余弦项,并将式(13.16)代入,为简单起见,这里我们令 $\beta=0$,可以得到

$$\alpha_c = \sqrt{2\delta} \tag{13.18}$$

因为 δ 约为 10^{-5},所以 α_c 在1mrad量级,也就是在0.1°～1°。

在式(13.16)中,

$$\delta = \rho_e \frac{\lambda^2 r_e}{2\pi} = \frac{2\pi\rho_e r_e}{k^2}, \quad \beta = \frac{\lambda}{4\pi}\mu \tag{13.19}$$

辐射的波长和波矢 k 的关系为 $k=2\pi/\lambda$,其中,r_e 是经典电子半径,$r_e = 2.82\times10^{-6}$ nm;ρ_e 是电子密度,其值约为1个电子每立方埃量级;μ 为线吸收系数;λ 为X射线波长。δ 与

X射线照射材料表面时所引起的相位差有关，β与X射线在材料中的吸收有关，通常β很小。

外部全反射对于X射线物理有几个重要的意义。首先，如图13.7(a)所示，可以通过一个弯曲表面的全反射实现聚焦光学元件。通常人们希望光源尺寸要小，因为根据几何光学，一个小的源会被聚焦成一个小的像。外部全反射的第二个应用是当$\alpha<\alpha_c$时，X射线在折射材料中产生所谓的衰逝波(evanescent wave)，如图13.7(b)所示，它沿着平的界面传播，且X射线在材料内迅速衰减，其典型穿透深度只有几纳米。相比之下，掠入射角几倍于α_c时，穿透深度有几微米。

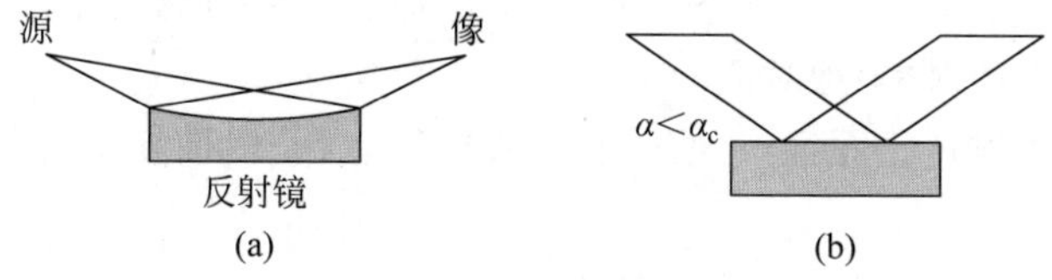

图13.7 全反射原理的应用

(a) 利用入射角小于临界角α_c构筑的X射线聚焦镜；(b) 当入射角小于临界角时，反射率几乎达到100%，X射线仅以衰逝波的形式穿透材料，其典型穿透深度约为10Å，此时X射线对表面敏感

在X射线波段，δ和β远小于1，这就是说在考虑折射和反射现象时，我们只需要限制在小角度的情况，并可利用适当的级数展开。如图13.8所示，入射波矢是$\boldsymbol{k}_\mathrm{I}$，振幅是$\alpha_\mathrm{I}$，类似地，反射和透射波矢(与水平方向夹角是$\alpha'$)分别是$\boldsymbol{k}_\mathrm{R}$和$\boldsymbol{k}_\mathrm{T}$，振幅分别是$\alpha_\mathrm{R}$和$\alpha_\mathrm{T}$。通过引入边界条件可导出斯涅耳和菲涅耳(Fresnel)公式，即波和它的一阶导数在界面$z=0$处必须是连续的。

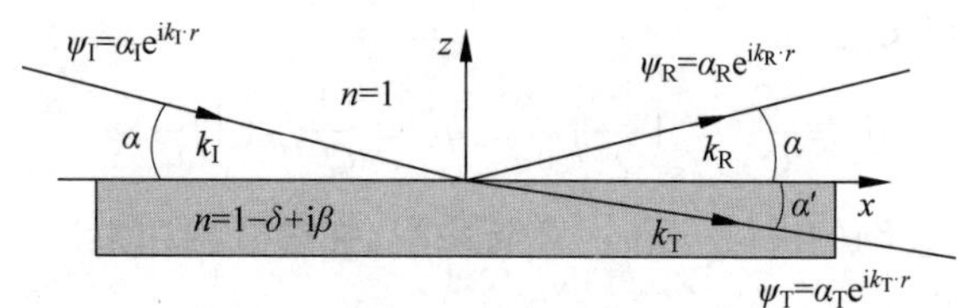

图13.8 要求波和它的一阶导数在界面处是连续的，即可导出斯涅耳和菲涅耳公式

这就要求振幅之间的关系是

$$\begin{cases}\alpha_\mathrm{I}+\alpha_\mathrm{R}=\alpha_\mathrm{T}\\ \alpha_\mathrm{I}\boldsymbol{k}_\mathrm{I}+\alpha_\mathrm{R}\boldsymbol{k}_\mathrm{R}=\alpha_\mathrm{T}\boldsymbol{k}_\mathrm{T}\end{cases} \tag{13.20}$$

真空中的波数可标记为$\boldsymbol{k}=I\boldsymbol{k}_\mathrm{I}I=I\boldsymbol{k}_\mathrm{R}I$，而在材料中它是$nk=I\boldsymbol{k}_\mathrm{T}I$。分别考虑$\boldsymbol{k}$平行和垂直于表面的分量，可给出

$$\alpha_\mathrm{I}k\cos\alpha+\alpha_\mathrm{R}k\cos\alpha=\alpha_\mathrm{T}(nk)\cos\alpha' \tag{13.21}$$

$$-(\alpha_\mathrm{I}-\alpha_\mathrm{R})k\sin\alpha=-\alpha_\mathrm{T}(nk)\sin\alpha' \tag{13.22}$$

从式(13.20)以及平行于界面的投影式(13.21)就可以导出折射定律：

$$\cos\alpha=n\cos\alpha' \tag{13.23}$$

在掠入射情况下，由于α和α'都很小，余弦函数可以级数展开，得到

$$\alpha^2=\alpha'^2+2\delta-2i\beta=\alpha'^2+\alpha_c^2-2i\beta \tag{13.24}$$

其中，折射率n用了式(13.16)中的表达式，而式(13.18)将δ和全反射的临界角α_c联系

起来。

从式(13.20)以及与界面垂直分量的关系式(13.22)出发，就可得到

$$\frac{\alpha_I-\alpha_R}{\alpha_I+\alpha_R}=n\frac{\sin\alpha'}{\sin\alpha}\cong\frac{\alpha'}{\alpha} \tag{13.25}$$

从而得到菲涅耳公式：

$$r\equiv\frac{\alpha_R}{\alpha_I}=\frac{\alpha-\alpha'}{\alpha+\alpha'},\quad t\equiv\frac{\alpha_T}{\alpha_I}=\frac{2\alpha}{\alpha+\alpha'} \tag{13.26}$$

这里引入了振幅的反射率 r 和透射率 t，相应的光强的反射率(透射率)以大写的 $R(T)$来表示，它是振幅反射率(透射率)绝对值的平方。

就一个给定的入射角 α 而言，α'是一个可从式(13.24)中推导出的复数，把 α'分解成实部和虚部：

$$\alpha'\equiv\mathrm{Re}(\alpha')+\mathrm{iIm}(\alpha') \tag{13.27}$$

可以看到，透射波以如下形式随着进入材料的深度增加而衰减：

$$\alpha_T e^{\mathrm{i}(k_{\alpha'})z}=\alpha_T e^{\mathrm{Re}(\alpha')}e^{-k\mathrm{Im}(\alpha')z} \tag{13.28}$$

那么强度衰减到 $1/e$ 穿透深度是

$$\Lambda=\frac{1}{2k\,\mathrm{Im}(\alpha')} \tag{13.29}$$

r、t 和 Λ 的结果依赖于入射角 α、介质的密度和吸收以及波矢几个参数，为了研究和易于理解，我们定义如下：

$$Q\equiv 2k\sin\alpha\cong 2k\alpha,\quad Q_c\equiv 2k\sin\alpha_c\cong 2k\alpha_c \tag{13.30}$$

它们无量纲的对应量定义为

$$q\equiv\frac{Q}{Q_c}\cong\left(\frac{2k}{Q_c}\right)\alpha,\quad q'\equiv\frac{Q'}{Q_c}\cong\left(\frac{2k}{Q_c}\right)\alpha' \tag{13.31}$$

式(13.24)可用无量纲的波矢 q 和 q'重新来写，在等式两边乘以$(2k/Q_c)^2$，可得

$$q^2=q'^2+1-2\mathrm{i}b_\mu \tag{13.32}$$

根据式(13.19)，参数 b_μ 和吸收系数 μ 通过下式相联系：

$$b_\mu=\left(\frac{2k}{Q_c}\right)^2\beta=\left(\frac{4k^2}{Q_c^2}\right)\frac{\mu}{2k}=\frac{2k}{Q_c^2}\mu \tag{13.33}$$

由式(13.18)和式(13.19)可知，临界角对应的波矢 Q_c 是

$$Q_c=2k\alpha_c=2k\sqrt{2\delta}=4\sqrt{\pi\rho r_0\left(1+\frac{f'}{Z}\right)} \tag{13.34}$$

在式(13.34)中将一个原子作为单元考虑，在散射角很小时，参见式(4.26)有 $f(0)=f_0+f'=Z+f'$，其中 Z 为原子序数，将其代入式(13.30)中就可以得到式(13.34)。

反射率、透射率和穿透深度的计算可如下进行：就某个感兴趣的材料，其线吸收系数 μ、电子密度 ρ，甚至包括色散修正 f'，都可以从标准的来源获取，如国际晶体学表(international tables of crystallography)。根据这些数据就可以算出 b_μ，复数 q'可以依据式(13.32)得到，从而由式(13.26)的波矢形式得到振幅的复数反射(透射)率：

$$r(q)=\frac{q-q'}{q+q'},\quad t(q)=\frac{2q}{q+q'},\quad \Lambda(q)=\frac{1}{Q_c\mathrm{Im}(q')} \tag{13.35}$$

我们注意到在所有情况下，$b_\mu \ll 1$，当考虑一些极限情况的解。

（1）$q \gg 1$，式(13.32)的解给出 $\mathrm{Re}(q') \cong q$ 和 $\mathrm{Im}(q') \cong b_\mu / q$，据式(13.35)，$r(q)$可写作 $r(q)=\dfrac{(q^2-q'^2)}{(q+q')^2}$。因此 $r(q) \cong (2q)^{-2}$，即反射波和入射波同相，强度反射率按 $R(q) \cong (2q)^{-4}$ 衰减，完全透射，穿透深度是 $\alpha\mu^{-1}$。

（2）$q \ll 1$，在这种情况下 q'几乎完全是虚数，且有 $\mathrm{Im}(q') \cong 1$ 和 $r(q) \cong -1$，即反射波和入射波反相，因此透射波特别弱，它沿着表面传播的穿透深度极小，只有 $1/Q_c$，且只要 $\alpha \ll \alpha_c$，就与 α 无关，正是由于穿透深度非常小，这里的透射波又被称为衰逝波。

（3）$q=1$，据式(13.32)可得 $q'=\sqrt{b_\mu}(1+i)$穿透深度比渐近值 $1/Q_c$ 大 $b_\mu^{-1/2}$ 倍，振幅反射率接近于$+1$，所以反射波和入射波同相，这就意味着衰逝波振幅几乎是入射波的两倍。

图 13.9 概括了反射率和散射矢量或者入射角的关系，阐明了改变入射条件可以产生全反射现象和完全透明的条件。

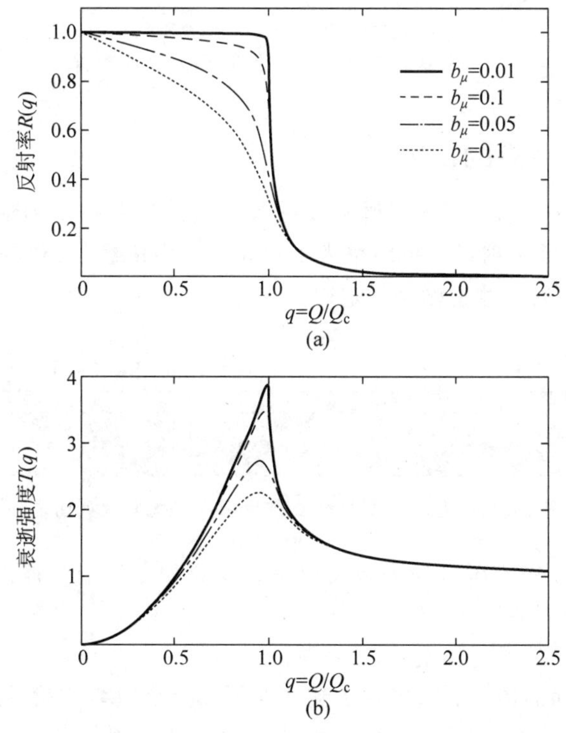

图 13.9　强度反射率 $R(q)$(a)和强度透射率 $T(q)$(b)随 q 变化的规律

13.5　X 射线反射率

从上面的讨论可以明显看出，折射率包含了有关样品的重要参数，如密度和化学成分。此外，通过测量掠入射角下的 X 射线折射率来确定这些参数，非常适合于表面层和薄膜的研究和表征。X 射线反射仪或反射率(X-ray reflectivity，XRR)技术是一种确定 δ 和 β 的方法。在这种方法中，衍射仪是在对称的 $\theta/2\theta$ 配置下工作的，但是 θ 角通常都很小。图 13.10 以示例参考框架的通常表示形式显示了 XRR 设置。由于是 $\theta/2\theta$ 扫描的操作模式，所以入射角由 θ 而不是 α 表示。与广角衍射扫描相比，XRR 实验必须在平行光束配置下进行，即平面内光束发散度不应超过 0.05°，理想情况下甚至更低。可以看出，XRR 不仅可以测定 δ 和 β，还可以测定表面和界面粗糙度，最重要的是可以测定薄膜和多层膜的厚度。

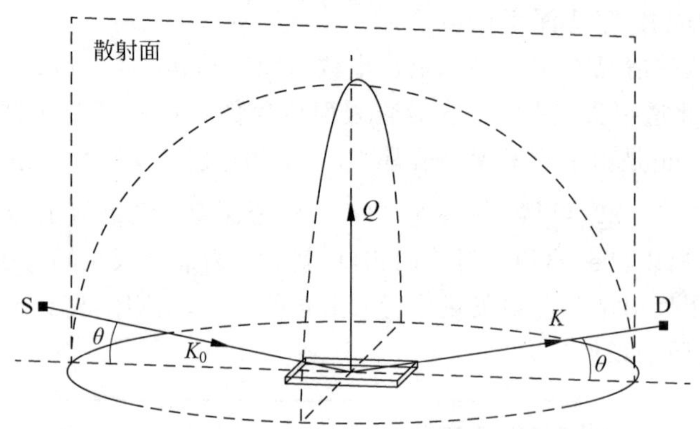

图 13.10　样品参考系下的 XRR 实验布置

13.5.1　均匀平板的反射

现在我们考虑两种情况：①无限厚平板对 X 射线的反射；②如图 13.11 所示有限厚平板对 X 射线的反射。当 X 射线在折射率为 1 的介质 0 中传播，入射到一个无限厚的折射率为 n 的介质中时，其反射规律遵循折射定律。

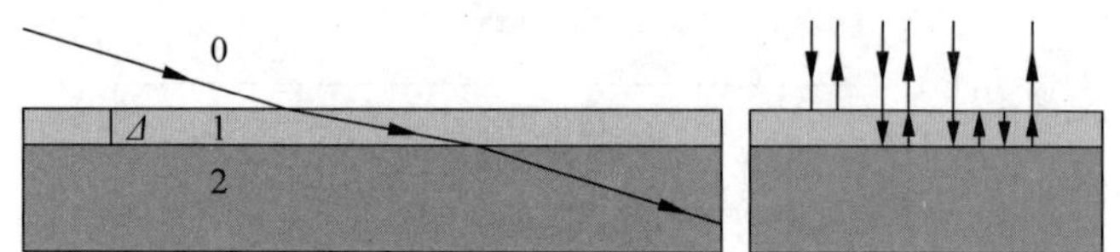

图 13.11　有限厚度薄板 Δ 的反射率是无限次反射之和

我们考虑图 13.11 中有限厚的平板反射率。从介质 0 照射到厚度为 D 的薄膜样品上时，该光束经历了如下过程：

(1) 从 0 到 1 界面的反射幅度 r_{01}；

(2) 从 0 到 1 界面的透射 t_{01}，再在 1 到 2 的界面上反射 r_{12}，然后从 1 到 0 的界面上透射 t_{10}，把这个波加到上面的时候，需要包括相位因子 $p^2=e^{iQ\Delta}$；

(3) 在 0 到 1 界面上的透射 t_{01}，再在 1 到 2 界面上反射 r_{12}，接着在 1 到 0 的界面上反射 r_{10}，然后再次在 1 到 2 界面上反射 r_{12}，最后从 1 到 0 透射 t_{10}，此波的相位因子是 p^4。

因此总的振幅反射率是

$$
\begin{aligned}
r_{\text{平板}} &= r_{01}+t_{01}t_{10}r_{12}p^2+t_{01}t_{10}r_{10}r_{12}^2p^4+t_{01}t_{10}r_{10}^2r_{12}^3p^6+\cdots \\
&= r_{01}+t_{01}t_{10}r_{12}p^2(1+r_{10}r_{12}p^2+r_{10}^2r_{12}^2p^4+\cdots) \\
&= r_{01}+t_{01}t_{10}r_{12}p^2\sum_{m=0}^{\infty}(r_{10}r_{12}p^2)^m \qquad (13.36)
\end{aligned}
$$

这是个几何级数，可以求和得到

$$r_{平板} = r_{01} + t_{01} t_{10} r_{12} p^2 \frac{1}{1 - r_{10} r_{12} p^2} \tag{13.37}$$

将式(13.35)代入上式,可以得到如下结论:

$$r_{01} = -r_{10} \tag{13.38}$$

$$r_{01}^2 + t_{01} t_{10} = 1 \tag{13.39}$$

所以 $t_{01} t_{10} = 1 - r_{01}^2$,$r_{平板}$的表达式为

$$r_{平板} = \frac{r_{01} + r_{12} p^2}{1 + r_{01} r_{12} p^2} \tag{13.40}$$

p^2 是从平板顶部和底部反射的光束的相位因子,这里是 $e^{iQ_1 \Delta}$,其中 $Q_1 = 2k_1 \sin\alpha_1$。

为了简化起见,进一步假设平板两侧的介质是相同的,也就是 $r_{01} = -r_{12}$,这种情况下的平板的反射率是

$$r_{平板} = \frac{r_{01}(1 - p^2)}{1 - r_{01}^2 p^2} \tag{13.41}$$

图 13.12 是根据式(13.41)计算的强度反射率,图中表现出的振荡行为又叫作 Kiessig 干涉条纹。这是由于分别从顶部和底部界面反射的波之间产生了干涉。振荡的峰对应了同相位干涉的情况,而谷则对应了反相的情况。在图 13.12 中,$\Delta = 10 \times 2\pi$Å,振荡周期为 $2\pi/\Delta$。

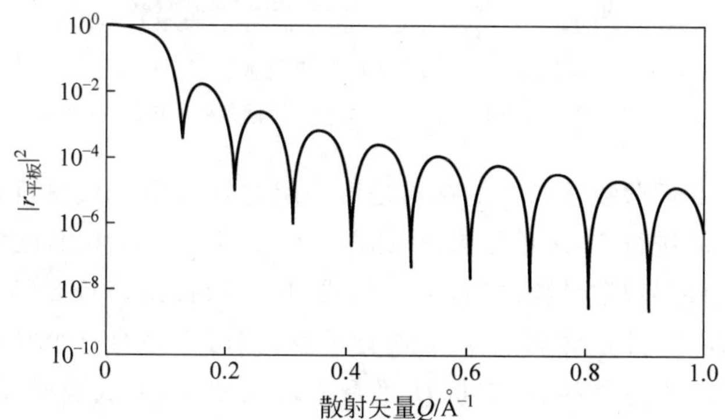

图 13.12 均匀的钨平板造成的 Kiessig 干涉条纹

薄膜厚度为 $10 \times 2\pi$Å,薄膜的电子云密度为 4.678 个/Å^3,$Q_c = 0.081$Å^{-1}

我们考虑薄板入射角在角度足够大,且可以忽略折射效应的极限情况下,即 $|r_{01}| \ll 1$,$q \gg 1$ 时,根据式(13.35)推论有 $r(q) \cong (2q)^{-2}$,而 $q = Q/Q_c$,此情况下的平板反射率为

$$r_{平板} = \frac{r_{01}(1 - p^2)}{1 - r_{01}^2 p^2} \cong r_{01}(1 - p^2) \cong \left(\frac{Q_c}{2Q}\right)^2 (1 - e^{iQ\Delta}) \tag{13.42}$$

将式(13.34)代入上式,可以得到

$$\begin{aligned} r_{平板} &= -\frac{16\pi\rho r_0}{4Q^2} e^{\frac{iQ\Delta}{2}} \left(e^{\frac{iQ\Delta}{2}} - e^{-\frac{iQ\Delta}{2}}\right) \\ &= -i\left(\frac{4\pi\rho r_0 \Delta}{Q}\right)\left(\frac{\sin(Q\Delta/2)}{Q\Delta/2}\right) e^{iQ\Delta/2} \end{aligned} \tag{13.43}$$

如果薄膜很薄，即 $Q\Delta \ll 1$，这时折射率可以写成

$$r_{\text{薄板}} \cong -\mathrm{i}\,\frac{4\pi\rho r_0 \Delta}{Q} = -\mathrm{i}\,\frac{\lambda\rho r_0 \Delta}{\sin\alpha} \tag{13.44}$$

这个表达式在角度远离临界角时成立，因为此时反射率小，可以忽略多次反射和折射效应，这就是通常所说的运动学反射率区域。

13.5.2 多层膜的镜面反射

近年来多层结构的散射变得尤为重要。现代薄膜制备技术允许人们在原子或者分子层次来设计和构筑材料。许多先进材料正是采用这种方式在合适的条件下获得某些人追求的物理性质，其中特别有用和令人感兴趣的一类体系就是多层膜或者超结构。如图 13.13 所示，这种体系是以重复序列的方式在一种材料之上沉积另一种材料来生长得到的。

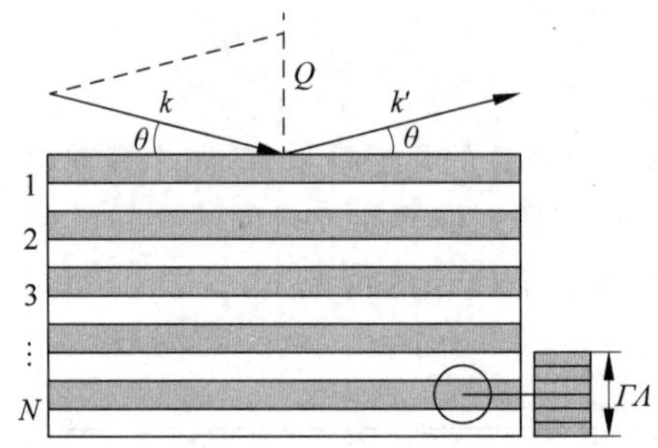

图 13.13　双层结构的多层膜示意图

每个双层结构由一个厚度为 $\Gamma\Lambda$ 的均匀高电子密度区和一个低密度区构成，一个双层结构的厚度为 Λ

为了方便起见，我们假设多层膜的结构是由一层材料 A 和一层材料 B 组成厚度为 Λ 的双层膜，然后该双层膜进行 N 次重复构成，如图 13.13 所示。A 和 B 之间的电子密度有差别，把多层膜分解成许多双层结构之后，可以从式(13.41)推出该双层膜结构的反射率。计算单个双层的散射幅度，然后对 N 个双层进行求和，同时考虑每一个双层所散射的波有不同的相位因子，假设界面是平的，波矢量 $\boldsymbol{Q}$ 平行于表面法线，形成镜面反射，而且相位求和问题是一维的。

如果 r_1 是单个双层的反射率，那么构成多层膜的 N 个双层的反射率是

$$r_N(\xi) = \sum_{\nu=0}^{N-1} r_1(\xi)\,\mathrm{e}^{\mathrm{i}2\pi\xi\nu}\,\mathrm{e}^{-\beta\nu} = r_1(\xi)\,\frac{1-\mathrm{e}^{\mathrm{i}2\pi\xi N}\,\mathrm{e}^{-\beta N}}{1-\mathrm{e}^{\mathrm{i}2\pi\xi}\,\mathrm{e}^{-\beta}} \tag{13.45}$$

其中，ζ 由 $Q=2\pi\zeta/\Lambda$ 定义，β 是每个双层的平均吸收，双层反射率 r_1 是利用式(13.44)给出的一个薄板的反射率公式来计算的。为了把这个结果用于双层结构，需要做两点改动：①平板的电子密度必须用 A 和 B 的电子密度的差别来代替，假设 $\rho_{\mathrm{A}} > \rho_{\mathrm{B}}$；②通常需要考虑从双层中不同厚度被反射的波的相位改变，如果高密度材料 A 在双层膜中的占比为 Γ，可将其分成更多薄片，每个薄片具有一个薄板的反射率，只是 ρ 应换成 $\rho_{\mathrm{AB}}=\rho_{\mathrm{A}}-\rho_{\mathrm{B}}$。

根据式(13.44)，每个双层的振幅反射率可写为

$$r_1(\xi) = -\mathrm{i}\,\frac{\lambda r_0 \rho_{\mathrm{AB}}}{\sin\theta}\int_{-\frac{\Gamma\Lambda}{2}}^{+\frac{\Gamma\Lambda}{2}} \mathrm{e}^{\mathrm{i}2\pi\xi z}\,\mathrm{d}z = -2\mathrm{i}r_0\rho_{\mathrm{AB}}\left(\frac{\Lambda^2\Gamma}{\xi}\right)\frac{\sin(\pi\Gamma\xi)}{\pi\Gamma\xi} \tag{13.46}$$

入射 X 射线在双层中的路径长度是 $\Lambda/\sin\theta$，其中 Γ 的比例是经过 A，另外 $(1-\Gamma)$ 的比例经过 B，由于吸收系数 μ 是使 X 射线强度衰减，并不改变 X 射线的振幅，所以双层的吸收参数为 $e^{-\beta}$，且

$$\beta = 2\left[\left(\frac{\mu_A}{2}\right)\left(\frac{\Gamma\Lambda}{\sin\theta}\right)+\frac{\mu_B}{2}\left(\frac{(1-\Gamma)\Lambda}{\sin\theta}\right)\right] \tag{13.47}$$

式中的“2”是考虑入射和反射束的路径长度。

图 13.14 模拟了 W/Si 多层膜的反射率曲线，多层膜由 10 个双层膜组成，每个双层由厚度为 10Å 的 W 和 40Å 的 Si 构成，当 ζ 是整数时，式(13.45)中的分母为 0(假设 β 可忽略)，反射率出现一些主要的峰。这些峰对应了衍射光栅的极大值，在极大值之间有很多副极大值，这是由分母的振荡所导致的，在 X 射线应用的光学元件中，双层数远大于 10，因此副极大值之间的距离变得很小，主极大值的反射率趋于 100%。

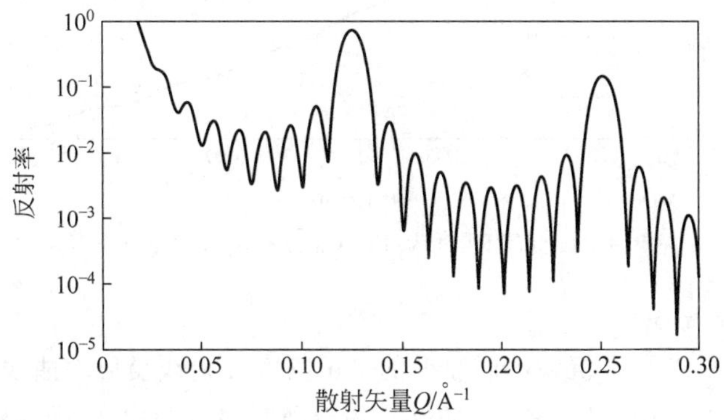

图 13.14 W/Si 多层膜反射率模拟结果

模拟条件为：入射线波长 $\lambda=1.54178$Å，W 和 Si 的电子密度分别为 4.678/Å^{-3} 和 0.699/Å^{-3}，线吸收系数分别为 33.235×10^{-6}Å 和 1.399×10^{-6}Å，$r_0=2.82\times10^{-15}$Å

13.5.3 薄膜反射率曲线和薄膜性质

(1) 薄膜密度的影响

根据式(13.19)，薄膜密度越大时，电子密度越大，δ 也越大，同时由式(13.18)可知，全反射临界角 θ_c 增大。同时，薄膜的密度与基片密度的差异大小，还影响振荡峰的强弱。图 13.15 给出了在 Si 基片上沉积厚度都为 500Å 的 Au 膜、Ag 膜和 C 膜的 X 射线反射率变化曲线(根据式(13.40)计算，元素的反射率参数见表 13.2)，它们反射率曲线有明显的差异。图中 C 膜的振荡曲线发生全反射的临界角比较小，而 Au 膜的振荡曲线发生全反射的临界角大。而 Au 膜的密度比 Si 基片的密度大，图 13.15 只反映了 Au 的全反射临界角。

表 13.2 部分元素的反射率参数

	Z	摩尔密度 /(g/mol)	质量密度 /(g/cm^3)	ρ /(e/Å^3)	Q_c /Å^{-1}	$\mu\times10^6$ /Å^{-1}	b_μ
C	6	12.01	2.26	0.680	0.031	0.104	0.0009
Si	14	28.09	2.33	0.699	0.032	1.399	0.0115
Ge	32	72.59	5.32	1.412	0.045	3.752	0.0153

续表

	Z	摩尔密度 /(g/mol)	质量密度 /(g/cm³)	ρ /(e/Å³)	Q_c /Å⁻¹	$\mu\times10^6$ /Å⁻¹	b_μ
Ag	47	107.87	10.50	2.755	0.063	22.128	0.0462
W	74	183.85	19.30	4.678	0.081	33.235	0.0409
Au	79	196.97	19.32	4.666	0.081	40.108	0.0495

注：线吸收系数为 Cu 的 K_α 波长辐射。

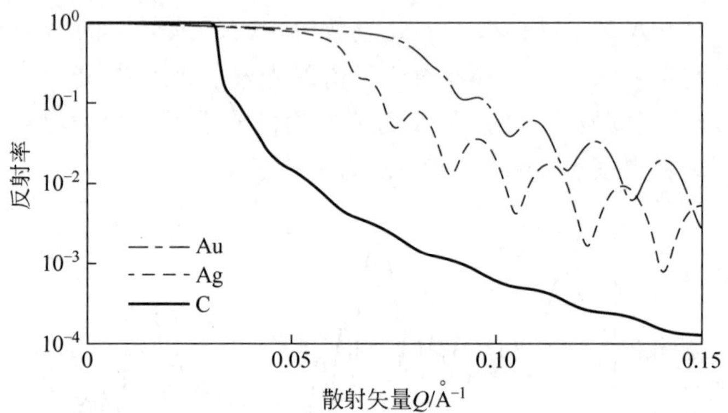

图 13.15 在 Si 基片上沉积厚度为 300Å 的 C、Ag 和 Au 薄膜 X 射线反射率

(2) 薄膜厚度的影响

图 13.16 计算了 Si 片上沉积不同厚度的 Au 膜的 X 射线反射率曲线。沉积的 Au 膜厚度为 5nm、10nm 和 20nm。从图中可以看出，随着薄膜厚度的增加，振荡峰周期振荡的周期变小，振荡峰变密，而其他参量如全反射临界角、干涉峰形式等都不变。这与可见光的干涉非常类似，干涉光光源间距越大，干涉条纹越窄。图 13.16 中，$A\sim D$ 是厚度为 5nm 时反射率的振荡周期，$A\sim C$ 是厚度为 10nm 时反射率的振荡周期，A 和 B 是厚度为 20nm 时反射率的振荡周期，因此可以根据振荡周期确定薄膜的厚度。

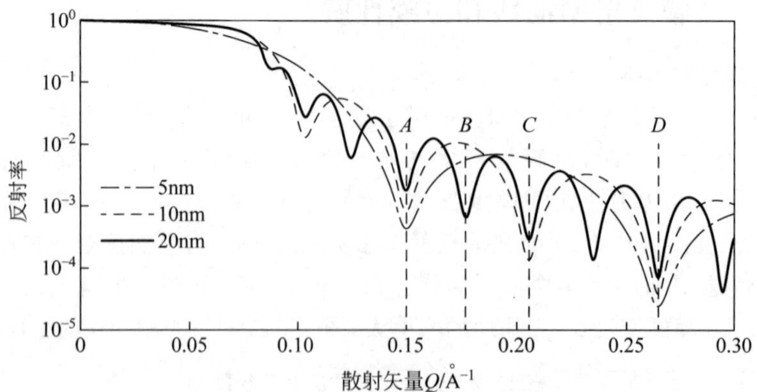

图 13.16 Si 片上沉积不同厚度的 Au 膜的 X 射线反射率曲线

我们将不同厚度的薄膜反射率简化成从薄膜底部界面和表面反射波的合成，由于 X 射线的 n 很小，所以其振荡的周期为

$$2d\sin\theta = p\lambda \tag{13.48}$$

式中，d 为薄膜厚度，p 为振荡周期的序数，θ 为入射角。由于 θ 很小，可以将式(13.48)改写成

$$p_i = \frac{2d}{\lambda}\theta_{\max} \tag{13.49}$$

在 Si 基片上沉积厚度为 50nm 的 W 膜，采用 Cu K_α 辐射测得的反射率曲线如图 13.17 所示。

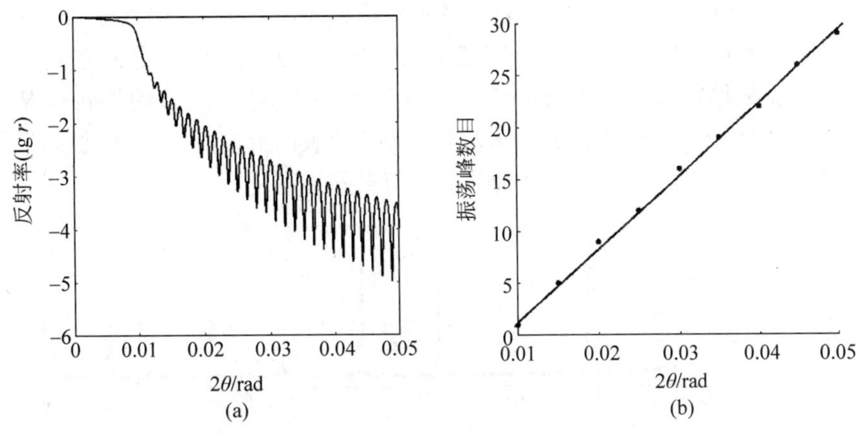

图 13.17 W/Si 薄膜的反射率曲线和厚度估算值

根据图 13.17(a)所模拟的反射率振荡曲线可以得到 13.17(b)的散点分布图，然后拟合出一条直线，直线的斜率为 620，根据式(13.49)计算出 d 为 47.7nm，与设定值基本相同。这是一种测定薄膜厚度的方法。

(3) 薄膜表面粗糙度的影响

薄膜的样品表面通常并不是非常平整和均一的，通常会有一定程度的起伏。当薄膜表面或界面有一定的粗糙度，则反射率不会像锐利界面或者平整界面的菲涅耳反射率那样出现严格的镜面反射，而是会出现一个弥散的成分，被称为非镜面反射率。粗糙度对反射曲线的振荡周期没有影响，但会降低反射率，表现为反射曲线整体下移。图 13.18 是在 Si 基片上沉积厚度为 20nm Au 薄膜，其粗糙程度用 δ 表示，粗糙表面增大了薄膜表面的漫反射概率，所以得到的反射强度降低。

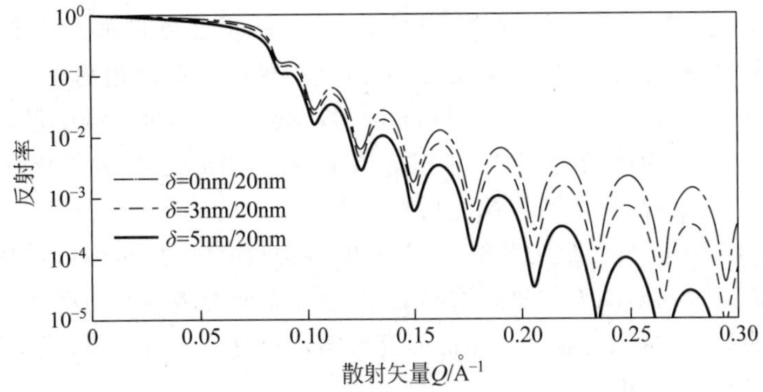

图 13.18 不同粗糙度的 Au/Si 薄膜反射率曲线

13.6 薄膜晶体取向的测定

薄膜在形成过程中，通常会形成强取向，很多情况下会形成$[uvw]$//ND 的丝织构。通过 ϕ 扫描可以方便地确定这种类型的织构。现以 YBCO 薄膜为例，其所对应的 ICDD 卡片号为 00-038-1433，从衍射谱上可以看出，该薄膜中晶粒的$(00L)$晶面平行于衬底表面。

通过 $\theta/2\theta$ 衍射谱可以确定 YBCO 薄膜中晶粒具有强烈的$[00L]$晶向垂直于衬底表面的分布特征，然而根据图 13.19 的衍射谱难以确定绕$[00L]$晶向晶粒的旋转情况。如果该样品的织构为丝织构的话，通过图 13.19 即可以确定薄膜的取向分布特征，但如果薄膜中晶粒并不是完整的丝织构，就需要测定其他晶面的衍射图谱。

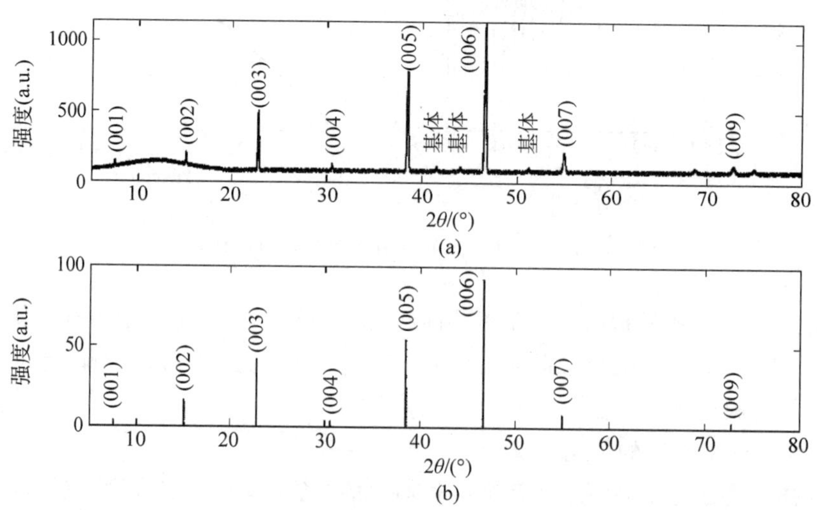

图 13.19 $\theta/2\theta$ 衍射模式下具有高取向度的 YBCO 薄膜衍射谱

(a) YBCO 薄膜的衍射谱；(b) $(00L)$晶面的标准衍射数据

根据 YBCO 的晶体学参数可知，[001]晶向与(103)、(013)、$(\bar{1}03)$和$(0\bar{1}3)$晶面的面法线均近似为 45.1°，这几个晶面极点的辐角成 90°关系。经查询 ICDD 卡片，在 Cu 靶 K_α 辐射下，(103)晶面的 2θ 为 32.8°。我们将薄膜样品倾斜至 45.1°附近，使(103)组晶面处于衍射位置，固定 2θ，按照第 10 章中织构的测定方法，将样品绕自身的面法线转动一周，可以测定出(103)的部分极图。图 13.20 为测定的部分(103)极图。在极角为 45°附近分布四个互相垂直的强点，分别为(103)、(013)、$(\bar{1}03)$和$(0\bar{1}3)$晶面的极点，极点的弥散程度反映晶体取向的集中度。图 13.21 为倾角为 45°的 ϕ 扫描结果，可以看到存在四个峰值，对应图 13.20 中的四个强点，四个峰值高低以及半高宽反映了取向集中的程度。

ϕ 扫描法是薄膜织构分析最为普遍的方法，但薄膜厚度较薄，对称布置时薄膜的衍射强度很低，可以考虑以掠入射的方式进行取向测定，这需要研究者本身对薄膜织构的类型有所了解，结合薄膜的晶体学特点，制定具体的研究方案。但总体来说，当薄膜厚度很小时，很难做到薄膜中的织构定量分析。

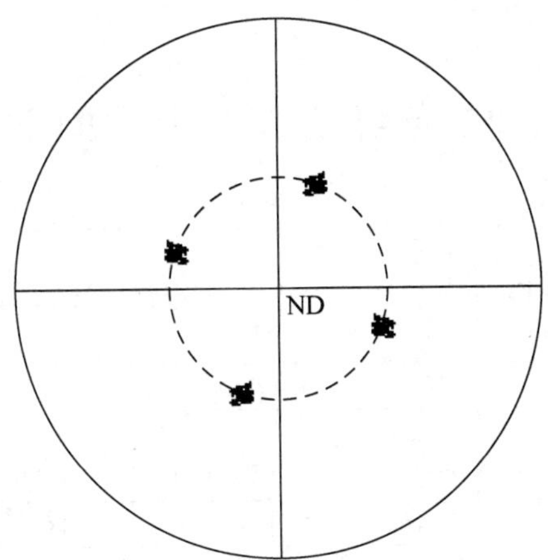

图 13.20　YBCO 的部分(103)极图

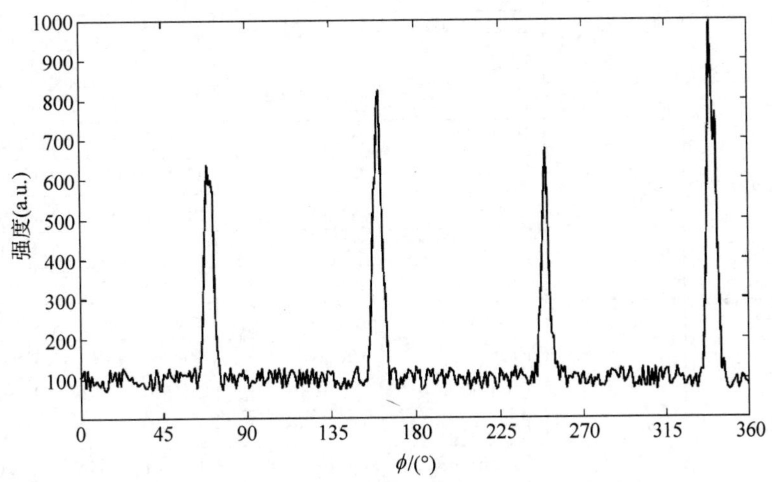

图 13.21　氧化物过渡层上沉积的 YBCO 薄膜(103)晶面的 ϕ 扫描

附录一　32 点群及 230 个空间群对应表

晶系	点群(point group)		空间群符号(space group)及序号			
	国际符号	圣弗利斯符号				
三斜晶系	1	C_1	P1(1)			
	$\bar{1}$	C_i^1	$P\bar{1}$(2)			
单斜晶系	2	$C_2^{(1-3)}$	P2(3)	$P2_1$(4)	C2(5)	
	m	$C_s^{(1-4)}$	Pm(6)	Pc(7)	Cm(8)	Cc(9)
	2/m	$C_{2h}^{(1-6)}$	P2/m(10)	$P2_1/m$(11)	C2/m(12)	P2/c(13)
			$P2_1/c$(14)	C2/c(15)		
正交晶系	222	$D_2^{(1-9)}$	P222(16)	$P222_1$(17)	$P2_12_12$(18)	$P2_12_12_1$(19)
			$C222_1$(20)	C222(21)	F222(22)	I222(23)
			$I2_12_12_1$(24)			
	mm2	$C_{2v}^{(1-22)}$	Pmm2(25)	$Pmc2_1$(26)	Pcc2(27)	Pma2(28)
			$Pca2_1$(29)	Pnc2(30)	$Pmn2_1$(31)	Pba2(32)
			$Pna2_1$(33)	Pnn2(34)	Cmm2(35)	$Cmc2_1$(36)
			Ccc2(37)	Amm2(38)	Aem2(39)	Ama2(40)
			Aea2(41)	Fmm2(42)	Fdd2(43)	Imm2(44)
			Iba2(45)	Ima2(46)		
	mmm	$D_{2h}^{(1-28)}$	Pmmm(47)	Pnnn(48)	Pccm(49)	Pban(50)
			Pmma(51)	Pnna(52)	Pmna(53)	Pcca(54)
			Pbam(55)	Pccn(56)	Pbcm(57)	Pnnm(58)
			Pmmn(59)	Pbcn(60)	Pbca(61)	Pnma(62)
			Cmcm(63)	Cmce(64)	Cmmm(65)	Cccm(66)
			Cmme(67)	Ccce(68)	Fmmm(69)	Fddd(70)
			Immm(71)	Ibam(72)	Ibca(73)	Imma(74)
四方晶系	4	$C_4^{(1-6)}$	P4(75)	$P4_1$(76)	$P4_2$(77)	$P4_3$(78)
			I4(79)	$I4_1$(80)		
	$\bar{4}$	$S_4^{(1-2)}$	$P\bar{4}$(81)	$I\bar{4}$(82)		
	4/m	$C_{4h}^{(1-6)}$	P4/m(83)	$P4_2/m$(84)	P4/n(85)	$P4_2/n$(86)
			I4/m(87)	$I4_1/a$(88)		
	422	$D_4^{(1-10)}$	P422(89)	$P42_12$(90)	$P4_122$(91)	$P4_12_12$(92)
			$P4_222$(93)	$P4_22_12$(94)	$P4_322$(95)	$P4_32_12$(96)
			I422(97)	$I4_122$(98)		
	4mm	$C_{4v}^{(1-12)}$	P4mm(99)	P4bm(100)	$P4_2cm$(101)	$P4_2nm$(102)
			P4cc(103)	P4nc(104)	$P4_2mc$(105)	$P4_2bc$(106)
			I4mm(107)	I4cm(108)	$I4_1md$(109)	$I4_1cd$(110)
	$\bar{4}2m$	$D_{2d}^{(1-12)}$	$P\bar{4}2m$(111)	$P\bar{4}2c$(112)	$P\bar{4}2_1m$(113)	$P\bar{4}2_1c$(114)
			$P\bar{4}m2$(115)	$P\bar{4}c2$(116)	$P\bar{4}b2$(117)	$P\bar{4}n2$(118)
			$I\bar{4}m2$(119)	$I\bar{4}c2$(120)	$I\bar{4}2m$(121)	$I\bar{4}2d$(122)

续表

晶系	点群(point group)		空间群符号(space group)及序号			
	国际符号	圣弗利斯符号				
四方晶系	4/mmm	$D_{4h}^{(1-20)}$	P4/mmm(123)	P4/mcc(124)	P4/nbm(125)	P4/nnc(126)
			P4/mbm(127)	P4/mnc(128)	P4/nmm(129)	P4/ncc(130)
			$P4_2$/mmc(131)	$P4_2$/mcm(132)	$P4_2$/nbc(133)	$P4_2$/nnm(134)
			$P4_2$/mbc(135)	$P4_2$/mnm(136)	$P4_2$/nmc(137)	$P4_2$/ncm(138)
			I4/mmm(139)	I4/mcm(140)	$I4_1$/amd(141)	$I4_1$/acd(142)
三方晶系	3	$C_3^{(1-4)}$	P3(143)	$P3_1$(144)	$P3_2$(145)	R3(146)
	$\bar{3}$	$C_{3i}^{(1-2)}$	$P\bar{3}$(147)	$R\bar{3}$(148)		
	32	$D_3^{(1-7)}$	P312(149)	P321(150)	$P3_1$12(151)	$P3_1$21(152)
			$P3_2$12(153)	$P3_2$21(154)	R32(155)	
	3m	$C_{3v}^{(1-6)}$	P3m1(156)	P31m(157)	P3c1(158)	P31c(159)
			R3m(160)	R3c(161)		
	$\bar{3}$m	$D_{3d}^{(1-6)}$	$P\bar{3}$1m(162)	$P\bar{3}$1c(163)	$P\bar{3}$m1(164)	$P\bar{3}$c1(165)
			$R\bar{3}$m(166)	$R\bar{3}$c(167)		
六方晶系	6	$C_6^{(1-6)}$	P6(168)	$P6_1$(169)	$P6_5$(170)	$P6_2$(171)
			$P6_4$(172)	$P6_3$(173)		
	$\bar{6}$	C_{3h}^1	$P\bar{6}$(174)			
	6/m	$C_{6h}^{(1-2)}$	P6/m(175)	$P6_3$/m(176)		
	622	$D_6^{(1-6)}$	P622(177)	$P6_1$22(178)	$P6_5$22(179)	$P6_2$22(180)
			$P6_4$22(181)	$P6_3$22(182)		
	6mm	$C_{6v}^{(1-4)}$	P6mm(183)	P6cc(184)	$P6_3$cm(185)	$P6_3$mc(186)
	$\bar{6}$m2	$D_{3h}^{(1-4)}$	$P\bar{6}$m2(187)	$P\bar{6}$c2(188)	$P\bar{6}$2m(189)	$P\bar{6}$2c(190)
	6/mmm	$D_{6h}^{(1-4)}$	P6/mmm(191)	P6/mcc(192)	$P6_3$/mcm(193)	$P6_3$/mmc(194)
立方晶系	23	$T^{(1-5)}$	P23(195)	F23(196)	I23(197)	$P2_1$3(198)
			$I2_1$3(199)			
	m$\bar{3}$	$T_h^{(1-7)}$	Pm$\bar{3}$(200)	Pn$\bar{3}$(201)	Fm$\bar{3}$(202)	Fd$\bar{3}$(203)
			Im$\bar{3}$(204)	Pa$\bar{3}$(205)	Ia$\bar{3}$(206)	
	432	$O^{(1-8)}$	P432(207)	$P4_2$32(208)	F432(209)	$F4_1$32(210)
			I432(211)	$P4_3$32(212)	$P4_1$32(213)	$I4_1$32(214)
	$\bar{4}$3m	$T_d^{(1-6)}$	$P\bar{4}$3m(215)	$F\bar{4}$3m(216)	$I\bar{4}$3m(217)	$P\bar{4}$3n(218)
			$F\bar{4}$3c(219)	$I\bar{4}$3d(220)		
	m$\bar{3}$m	$O_h^{(1-10)}$	Pm$\bar{3}$m(221)	Pn$\bar{3}$n(222)	Pm$\bar{3}$n(223)	Pn$\bar{3}$m(224)
			Fm$\bar{3}$m(225)	Fm$\bar{3}$c(226)	Fd$\bar{3}$m(227)	Fd$\bar{3}$c(228)
			Im$\bar{3}$m(229)	Ia$\bar{3}$d(230)		

附录二　单晶体标准投影图

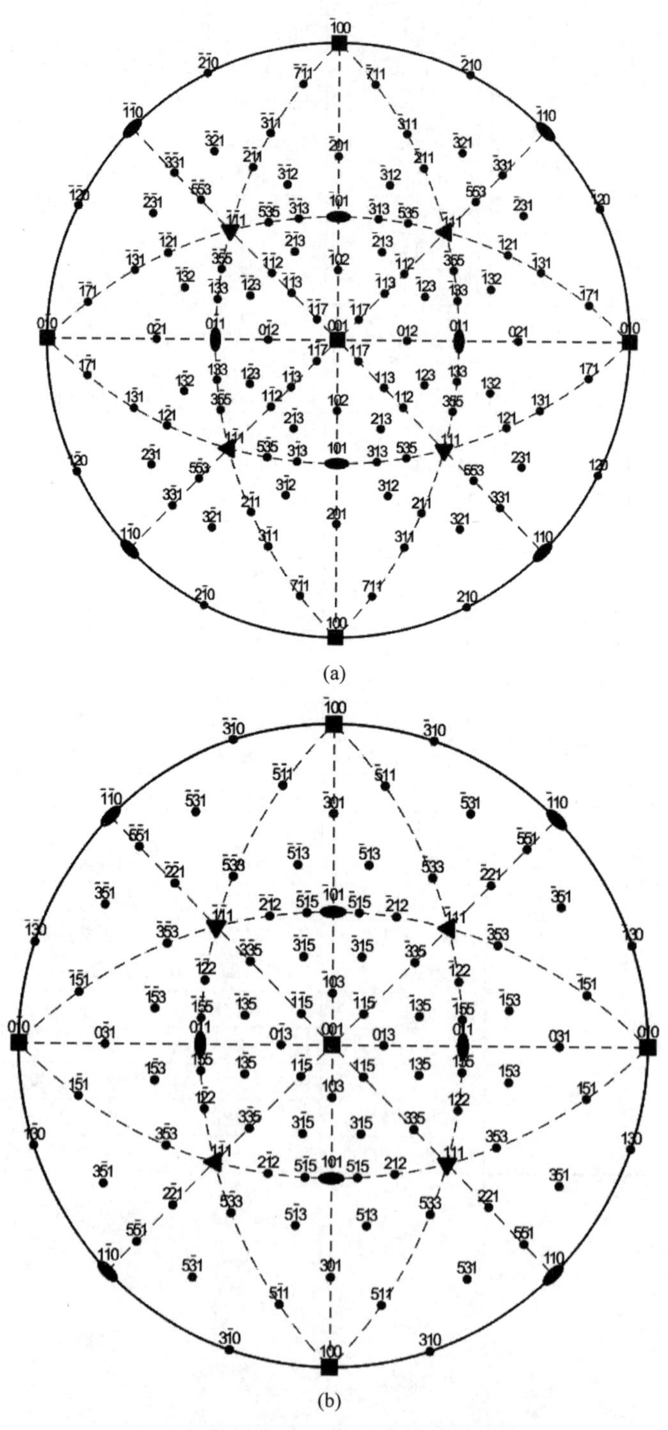

(a)

(b)

立方晶系(001)单晶体标准投影图

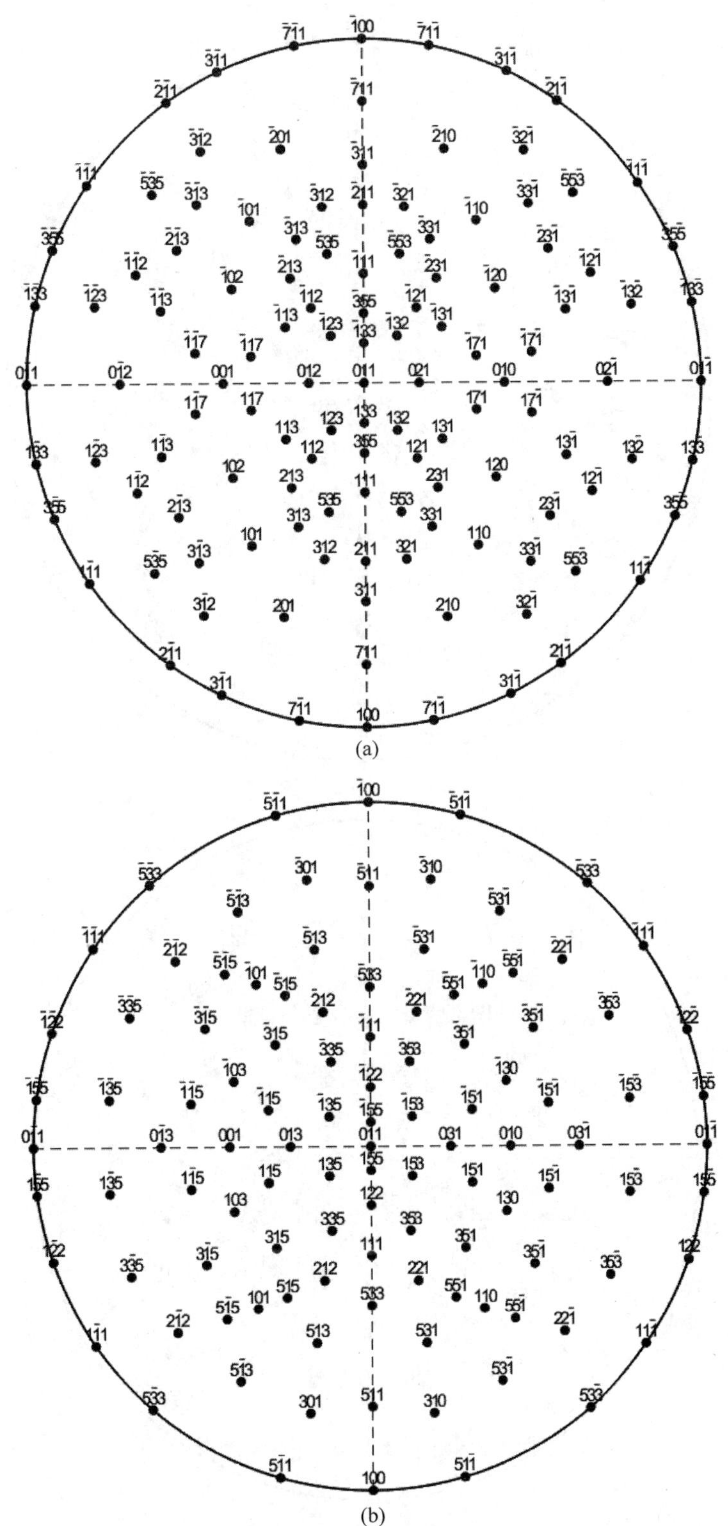

(a)

(b)

立方晶系(011)单晶体标准投影图

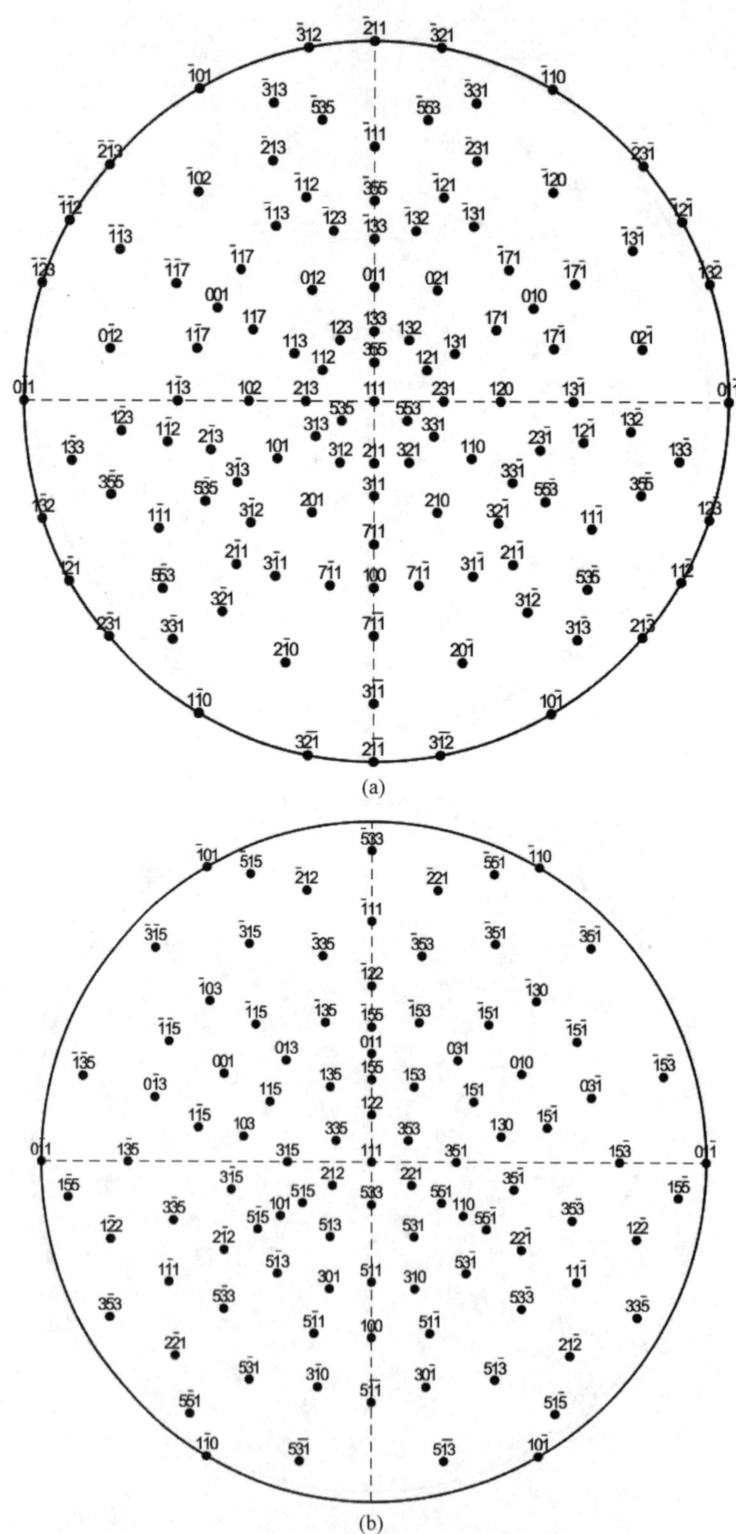

(a)

(b)

立方晶系(111)单晶体标准投影图

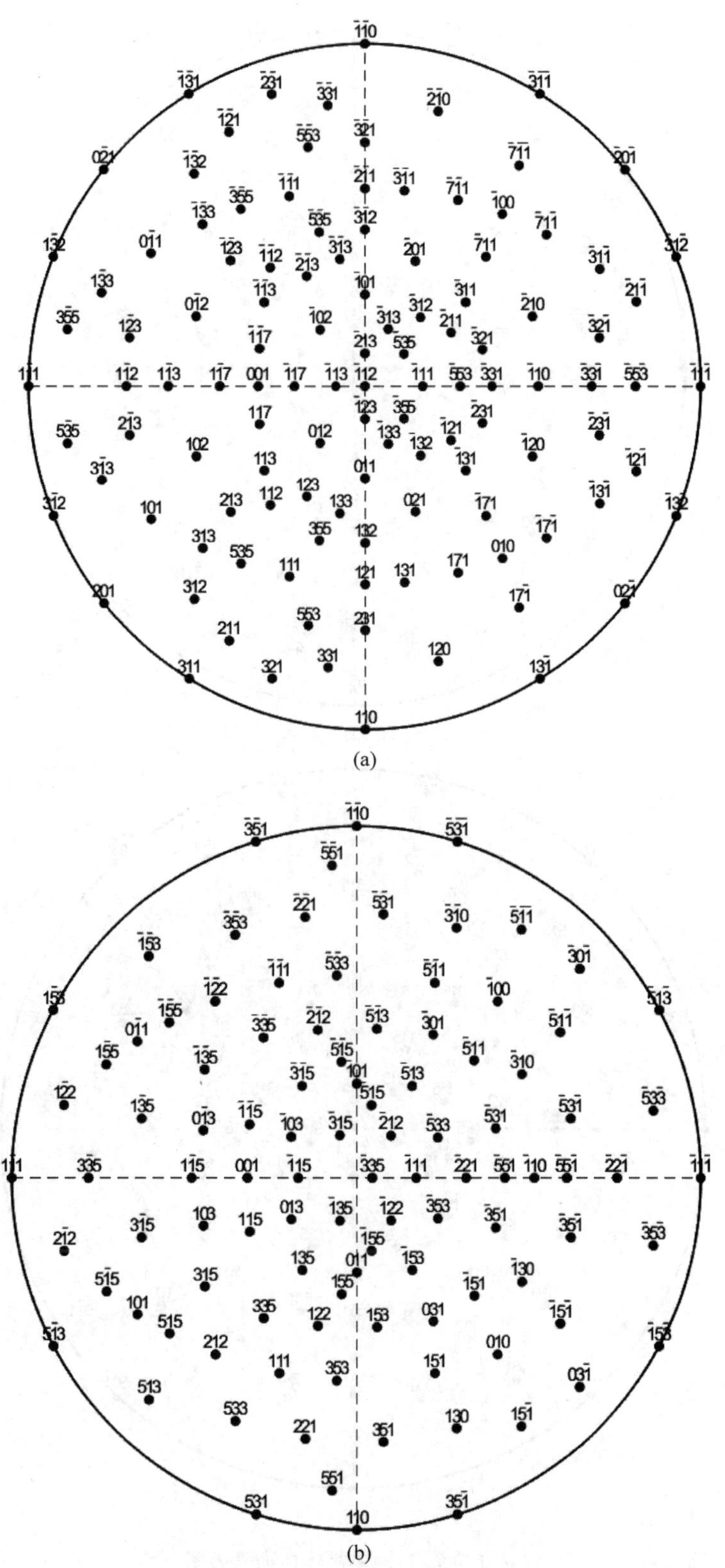

(a)

(b)

立方晶系(112)单晶体标准投影图

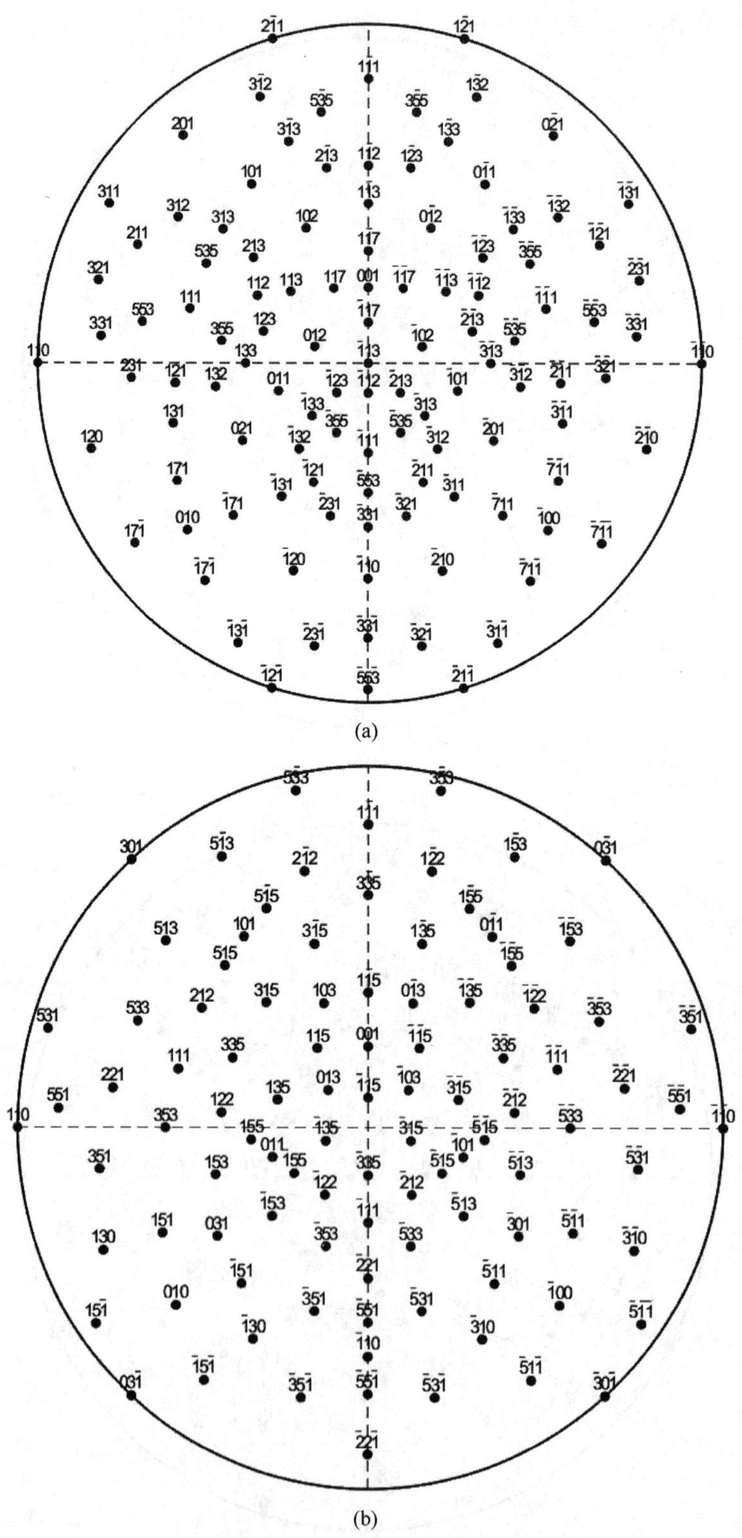

(a)

(b)

立方晶系(113)单晶体标准投影图

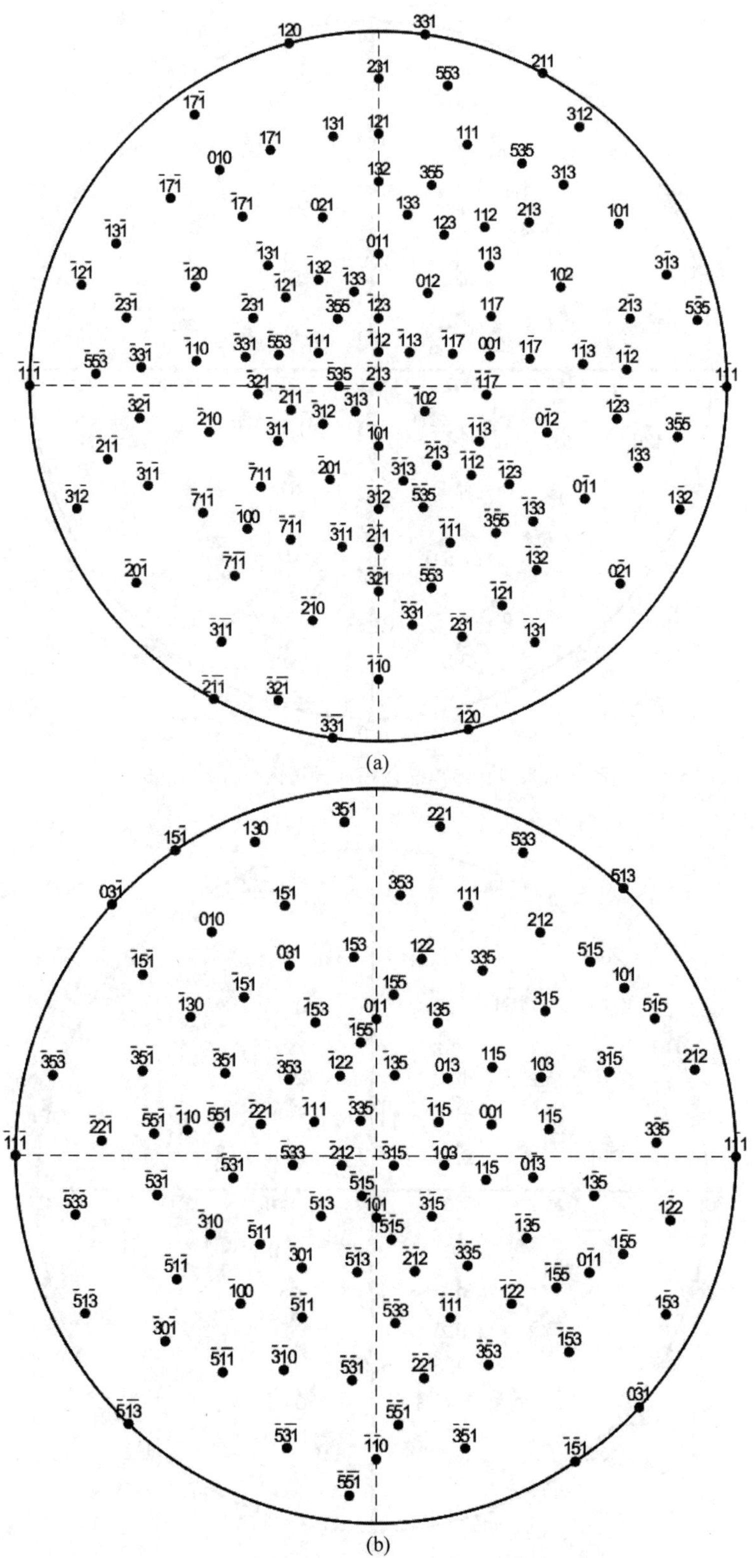

(a)

(b)

立方晶系(123)单晶体标准投影图

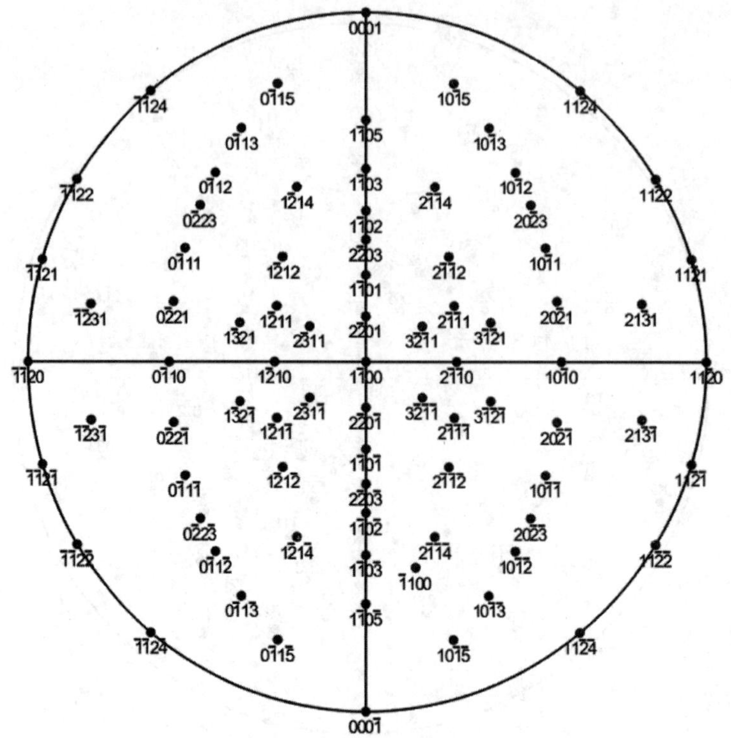

六方晶系($1\bar{1}00$)单晶体标准投影图(c/a=1.63)

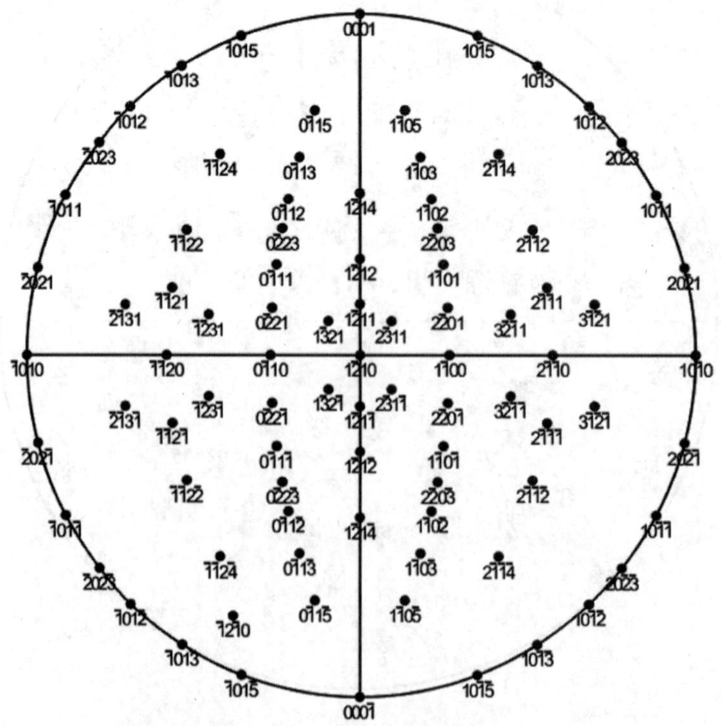

六方晶系($1\bar{2}10$)单晶体标准投影图(c/a=1.63)

附录三　质量吸收系数和密度

元素	原子序数	密度/(g/cm^3)	质量吸收系数/(cm^2/g)					
			Ag-K_α 0.5609 /10^{-10}m	Mo-K_α 0.7107 /10^{-10}m	Cu-K_α 1.5418 /10^{-10}m	Co-K_α 1.7902 /10^{-10}m	Fe-K_α 1.9373 10^{-10}m	Cr-K_α 2.2909 /10^{-10}m
H	1		0.371	0.380	0.435	0.464	0.483	0.545
He	2	0.1664×10^{-3}	0.195	0.207	0.383	0.491	0.569	0.813
Li	3	0.53	0.187	0.217	0.716	1.03	1.25	1.96
Be	4	1.82	0.229	0.298	1.50	2.25	2.80	4.50
B	5	2.3	0.279	0.392	2.39	3.63	4.55	7.35
C	6	2.22(石墨)	0.400	0.625	4.60	7.07	8.90	14.5
N	7	1.1649×10^{-3}	0.544	0.916	7.52	11.6	14.6	23.9
O	8	1.3318×10^{-3}	0.740	1.31	11.6	17.8	22.4	36.6
F	9	1.696×10^{-3}	0.976	1.80	16.4	25.4	32.1	52.4
Ne	10	0.8387×10^{-3}	1.31	2.47	22.0	35.4	44.6	72.8
Na	11	0.97	1.67	3.21	30.1	46.5	58.6	95.3
Mg	12	1.74	2.12	4.11	38.6	59.5	74.8	121
Al	13	2.70	2.65	5.16	48.6	74.8	93.9	152
Si	14	2.33	3.28	6.44	60.6	93.3	117	189
P	15	1.82	4.01	7.89	74.1	114	142	229
S	16	2.07	4.84	9.55	89.1	136	170	272
Cl	17	3.214×10^{-3}	5.77	11.4	106	161	200	318
Ar	18	1.6626×10^{-3}	6.81	13.5	123	187	232	366
K	19	0.86	8.00	15.8	143	215	266	417
Ca	20	1.55	9.28	18.3	162	243	299	463
Sc	21	2.5	10.7	21.1	184	273	336	513
Ti	22	4.54	12.3	24.2	208	308	377	571
V	23	6.0	14.0	27.5	233	343	419	68.4
Cr	24	7.19	15.8	31.1	260	381	463	79.8
Mn	25	7.43	17.7	34.7	285	414	57.2	93.0
Fe	26	7.87	19.7	38.5	308	52.8	66.4	108
Co	27	8.9	21.8	42.5	313	61.1	76.8	125
Ni	28	8.90	24.1	46.6	45.7	70.5	88.6	144
Cu	29	8.96	26.4	50.9	52.9	81.6	103	166
Zn	30	7.13	28.8	55.4	60.3	93.0	117	189
Ga	31	5.91	31.4	60.1	67.9	105	131	212
Ge	32	5.36	34.1	64.8	75.6	116	146	235
As	33	5.73	36.9	69.7	83.4	128	160	258
Se	34	4.81	39.8	74.7	91.4	140	175	281
Br	35	3.12	42.7	79.8	99.6	152	190	305

续表

元素	原子序数	密度/(g/cm³)	质量吸收系数/(cm²/g)					
			Ag-K_α 0.5609 /10^{-10} m	Mo-K_α 0.7107 /10^{-10} m	Cu-K_α 1.5418 /10^{-10} m	Co-K_α 1.7902 /10^{-10} m	Fe-K_α 1.9373 10^{-10} m	Cr-K_α 2.2909 /10^{-10} m
Kr	36	3.44×10^{-3}	45.8	84.9	108	165	206	327
Rb	37	1.53	48.9	90.0	177	117	221	351
Sr	38	2.6	52.1	95.0	125	190	236	373
Y	39	5.51	55.3	100	134	203	252	396
Zr	40	6.5	58.5	15.9	143	216	268	419
Nb	41	8.57	61.7	17.1	153	230	284	441
Mo	42	10.2	64.8	18.4	162	243	300	463
Tc	43	12.2	67.9	19.7	172	257	316	485
Ru	44	12.44	10.7	21.1	183	272	334	509
Rh	45		11.5	22.6	194	288	352	534
Pd	46	12.0	12.3	24.1	206	304	371	559
Ag	47	10.49	13.1	25.8	218	321	391	586
Cd	48	8.65	14.0	27.5	231	338	412	613
In	49	7.31	14.9	29.3	243	356	432	638
Sn	50	7.30	15.9	31.1	256	373	451	662
Sb	51	6.62	16.9	33.1	270	391	472	688
Te	52	6.24	17.9	35.0	282	407	490	707
I	53	4.93	19.0	37.1	294	422	506	722
Xe	54	5.495×10^{-3}	20.1	39.2	306	436	521	763
Cs	55	1.9	21.3	41.3	318	450	534	793
Ba	56	3.5	22.5	43.5	330	463	546	461
La	57		23.7	45.8	341	475	557	202
Ce	58	6.5	25.0	48.2	352	486	601	219
Pr	59		26.3	50.7	353	497	359	236
Nd	60		27.7	53.2	374	543	379	252
Pm	61		29.1	55.9	386	327	172	268
Sm	62		30.6	58.6	397	344	182	284
Eu	63		32.2	61.5	425	156	193	299
Gd	64		33.8	64.4	439	165	203	314
Tb	65		35.5	67.5	273	173	214	329
Dy	66		37.2	70.6	286	182	224	344
Ho	67		39.0	73.9	128	191	234	359
Er	68		40.8	77.3	134	199	245	373
Tm	69		42.8	80.8	140	208	255	387
Yb	70		44.8	84.5	146	217	265	401
Lu	71		46.8	88.2	153	226	276	416
Hf	72		48.8	91.7	159	235	286	430
Ta	73	16.6	50.9	95.4	166	244	297	444
W	74	19.3	53.0	99.1	172	253	308	458

续表

元素	原子序数	密度 /(g/cm^3)	质量吸收系数/(cm^2/g)					
			Ag-K_α 0.5609 /10^{-10}m	Mo-K_α 0.7107 /10^{-10}m	Cu-K_α 1.5418 /10^{-10}m	Co-K_α 1.7902 /10^{-10}m	Fe-K_α 1.9373 10^{-10}m	Cr-K_α 2.2909 /10^{-10}m
Re	75		55.2	103	179	262	319	473
Os	76	22.5	57.3	106	186	272	330	
Ir	77	22.5	59.4	110	193	282	341	502
Pt	78	21.4	61.4	113	200	291	353	517
Au	79	19.32	63.1	115	208	302	356	532
Hg	80	13.55	64.7	117	216	312	377	547
Tl	81	11.85	66.2	119	224	323	389	563
Pb	82	11.34	67.7	120	232	334	402	579
Bi	83	9.80	69.1	120	240	346	415	596

注：数字下的横线代表吸收限边缘处。

附录四　某些元素的特征谱与吸收限波长

（单位：10^{-10} m）

元素	Z	K_{α}（加权平均值）①	$K_{\alpha2}$	$K_{\alpha1}$	$K_{\beta2}$	K 吸收限	$L_{\alpha1}$	$L_{Ⅲ}$ 吸收限
			强	很强	弱		很强	
Na	11		11.909	11.909	11.617			
Mg	12		9.8889	9.8889	9.558	9.5117		
Al	13		8.33916	8.33669	7.981	7.9511		
Si	14		7.12773	7.12528	6.7681	6.7446		
P	15		6.1549	6.1549	5.8038	5.7866		
S	16		5.37471	5.37196	5.03169	5.0182		
Cl	17		4.73050	4.72760	4.4031	4.3969		
Ar	18		4.19456	4.19162	—	3.8707		
K	19		3.74462	3.74122	3.4538	3.43645		
Ca	20		3.36159	3.35825	3.0896	3.07016		
Sc	21		3.03452	3.03114	2.7795	2.7573		
Ti	22		2.75207	2.74841	2.51381	2.49730		
V	23		2.50729	2.50348	2.28434	2.26902		
Cr	24	2.29092	2.29351	2.28962	2.08480	2.07012		
Mn	25		2.10568	2.10175	1.91015	1.89363		
Fe	26	1.93728	1.93991	1.93597	1.75653	1.74334		
Co	27	1.79021	1.79278	1.78892	1.62075	1.60811		
Ni	28		1.66169	1.65784	1.50010	1.48802		
Cu	29	1.54178	1.54433	1.54051	1.39217	1.38043	13.357	13.2887
Zn	30		1.43894	1.43511	1.29522	1.28329	12.282	12.1309
Ga	31		1.34394	1.34003	1.20784	1.19567	11.313	
Ge	32		1.25797	1.25401	1.12889	1.11652	10.456	
As	33		1.17981	1.17581	1.05726	1.04497	9.671	9.3671
Se	34		1.10875	1.10471	0.99212	0.97977	8.990	8.6456
Br	35		1.04376	1.03969	0.93273	0.91994	8.375	
Kr	36		0.9841	0.9801	0.87845	0.86546		
Rb	37		0.92963	0.92551	0.82863	0.81549	7.3181	6.8633
Sr	38		0.87938	0.875214	0.78288	0.76969	6.8625	6.3868
Y	39		0.83300	0.82879	0.74068	0.72762	6.4485	5.9618
Zr	40		0.79010	0.78588	0.701695	0.68877	6.0702	5.5829
Nb	41		0.75040	0.74615	0.66572	0.65291	5.7240	5.2226
Mo	42	0.71069	0.713543	0.70926	0.632253	0.61977	5.40625	4.9125
Tc	43		0.676	0.673	0.602			
Ru	44		0.64736	0.64304	0.57246	0.56047	4.84552	4.3689
Rh	45		0.617610	0.613245	0.54559	0.53378	4.59727	4.1296
Pd	46		0.589801	0.585415	0.52052	0.50915	4.36760	3.9081
Ag	47		0.563775	0.559363	0.49701	0.48582	4.15412	3.6983

续表

元素	Z	K_{α} （加权平均值）①	$K_{\alpha 2}$	$K_{\alpha 1}$	$K_{\beta 2}$	K 吸收限	$L_{\alpha 1}$	$L_{Ⅲ}$ 吸收限
			强	很强	弱		很强	
Cd	48		0.53941	0.53498	0.475078	0.46409	3.95628	3.5038
In	49		0.51652	0.51209	0.454514	0.44387	3.77191	3.3244
Sn	50		0.49502	0.49056	0.435216	0.42468	3.59987	3.1559
Sb	51		0.47479	0.470322	0.417060	0.40663	3.43915	2.9999
Te	52		0.455751	0.451263	0.399972	0.38972	3.28909	2.8554
I	53		0.437805	0.433293	0.383884	0.37379	3.14849	2.7194
Xe	54		0.42043	0.41596	0.36846	0.35849	—	2.5924
Cs	55		0.404812	0.400268	0.354347	0.34473	2.8920	2.4739
Ba	56		0.389646	0.385089	0.340789	0.33137	2.7752	2.3628
La	57		0.375279	0.370709	0.327959	0.31842	2.6652	2.2583
Ce	58		0.361665	0.357075	0.315792	0.30647	2.5612	2.1639
Pr	59		0.348728	0.344122	0.304238	0.29516	2.4627	2.0770
Nd	60		0.356487	0.331822	0.293274	0.28451	2.3701	1.9947
Pm	61		0.3249	0.3207	0.28209	—	2.2827	
Sm	62		0.31365	0.30895	0.27305	0.26462	2.1994	1.8445
Eu	63		0.30326	0.29850	0.26360	0.25551	2.1206	1.7753
Gd	64		0.29320	0.28840	0.25445	0.24680	2.0460	1.7094
Tb	65		0.28343	0.27876	0.24601	0.23840	1.9755	1.6486
Dy	66		0.27430	0.26957	0.23758	0.23046	1.90875	1.579
Ho	67		0.26552	0.26083	—	0.22290	1.8447	1.5353
Er	68		0.25716	0.25248	0.22260	0.21565	1.78428	1.48218
Tm	69		0.24911	0.24436	0.21530	0.2089	1.7263	1.4328
Yb	70		0.24147	0.23676	0.20876	0.20223	1.6717	1.38608
Lu	71		0.23405	0.22928	0.20212	0.19583	1.61943	1.34135
Hf	72		0.22699	0.22218	0.19554	0.18981	1.56955	1.29712
Ta	73		0.220290	0.215484	0.190076	0.18393	1.52187	1.25511
W	74		0.213813	0.208992	0.184363	0.17837	1.47638	1.21546
Re	75		0.207598	0.202778	0.178870	0.17311	1.43286	1.17700
Os	76		0.201626	0.196783	0.173607	0.16780	1.39113	1.14043
Ir	77		0.195889	0.191033	0.168533	0.16286	1.35130	1.10565
Pt	78		0.190372	0.185504	0.163664	0.15816	1.31298	1.07239
Au	79		0.185064	0.180185	0.158971	0.15344	1.27639	1.03994
Hg	80		—	—	—	0.14923	1.24114	1.00898
Tl	81		0.175028	0.170131	0.150133	0.14470	1.20735	0.97930
Pb	82		0.170285	0.165364	0.145980	0.14077	1.17504	0.95029
Bi	83		0.165704	0.160777	0.141941	0.13706	1.14385	0.92336
Th	90		0.137820	0.132806	0.117389	0.11293	0.95598	0.76062
U	92		0.130962	0.125940	0.111386	0.1068	0.91053	0.72216

① 求平均值时，令 K_{α_1} 为 K_{α_2} 的权重的两倍。

钨的特征 L 谱线

谱　　线	相对强度	波长/($\times 10^{-10}$ m)
L_{α_1}	很强	1.47635
L_{α_2}	弱	1.48742
L_{β_1}	强	1.28176
L_{β_2}	中	1.24458
L_{β_3}	弱	1.26285
L_{γ_1}	弱	1.09852

附录五 原子散射因子 f

$\frac{\sin\theta}{\lambda}/\text{Å}^{-1}$	0.0	0.1	0.2	0.3	0.4	0.5	0.6	0.7	0.8	0.9	1.0	1.1	1.2
H	1	0.81	0.48	0.25	0.13	0.07	0.04	0.03	0.02	0.01	0.00	0.00	
He	2	1.88	1.46	1.05	0.75	0.52	0.35	0.24	0.18	0.14	0.11	0.09	
Li^{+}	2	1.96	1.8	1.5	1.3	1.0	0.8	0.6	0.5	0.4	0.3	0.3	
Li	3	2.2	1.8	1.5	1.3	1.0	0.8	0.6	0.5	0.4	0.3	0.3	
Be^{2+}	2	2.0	1.9	1.7	1.6	1.4	1.2	1.0	0.9	0.7	0.6	0.5	
Be	4	2.9	1.9	1.7	1.6	1.4	1.2	1.0	0.9	0.7	0.6	0.5	
B^{3+}	2	1.99	1.9	1.8	1.7	1.6	1.4	1.3	1.2	1.0	0.9	0.7	
B	5	3.5	2.4	1.9	1.7	1.5	1.4	1.2	1.2	1.0	0.9	0.7	
C	6	4.6	3.0	2.2	1.9	1.7	1.6	1.4	1.3	1.16	1.0	0.9	
N^{5+}	2	2.0	2.0	1.9	1.9	1.8	1.7	1.6	1.5	1.4	1.3	1.16	
N^{3+}	4	3.7	3.0	2.4	2.0	1.8	1.66	1.56	1.49	1.39	1.28	1.17	
N	7	5.8	4.2	3.0	2.3	1.9	1.65	1.54	1.49	1.39	1.29	1.17	
O	8	7.1	5.3	3.9	2.9	2.2	1.8	1.6	1.5	1.4	1.35	1.26	
O^{2-}	10	8.0	5.5	3.8	2.7	2.1	1.8	1.5	1.5	1.4	1.35	1.26	
F	9	7.8	6.2	4.45	3.35	2.65	2.15	1.9	1.7	1.6	1.5	1.35	
F^{-}	10	8.7	6.7	4.8	3.5	2.8	2.2	1.9	1.7	1.55	1.5	1.35	
Ne	10	9.3	7.5	5.8	4.4	3.4	2.65	2.2	1.9	1.65	1.55	1.5	
Na^{+}	10	9.5	8.2	6.7	5.25	4.05	3.2	2.65	2.25	1.95	1.75	1.6	
Na	11	9.65	8.2	6.7	5.25	4.05	3.2	2.65	2.25	1.95	1.75	1.6	
Mg^{2+}	10	9.75	8.6	7.25	5.95	4.8	3.85	3.15	2.55	2.2	2.0	1.8	
Mg	12	10.5	8.6	7.25	5.95	4.8	3.85	3.15	2.55	2.2	2.0	1.8	
Al^{3+}	10	9.7	8.9	7.8	6.65	5.5	4.45	3.65	3.1	2.65	2.3	2.0	
Al	13	11.0	8.95	7.75	6.6	5.5	4.5	3.7	3.1	2.65	2.3	2.0	
Si^{4+}	10	9.75	9.15	8.25	7.15	6.05	5.05	4.2	3.4	2.95	2.6	2.3	
Si	14	11.35	9.4	8.2	7.15	6.1	5.1	4.2	3.4	2.95	2.6	2.3	
P^{5+}	10	9.8	9.25	8.45	7.5	6.55	5.65	4.8	4.05	3.4	3.0	2.6	
P	15	12.4	10.0	8.45	7.45	6.5	5.65	4.8	4.05	3.4	3.0	2.6	
P^{3-}	18	12.7	9.8	8.4	7.45	6.5	5.65	4.85	4.05	3.4	3.0	2.6	
S^{6+}	10	9.85	9.4	8.7	7.85	6.85	6.05	5.25	4.5	3.9	3.35	2.9	
S	16	13.6	10.7	8.95	7.85	6.85	6.0	5.25	4.5	3.9	3.35	2.9	
S^{2-}	18	14.3	10.7	8.9	7.85	6.85	6.0	5.25	4.5	3.9	3.35	2.9	
Cl	17	14.6	11.3	9.25	8.05	7.25	6.5	5.75	5.05	4.4	3.85	3.35	
Cl^{-}	18	15.2	11.5	9.3	8.05	7.25	6.5	5.75	5.05	4.4	3.85	3.35	
Ar	18	15.9	12.6	10.4	8.7	7.8	7.0	6.2	5.4	4.7	4.1	3.6	
K^{+}	18	16.5	13.3	10.8	8.85	7.75	7.05	6.44	5.9	5.3	4.8	4.2	
K	19	16.5	13.3	10.8	9.2	7.9	6.7	5.9	5.2	4.6	4.2	3.7	3.8
Ca^{2+}	18	16.8	14.0	11.5	9.3	8.1	7.35	6.7	6.2	5.7	5.1	4.6	
Ca	20	17.5	14.1	11.4	9.7	8.4	7.3	6.3	5.6	4.9	4.5	4.0	3.6

续表

$\frac{\sin\theta}{\lambda}/\text{Å}^{-1}$	0.0	0.1	0.2	0.3	0.4	0.5	0.6	0.7	0.8	0.9	1.0	1.1	1.2
Sc^{3+}	18	16.7	14.0	11.4	9.4	8.3	7.6	6.9	6.4	5.8	5.35	4.85	
Sc	21	18.4	14.9	12.1	10.3	8.9	7.7	6.7	5.9	5.3	4.7	4.3	3.9
Ti^{4+}	18	17.0	14.4	11.9	9.9	8.5	7.85	7.3	6.7	6.15	5.65	5.05	
Ti	22	19.3	15.7	12.8	10.9	9.5	8.2	7.2	6.3	5.6	5.0	4.6	4.2
V	23	20.2	16.6	13.5	11.5	10.1	8.7	7.6	6.1	5.8	5.3	4.9	4.4
Cr	24	21.1	17.4	14.2	12.1	10.6	9.2	8.0	7.1	6.3	5.7	5.1	4.6
Mn	25	22.1	18.2	14.9	12.7	11.1	9.7	8.4	7.5	6.6	6.0	5.4	4.9
Fe	26	23.1	18.9	15.6	13.3	11.6	10.2	8.9	7.9	7.0	6.3	5.7	5.2
Co	27	24.1	19.8	16.4	14.0	12.1	10.7	9.3	8.3	7.3	6.7	6.0	5.5
Ni	28	25.0	20.7	17.2	14.6	12.7	11.2	9.8	8.7	7.7	7.0	6.3	5.8
Cu	29	25.9	21.6	17.9	15.2	13.3	11.7	10.2	9.1	8.1	7.3	6.6	6.0
Zn	30	26.8	22.4	18.6	15.8	13.9	12.2	10.7	9.6	8.5	7.6	6.9	6.3
Ga	31	27.8	23.3	19.3	16.5	14.5	12.7	11.2	10.0	8.9	7.9	7.3	6.7
Ge	32	28.8	24.1	20.0	17.1	15.0	13.2	11.6	10.4	9.3	8.3	7.6	7.0
As	33	29.7	25.0	20.8	17.7	15.6	13.8	12.1	10.8	9.7	8.7	7.9	7.3
Se	34	30.6	25.8	21.5	18.3	16.1	14.3	12.6	11.2	10.0	9.0	8.2	7.5
Br	35	31.6	26.6	22.3	18.9	16.7	14.8	13.1	11.7	10.4	9.4	8.6	7.8
Kr	36	32.5	27.4	23.0	19.5	17.3	15.3	13.6	12.1	10.8	9.8	8.9	8.1
Rb^{+}	36	22.6	28.7	24.6	21.4	18.9	16.7	14.6	12.8	11.2	9.9	8.9	
Rb	37	33.5	28.2	23.8	20.2	17.9	15.9	14.1	12.5	11.2	10.2	9.2	8.4
Sr	38	34.4	29.0	24.5	20.8	18.4	16.4	14.6	12.9	11.6	10.5	9.5	8.7
Y	39	35.4	29.9	25.3	21.5	19.0	17.0	15.1	13.4	12.0	10.9	9.9	9.0
Zr	40	36.3	30.8	26.0	22.1	19.7	17.5	15.6	13.8	12.4	11.2	10.2	9.3
Nb	41	37.3	31.7	26.8	22.8	20.2	18.1	16.0	14.3	12.8	11.6	10.6	9.7
Mo	42	38.2	32.6	27.6	23.5	20.8	18.6	16.5	14.8	13.2	12.0	10.9	10.0
Tc	43	39.1	33.4	28.3	24.1	21.3	19.2	17.0	15.2	13.6	12.3	11.3	10.3
Ru	44	40.0	34.3	29.1	24.7	21.9	19.6	17.5	15.6	14.1	12.7	11.6	10.6
Rh	45	41.0	35.1	29.9	25.4	22.5	20.2	18.0	16.1	14.5	13.1	12.0	11.0
Pd	46	41.9	36.0	30.7	26.2	23.1	20.8	18.5	16.6	14.9	13.6	12.3	11.3
Ag	47	42.8	36.9	31.5	26.9	23.8	21.3	19.0	17.1	15.3	14.0	12.7	11.7
Cd	48	43.7	37.7	32.2	27.5	24.4	21.8	19.6	17.6	15.7	14.3	13.0	12.0
In	49	44.7	38.6	33.0	28.1	25.0	22.4	20.1	18.0	16.2	14.7	13.4	12.3
Sn	50	45.7	39.5	33.8	28.7	25.6	22.9	20.6	18.5	16.6	15.1	13.7	12.7
Sb	51	46.7	40.4	34.6	29.5	26.3	23.5	21.1	19.0	17.0	15.5	14.1	13.0
Te	52	47.7	41.3	35.4	30.3	26.9	24.0	21.7	19.5	17.5	16.0	14.5	13.3
I	53	48.6	42.1	36.1	31.0	27.5	24.6	22.2	20.0	17.9	16.4	14.8	13.6
Xe	54	49.6	43.0	36.8	31.6	28.0	25.2	22.7	20.4	18.4	16.7	15.2	13.9
Cs	55	50.7	43.8	37.6	32.4	28.7	25.8	23.2	20.8	18.8	17.0	15.6	14.5
Ba	56	51.7	44.7	38.4	33.1	29.3	26.4	23.7	21.3	19.2	17.4	16.0	14.7
La	57	52.6	45.6	39.3	33.8	29.8	26.9	24.3	21.9	19.7	17.9	16.4	15.0
Ce	58	53.6	46.5	40.1	34.5	30.4	27.4	24.8	22.4	20.2	18.4	16.6	15.3
Pr	59	54.5	47.4	40.9	35.2	31.1	28.0	25.4	22.9	20.6	18.8	17.1	15.7

续表

$\frac{\sin\theta}{\lambda}/\text{Å}^{-1}$	0.0	0.1	0.2	0.3	0.4	0.5	0.6	0.7	0.8	0.9	1.0	1.1	1.2
Nd	60	55.4	48.3	41.6	35.9	31.8	28.6	25.9	23.4	21.1	19.2	17.5	16.1
Pm	61	56.4	49.1	42.4	36.6	32.4	29.2	26.4	23.9	21.5	19.6	17.9	16.4
Sm	62	57.3	50.0	43.2	37.3	32.9	29.8	26.9	24.4	22.0	20.0	18.3	16.8
Eu	63	58.3	50.9	44.0	38.1	33.5	30.4	27.5	24.9	22.4	20.4	18.7	17.1
Gd	64	59.3	51.7	44.8	38.8	34.1	31.0	28.1	25.4	22.9	20.8	19.1	17.5
Tb	65	60.2	52.6	45.7	39.6	34.7	31.6	28.6	25.9	23.4	21.2	19.5	17.9
Dy	66	61.1	53.6	46.5	40.4	35.4	32.2	29.2	26.3	23.9	21.6	19.9	18.3
Ho	67	62.1	54.5	47.3	41.1	36.1	32.7	29.7	26.8	24.3	22.0	20.3	18.6
Er	68	63.0	55.3	48.1	41.7	36.7	33.3	30.2	27.3	24.7	22.4	20.7	18.9
Tm	69	64.0	56.2	48.9	42.4	37.4	33.9	30.8	27.9	25.2	22.9	21.0	19.3
Yb	70	64.9	57.0	49.7	43.2	38.0	34.4	31.3	28.4	25.7	23.3	21.4	19.7
Lu	71	65.9	57.8	50.4	43.9	38.7	35.0	31.8	28.9	26.2	23.8	21.8	20.0
Hf	72	66.8	58.6	51.2	44.5	39.3	35.6	32.3	29.3	26.7	24.2	22.3	20.4
Ta	73	67.8	59.5	52.0	45.3	39.9	36.2	32.9	29.8	27.1	24.7	22.6	20.9
W	74	68.8	60.4	52.8	46.1	40.5	36.8	33.5	30.4	27.6	25.2	23.0	21.3
Rc	75	69.8	61.3	53.6	46.8	41.1	37.4	34.0	30.9	28.1	25.6	23.4	21.6
Os	76	70.8	62.2	54.4	47.5	41.7	38.0	34.6	31.4	28.6	26.0	23.9	22.0
Ir	77	71.7	63.1	55.3	48.2	42.4	38.6	35.1	32.0	29.0	26.5	24.3	22.3
Pt	78	72.6	64.0	56.2	48.9	43.1	39.2	35.6	32.5	29.5	27.0	24.7	22.7
Au	79	73.6	65.0	57.0	49.7	43.8	39.8	36.2	33.1	30.0	27.4	25.1	23.1
Hg	80	74.6	65.9	57.9	50.5	44.4	40.5	36.8	33.6	30.6	27.8	25.6	23.6
TI	81	75.5	66.7	58.7	51.2	45.0	41.1	37.4	34.1	31.1	28.3	26.0	24.1
Pb	82	76.5	67.5	59.5	51.9	45.7	41.6	37.9	34.6	31.5	28.8	26.4	24.5
Bi	83	77.5	68.4	60.4	52.7	46.4	42.2	38.5	35.1	32.0	29.2	26.8	24.8
Po	84	78.4	69.4	61.3	53.5	47.1	42.8	39.1	35.6	32.6	29.7	27.2	25.2
At	85	79.4	70.3	62.1	54.2	47.7	43.4	39.6	36.2	33.1	30.1	27.0	25.6
Rn	86	80.3	71.3	63.0	55.1	48.4	44.0	40.2	36.8	33.5	30.5	28.0	26.0
Fr	87	81.3	72.2	63.8	55.8	49.1	44.5	40.7	37.3	34.0	31.0	28.4	26.4
Ra	88	82.2	73.2	64.6	56.5	49.8	45.1	41.3	37.8	34.6	31.5	28.8	26.7
Ac	89	83.2	74.1	65.5	57.3	50.4	45.8	41.8	38.3	35.1	32.0	29.2	27.1
Th	90	84.1	75.1	66.3	58.1	51.1	46.5	42.4	38.8	35.5	32.4	29.6	27.5
Pa	91	82.1	76.0	67.1	58.8	51.7	47.1	43.0	39.3	36.0	32.8	30.1	27.9
U	92	86.0	76.9	67.9	59.6	52.4	47.7	43.5	39.8	36.5	33.3	30.6	28.3
Np	93	87	78	69	60	53	48	44	40	37	34	31	29
Pn	94	88	79	69	61	54	49	44	41	38	34	31	29
Am	95	89	79	70	62	55	50	45	42	38	35	32	30
Cm	96	90	80	71	62	55	50	46	42	39	35	32	30
Bk	97	91	81	72	63	56	51	46	43	39	36	33	30
Cf	98	92	82	73	64	57	52	47	43	40	36	33	31
Es	99	93	83	74	65	57	52	48	44	40	37	34	31
Fm	100	94	84	75	66	58	53	48	44	41	37	34	31

原子散射因子在吸收限近旁的减小值 Δf

（1）波长短于吸收限时的 Δf

λ/λ_K	0.2	0.5	0.667	0.75	0.9	0.95
Fe	−0.17	−0.30	−0.03	0.28	1.47	2.40
Mo	−0.16	−0.26	0.01	0.31	1.48	2.32
W	−0.15	−0.25		0.30	1.40	2.18

（2）波长长于吸收限时的 Δf

λ/λ_K	1.05	1.11	1.2	1.33	1.5	2.0	mf
Fe	3.30	2.60	2.20	1.90	1.73	1.51	1.32
Mo	3.08	2.44	2.06	1.77	1.61	1.43	1.24
W	2.85	2.26	1.91	1.65	1.49	1.31	1.15

参考文献

[1] VITALIJ K P,PETER Y Z. Fundamentals of powerder diffraction and structural charaterization of materials[M]. New York：Springer Science+Business Media,2009.

[2] THEO H. International tables for crystallography,Vol A：space group symmetry[M]. Netherland：Springer,2005.

[3] BERNSTEIN J,DESIRAJU G R,HELLIWELL J R. The basics of crystallography and diffraction [M]. New York：Oxford University Press Inc. ,2009.

[4] 梁栋材. X射线晶体学基础[M]. 北京：科学出版社,2006.

[5] 秦善. 晶体学基础[M]. 北京：北京大学出版社,2004.

[6] 毛卫民. 材料的晶体结构原理[M]. 北京：冶金工业出版社,2007.

[7] 王仁卉,郭可信. 晶体学中的对称群[M]. 北京：科学出版社,1990.

[8] 肖序刚. 晶体结构几何理论[M]. 北京：高等教育出版社,1993.

[9] 梁志德,王福. 现代物理测试技术[M]. 北京：冶金工业出版社,2003.

[10] 潘峰,王英华,陈超. X射线衍射技术[M]. 北京：化学工业出版社,2016.

[11] 周玉. 材料分析方法[M]. 北京：机械工业出版社,2010.

[12] 梁敬魁. 粉末衍射法测定晶体结构[M]. 北京：科学出版社,2011.

[13] 王英华,许顺生,梁志德. X光衍射技术基础[M]. 北京：原子能出版社,1993.

[14] 马礼敦. 多功能X射线衍射仪的由来与发展(上)[J]. 理化检验——物理分册,2010,46：500-506.

[15] 孙学鹏,孙天希,刘志国,等. 一种二次全反射单毛细管X射线聚焦透镜、分析装置及其制备方法：CN107228872A[P]. [2017-05-24].

[16] 马礼敦. 近代X射线多晶体衍射——实验技术与数据分析[M]. 北京：化学工业出版社,2004.

[17] IADD M,PALMER R. Structure determination by X-ray crystallograp[M]. New York：Springer Science+Business Media,2013.

[18] 江超华. 多晶X射线衍射技术与应用[M]. 北京：化学工业出版社,2014.

[19] 黄继武,李周,潘清林,等. 多晶材料X射线衍射[M]. 北京：冶金工业出版社,2013.

[20] 毛卫民,杨平,陈冷. 材料织构分析原理与检测技术[M]. 北京：冶金工业出版社,2008.

[21] 梁志德,徐家桢,王福. 织构材料的三维取向分析术[M]. 沈阳：东北工学院出版社,1986.

[22] CULLITY B D,STOCK S R. Elements of X-ray diffraction[M]. London：Pearson Education Limited,2014.

[23] 朱和国,王恒志. 材料科学研究与测试方法[M]. 南京：东南大学出版社,2007.

[24] JENS A-NIELSEN,DES M. 现代X光物理原理[M]. 封东来,译. 上海：复旦大学出版社,2014.

[25] MARIO BIRKHOLZ. Thin film analysis by X-ray scattering[M]. Weinheim：Wiley-VCH,2006.